U0209781

"先进化工材料关键技术丛书"（第二批）编委会

傅正义　武汉理工大学，中国工程院院士
高从堦　浙江工业大学，中国工程院院士
龚俊波　天津大学，教授
贺高红　大连理工大学，教授
胡迁林　中国石油和化学工业联合会，教授级高工
胡曙光　武汉理工大学，教授
华　炜　中国化工学会，教授级高工
黄玉东　哈尔滨工业大学，教授
蹇锡高　大连理工大学，中国工程院院士
金万勤　南京工业大学，教授
李春忠　华东理工大学，教授
李群生　北京化工大学，教授
李小年　浙江工业大学，教授
李仲平　中国工程院，中国工程院院士
刘忠范　北京大学，中国科学院院士
陆安慧　大连理工大学，教授
路建美　苏州大学，教授
马　安　中国石油规划总院，教授级高工
马光辉　中国科学院过程工程研究所，中国科学院院士
聂　红　中国石油化工股份有限公司石油化工科学研究院，教授级高工
彭孝军　大连理工大学，中国科学院院士
钱　锋　华东理工大学，中国工程院院士
乔金樑　中国石油化工股份有限公司北京化工研究院，教授级高工
邱学青　华南理工大学 / 广东工业大学，教授
瞿金平　华南理工大学，中国工程院院士
沈晓冬　南京工业大学，教授
史玉升　华中科技大学，教授
孙克宁　北京理工大学，教授
谭天伟　北京化工大学，中国工程院院士
汪传生　青岛科技大学，教授
王海辉　清华大学，教授
王静康　天津大学，中国工程院院士
王　琪　四川大学，中国工程院院士
王献红　中国科学院长春应用化学研究所，研究员

国家出版基金项目
NATIONAL PUBLICATION FOUNDATION

先进化工材料关键技术丛书（第二批）

中国化工学会 组织编写

二氧化碳基高分子材料

Carbon Dioxide-Based Polymer Materials

王献红 主编

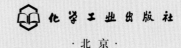

化学工业出版社

·北京·

内 容 简 介

《二氧化碳基高分子材料》是"先进化工材料关键技术丛书"（第二批）的一个分册。

本书基于作者团队二十余年的工作积累，以二氧化碳基高分子材料的催化体系、聚合物结构调控和性能发掘为轴，系统总结了基础研究和应用研究的进展。全书共分八章，包括绪论、二氧化碳共聚物的合成化学、二氧化碳基塑料的物理性能、二氧化碳共聚物的功能化、二氧化碳基多元醇、水性二氧化碳基聚氨酯、二氧化碳基聚氨酯泡沫、热塑性二氧化碳基聚氨酯弹性体等。本书所涉及的研究内容为相关领域国际学术前沿的热点，许多结果来自作者团队精雕细琢的工作，有望为二氧化碳基高分子材料的基础与应用研究提供一些新思路。

本书适合化工材料、高分子材料领域，特别是对生物降解塑料和聚氨酯等领域感兴趣的研发人员阅读，也可供高等院校化学、化工、材料相关专业师生参考。

图书在版编目（CIP）数据

二氧化碳基高分子材料 / 中国化工学会组织编写；王献红主编. -- 北京：化学工业出版社，2024.8.
（先进化工材料关键技术丛书）. -- ISBN 978-7-122 -45799-8

I. TB324

中国国家版本馆CIP数据核字第2024Z4D691号

责任编辑：傅聪智　杜进祥
责任校对：边　涛
装帧设计：关　飞

出版发行：化学工业出版社（北京市东城区青年湖南街13号　邮政编码100011）
印　　装：中煤（北京）印务有限公司
710mm×1000mm　1/16　印张21¼　字数359千字
2024年10月北京第1版第1次印刷

购书咨询：010-64518888　　　售后服务：010-64518899
网　　址：http://www.cip.com.cn
凡购买本书，如有缺损质量问题，本社销售中心负责调换。

定　　价：199.00元

作者简介

王献红，中国科学院长春应用化学研究所研究员，博士生导师，中国科学院生态环境高分子材料重点实验室主任。1988 年毕业于上海交通大学，获学士学位；1993 年毕业于中国科学院长春应用化学研究所，获博士学位。自 1998 年开始二氧化碳基高分子材料的应用基础研究，领导项目组发明了稀土三元催化剂，解决了高分子量二氧化碳基塑料（二氧化碳-环氧丙烷共聚物，PPC）的合成化学、聚合物结构调控等问题，并发掘出 PPC 的气体阻隔性、耐水解性、热牺牲性等独特性能，使其在生物降解包装膜、农用地膜等领域实现了规模应用，让 PPC 的工业化在世界上从不可能变为可能。近 5 年又发明了非均相稀土掺杂多金属催化剂和均相高分子铝卟啉催化剂，实现了二氧化碳基多元醇（PPC-polyol，又称 CO_2-polyol）的高效合成，研制出高初粘力、耐高温湿热的二氧化碳基聚氨酯水性胶黏剂，全面应用于代表我国高铁环保化水平的"京张高铁"建设中。发表学术论文 300 余篇，授权国家发明专利 100 余件。现担任《高分子学报》副主编，同时担任 Chinese Journal of Polymer Science、Journal of Renewable Materials 等杂志编委。2000 年获中国化学会青年化学奖，2001 年获吉林省五一劳动奖章，2002 年获国家杰出青年科学基金，2010 年成为国家自然科学基金委创新群体"生物降解高分子材料的基本科学问题"学术带头人，2016 年入选国家百千万人才工程。

丛书（第二批）序言

材料是人类文明的物质基础，是人类生产力进步的标志。材料引领着人类社会的发展，是人类进步的里程碑。新材料作为新一轮科技革命和产业变革的基石与先导，是"发明之母"和"产业食粮"，对推动技术创新、促进传统产业转型升级和保障国家安全等具有重要作用，是全球经济和科技竞争的战略焦点，是衡量一个国家和地区经济社会发展、科技进步和国防实力的重要标志。目前，我国新材料研发在国际上的重要地位日益凸显，但在产业规模、关键技术等方面与国外相比仍存在较大差距，新材料已经成为制约我国制造业转型升级的突出短板。

先进化工材料也称化工新材料，一般是指通过化学合成工艺生产的、具有优异性能或特殊功能的新型材料，包括高性能合成树脂、特种工程塑料、高性能合成橡胶、高性能纤维及其复合材料、先进化工建筑材料、先进膜材料、高性能涂料与黏合剂、高性能化工生物材料、电子化学品、石墨烯材料、催化材料、纳米材料、其他化工功能材料等。先进化工材料是新能源、高端装备、绿色环保、生物技术等战略性新兴产业的重要基础材料。先进化工材料广泛应用于国民经济和国防军工的众多领域中，是市场需求增长最快的领域之一，已成为我国化工行业发展最快、发展质量最好的重要引领力量。

我国化工产业对国家经济发展贡献巨大，但从产业结构上看，目前以基础和大宗化工原料及产品生产为主，处于全球价值链的中低端。"一代材料，一代装备，一代产业。"先进化工材料因其性能优异，是当今关注度最高、需求最旺、发展最快的领域之一，与国家安全、国防安全以及战略性新兴产业关系最为密切，也是一个国家工业和产业发展水平以及一个国家整体技术水平的典型代表，直接推动并影响着新一轮科技革命和产业变革的速度与进程。先进化工材料既是我国化工产业转型升级、实现由大到强跨越式发展的重要方向，同时也是保障我国制造业先进性、支撑性和多样性的

"底盘技术"，是实施制造强国战略、推动制造业高质量发展的重要保障，关乎产业链和供应链安全稳定、绿色低碳发展以及民生福祉改善，具有广阔的发展前景。

"关键核心技术是要不来、买不来、讨不来的。"关键核心技术是国之重器，要靠我们自力更生，切实提高自主创新能力，才能把科技发展主动权牢牢掌握在自己手里。新材料是战略性、基础性产业，也是高技术竞争的关键领域。作为新材料的重要方向，先进化工材料具有技术含量高、附加值高、与国民经济各部门配套性强等特点，是化工行业极具活力和发展潜力的领域。我国先进化工材料领域科技人员从国家急迫需要和长远需求出发，在国家自然科学基金、国家重点研发计划等立项支持下，集中力量攻克了一批"卡脖子"技术、补短板技术、颠覆性技术和关键设备，取得了一系列具有自主知识产权的重大理论和工程化技术突破，部分科技成果已达到世界领先水平。中国化工学会组织编写的"先进化工材料关键技术丛书"（第二批）正是由数十项国家重大课题以及数十项国家三大科技奖孕育，经过 200 多位杰出中青年专家深度分析提炼总结而成，丛书各分册主编大都由国家技术发明奖和国家科技进步奖获得者、国家重点研发计划负责人等担纲，代表了先进化工材料领域的最高水平。丛书系统阐述了高性能高分子材料、纳米材料、生物材料、润滑材料、先进催化材料及高端功能材料加工与精制等一系列创新性强、关注度高、应用广泛的科技成果。丛书所述内容大都为专家多年潜心研究和工程实践的结晶，打破了化工材料领域对国外技术的依赖，具有自主知识产权，原创性突出，应用效果好，指导性强。

创新是引领发展的第一动力，科技是战胜困难的有力武器。科技命脉已成为关系国家安全和经济安全的关键要素。丛书编写以服务创新型国家建设，增强我国科技实力、国防实力和综合国力为目标，按照《中国制造 2025》《新材料产业发展指南》的要求，紧紧围绕支撑我国新能源汽车、新一代信息技术、航空航天、先进轨道交通、节能环保和"大健康"等对国民经济和民生有重大影响的产业发展，相信出版后将会大力促进我国化工行业补短板、强弱项、转型升级，为我国高端制造和战略性新兴产业发展提供强力保障，对彰显文化自信、培育高精尖产业发展新动能、加快经济高质量发展也具有积极意义。

中国工程院院士：薛群基

前言

　　二氧化碳基高分子材料本质上是一类二氧化碳共聚物，由二氧化碳与其他单体共聚反应所生成，其历史最早可追溯到 1969 年日本东京工业大学井上祥平教授的开创性工作。但是直到 2010 年，二氧化碳共聚物一直没能发展为具有实际应用价值的高分子材料，只是停留在实验室制备阶段。在高分子科学的历史长河中，绝大部分高分子经历了发明时的新奇、焦点时的辉煌和褪色时的悄然等几个阶段，原因在于它们未能实现独特的或有市场竞争力的应用。对任何一种聚合物而言，从实验室合成阶段发展到成为具有实用性的高分子材料是极为重要的转折，表明该聚合物可以作为一个材料品种进入高分子工业体系，由此实现其研发的可持续性。聚烯烃就是一个典型例子，从其被发现至今一直是学术界和产业界关注的焦点。经过笔者团队的持续努力，二氧化碳共聚物很幸运地在 2010 年开始成为生物降解薄膜的基础原料，从此开创了二氧化碳基高分子材料快速发展的新阶段。

　　在众多二氧化碳基高分子材料中，研究最充分、最有工业化价值的是二氧化碳-环氧丙烷共聚物（PPC），因此本书以 PPC 的合成、结构调控和性能发掘为轴，以 PPC 的分子量控制为核心：一方面阐述以高分子量 PPC 为代表的生物降解二氧化碳基塑料的化学合成和物理性能，介绍其在生物降解包装膜、阻隔膜、农用地膜等薄膜材料方面的应用；另一方面，阐述以低分子量二氧化碳基多元醇（PPC-polyol，又称 CO_2-polyol）为代表的端羟基功能化二氧化碳共聚物的合成化学，进而介绍二氧化碳基聚氨酯，揭示其在泡沫材料、热塑性弹性体、胶黏剂、涂料等方面的潜在应用。

　　在撰写本书之前，化学工业出版社已经组织笔者团队出版了《二氧化碳的固定和利用》（2010 年）和《二氧化碳捕集和利用》（2016 年）两本书。尽管这两本书中都介绍了二氧化碳共聚物的研究和应用相关的内容，但是随着二氧化碳基高分子材料的迅速发展，其应用前景日益明确，二氧化碳共聚物开始真正进入基础高分子材料的阶段。因此非常有必要编写一部以二氧化碳基高分子材料为核心的专著，一方面为高分子科学的研究人员介绍二氧化碳共聚物的基础研究内容，另一方面为高分子工业界的读者展示二氧化碳基高分子材料的广阔应用前景。

本书结合笔者团队在二氧化碳基高分子材料领域的基础和应用研究成果，凝练了近百位研究生和员工的科研结晶，涵盖了 20 多年来承担的国家自然科学基金委杰出青年科学基金项目（20225414）和创新群体（51021003，51321062）、国家科技支撑计划项目（2013BAC11B00）、中国科学院前沿科学重点研究项目（QYZDJ-SSW-JSC017）和 STS 区域重点项目（KFJ-STS-QYZD-047，KFJ-STS-QYZX-127），以及作为骨干参与的国家自然科学基金委基础科学中心（51988102）、国家重点研发计划（2018YFD1001004，2021YFD1700700）等项目，在此一并感谢。由于二氧化碳基高分子材料基础和应用研究的突破，笔者团队荣获 2015 年度中国科学院科技促进发展奖科技贡献奖二等奖。

本书主要根据中国科学院长春应用化学研究所二氧化碳基新材料课题组近 25 年的基础和应用研究结果，并结合研究团队对国内外学者在二氧化碳共聚物研究成果方面的理解和认识编写而成。全书共分为八章，第一章由匡青仙编写，第二章由张若禹、范培鑫、杨列航、宋学霖、莫文杰和刘顺杰编写，第三章由周浩、刘子贺、王啸燊、任骁滑、严硕、高凤翔和王献红编写，第四章由王漠霖和王恩浩编写，第五章由周振震、游怀、曹瀚和陈佩编写，第六章由王征文、张红明和王献红编写，第七章由刘顺杰和王献红编写，第八章由张红明和刘顺杰编写。全书由王献红统稿，刘顺杰校核。

由于编著者的学识有限，加之二氧化碳基高分子材料发展极为迅速，本书难免存在一些疏漏之处，在此先致歉意，唯愿今后有机会进一步改进。

王献红

2024 年 5 月于长春

目录

第三章
二氧化碳基塑料的物理性能 099

第四章
二氧化碳共聚物的功能化　　　145

第七章
二氧化碳基聚氨酯泡沫　　251

第八章
热塑性二氧化碳基聚氨酯弹性体　289

第一章

绪　论

二氧化碳是一种无毒且储量丰富的碳一资源，不仅可被固定为尿素、水杨酸、碳酸盐、水泥骨料等大宗化学品，还能用于合成甲醇、合成气等基础能源化学品，显示出巨大的发展前景，有望为现代化工和能源产业提供多元化的原料来源。

二氧化碳是热力学高度稳定的分子，很难发生均聚，因此在研究其聚合物时需要进行活化并引入第二单体，才能突破热力学制约使其成为具有共聚活性的单体。1969 年，日本的井上祥平教授等[1]利用烷基锌-多活泼氢化合物催化体系实现了二氧化碳与环氧丙烷的共聚反应，合成出具有交替结构的脂肪族聚碳酸酯，开启了二氧化碳共聚物的研究历史。通过 50 余年的发展，将二氧化碳固定为高分子材料已经成为二氧化碳转化利用领域最重要的一个研究方向，尤其在制备可持续生物降解材料领域，具有十分重要的地位。

本章着眼于二氧化碳共聚物的合成化学，将从聚合级二氧化碳的制备、二氧化碳的分子结构、活化方式等角度出发，介绍二氧化碳共聚物的基础概念、知识，并重点介绍该领域的最新进展。

第一节
聚合级二氧化碳的捕集与纯化

一、聚合级二氧化碳的定义

温室效应已经成为目前最严重的全球性大气污染问题，而造成温室效应的主要原因之一是二氧化碳（CO_2）的过度排放。自工业革命以来，CO_2 浓度大幅提高，迄今已经超过 $400mL/m^3$。由于经济增长和工业发展，预计在未来几十年内，能源的集中度不会改变，世界上大约 86% 的一次能源仍以化石燃料（煤炭、石油和天然气）为主，这将导致 CO_2 的排放量持续增加[2-5]。因此，CO_2 减排受到国内外的高度重视。如何实现二氧化碳的有效捕集和封存（carbon dioxide capture and storage，CCS）、捕集和利用（carbon dioxide capture and utilization, CCU）已成为当今世界可持续发展所面临的重大挑战，也是世界各国环境保护者和科研工作者共同努力的目标[6-9]。

由于 CO_2 来源及捕集方法的不同，各种二氧化碳气体产品具有不同的纯度，且含有多种杂质，其中最常见的杂质包括水、氮、氧、硫氧化物（SO_x）、氮氧化物（NO_x）等，需要根据特定用途对二氧化碳进行纯化[10]。二氧化碳产品一般可以分为食品级和工业级，应用于食品工业、石油开采、生物利用、能源、化学品等领域[11-14]。相比于上述用途，本书更关注如何将 CO_2 作为碳一资源进行利用，比如将其转化为具有更高附加值的小分子化学品和高分子材料，如图 1-1 所示[15]。

二氧化碳气体中所含的活泼氢杂质，如水、醇、硫醇、胺等，能影响下一步二氧化碳的转化过程。气体杂质如硫氧化物和氮氧化物等不仅影响二氧化碳的分压，也会对二氧化碳的插入产生竞争抑制效应。二氧化碳纯度影响聚合过程的链增长，微量杂质的存在甚至能导致聚合过程发生链转移或链终止，影响聚合物的分子量以及分子量分布，进而影响所得聚合物材料的性能。因此，除了食品级和工业级二氧化碳，我们提出了聚合级二氧化碳这个新品种，即二氧化碳纯度在 99.99% 以上且露点在 -66℃ 以下。

与普通的工业级二氧化碳相比，聚合级二氧化碳对纯度要求更高，目前其气源主要有两个[16]。第一个是来自开采二氧化碳的天然气田、气井，开采出来的二氧化碳浓度较高，可达 95% 以上，且不含硫、磷、CO 等有毒物质，仅含少量空气和甲烷，通常采用变温吸附-冷凝分离的工艺进一步提纯生成聚合级二氧化碳。第二个是来自工业生产过程中集中排放的气体，如火力发电、水泥、酿造、化肥、炼钢的尾气或烟道气，该类原料气的特点是二氧化碳浓度低，一般低于 30%，因此通常先采用醇胺溶液吸收法对原料气进行预处理提浓，再采用变压吸附法进行提纯，即利用对二氧化碳的强吸附性质，除去硫、磷化物、醇、高级烃、水等难吸附杂质。通常二氧化碳产品纯度越高，能耗越大。聚合级二氧化碳就是在上述已经纯化的二氧化碳产品基础上，进一步脱除水等含活泼氢杂质，使二氧化碳气体的露点低于 -66℃。

目前，聚合级二氧化碳主要与环氧化物[17-20]、环硫化物[21]、二元胺[22-24]、氮丙啶[25-27]、单炔或双炔[28-31]等一种或多种单体进行共聚，生成聚碳酸酯、聚碳酸酯醚、聚碳酸酯多元醇、聚硫代碳酸酯、聚脲、聚脲胺、聚烷基酸酯等多种高分子材料。其中二氧化碳和环氧丙烷的共聚物（PPC）是二氧化碳基高分子材料的代表，不仅实现了二氧化碳的高效固定，还具有生物降解性能，避免了传统聚烯烃塑料对环境的二次污染，也在一定程度上实现了高分子工业原料来源的多元化，减少对日益枯竭的石油资源的依赖。因此聚合级二氧化碳是下一代高分子材料的新单体，发展空间巨大。

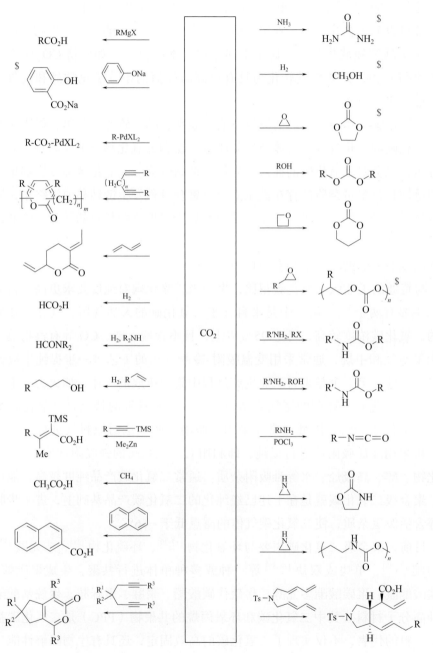

图1-1　CO_2作为碳一资源合成的高附加价值产品（标注$的为已经工业化的品种）

二、不同来源二氧化碳的捕集

二氧化碳的排放主要来自化石资源的消耗过程，但具体的排放方式多种多样。综合考虑二氧化碳的排放量、排放时间和区域，我们将二氧化碳的排放分为集中排放和分散排放两大类。集中排放的二氧化碳主要以燃煤电厂、水泥厂、发酵厂、矿石加工厂等固定区域的工业过程集中排放的尾气为主，分散排放则是汽车、卡车、飞机等交通工具在不同区域的尾气排放。将这些不同来源的二氧化碳捕集之后运输并封存在一个安全地点，以防止其再次排放进入大气中，是一种有效的二氧化碳封存方式。已报道的封存方式有：地质封存（石油天然气储层、深盐沼泽、不可开采的煤储层等）、海洋封存（1000m 深度以上）和矿物碳酸化封存（与碱性矿石反应）等。另外，还可以利用陆地生态系统储存（利用森林、土壤、沼泽、湿地、草原、荒漠等吸收空气中的二氧化碳）和生物储存（陆地和海洋生态系统中植物、自养微生物等吸收和固定二氧化碳）等[32]。

1．对集中排放二氧化碳的捕集

从大型的使用化石燃料或生物质能的设施中捕集集中排放的二氧化碳，是捕集二氧化碳成本较低且最有效的途径。按捕集分离二氧化碳过程在动力系统中的位置和循环方式，集中排放二氧化碳的捕集主要分为三种技术：燃烧后捕集、燃烧前捕集以及富氧燃烧（图 1-2）[33]。具体采取哪一种捕集技术与相关

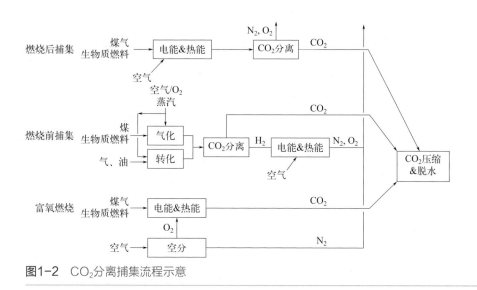

图1-2 CO₂分离捕集流程示意

企业及生产流程相关，同时也需要考虑二氧化碳浓度、气体压力以及燃料类型（固体或气体）。

集中排放二氧化碳的捕集方法目前主要包括吸附法、吸收法和膜分离方法三种。

吸附法：其完整工艺包含吸附和解吸两个过程，首先利用固体吸附剂与混合气体中二氧化碳的相互作用，对二氧化碳进行选择性吸附，然后在一定条件下将二氧化碳解吸，实现二氧化碳的浓缩。一般而言，吸附剂与二氧化碳的结合力越强，二氧化碳的吸附容量越大，选择性越好，对吸附过程越有利，但同时也意味着解吸过程越难，吸附剂再生过程能耗越高。通常，吸附剂可分为物理吸附剂和化学吸附剂，目前工业上常用的物理吸附剂有活性炭、分子筛、活性氧化铝、硅胶以及树脂类吸附剂，化学吸附剂大致可分为金属氧化物（包括碱金属和碱土金属类）、类水滑石化合物（层状结构的无机材料）以及表面改性多孔材料等[34]。

吸收法：根据二氧化碳与吸收剂的相互作用，可以将吸收技术分为物理吸收和化学吸收两大类。其中物理吸收技术的原理是基于二氧化碳在吸收剂中的溶解度高于其他气体组分，且对吸收二氧化碳有一定的选择性。提高压力可以增加二氧化碳溶解度，从而使其从混合气体中分离出来，再用降压闪蒸的方法使其解吸，达到二氧化碳捕集的目的，这也是工业上变压吸收的基本原理。工业上常用的物理吸收剂包括乙二醇二甲醚、N-甲基吡咯烷酮、甲醇和碳酸丙烯酯等。化学吸收和解吸技术则是先利用二氧化碳与吸收剂在吸收塔内进行化学反应形成弱联结的中间体，然后在还原塔内加热富含二氧化碳的吸收液使二氧化碳解吸，同时吸收剂得到再生。最初是采用氨水、热钾碱溶液吸收二氧化碳，随后改用效果更好的有机胺作为化学吸收剂。化学吸收剂具有吸收量大、吸收效率高、分离回收纯度高的特点，但是存在易氧化降解、易腐蚀出泡等问题，而物理吸收剂则具有再生能耗低的优点，但也存在选择性差、回收率低的缺点，因此兼具化学和物理吸收剂特点的物理化学复合吸收剂如 Sulfinol（环丁砜＋二异丙醇胺水溶液）[35] 和 Amisol（60% 甲醇＋40% 二乙醇胺）等[36]成为二氧化碳工业吸收剂的发展方向。

以胺类吸收剂为代表的捕集技术是工业上集中排放二氧化碳的通用捕集技术，已经实现万吨级规模的商业化。不过近几年来一系列新型吸收剂正在积极研发中，如离子液体、金属有机骨架（metal organic framework, MOF）等，这些新技术有助于降低能耗、缩短工艺流程，进而减少初期投资，有望使二氧化碳的捕集成本降低到每吨20～30美元，低于国际上的碳交易税，从而推动集中排放的二氧化碳捕集技术快速发展。

膜分离法：利用具有选择透过性的膜来分离二氧化碳，在分离膜的两侧施加多种驱动力（如压力差、浓度差、电位差、温度差等），混合气从原料侧通过分离膜传递到渗透侧，达到分离、提纯、浓缩和富集二氧化碳的目的。通常物质通过分离膜的速率受到三个方面的影响，首先是物质进入膜的速率，其次是物质在膜内的扩散速率，最后是物质从膜的另一面解吸的速率。物质通过分离膜的速率越大，透过时间就越短；混合体系中各物质通过分离膜的速率相差越大，分离效果就越好。分离膜可为固相、气相或液相，包括无机膜、金属膜、聚合物膜及固体液膜等，目前工业应用较多的分离膜为固相分离膜[37]。

2.对分散排放二氧化碳的捕集

从空气中直接捕集（direct air capture, DAC）二氧化碳是从空气中分离二氧化碳的技术。DAC技术最核心的部分是二氧化碳吸附剂。目前适用于DAC技术的吸附剂主要有无机吸附剂、有机胺吸附剂以及离子交换树脂吸附剂等。由于CO_2可被视为一种有反应活性的酸性气体，将$LiOH$、$NaOH$、KOH以及$Ca(OH)_2$这样的强碱作为吸附剂，能够高效地从空气中吸收CO_2，吸附过程条件温和，能耗也相对较低，但是吸附剂再生环节能耗较高。由于强碱具有很强的腐蚀性，用化学或者物理方法负载的有机胺吸附剂已成为目前DAC技术最热门的研究方向。目前负载化有机胺吸附剂显示出良好的吸附-解吸性能，但是其长期运行的稳定性有待进一步提高。对离子交换树脂吸附剂而言，CO_2的吸附速率受制于CO_2扩散到离子交换树脂内部的速率，而通过降低树脂层的平均厚度则可以增加单位表面积树脂的吸附速率。该方法不仅能降低所需的树脂量，也有利于缩短解吸所需的时间并缩小相应再生设备的体积，从而大幅度提高装置的捕集效率。通常DAC装置的正常运转也易受到温度过低或湿度过高的影响，由于空气中二氧化碳的浓度极低（约400mL/m³），与火力发电等集中排放二氧化碳的尾气相比，DAC技术需要处理的气体流量高几百倍，从而大幅度增加了能耗，总体而言DAC技术目前还处在发展过程中[38-39]。

尽管DAC技术的能耗比从火力发电厂废气中回收CO_2高2～4倍，但可以有效降低大气中二氧化碳浓度，因此DAC技术是目前学术界和工业界均很关注的大气减碳技术。

对直接跟随捕集从汽车和飞机等排放的二氧化碳，目前报道的信息很有限。一个原理上可行的例子是采用浓盐吸附捕集技术，但是所需附加的笨重装置仍然是未解难题。

三、二氧化碳的纯化

CO_2是无色气体，在较低浓度时没有气味，但是当浓度较高时则有刺激性的酸味。在标准状况（101325Pa，0℃）下，二氧化碳的密度大约是1.98kg/m³，约为空气的1.5倍。二氧化碳的相图如图1-3所示，其超临界点为31.3℃和74bar（7.4MPa）[40-42]，因此二氧化碳可在相对温和的条件下实现超临界状态。

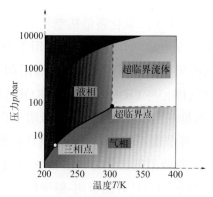

图1-3　二氧化碳的相图
（1bar=0.1MPa）

工业捕集的二氧化碳含有烃、苯、硫、醛、醇、水等杂质，纯化二氧化碳是脱除各类杂质后的产品。不同来源的二氧化碳气源中，杂质的种类和含量有很大不同，需要根据气源以及用途采用不同的二氧化碳提纯方法。

目前的捕集技术已经可以规模生产出纯度达到≥99.999%（杂质≤10×10^{-6}）的二氧化碳气体。但是在一些特殊领域，如需要超高纯度二氧化碳的半导体工业中，一些污染物［包括水分、烃、颗粒、金属以及含氧、氮、硫、磷的化合物，如O_2、NO_x、SO_x、COS及PO_x（$x \leqslant 3$）］的存在会损坏相关的光学器件或激光器，因此需要进一步纯化至杂质含量在 $5\mu L/m^3$ 以下，甚至 $1\mu L/m^3$ 以下。此外，半导体工业使用的装置本身也可能是污染物源，如不锈钢组分可析出金属铁、铬和镍等，在低浓度（$10^{-3}\sim10^{0}mL/m^3$）时具有挥发性，容易进入气相中，对硅晶片或其他高纯产品产生潜在污染，因此半导体工业全过程使用的装置通常采用高纯二氧化碳清洗，以便除去潜在的表面污染物。

来自不同气源的二氧化碳气体所含的杂质各异，其纯化过程也具有明显的针对性。

来源于石灰窑气、锅炉烟道气等的二氧化碳浓度较低，一般低于30%，但有机杂质少。由于其浓度低，为使其液化，二氧化碳必须具有较高的绝对压力，从而要求设备压力等级高，导致气耗高，动力消耗大。另外，由于操作压力高，杂质分压也高，易大量溶解在液体二氧化碳中，从而降低了产品纯度，因此通常采用溶液吸收法或变压吸附法对原料气进行预处理。尽管溶液吸收法所得的原料气中二氧化碳浓度高，但易含有对人有毒有害的有机杂质。采用变压吸附法预处理提浓可避免使用对人体有害的有机物质，但受其工艺影响，所得原料气中二氧化碳的浓度较低。

值得指出的是，来源于酒精厂发酵气、油田伴生气、制氢装置排放尾气的二氧化碳浓度都较高，一般都在98%以上，醇、醛、有机酸、酯、烃及氧气等杂质少，尤其是可燃性的氢、一氧化碳等杂质含量低。即使如此，在饮料行业应用时这些杂质的含量仍然比国际饮料技术协会标准高出几百甚至上千倍，所以在工艺流程上常常结合吸附和化学的方法。如在脱烃净化补氧时，采取加空气形式补氧，流程相对简单，投资较低。

第二节
二氧化碳的分子结构

一、二氧化碳的原子轨道

二氧化碳是碳酸的酸酐，俗称碳酸气，化学式为 CO_2，分子量为44.01。

CO_2 中碳与氧的原子轨道及相应电子能量如图 1-4 所示[43]。每个二氧化碳分子由一个碳原子和两个氧原子构成，碳原子和每个氧原子都分别由 1 个 2s 原子轨道和 3 个 2p 原子轨道（$2p_x$、$2p_y$、$2p_z$）构成。其中，O 原子的价电子排布为 $2s^2 2p^4$，s 轨道全满不成键，p 轨道有两个未成对电子；C 原子的价电子排布为 $2s^2 2p^2$，p 轨道有两个电子各自占据一个轨道。碳原子的 2s 轨道上电子的能量是 –19.4eV，2p 轨道上电子的能量则为 –10.7eV，氧原子的 2p 轨道上电子的能量是 –15.9eV，这三个轨道上电子的能量比较接近，而氧原子的 2s 轨道能量约为 –32.4eV。

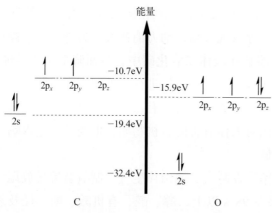

图1-4 碳与氧的原子轨道及相应电子能量

在二氧化碳分子中，一方面，碳原子的电负性低于氧原子，中心碳原子是缺电子状态，具有一定的 Lewis 酸性，因此碳原子可视为电子受体；另一方面，氧原子中孤对电子的第一电离能（13.79eV）高于其等电子体 CS_2（10.1eV）和 N_2O（12.9eV），属于弱电子给体。这种电负性差异使得 CO_2 能与金属原子以不同形式配位[44-45]，也能与富电子试剂成键[46]。因此 CO_2 既能作为独立的配体通过碳原子或氧原子与同种或异种金属直接配位，生成单、双或多核配合物［图 1-5（Ⅰ～Ⅴ）］[47]，也可插入过渡金属配合物的某个键上，这是过渡金属配合物固定 CO_2 的主要途径［图 1-5（Ⅵ）］。CO_2 的插入位置主要在 M—C、M—H、M—O、M—S、M—P 和 M—N 等化学键中，插入方式可以是碳原子与被插入较富电子的杂原子一端连接成键，也可以是碳原子与较贫电子的金属原子连接形成具有 M—C 键的配合物。

二氧化碳基高分子材料

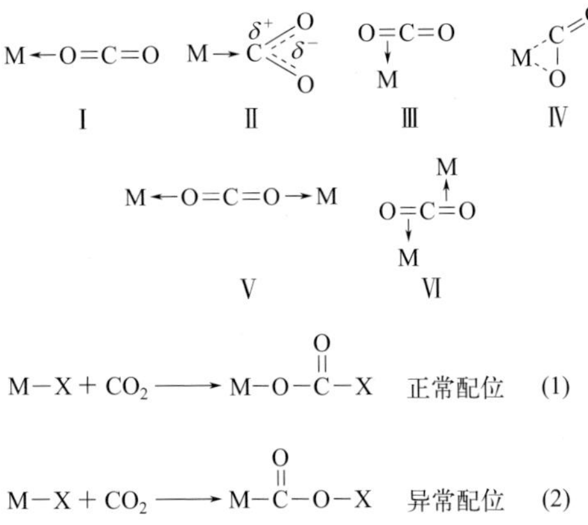

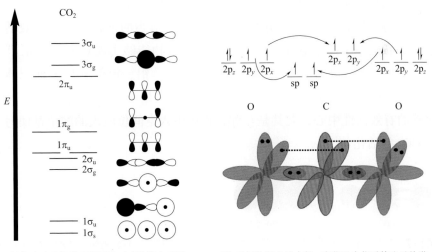

M：金属原子　X：杂原子

图1-5　金属–CO₂配合物结构类型

二、二氧化碳的分子轨道

二氧化碳的分子轨道示意如图 1-6（a）所示[48]，碳、氧原子中具有相同的、不可约表示的能量相近的原子轨道通过线性组合形成二氧化碳分子轨道。原子轨道绕主轴旋转时对应的波函数可能会产生符号变化，符号改变的匹配形式对应的是 π 键，符号不变的匹配形式对应的是 σ 键。二氧化碳的 16 个价电

(a) 二氧化碳分子轨道能级图及对应轨道电子云　　　(b) 二氧化碳分子内部sp杂化及杂化后的分子轨道

图1-6　二氧化碳的分子轨道示意图

子分别分布在 4 个 σ 轨道（$1\sigma_s$、$1\sigma_u$、$2\sigma_g$ 和 $2\sigma_u$ 轨道，8 个电子）和 4 个 π 轨道（2 个 $1\pi_u$ 和 2 个 $1\pi_g$ 轨道，8 个电子），其中 $1\sigma_s$ 和 $1\sigma_u$ 轨道构成了二氧化碳分子的 σ 键骨架，而 $1\pi_u$ 轨道构成了二氧化碳分子中的 C—O π 键。

原子轨道的最大重叠是二氧化碳分子中产生 sp 杂化的原因，由价层电子对互斥模型（valence shell electron pair repulsion theory，VSEPR）也可推断出二氧化碳中心 C 原子为 sp 杂化，即 C 原子的一个 s 轨道和一个 p 轨道发生杂化，此时 C 原子的两个 sp 轨道和两个 p 轨道分别被一个电子占据。当 O 原子与 C 原子成键时，两个 O 原子的 p 轨道中各有一个未成对电子分别与 C 原子的两个 sp 杂化轨道中的未成对电子头碰头形成两个 σ 键，由于轨道的空间几何关系，O 原子剩余 p 轨道中的未成对电子与 C 原子未杂化的 p 轨道中的两个未成对电子肩并肩形成 Π_3^4 键。杂化后的分子轨道示意图如图 1-6（b）所示。

相比于一般的碳氧双键，CO_2 中存在的离域 Π_3^4 键导致 C=O 键的键能提高，碳原子与氧原子间的距离缩短，CO_2 分子中碳氧双键的键长（1.16Å）较一般羰基中碳氧双键的键长（如乙醛中的 C=O 键长为 1.24Å）更短，但却稍大于碳氧三键的键长（CO 分子，键长为 1.128Å）。因此，CO_2 中的碳氧双键兼有双键和三键的特征。CO_2 的结构模型如图 1-7（a）（b）所示，是典型的直线形三原子分子结构。二氧化碳分子中虽然有两个极性碳氧双键，但经过 sp 杂化后呈现的线型形状导致其极性抵消，整体为非极性［图 1-7（c）］，因此二氧化碳在热力学和动力学上都是相对稳定的分子。这种惰性是 CO_2 利用的主要障碍，导致 CO_2 的利用常常需要依赖于适当的催化剂进行有效活化，以增强中心碳原子的亲电性[49]。许多金属配合物能够实现 CO_2 的活化[50]。实际上，不同金属（如铜、锌、镉、铁、钴、锡、铝、钨等）与多种配体（如羧基、醚、酯、胺、膦等含氧、氮、磷元素的基团）组成的配合物正是活化二氧化碳的有效活性中心，尤其是在配合物中引入空间位阻大的配位基团时更能促进 CO_2 的活化[51]。

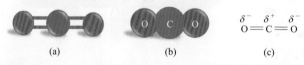

图1-7　二氧化碳的球棍模型（a）、二氧化碳的比例模型（b）和线性对称的CO_2分子极性抵消（c）

第三节
二氧化碳的活化

如前一节所述，二氧化碳具有热力学上的稳定性，在许多场合被视为惰性分子，实现二氧化碳高效利用的关键在于二氧化碳的活化。研究二氧化碳的配位活化机理，探讨二氧化碳与金属催化剂、非金属催化剂分子的相互作用，以及催化剂结构对二氧化碳活化、催化活性的影响规律，是发展二氧化碳化学利用与转化的基本途径。为此本节将重点介绍二氧化碳的配位方式，以及在金属催化剂或非金属催化剂下的活化行为。

从热力学角度分析，二氧化碳是碳的最高氧化态，其标准生成吉布斯自由能 $\Delta G_f^{\ominus} = -394.38 \text{kJ/mol}$，在热力学上处于低能态，高度稳定。从动力学角度分析，二氧化碳在分子动力学上也表现为惰性[52-53]。因此，需要跨越很高的能垒才能实现二氧化碳的活化与转化。综合文献报道的结果，目前二氧化碳活化的方法主要有以下四种：

① 使用高能或反应性的物质如氢、不饱和化合物、环状化合物和有机金属化合物等与 CO_2 反应；

② 生成能量状态更低的目标产物，例如环状碳酸酯等；

③ 通过移除特定产物来改变平衡，从而调节反应进行的方向；

④ 利用外在物理能量（例如光、电）活化 CO_2，推动化学反应进行。

目前二氧化碳的活化方法主要包括：非均相和均相催化、光化学还原、电化学还原等。光化学和电化学还原二氧化碳是十分活跃的二氧化碳活化和利用研究领域，内容十分丰富，自成体系。限于本书的篇幅，下面主要从二氧化碳的配位活化方式出发，介绍活化二氧化碳的非均相和均相催化体系，尤其是金属配合物、Lewis 酸碱对、离子液体、杂多酸等催化剂。

一、二氧化碳的配位方式

尽管二氧化碳分子的偶极矩为零，但由于碳、氧原子间存在内在极性差异，因此二氧化碳实际上是一种具有潜在电荷分离性能的分子。在 CO_2 分子结构中，碳原子采取 sp 杂化，表现为亲电性（Lewis 酸性中心），氧原子因具有孤对电子而表现为亲核性（Lewis 碱性中心），因此二氧化碳分子既有亲电性又有亲核性。一方面，根据 CO_2 的光子能谱，其基态电子构型为 $(1\sigma_s)^2(1\sigma_u)^2(2\sigma_g)^2(2\sigma_u)^2(1\pi_u)^4(1\pi_g)^4(2\pi_u)^0$，其中 $(1\sigma_s)^2(1\sigma_u)^2(1\pi_u)^2$ 为成键轨道，$(2\sigma_g)^2(2\sigma_u)^2(1\pi_g)^2$ 为非键轨道。CO_2 的第一电离能为 13.97eV，决定了它是弱的电子给体。另一方面，二氧化碳的电子亲和能为 38eV，又可视为是强的电子受体。因此，通过在反应过程中给予电子或者夺取其他分子的电子，或利用缺电子分子与氧中心相互作用，均可实现二氧化碳分子的活化。因此，CO_2 独特的分子结构使其具有多种配位活化方式的潜力[53]。

二、含金属催化剂下的活化

二氧化碳分子与过渡金属原子形成配位化合物或与富电子试剂反应成键，可实现活化[54]。例如，在过渡金属催化剂下，CO_2 的碳氧双键可发生还原解离，从而获得羰基化合物，也可插入金属配合物的 M—H、M—N、M—C 和 M—O（M 代表金属原子）之间，达到固定二氧化碳的目的。

二氧化碳和金属的配位形式如图 1-8 所示，其中 CO_2 与金属原子之间的键数用 η^n 表示，每分子 CO_2 键合的金属原子数目用 μ_n 表示[55-58]。

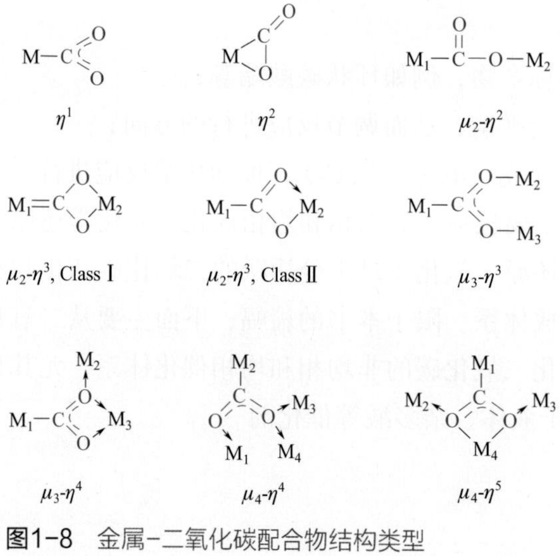

图1-8　金属-二氧化碳配合物结构类型

如图 1-8 所示，金属-二氧化碳配合物中每个二氧化碳分子和单一金属中心的配位形式有 η^1 和 η^2 两种。η^1 型为含有 M—C 键的金属羧酸盐，通常由富

电子的金属中心与 CO_2 分子中的弱亲电性的碳原子所形成，如图 1-9 所示。根据 Herskovitz 的报道，η^1 型配合物一般具有八面体金属中心，稳定性较差，需要施加一定 CO_2 压力以抑制配体置换反应[59]。

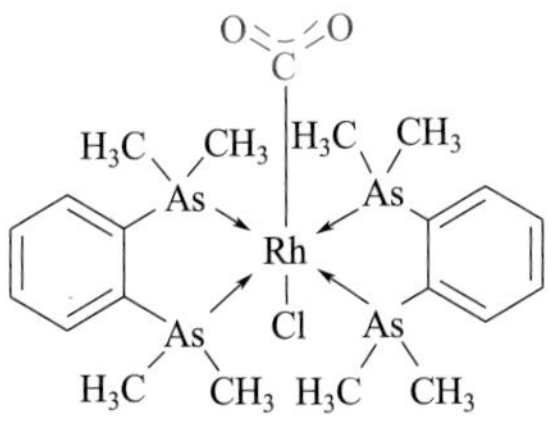

图1-9 典型 η^1 型 CO_2 配合物

CO_2 分子含有两个氧原子，其中一个氧原子和碳原子一起可作为双齿配体，与缺电子金属中心按照 η^2-CO_2 形式进行配位，该配位方式有利于电子从氧原子转移到过渡金属。典型 η^2 型 CO_2 配合物如图 1-10 所示，由 $Ni(PCy_3)_3$ 或 $[Ni(PCy_3)_3]N_2$（Cy 为环己基）在甲苯中与 CO_2 在常压下反应制得[60]。Lappert 等[61]发现，用 Na(Hg) 还原 $Cp'_2Nb(Cl)$-CH_2SiMe_3（$Cp' = \eta^5$-C_5H_4Me）与 CO_2 反应，得到了含有茂金属的 η^2-CO_2 配合物，如图 1-10 所示。

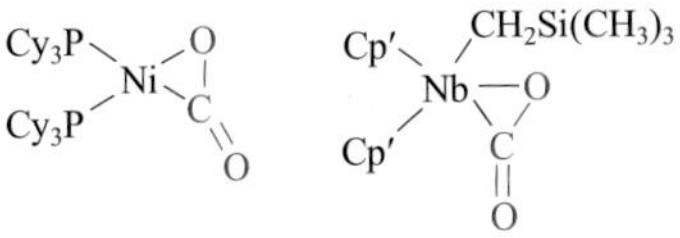

图1-10 典型 η^2 型 CO_2 配合物

另一种配位方式是单分子 CO_2 和两个金属中心的配位，生成 μ_2-η^2 和 μ_2-η^3 两种配合物。μ_2-η^2 型 CO_2 配合物中，两个金属分别与碳原子和氧原子相连，如图 1-11 所示，Bergman 等[62]将 CO_2 直接插入铱、锆配合物中，制备了 μ_2-η^2 型 CO_2 配合物。Creutz 等[63]制备了钴原子以 μ_2-η^2 方式桥连 CO_2 的配合物 $[Co^{III}(en)_2(CO_2)(ClO_4)\cdot H_2O]$。Gibson 等[64]则报道了铁-铼化合物，$CpFe(CO)(PPh_3)(CO_2)Re(CO)_4(PPh_3)$，其中二氧化碳上的碳原子与铁原子结合，而氧原子与铼原子结合。值得指出的是，根据金属（M_1）羧酸盐的性质、主族金属（M_2）上的取代基和金属自身性质的不同，金属羧酸盐与主族金属配合物的反应可产生 μ_2-η^2 或 μ_2-η^3 配合物。通常金属羧酸盐的亲核性较强，有利于生成 μ_2-η^3 型配合物，但是主族金属 M_2 上的给电子基团可以将其逆转为

μ_2-η^2 型配合物，Cutler[65] 和 Gibson[66] 据此制备了 μ_2-η^2 型 CO_2 桥连配合物。

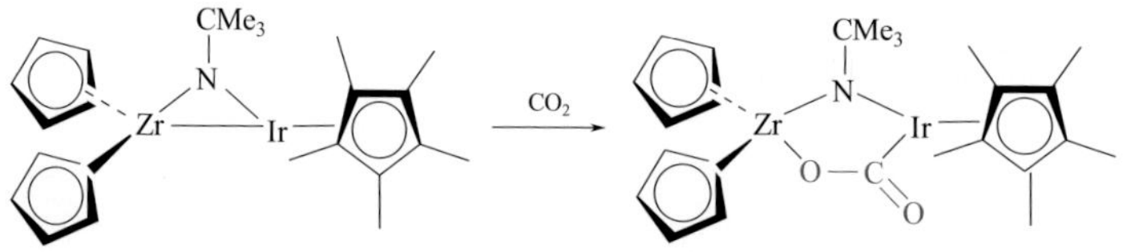

图1-11　典型 μ_2-η^2 型 CO_2 配合物

μ_2-η^3 型 CO_2 配合物中，碳原子与一个金属中心 M_1 结合，两个氧原子则与另一个金属 M_2 结合，并且有两种结构不同的类型：Class I 和 Class II。Class I 具有对称的 O—M_2 键，而 Class II 型配合物中 O—M_2 键长不相等，且 Class II 型配合物的 O—C—O 键角通常比 Class I 型配合物大。Class I 型配合物中 CO_2 通常桥接在两种过渡金属之间，具有几乎相等的 C—O 和 O—M_2 键长以及较小的 O—C—O 键角。如图 1-12 所示，Tso 和 Cutler[67] 选用锆原子作为羧酸氧的锚定原子，利用烷基锆配合物对酸的敏感性来产生桥连基团，合成了第一例 Class I 型配合物。Cutler 等[68] 还利用铁和钌金属羧酸盐 $CpM(CO_2)CO_2Na^+$（M=Fe，Ru；Cp=η^5-C_5H_5）与二茂锆或二茂钛反应，制备了一系列 Class I 型配合物。Geoffroy 等[69-70] 报道了第一例通过 [2+2] 环加成反应所制备的 Class I 型 μ_2-η^3 稀土/钨配合物。在一些特殊情况下，基于 Cp^* 类强给电子配体增强金属羧酸盐的亲核性，μ_2-η^3 配合物可以直接从 μ_2-η^2 配合物的转化反应中获得[71-72]。

图1-12　典型 μ_2-η^3 Class I 型 CO_2 配合物

Class II 型配合物中，O—M_2 键长不相等，且 O—C—O 键角通常比 Class I 型配合物大。Gladysz 等[73] 利用 $CpRe(NO)(PPh_3)CO_2^-K^+$ 与氯化三甲基锡反应，报道了第一例 μ_2-η^3 Class II 型 CO_2 配合物，如图 1-13 所示。Gibson 等[74-75] 报道了由金属羧酸根阴离子和 $ClSnPh_3$ 制备的铁配合物，并在水介质中利用金属羰基阳离子和卤化锡原位形成金属羧酸盐，高产率 (54%～90%) 地获得 CO_2 桥连配合物。值得指出的是，直接使用金属羧酸化合物与卤化锡反应也能合成 CO_2 配合物，如采用 $Cp^*Re(CO)(NO)COOH$（Cp^*=η^5-C_5Me_5）与 $ClSnPh_3$ 反应

可以获得 μ_2-η^3 型配合物 [76]。

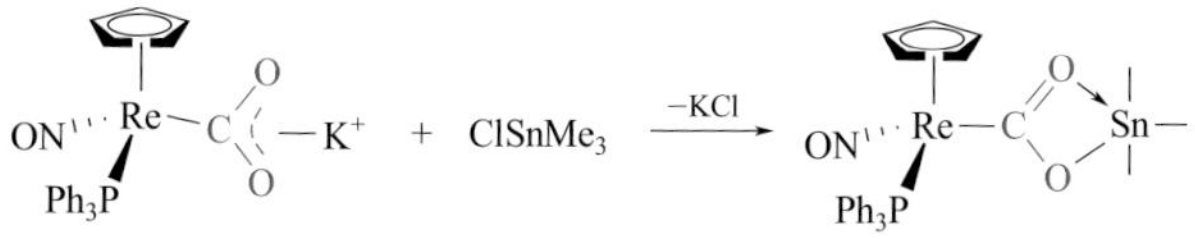

图1-13 典型 μ_2-η^3 Class II 型 CO_2 配合物

当一分子二氧化碳与三个或三个以上金属中心反应时，可以合成 μ_3-η^3、μ_3-η^4、μ_4-η^4、μ_4-η^5 等四种类型的 CO_2 配合物。μ_3-η^3 型 CO_2 配合物由一分子 CO_2 与三个金属中心配位形成，Lewis 和 Johnson 等 [77] 采用 $Os_6(CO)_{18}$ 与 $Os_3(CO)_{11}H^-$ 反应产生 μ_3-η^3 型簇阴离子 $HOs_3(CO)_{10}(O_2C)Os_6(CO)_{17}^-$，制备了第一例 μ_3-η^3 型 CO_2 配合物。Ziegler 等 [78] 利用 $Re_2(CO)_{10}$ 在 NO 和环辛三烯（COT）下的光解反应，合成了 μ_3-η^3 铼簇合物，不过产率较低。Caulton 等 [79-80] 则利用 CO_2 与 2 倍物质的量的 $(COD)RhH_3Os(PMe_2Ph)_3$（COD=1,5-环辛二烯）直接反应制备 μ_3-η^3 型 CO_2 配合物，如图 1-14 所示。

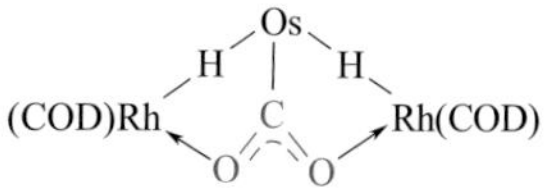

图1-14 典型 μ_3-η^3 型 CO_2 配合物

μ_3-η^4 型 CO_2 配合物报道得很少，唯一例子是 Floriani 等 [81-82] 合成的 Co(^{n}Pr-Salen❶)(CO_2)K(THF)，该配合物体现了 CO_2 与三个金属中心相互作用的"特殊"结合模式，如图 1-15 所示。值得注意的是，该结果有力地支持了关于 Co(Salen)M 双核体系活化二氧化碳的假设，对理解二氧化碳的活化与转化机制有很好的启发。

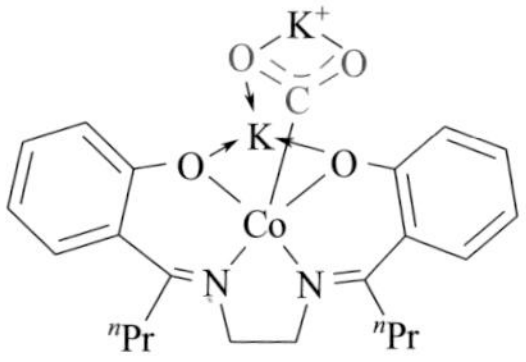

图1-15 典型 μ_3-η^4 型 CO_2 配合物

---

❶ 一种由1分子伯二胺和2分子邻羟基苯甲醛缩合得到的螯合配体。

$\mu_4\text{-}\eta^4$ 型化合物的合成比较有戏剧性，一开始 Tanaka 等 [83-84] 利用 [Ru(bpy❶)$_2$ (CO)$_2$](PF$_6$)$_2$ 与 2 倍物质的量的 ^{n}Bu$_4$NOH 反应生成水合 CO$_2$ 配合物，最初被认为是 "η^1 型 CO$_2$ 配合物"。然而，随后的结构分析发现配合物中羧基被水合化，配合物的每个结构单元是由 2 分子 [Ru(bpy)$_2$(CO)(CO$_2$)] 和 6 分子水通过氢键结合在一起的，每个 CO$_2$ 配体的 1 个氧原子与 1 个水分子以氢键相连，而第二个氧原子则与另外两个水分子结合，形成具有三个氢键的 $\mu_4\text{-}\eta^4$ 型 CO$_2$ 配合物。

$\mu_4\text{-}\eta^5$ 型配合物也很少见，唯一的例子是 Caulton 等 [80] 利用 (COD)$_2$Rh$_2$H$_2$Os (CO$_2$) 与 ZnBr$_2$ 反应，得到两个羧基氧均与锌配位的配合物，并证明了该配合物具有 $\mu_4\text{-}\eta^5$ 配合物结构特征。

三、无金属催化剂下的活化

如上所述，金属催化剂有多种 CO$_2$ 活化方式，是目前 CO$_2$ 转化利用的关键。不过金属配合物存在合成难度大、稳定性不足、金属杂质污染反应产物等问题，近年来无金属参与的有机催化剂活化 CO$_2$ 已经成为该领域的重要发展趋势。用于 CO$_2$ 活化的无金属催化剂包含有机胺体系、氮杂环卡宾体系、离子液体体系、受阻路易斯酸碱对体系、酚氧和烷氧体系等 5 类 [85]，下面进行分别介绍。

1. 有机胺体系

有机胺有碱性特征，CO$_2$ 则为酸性气体，因而有机胺有可能用于活化 CO$_2$。有机胺的活化方式与其类型相关，伯胺、仲胺含有 N—H 键，CO$_2$ 可插入其中形成氨基甲酸中间体，该中间体很快与另一分子伯胺或仲胺反应生成相应的氨基甲酸盐化合物，如图 1-16 所示 [86-87]。值得指出的是，该过程是 2 分子胺活化固定 1 分子 CO$_2$，活化固定效率理论值只有 0.5，效率较低。

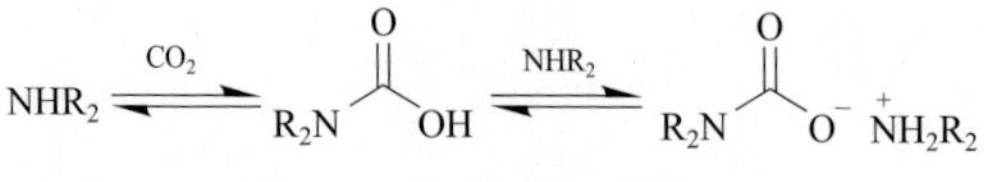

图1-16　伯胺、仲胺对CO$_2$的活化固定

叔胺的氮原子上没有活泼氢，无法像伯胺或仲胺那样与 CO$_2$ 直接反应，但是氮原子上的一对孤对电子可以使其表现较强的碱性与亲核性，易进攻二氧化

---

❶ bpy——连吡啶。

碳中心碳原子而形成相应的 R_3N-CO_2 加合物。目前叔胺化合物对二氧化碳的固定、活化研究主要集中在胍类衍生物等大环有机碱，其结构如图 1-17 所示。例如，1,8-二氮杂双环 [5.4.0] 十一碳-7-烯（DBU）和 1,5,7-三氮杂双环 [4.4.0] 十二碳-5-烯（TBD）已经广泛应用于 CO_2 分子的活化中。DBU 的强碱性有利于二氧化碳的亲核反应形成 CO_2 加合物。Franco 等 [88-89] 采用该加合物合成了 N-烷基氨基甲酸酯，获得了该加合物与 H_2O 通过氢键作用经质子化转移生成的单晶结构 [DBUH]$^+$[HCO$_3$]$^-$。2010 年，Villiers 等 [90] 在严格无水条件下得到 TBD-CO_2 加合物，X 射线衍射表明其单晶结构中 N—C（CO_2 中的碳原子）的键长为 1.48Å（1Å=0.1nm），略大于在氨基甲酸酯中观察到的典型 N—C 键长（约 1.35Å）。该加合物在固态或极性溶剂如乙腈中能稳定存在，但在真空或四氢呋喃（THF）溶剂中不稳定，易释放出 CO_2 重新生成 TBD。

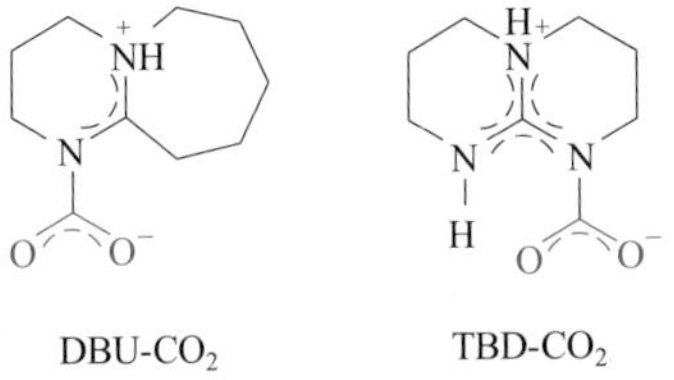

DBU-CO_2 TBD-CO_2

图1-17　胍类有机胺对 CO_2 的活化固定

2. 氮杂环卡宾体系

卡宾是指碳原子上只有两个价键连有基团，还剩两个未成键自由电子的高活性中间体。最简单的卡宾为亚甲基卡宾，但是由于亚甲基卡宾极不稳定，限制了其在化学反应中的应用。

氮杂环卡宾（NHCs）由于其独特的稳定结构，受到学术界的广泛关注。一方面，卡宾中心碳原子上的空 p 轨道和氮原子上具有孤对电子的 p 轨道之间可进行电子传递，从而削弱卡宾中心碳原子的缺电性。另一方面，与卡宾中心碳原子相连的氮原子电负性较大，其吸电子效应可稳定卡宾中心碳原子上的孤对电子。

该领域具有里程碑意义的研究工作是 1991 年 Arduengo 等 [91] 分离出稳定的大位阻金刚烷取代的氮杂环卡宾，并利用 X 射线单晶衍射证明了其结构。尽管中心碳原子为六电子缺电子体系，氮杂环卡宾却表现出较强的供电子能力与亲核性，这引起了化学家对其碱性的研究兴趣。Alder 等 [92] 利用氮杂环卡宾与含有活泼 C—H 键的茚或芴反应来测定其碱性，如图 1-18 所示。卡宾可完全拔掉茚（$pK_a = 20.1$）

分子中的活泼氢而生成相应的阴离子，而芴（pK_a = 22.9）只能部分反应，由此推断该卡宾的 pK_a 约为 24，其碱性明显强于胍类化合物如 DBU、MTBD 等。

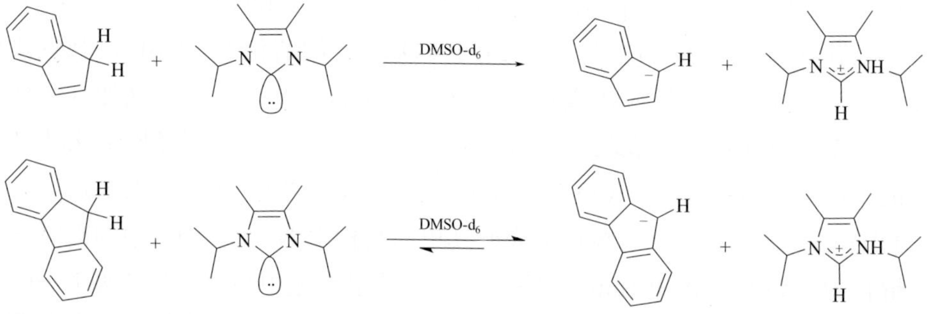

图1-18　卡宾与茚或芴的化学反应

1999 年 Kuhn 等[93] 利用 NHCs 活化 CO_2 分子，证明生成了两性离子加合物，如图 1-19（a）所示。Louie 等[94] 在 1,3-二均三甲苯基咪唑-2-亚基（IMes）或 1,3-双（2,6-二异丙基苯基）咪唑-2-烯（IPr）的四氢呋喃溶液中通入 1atm（1atm=101325Pa）CO_2，获得了单晶化合物，其 O—C—O 的键角约为 130°，更接近于激发态理论计算值（137°），表明加合物中 CO_2 处于活化状态，如图 1-19（b）所示。有趣的是，Bertrand 等[95] 合成了活性点不在 2 号碳上的异常氮杂环卡宾（aNHCs），其活性点在 4 或 5 号碳上，也可与 CO_2 反应制备出加合物 aNHCs-CO_2，如图 1-19（c）所示。

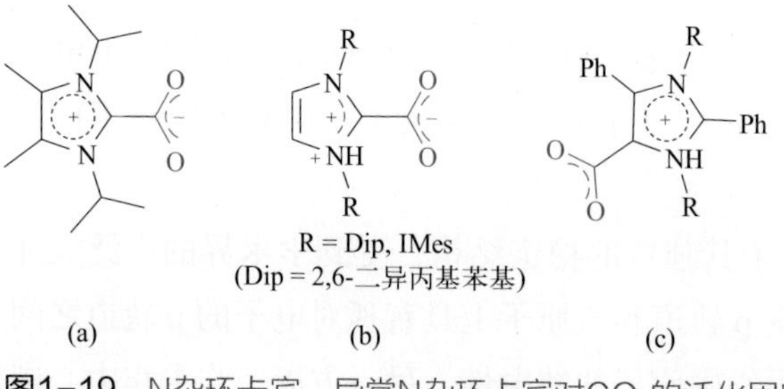

R = Dip, IMes
(Dip = 2,6-二异丙基苯基)

(a)　　　　　　(b)　　　　　　(c)

图1-19　N杂环卡宾、异常N杂环卡宾对CO_2的活化固定

文献上 NHCs-CO_2 加合物带来了许多成功的反应。吕小兵等[96] 利用 NHCs-CO_2 加合物高效催化 CO_2 与环氧烷烃的环加成反应制备环状碳酸酯，如图 1-20（a）所示。Ikariya 等[97] 则采用 NHCs-CO_2 加合物催化 CO_2 与炔醇的羧环化反应，高效得到了 Z 构型产物，如图 1-20（b）所示。Seayad 等[98] 研究了 NHCs-CO_2 加合物催化 CO_2 与对甲苯磺酰基取代的环氮丙烷的环加成

反应，制备出相应的噁唑啉酮，如图1-20（c）所示。此外，Zhang 等[99] 用 NHCs-CO$_2$ 加合物催化 CO$_2$ 的氢硅化反应制备甲醇，如图1-20（d）所示。上述研究表明氮杂环卡宾在二氧化碳活化与转化方面有重要而广泛的应用前景。

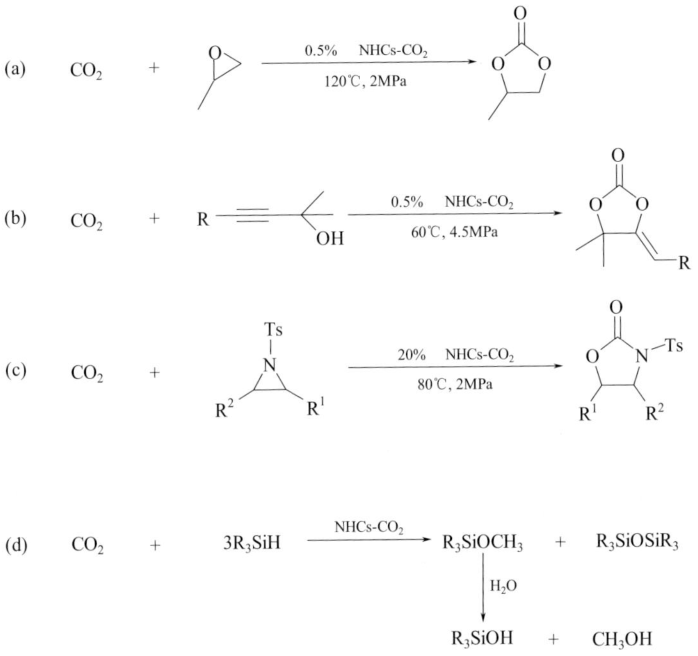

图1-20 NHCs催化CO$_2$与小分子反应
（NHCs-CO$_2$浓度为摩尔分数）

3. 离子液体体系

离子液体（IL）又称室温离子液体、有机离子液体或室温熔融盐等，由有机阳离子和无机/有机阴离子组成，具有 Lewis 酸性中心和 Lewis 碱性中心。与有机溶剂不同，离子液体表现出很高的热稳定性和难挥发性，能够承受反应介质中的高温和高压。此外，还能通过改变抗衡离子的取代基来调节离子液体的性质，因此它们通常被称为"设计溶剂"。2002 年 Davis 等[100] 报道了 CO$_2$ 在氨基官能化离子液体上的化学吸附。离子液体对 CO$_2$ 的活化固定及代表性阴、阳离子种类如图 1-21 所示，典型的例子是 Lei 和 Dai[101] 通过超强碱 7-甲基-1,5,7-三氮杂二环[4.4.0]癸-5-烯（MTBD）与部分氟化的醇/咪唑/酚等进行组合，开发出阴离子官能化的质子离子液体（PILs），具有非常高的质子亲和力，甚至可以使弱质子供体去质子化以形成热力学稳定的 PILs。这些 PILs 可以通过离子液体的亲核特性，高效捕获 CO_2，而 CO_2 分子活化后形成的负电荷通过与 IL 的阳离子部分相互作用而得到稳定化。

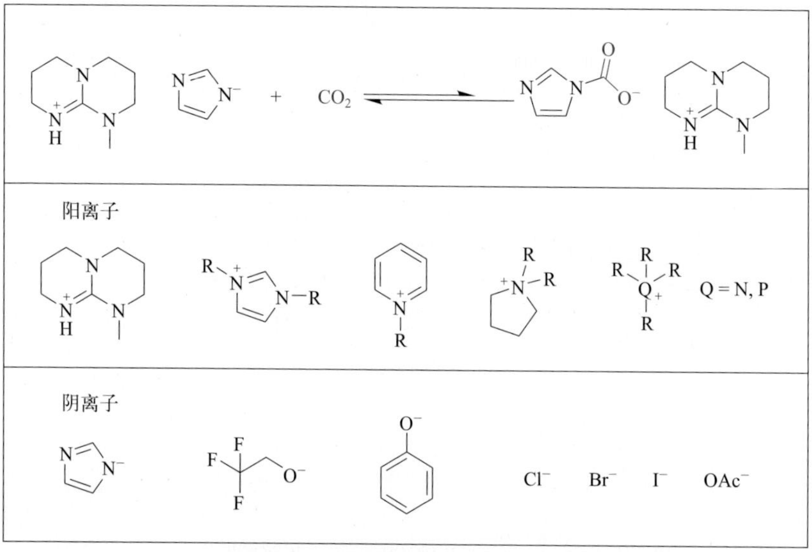

图1-21 离子液体对CO_2的活化固定及代表性阴、阳离子种类

4. 受阻路易斯酸碱对体系

Lewis 酸碱对是指 Lewis 酸碱相互作用，通过配位键形成的稳定加合物。经典的 Lewis 酸碱理论不但拓展了酸、碱种类，还能较好地解释主族元素与过渡元素涉及的酸碱反应机理。但是一些大位阻的三苯基膦/三苯基硼反应时并没有形成 Lewis 加合物，人们将这一新颖体系称为受阻路易斯酸碱对（frustrated Lewis pairs, FLPs）。FLPs 由于其两亲性特征，可以通过路易斯碱（LB）对 CO_2 上的碳原子进行亲核活化，随后通过路易斯酸（LA）对氧原子进行亲电活化，FLPs 因此成为 CO_2 分子活化的研究热点。

依据中心原子的种类，可将 FLPs 分为 P/B、N/B 和 N/P 三类，下面进行分别介绍。

对 P/B（磷/硼烷）体系构成的受阻 Lewis 酸碱对的研究最先来自 2009 年 Stephan 和 Erker 等[102] 的报道，他们在 CO_2 气氛下将 $B(C_6F_5)_3$ 和 P^tBu_3 加入溴苯中，LB 中的磷单元与碳中心结合，LA 中的硼单元与氧中心结合，合成了稳定羧酸盐加合物，如图 1-22 所示。

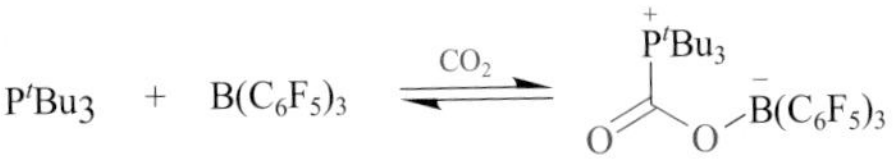

$$P^tBu_3 \ + \ B(C_6F_5)_3 \ \underset{}{\overset{CO_2}{\rightleftharpoons}} \ \overset{\overset{+}{P^tBu_3}}{\underset{O}{\underset{\parallel}{C}}} \overset{}{\underset{O^-B(C_6F_5)_3}{}}$$

图1-22　P/B FLPs体系对CO_2的活化和固定

为了提升 FLPs-CO_2 加合物的热稳定性，Stephan 等[103] 还研究了双硼体系固定活化 CO_2。在低温下制备出加合物单晶，该加合物中只有一个 B 原子与 CO_2 的氧原子结合，而非设想的环状结构，如图 1-23（a）所示。可能是 B—O—B 的键角太大（139.5°），阻止了两个 B 原子与 CO_2 分子的结合。为了减弱键角影响，Stephan 设计出 sp^2 杂化的构型限制双键桥连结构，将两个硼原子连接起来，如图 1-23（b）所示，这两种双硼试剂与 P^tBu_3 组成的 FLPs 体系能够对 CO_2 进行活化和固定，且 CO_2 上两个 O 原子与两个 B 原子结合形成了六元环状结构。

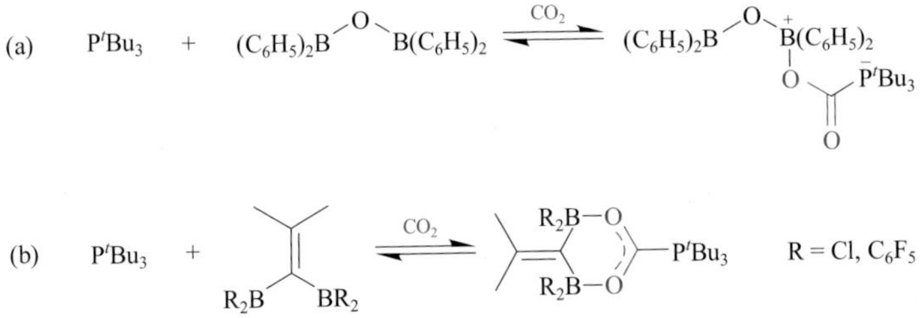

(a)　P^tBu_3　+　$(C_6H_5)_2B\overset{O}{\diagup}\diagdown B(C_6H_5)_2$　$\underset{}{\overset{CO_2}{\rightleftharpoons}}$　$(C_6H_5)_2B\overset{O}{\diagup}\diagdown\overset{+}{B}(C_6H_5)_2$

(b)　P^tBu_3　+　$R_2B\diagdown\diagup BR_2$　$\underset{}{\overset{CO_2}{\rightleftharpoons}}$　$R = Cl, C_6F_5$

图1-23　双硼FLPs体系对CO_2的活化和固定

Stephan 等[104] 合成了四元环状硼脒类化合物，属于 N/B 体系（氮-硼路易斯酸碱对）。由于大位阻基团的存在，该四元环存在一定的环张力。在 CO_2 存在下，四元环可断开一个 B—N 键与 C＝O 双键结合形成六元化合物，如图 1-24 所示。该硼脒类化合物虽然无明显 FLPs 特征，但是在反应中表现出 FLPs 性质，可实现对 CO_2 的活化固定。

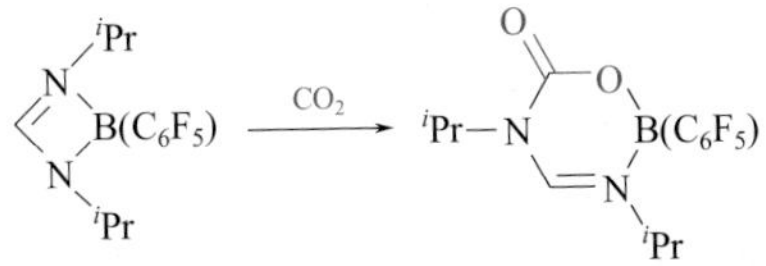

图1-24　硼脒类N/B FLPs体系对CO_2的活化固定

Tamm 等[105] 设计了一种分子内的吡唑-硼化合物，属于吡唑-硼类 N/B FLPs 体系，也可活化和固定 CO_2 形成一种热稳定性较高的加合物，如图 1-25 所示。经单晶衍射表征，该加合物是近乎共平面的双环结构。

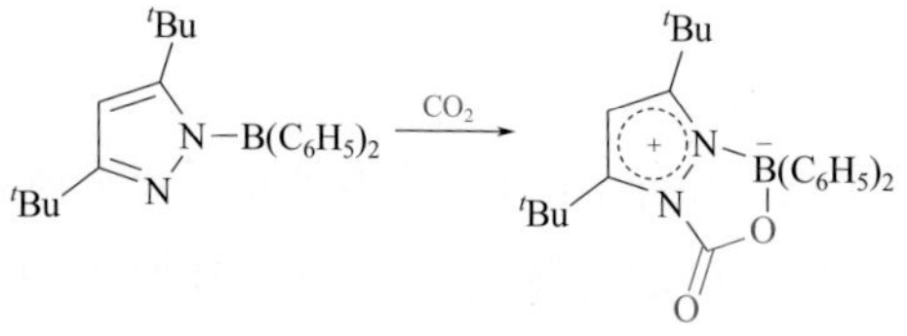

图1-25 吡唑-硼类N/B FLPs体系对CO_2的活化和固定

在上述 N/B 类 FLPs 体系中，磷原子通常作为 Lewis 碱性中心，而硼作为 Lewis 酸性中心。

Stephan 等[106] 报道了一种以磷原子作为 Lewis 酸性中心的 N/P 类 FLPs 体系，他们采用氨基膦/二氨基膦和叔丁基锂反应，得到了五配位磷化合物，如图 1-26 所示，由于其环张力的存在，可以快速捕获一分子或者两分子 CO_2 得到相应的加合物。

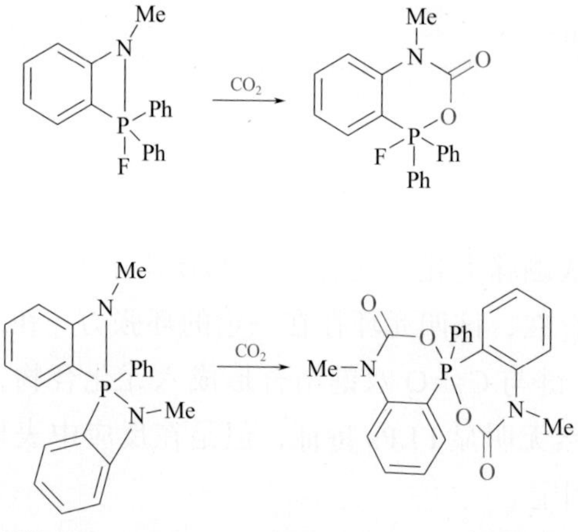

图1-26 N/P FLPs体系对CO_2的活化和固定

5. 酚氧和烷氧体系

与磷原子和氮原子相比，以氧原子作为活性位点活化 CO_2 的研究相对较少。2002 年 Rossi 等[107] 发现四丁基甲醇铵和四丁基乙醇铵溶液可以快速与

CO_2 反应而得到相应的加合物，随后加合物与卤代烃反应可以制备链式碳酸酯，如图 1-27 所示。

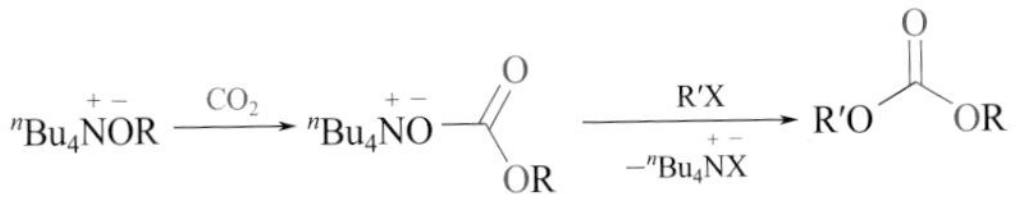

图1-27 四丁基铵碳酸酯及链式碳酸酯的合成

2010 年，Heldebrant 等[108]发现烷氧功能化的胍或脒类体系可以活化固定 CO_2。如图 1-28 所示，胍或脒作为有机碱夺取醇羟基上活泼氢产生烷氧负离子，再进攻 CO_2 得到分子内碳酸酯离子对。在加热的条件下，碳酸根负离子与离子对中胍结构中心的缺电子碳作用形成稳定的八元环，而脒形成的离子对在加热情况下则会释放出 CO_2。

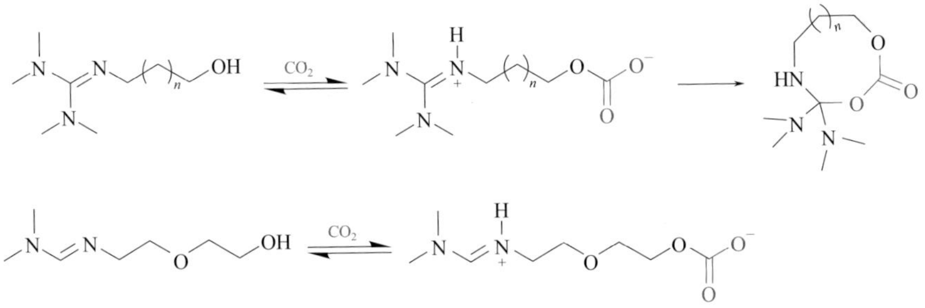

图1-28 烷氧功能化胍或脒对 CO_2 的活化和固定

总结与展望

工业革命以来，大气中 CO_2 浓度已超过 $400mL/m^3$，对全球气候产生深远的影响。如何减少 CO_2 排放，降低大气中 CO_2 浓度备受关注；此外，CO_2 作为无毒、廉价、储量丰富的碳一资源，其固定化及资源化是世界各国普遍关注的重要课题之一。

然而，CO_2 作为碳的最高氧化态，化学性质稳定，其捕获和收集成本较高，通过催化转化将 CO_2 转化为高附加值的化工产品是最具有市场潜力、应用前景较好的途径之一。由于 CO_2 的化学惰性，催化剂的设计将是这一领域的研究热点，CO_2 化学未来是否有竞争力的关键在于开发出在温和条件下使用的高效催化剂。虽然化工利用 CO_2 的量与燃料使用所排放 CO_2 量存在数量级差距，但可以预期 CO_2 化学对未来社会的能源结构和化学产业将产生巨大的影响，具有环境、资源和经济效益等多重意义。

参考文献

[1] Inoue S, Koinuma H, Tsuruta T. Copolymerization of carbon dioxide and epoxide with organometallic compounds[J]. Die Makromolekulare Chemie, 1969, 130 (1): 210-220.

[2] Shi X, Xiao H, Song J, et al. Sorbents for the direct capture of CO_2 from ambient air[J]. Angewandte Chemie International Edition, 2020, 59 (18): 6984-7006.

[3] Adesina A. Recent advances in the concrete industry to reduce its carbon dioxide emissions[J]. Environmental Challenges, 2020, 1: 100004.

[4] Gür T. Carbon dioxide emissions, capture, storage and utilization: Review of materials, processes and technologies[J]. Progress in Energy and Combustion Science, 2022, 89: 100965.

[5] Adams S, Nsiah C. Reducing carbon dioxide emissions; Does renewable energy matter?[J]. Science of The Total Environment, 2019, 693: 133288.

[6] Leung D, Caramanna G, Maroto-Valer M. An overview of current status of carbon dioxide capture and storage technologies[J]. Renewable and Sustainable Energy Reviews, 2014, 39: 426-443.

[7] Raza A, Gholami R, Rezaee R, et al. Significant aspects of carbon capture and storage–A review[J]. Petroleum, 2019, 5 (4): 335-340.

[8] Gao W, Liang S, Wang R, et al. Industrial carbon dioxide capture and utilization: state of the art and future challenges[J]. Chemical Society Reviews, 2020, 49 (23): 8584-8686.

[9] Godin J, Liu W, Ren S, et al. Advances in recovery and utilization of carbon dioxide: A brief review[J]. Journal of Environmental Chemical Engineering, 2021, 9 (4): 105644.

[10] Chapman A, Keyworth C, Williams C, et al. Adding value to power station captured CO_2: Tolerant Zn and Mg homogeneous catalysts for polycarbonate polyol production[J]. ACS Catalysis, 2015, 5 (3): 1581-1588.

[11] Liao G, Liu L, Zhu H, et al. Effects of technical progress on performance and application of supercritical carbon dioxide power cycle: A review[J]. Energy Conversion and Management, 2019, 199: 111986.

[12] Fakher S, Imqam A. Application of carbon dioxide injection in shale oil reservoirs for increasing oil recovery and carbon dioxide storage[J]. Fuel, 2020, 265: 116944.

[13] Zhang Z, Anthony E, Manovic V, et al. Recent advances in carbon dioxide utilization[J]. Renewable and Sustainable Energy Reviews, 2020, 125: 109799.

[14] Bhatia S, Kumar G, Yang Y, et al. Carbon dioxide capture and bioenergy production using biological system–A review[J]. Renewable and Sustainable Energy Reviews, 2019, 110: 143-158.

[15] Sakakura T, Choi J , Yasuda, H. Transformation of carbon dioxide[J]. Chemical Reviews, 2007, 107 (6): 2365-2387.

[16] 冯庆祥. 我国工业液体二氧化碳生产技术现状及改进方向 [J]. 低温与特气，1997，18 (02): 3-9.

[17] Deacy A, Phanopoulos A, Williams C, et al. Insights into the mechanism of carbon dioxide and propylene oxide ring-opening copolymerization using a Co(Ⅲ)/K(Ⅰ) heterodinuclear catalyst[J]. Journal of the American Chemical Society, 2022, 144 (39): 17929-17938.

[18] Cao H, Wang X, Wang F, et al. Homogeneous metallic oligomer catalyst with multisite intramolecular cooperativity for the synthesis of CO_2-based polymers[J]. ACS Catalysis, 2019, 9 (9): 8669-8676.

[19] Cao H, Wang F, Wang X, et al. On-demand transformation of carbon dioxide into polymers enabled by a comb-shaped metallic oligomer catalyst[J]. ACS Catalysis, 2022, 12 (1): 481-490.

[20] Wang M, Wang X, Wang F, et al. Aldehyde end-capped CO_2-based polycarbonates: a green synthetic platform for site-specific functionalization[J]. Polymer Chemistry, 2022, 13 (12): 1731-1738.

[21] Kuran W, Rokicki A, Wielgopolan W. Co-polymerization of carbon-dioxide and propylene sulfide[J]. Die Makromolekulare Chemie, 1978, 179 (10): 2545-2548.

[22] Shi R, Arai M, Zhao F, et al. Synthesis of polyurea thermoplastics through a nonisocyanate route using CO_2 and aliphatic diamines[J]. ACS Sustainable Chemistry & Engineering, 2020, 8 (50): 18626-18635.

[23] Jiang S, Arai M, Zhao F, et al. Direct synthesis of polyurea thermoplastics from CO_2 and diamines[J]. ACS Applied Materials & Interfaces, 2019, 11 (50): 47413-47421.

[24] Wu P, Arai M, Zhao F, et al. New kind of thermoplastic polyurea elastomers synthesized from CO_2 and with self-healing properties[J]. ACS Sustainable Chemistry & Engineering, 2020, 8 (33): 12677-12685.

[25] Ihata O, Kayaki Y, Ikariya T. Synthesis of thermoresponsive polyurethane from 2-methylaziridine and supercritical carbon dioxide[J]. Angewandte Chemie International Edition, 2004, 43 (6): 717-719.

[26] Ihata O, Kayaki Y, Ikariya T. Double stimuli-responsive behavior of aliphatic poly(urethane-amine)s derived from supercritical carbon dioxide[J]. Chemical Communications, 2005, 17: 2268-2270.

[27] Ihata O, Kayaki Y, Ikariya T. Aliphatic poly(urethane-amine)s synthesized by copolymerization of aziridines and supercritical carbon dioxide Double stimuli-responsive behavior of aliphatic poly(urethane-amine)s derived from supercritical carbon dioxide[J]. Macromolecules, 2005, 38 (15): 6429-6434.

[28] Xu Y, Ren W, Lu X, et al. Crystalline polyesters from CO_2 and 2-butyne via alpha-methylene-beta-butyrolactone intermediate double stimuli-responsive behavior of aliphatic poly(urethane-amine)s derived from supercritical carbon dioxide[J]. Macromolecules, 2016, 49 (16): 5782-5787.

[29] Song B, Ling J, Tang B, et al. Multifunctional linear and hyperbranched five-membered cyclic carbonate-based polymers directly generated from CO_2 and alkyne-based three-component polymerization[J]. Macromolecules, 2019, 52 (15): 5546-5554.

[30] Oi S, Fukue Y, Inoue Y, et al. Synthesis of poly(alkyl alkynoates) from diynes, CO_2, and alkyl dihalides by a copper(Ⅰ) salt catalyst[J]. Macromolecules, 1996, 29 (7): 2694-2695.

[31] Song B, Qin A, Tang B, et al. Direct polymerization of carbon dioxide, diynes, and alkyl dihalides under mild reaction conditions[J]. Macromolecules, 2018, 51 (1): 42-48.

[32] 丁民丞，吴缨. 碳捕集和储存技术的现状与未来 [J]. 中国电力企业管理，2009，11 (31): 15-18.

[33] Figueroa J, Fout T, Srivastava R, et al. Advances in CO_2 capture technology—The U.S. Department of Energy's Carbon Sequestration Program[J]. International Journal of Greenhouse Gas Control, 2008, 2 (1): 9-20.

[34] Yong Z, Mata V, Rodrigues A. Adsorption of carbon dioxide at high temperature—A review[J]. Separation and Purification Technology, 2002, 26 (2): 195-205.

[35] Zhan J, Chu G, Zou H, et al. Simultaneous absorption of H_2S and CO_2 into the MDEA + PZ aqueous

solution in a rotating packed bed[J]. Industrial & Engineering Chemistry Research, 2020, 59 (17): 8295-8303.

[36] Borhani T N, Wang M. Role of solvents in CO_2 capture processes: The review of selection and design methods[J]. Renewable and Sustainable Energy Reviews, 2019, 114: 109299.

[37] Ahmed R, Ullah H, Ali M, et al. Recent advances in carbon-based renewable adsorbent for selective carbon dioxide capture and separation-A review[J]. Journal of Cleaner Production, 2020, 242: 118409.

[38] Breyer C, Fasihi M, Creutzig F, et al. Direct air capture of CO_2: A key technology for ambitious climate change mitigation[J]. Joule, 2019, 3 (9): 2053-2057.

[39] Anyanwu J, Wang Y, Yang R, et al. Amine-grafted silica gels for CO_2 capture including direct air capture[J]. Industrial & Engineering Chemistry Research, 2020, 59 (15): 7072-7079.

[40] Odunlami O A, Ogunlade S K, Fakinle B S, et al. Advanced techniques for the capturing and separation of CO_2–A review[J]. Results in Engineering, 2022, 15: 100512.

[41] Nikolai P, Aslan A, Ilmutdin A, et al. Supercritical CO_2: Properties and technological applications - A review[J]. Journal of Thermal Science, 2019, 28 (3): 394-430.

[42] White M, Bianchi G, Sayma A, et al. Review of supercritical CO_2 technologies and systems for power generation[J]. Applied Thermal Engineering, 2021, 185: 116447.

[43] Yu G, Zhang S, Mori R, et al. Design of task-specific ionic liquids for capturing CO_2: A molecular orbital study[J]. Industrial & Engineering Chemistry Research, 2006, 45 (8): 2875-2880.

[44] Gibson D. The organometallic chemistry of carbon dioxide[J]. Chemical Reviews, 1996, 96 (6): 2063-2096.

[45] Leitner W. The coordination chemistry of carbon dioxide and its relevance for catalysis: A critical survey[J]. Coordination Chemistry Reviews, 1996, 153: 257-284.

[46] Pérez E, Launay J, Franco D, et al. Activation of carbon dioxide by bicyclic amidines[J]. The Journal of Organic Chemistry, 2004, 69 (23): 8005-8011.

[47] Darensbourg D J, Sanchez K M, Reibenspies J H, et al. Synthesis, structure, and reactivity of zerovalent group 6 metal pentacarbonyl aryl oxide complexes. Reactions with carbon dioxide[J]. Journal of the American Chemical Society, 1989, 111 (18): 7094-7103.

[48] Moncrieff D, Wilson S. On the accuracy of the algebraic approximation in molecular electronic structure calculations. Ⅳ. An application to a polyatomic molecule: the CO_2 molecule in the Hartree-Fock approximation[J]. Journal of Physics B: Atomic, Molecular and Optical Physics, 1995, 28 (18): 4007.

[49] Dalpozzo R, Gabriele B, Mancuso R, et al. Recent advances in the chemical fixation of carbon dioxide: A green route to carbonylated heterocycle synthesis[J]. Catalysts, 2019, 9 (6): 511.

[50] Kihara N, Hara N, Endo T. Catalytic activity of various salts in the reaction of 2,3-epoxypropyl phenyl ether and carbon dioxide under atmospheric pressure[J]. The Journal of Organic Chemistry, 1993, 58 (23): 6198-6202.

[51] Chen L, Chen H, Lin J, et al. Copolymerization of carbon dioxide and propylene oxide with zinc catalysts supported on carboxyl-containing polymers[J]. Journal of Macromolecular Science: Part A - Chemistry, 1987, 24 (3-4): 253-260.

[52] Arakawa H, Dinjus E, Dixon D, et al. Catalysis research of relevance to carbon management: progress, challenges, and opportunities[J]. Chemical Reviews, 2001, 101 (4): 953-996.

[53] Sakakura T, Choi J, Yasuda, H. Transformation of carbon dioxide[J]. Chemical Reviews, 2007, 107 (6): 2365-2387.

[54] Grice K. Carbon dioxide reduction with homogenous early transition metal complexes: Opportunities and challenges for developing CO_2 catalysis[J]. Coordination Chemistry Reviews, 2017, 336: 78-95.

[55] Yin X, Moss J. Recent developments in the activation of carbon dioxide by metal complexes[J]. Coordination Chemistry Reviews, 1999, 181 (1): 27-59.

[56] Behr A. Carbon dioxide as an alternative C_1 synthetic unit: Activation by transition-metal complexes[J]. Angewandte Chemie International Edition, 1988, 27 (5): 661-678.

[57] Huang K, Sun C, Shi Z, et al. Transition-metal-catalyzed C–C bond formation through the fixation of carbon dioxide[J]. Chemical Society Reviews, 2011, 40 (5): 2435-2452.

[58] Gibson D. Carbon dioxide coordination chemistry: metal complexes and surface-bound species. What relationships?[J]. Coordination Chemistry Reviews, 1999, 185-186: 335-355.

[59] Calabrese J, Herskovitz T, Kinney J, et al. Carbon dioxide coordination chemistry. 5. The preparation and structure of the rhodium complex $Rh(\eta^1\text{-}CO_2)(Cl)(diars)_2$[J]. Journal of the American Chemical Society, 1983, 105 (18): 5914-5915.

[60] Aresta M, Nobile C, Manassero M, et al. New nickel–carbon dioxide complex: synthesis, properties, and crystallographic characterization of (carbon dioxide)-bis(tricyclohexylphosphine)nickel [J]. Journal of the Chemical Society, Chemical Communications, 1975 (15): 636-637.

[61] Bristow G, Hitchcock P, Lappert M. A novel carbon dioxide complex: synthesis and crystal structure of $[Nb(\eta\text{-}C_5H_4Me)_2(CH_2SiMe_3)(\eta^2\text{-}CO_2)][J]$. Journal of the Chemical Society, Chemical Communications, 1981 (21): 1145-1146.

[62] Hanna T, Baranger A, Bergman R. Reaction of carbon dioxide and heterocumulenes with an unsymmetrical metal-metal bond. Direct addition of carbon dioxide across a zirconium-iridium bond and stoichiometric reduction of carbon dioxide to formate[J]. Journal of the American Chemical Society, 1995, 117 (45): 11363-11364.

[63] Szalda D J, Chou M H, Fujita E, et al. Properties and reactivity of metallocarboxylates. Crystal and molecular structure of the $-CO_2^{2-}$-bridged "polymer" $\{[Co^{III}(en)_2(CO_2)](ClO_4)\cdot H_2O\}_n$[J]. Inorganic Chemistry, 1992, 31 (22): 4712-4714.

[64] Gibson D, Ye M, Richardson J. Synthesis and characterization of $\mu_2\text{-}\eta^2$- and $\mu_2\text{-}\eta^3\text{-}CO_2$ complexes of iron and rhenium[J]. Journal of the American Chemical Society, 1992, 114 (24): 9716-9717.

[65] Pinkes J, Cutler A. Iron-tin carbon dioxide complexes $(\eta^5\text{-}C_5Me_5)(CO)_2FeCO_2SnR_3$ (R = Me, Ph): Observations pertaining to unsymmetrical metallocarboxylates and carboxylate-carbonyl ^{13}C-label exchange[J]. Inorganic Chemistry, 1994, 33 (4): 759-764.

[66] Gibson D, Richardson J, Mashuta M, et al. Characterization and thermolysis reactions of CO_2-bridged iron-tin and rhenium-tin complexes. Structure-reactivity correlations[J]. Organometallics, 1995, 14 (3): 1242-1255.

[67] Tso C C, Cutler A R. Heterobimetallic $\mu(\eta^1\text{-}C{:}\eta^2\text{-}O,O')$ carbon dioxide and $\mu(\eta^1\text{-}C,O)$ formaldehyde complexes $Cp(NO)(CO)Re\text{-}C(O)O\text{-}Zr(Cl)Cp_2$ and $Cp(NO)(CO)Re\text{-}CH_2O\text{-}Zr(Cl)Cp_2$[J]. Journal of the American Chemical Society, 1986, 108 (19): 6069-6071.

[68] Vites J, Giuseppetti-Dry M, Cutler A, et al. Characterization of the heterobimetallic $\mu\text{-}(\eta^1\text{-}C{:}\ \eta^2\text{-}O,O')$ carbon dioxide complexes $(\eta^5\text{-}C_5H_5)(CO)_2MCO_2M'(Cl)(\eta^5\text{-}C_5H_5)_2$ (M=Fe,Ru; M'=Ti,Zr)[J]. Organometallics, 1991, 10 (8): 2827-2834.

[69] Pilato R, Geoffroy G, Rheingold A. Net [2 + 2] cyclo-addition of the metal-oxo bonds of $Cp_2M{=}O$ (Cp = C_5H_5; M = Mo, W) across the carbon-oxygen bond of carbonyl ligands to form μ_2, $\eta^3\text{-}CO_2$ complexes[J]. Journal of the Chemical Society, Chemical Communications, 1989, (17): 1287-1288.

[70] Pilato R, Housmekerides C, Rheingold A, et al. Net [2 + 2] Cycloaddition reactions of the oxo complexes

Cp$_2$M=O (M = Mo, W) with electrophilic organic and organometallic substrates-formation of bimetallic μ_2-η^3-CO$_2$ Complexes[J]. Organometallics, 1990, 9 (8): 2333-2341.

[71] Gibson D, Mehta J, Mashuta M, et al. Synthesis and characterization of rhenium metallocarboxylates[J]. Organometallics, 1994, 13 (4): 1070-1072.

[72] Gibson D, Mashuta M, Richardson J, et al. Synthesis and characterization of carboxyethylene-bridged bimetallic compounds[J]. Organometallics, 1995, 14 (11): 5073-5077.

[73] Senn D, Emerson K, Larsen R, et al. Synthesis, structure, and reactivity of transition-metal main-group-metal bridging carboxylate complexes of the formula (η^5-C$_5$H$_5$)Re(No)(PPh$_3$)(CO$_2$LiLn), (η^5-C$_5$H$_5$)Re(No)PPh$_3$)(CO$_2$KLn), (η^5-C$_5$H$_5$)Re(No)PPh$_3$)(CO$_2$GeLn), (η^5-C$_5$H$_5$)Re(No)PPh$_3$)(CO$_2$SnLn), (η^5-C$_5$H$_5$)Re(No)PPh$_3$)(CO$_2$PbLn) [J]. Inorganic Chemistry, 1987, 26 (17): 2737-2739.

[74] Gibson D, Ong T, Ye M. Synthesis and characterization of iron metallocarboxylates[J]. Organometallics, 1991, 10 (6): 1811-1821.

[75] Gibson D, Richardson J, Ong T. 1-carbonyl-1-η^5-cyclopentadienyl-2,2,2-triphenyl-1-triphenylphosphine-μ-carboxylato-1$_\kappa$C:2$_\kappa$O:2$_\kappa$O'-irontin[J]. Acta Crystallographica Section C, 1991, 47: 259-261.

[76] Gibson D, Mashuta M, Richardson J, et al. Synthesis and characterization of CO$_2$-bridged ruthenium-zirconium and rhenium-zirconium complexes[J]. Organometallics, 1995, 14 (10): 4886-4891.

[77] Eady C, Guy J, Sheldrick G, et al. Synthesis and X-ray structure of an osmium carbonyl anion [HOs$_3$(CO)$_{10}$·O$_2$C·Os$_6$(CO)$_{17}$]$^-$[J]. Journal of the Chemical Society, Chemical Communications, 1976 (15): 602-604.

[78] Balbach B, Helus F, Ziegler M, et al. Nitrogen-dioxide and the isoelectronic cooh group as 5-electron donors in carbonylmetal complexes - preparation and characterization of the 1st metallocarboxylic acid[J]. Angewandte Chemie International Edition, 1981, 20 (5): 470-471.

[79] Lundquist E, Huffman J, Caulton K, et al. Formation of a heterometallic carbon-dioxide complex with concurrent reduction of CO$_2$[J]. Journal of the American Chemical Society, 1986, 108 (26): 8309-8310.

[80] Lundquist E, Mann B, Caulton K, et al. Synthesis and reactivity of a heterometallic CO$_2$ complex[J]. Inorganic Chemistry, 1990, 29 (1): 128-134.

[81] Fachinetti G, Floriani C, Zanazzi P. Bifunctional activation of carbon-dioxide-synthesis and structure of a reversible CO$_2$ carrier[J]. Journal of the American Chemical Society, 1978, 100 (23): 7405-7407.

[82] Gambarotta S, Floriani C, Zanazzi P, et al. Carbon-dioxide fixation - bifunctional complexes containing acidic and basic sites working as reversible carriers[J]. Journal of the American Chemical Society, 1982, 104 (19): 5082-5092.

[83] Tanaka H, Peng S, Tanaka K, et al. Crystal-structure of cis-(carbon monoxide)(η'-carbon dioxide)bis(2,2'-bipyridyl)ruthenium, an active species in catalytic CO$_2$ reduction affording CO and HCOO$^-$[J]. Organometallics, 1992, 11(4): 1450-1451.

[84] Tanaka H, Peng S, Tanaka K, et al. Comparative-study on crystal-structures of [Ru(bpy)$_2$(CO)$_2$](PF$_6$)$_2$, [Ru(bpy)$_2$(Co)(C(O)OCH$_3$)]B(C$_6$H$_5$)$_4$·CH$_3$CN, and [Ru(bpy)$_2$(CO)(η'-CO$_2$)]·3H$_2$O (bpy=2,2'-Bipyridyl)[J]. Inorganic Chemistry, 1993, 32 (8): 1508-1512.

[85] Sreejyothi P, Mandal S. From CO$_2$ activation to catalytic reduction: a metal-free approach[J]. Chemical Science, 2020, 11 (39): 10571-10593.

[86] Crooks J, Donnellan J. Kinetics of the formation of N,N-dialkylcarbamate from diethanolamine and carbon-dioxide in anhydrous ethanol[J]. Journal of the Chemical Society, Perkin Transactions 2, 1988(2): 191-194.

[87] Jo E, Jang K, Kim J, et al. Crystal structure and electronic properties of 2-amino-2-methyl-1-propanol (AMP) carbamate[J]. Chemical Communications, 2010, 46 (48): 9158-9160.

[88] Perez E, Rodrigues U, Franco D, et al. Efficient and clean synthesis of N-alkyl carbamates by transcarboxylation and O-alkylation coupled reactions using a DBU-CO_2 zwitterionic carbamic complex in aprotic polar media[J]. Tetrahedron Letters, 2002, 43 (22): 4091-4093.

[89] Perez E, Santos R, Franco D, et al. Activation of carbon dioxide by bicyclic amidines[J]. The Journal of Organic Chemistry, 2004, 69 (23): 8005-8011.

[90] Villiers C, Thuery P, Ephritikhine M, et al. An isolated CO_2 adduct of a nitrogen base: crystal and electronic structures[J]. Angewandte Chemie-International Edition, 2010, 49 (20): 3465-3468.

[91] Arduengo A, Harlow R, Kline M. A stable crystalline carbene[J]. Journal of the American Chemical Society, 1991: 113 (1): 361-363.

[92] Roger W A, Paul R A, Williams S J. Stable carbenes as strong bases[J]. Journal of the Chemical Society, Chemical Communications,1995 (12): 1267-1268.

[93] Kuhn N, Steimann M, Walker I. Methoxyalkyl functionalized 2,3-dihydroimidazol-2-ylidenes [1][J]. Zeitschrift für Naturforschung B, 1999, 54 (9): 1181-1187.

[94] Duong H, Tekavec T, Louie J, et al. Reversible carboxylation of N-heterocyclic carbenes[J]. Chemical Communications, 2004, 9 (1): 112-113.

[95] Aldeco-Perez E, Frenking G, Bertrand G, et al. Isolation of a C_5-deprotonated imidazolium, a crystalline "Abnormal" N-heterocyclic carbene[J]. Science, 2009, 326 (5952): 556-559.

[96] Zhou H, Qu J, Lu X, et al. N-heterocyclic carbene functionalized MCM-41 as an efficient catalyst for chemical fixation of carbon dioxide[J]. Green Chemistry, 2011, 13 (3): 644-650.

[97] Kayaki Y, Yamamoto M, Ikariya T, et al. N-heterocyclic carbenes as efficient organocatalysts for CO_2 fixation reactions[J]. Angewandte Chemie-International Edition, 2009, 48 (23): 4194-4197.

[98] Seayad A, Garland M, Yoshinaga K, et al. Self-supported chiral titanium cluster (SCTC) as a robust catalyst for the asymmetric cyanation of imines under batch and continuous flow at room temperature[J]. Chemistry, 2012, 18 (18): 5693-5700.

[99] Riduan S, Zhang Y, Ying J, et al. Conversion of carbon dioxide into methanol with silanes over N-heterocyclic carbene catalysts[J]. Angewandte Chemie-International Edition, 2009, 48 (18): 3322-3325.

[100] Bates E, Davis J, Ntai I, et al. CO_2 capture by a task-specific ionic liquid[J]. Journal of the American Chemical Society, 2002, 124 (6): 926-927.

[101] Wang C, Li H, Dai S, et al. Carbon dioxide capture by superbase-derived protic ionic liquids[J]. Angewandte Chemie International Edition, 2010, 49 (34): 5978-5981.

[102] Momming C, Stephan D, Erker G, et al. Reversible metal-free carbon dioxide binding by frustrated Lewis pairs[J]. Angewandte Chemie International Edition, 2009, 48 (36): 6643-6646.

[103] Zhao X, Stephan D. Bis-boranes in the frustrated Lewis pair activation of carbon dioxide[J]. Chemical Communications, 2011, 47 (6): 1833-1835.

[104] Dureen M, Stephan D. Reactions of boron amidinates with CO_2 and CO and other small molecules[J]. Journal of the American Chemical Society, 2010, 132 (38): 13559-13568.

[105] Theuergarten E, Jones P, Tamm M, et al. Fixation of carbon dioxide and related small molecules by a bifunctional frustrated pyrazolylborane Lewis pair[J]. Dalton Transactions, 2012, 41 (30): 9101-9110.

[106] Hounjet L, Caputo C, Stephan D, et al. Phosphorus as a Lewis acid: CO sequestration with

amidophosphoranes[J]. Angewandte Chemie-International Edition, 2012, 51 (19): 4714-4717.

[107] Verdecchia M, Palombi L, Rossi L, et al. A safe and mild synthesis of organic carbonates from alkyl halides and tetrabutylammonium alkyl carbonates[J]. The Journal of Organic Chemistry, 2002, 67 (23): 8287-8289.

[108] Heldebrant D, Yonkera C, Jessop P. Reversible zwitterionic liquids, the reaction of alkanol guanidines, alkanol amidines, and diamines with CO$_2$[J]. Green Chemistry, 2010, 12 (4): 713-721.

　　二氧化碳基高分子材料

第二章

二氧化碳共聚物的
合成化学

第一节
二氧化碳的共聚反应

二氧化碳是一种无毒、廉价易得、储量丰富的碳一资源。将 CO_2 固定为尿素、水杨酸、无机碳酸盐、甲醇、甲酸等小分子化合物[1]，已经为化学工业提供了重要的大宗原料，更为丰富的二氧化碳固定和利用技术将为未来石化行业提供原料多元化选择。但是，与人类活动所产生的百亿吨量级且仍不断增加的 CO_2 排放相比，现阶段 CO_2 化学转化利用规模仅为 1 亿吨，远远不足以支持有效的碳减排。另外，CO_2 的化学转化利用仍然需要消耗能源，化学转化全过程很难实现 CO_2 的净减排[2]。

与价格相对较低的化学品相比，将 CO_2 转变为更高附加值的高分子材料是突破上述二氧化碳转化利用经济瓶颈的重要途径。由于 CO_2 是碳的最高氧化态，热力学上高度稳定，因此需要在催化剂作用下使 CO_2 与其他高活性单体进行共聚反应才能制备二氧化碳共聚物，进而获得有应用价值的高分子材料。

二氧化碳共聚物的合成路线分为直接路线和间接路线两大类[3]，直接路线是指以 CO_2 为原料直接与炔烃、二烯烃、二醇、二胺、环氧化物等单体发生共聚合反应制备聚酯、聚脲、聚碳酸酯或聚碳酸酯-醚等高分子材料。间接路线则是指先将 CO_2 固定为可聚合中间体，再通过开环聚合或缩聚等方法得到聚合物，典型例子如日本旭化成公司开发的一种非光气法制备双酚 A 型聚碳酸酯技术，即首先将二氧化碳固定为碳酸二甲酯，然后转化为碳酸二苯酯，再与双酚 A 缩聚制备出聚碳酸酯。本章主要介绍近年来将 CO_2 固定为高分子材料的研究进展，并对该领域的最新进展进行梳理。

一、二氧化碳直接参与的共聚反应

1. 二氧化碳与环氧化物的共聚反应

Inoue 等[4]于 1969 年采用 $ZnEt_2/H_2O$ 催化体系实现了 CO_2 与环氧丙烷（PO）的共聚反应，合成了聚碳酸丙烯酯（又称聚碳酸亚丙酯，PPC），开创了二氧化碳共聚物从无到有的研究历史。随后研究人员发现 CO_2 可与许多环氧单体共聚，如环氧乙烷（EO）、环氧环己烷（CHO）、环氧氯丙烷（ECH）、氧化苯乙烯（SO）、乙烯基环氧环己烷和缩水甘油醚等，目前二氧化碳-环氧化物共聚物是研究最深入、最具工业化前景的二氧化碳共聚物。

Yamada 等[5]采用二酮亚胺钴配合物催化 CO_2-EO 共聚，制备出完全交替的聚碳酸酯，该聚碳酸酯在 220℃开始快速分解，在 260℃时完全分解，几乎没有任何残留物质。以水或二醇等活泼氢化物作链转移剂（CTA），EO 与 CO_2进行调聚反应可以制备低分子量聚碳酸酯多元醇，其中二氧化碳质量分数最高可接近 50%，可用于制备聚氨酯。王献红等[6]采用双金属氰化物（DMC）催化 CO_2-EO 共聚得到碳酸酯单元含量（CU，摩尔分数）和分子量（M_n）可调节的聚碳酸酯-醚（PCE），其具有温度响应性。通过调节反应条件改变 PCE 中的 CU 和 M_n，PCE 的低临界溶解温度（LCST）可以在 20～85℃范围内调节。值得指出的是，EO 是一种低沸点无色单体，由于 EO 易燃易爆，操作难度大，且 EO 与 CO_2的共聚物（PEC）均为水溶性，存在水解、生物降解等多种降解方式，储存稳定性较差，因此相关研究很少。

在 CO_2共聚物中，CO_2与环氧丙烷（PO）的共聚物 PPC 是最具有工业化价值的品种，对其研究也最为深入。通常 CO_2和 PO 共聚反应中除了共聚产物 PPC，也有副产物环状碳酸酯生成，所以产物选择性是合成 PPC 过程中首先考虑的内容。除了产物选择性，PPC 的分子链结构是决定其物化性能的根源所在，其链结构主要包含四个方面，即分子量及其分布、酯段（或醚段）含量、立体化学和端基结构。催化剂对 CO_2与 PO 共聚反应速度、产物选择性以及产物的分子量、微结构等调控起到决定性作用，因此催化剂是二氧化碳共聚反应领域最受关注的焦点，本书也将在催化剂发展史章节进行系统介绍。

环氧环己烷（CHO）是除 PO 以外研究最多的环氧化物单体。相对于 PO 而言，CHO 具有刚性的六元环结构，CHO 与 CO_2的共聚物（PCHC）尽管也是无定形的，但其玻璃化转变温度超过 110℃，而 PPC 的玻璃化转变温度则一般低于 40℃，因此 PCHC 常常作为提高 PPC 玻璃化转变温度的明星聚合物品种。不过，尽管 PCHC 的玻璃化转变温度较高，但由于 PCHC 的主链存在刚性六元环结构，脆性很大，熔融加工十分困难，限制了 PCHC 的应用研发进程。

氧化苯乙烯（SO）和环氧氯丙烷（ECH）是含苯环和卤素等吸电子基团的环氧化物，这类单体与 CO_2的共聚反应十分困难，在聚合过程中易生成副产物环状碳酸酯，导致聚合反应的产物选择性很差。2010 年吕小兵和

Darensbourg 等 [7] 采用单组元双功能 Salen-Co 催化剂实现了 CO_2 与 SO 的交替共聚，获得了碳酸酯单元含量超过 99% 的高分子量共聚物，玻璃化转变温度达到 80℃。

2013 年吕小兵和 Darensbourg 等 [8] 首次利用单组元双功能 Salen-Co 配合物催化剂实现了 CO_2 与 ECH 的交替共聚，获得了碳酸酯单元含量超过 99% 的二氧化碳基聚碳酸酯。由于催化剂结构中季铵盐位阻较大，在催化 CO_2-ECH 共聚过程中，ECH 优先从亚甲基开环，所得聚合物具有明确的立构规整性。CO_2-ECH 共聚物具有结晶行为，且玻璃化转变温度为 42℃，熔点为 108℃ [9]。2013 年张兴宏等 [10] 采用双金属氰化物催化剂实现了 ECH-CO_2 的共聚反应，在 60℃下聚合物选择性可达 88%，不过聚合物的分子量仅为 15000。2016 年 Yoon 等 [11] 采用戊二酸锌催化剂实现了 CO_2-ECH 的共聚反应，所得聚合物玻璃化转变温度达到 44℃，但是催化活性较低（7.89g/g），且所得聚合物分子量仅有 16100。2021 年伍广朋等 [12] 采用双官能有机硼催化剂在 40℃下催化 CO_2-ECH 共聚反应，聚合物选择性可达 99%，且生成完全交替结构的聚合物，分子量最高可达 36500，玻璃化转变温度为 45.4℃。

Coates 等 [13] 采用 β-二亚胺锌催化体系，实现了二氧化碳与柠檬烯环氧化物的高效共聚反应，首次制备了全生物基二氧化碳共聚物。实际上，CO_2 还可以和其他很多环氧化物发生共聚反应，如表 2-1 所示，环氧化物的取代基可以是甲基、乙基、乙烯基、丁烯基、苯基等，而共聚反应的活性和选择性与环氧化物中的取代基链长度成反比。

表2-1　二氧化碳与不同取代基环氧化物的共聚反应

序号	环氧化物	时间/h	催化剂的摩尔分数/%	活性/ [mol PO /(mol Zn · h)]	聚合物选择性/%
1		2	0.05	220	87
2		4	0.05	87	85
3		4	0.1	80	50
4		24	0.1	20	1
5		6	0.1	87	35

对环氧环己烷类单体而言，即使采用同样的催化体系，不同取代基的环氧环己烷与 CO_2 共聚反应的活性仍有明显差异，如表 2-2 所示，环己烷上的取代基数目会影响聚合活性，而对比表中后两个单体发现，氧化柠檬烯（LO）（表中第二个单体）中存在的甲基大幅度降低了共聚活性。

表 2-2　环氧环己烷衍生物与二氧化碳的共聚反应

序号	环氧化物	温度/℃	时间/h	催化剂的摩尔分数/%	活性/[mol PO/(mol Zn·h)]
1	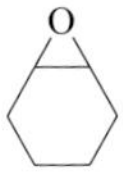	50	10	0.1	1890
2	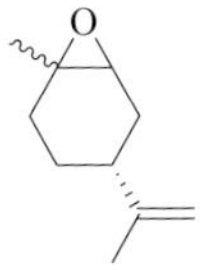	25	120	0.4	37
3	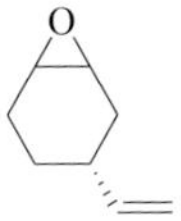	50	10	0.1	1490

Kleij 等[14]使用氨基三酚铝催化剂进行 CO_2 与柠檬烯环氧化物（LO）共聚，结合 DFT 理论计算，发现聚合过程中环状副产物的生成在热力学上是不利的，因此得到共聚物 PLC 的选择性高达 99%。由于 PLC 的侧基带有双键，因此可采用间氯过氧苯甲酸（m-CPBA）来氧化双键，实现侧链双键的环氧化（PLCO），随后在双（三苯基膦）氯化铵（PPNCl）催化下与 CO_2 进行加成反应，制备出侧链含环状碳酸酯的 PLDC，如图 2-1 所示，PLDC 的玻璃化转变温度可达到 180℃，这是目前报道的玻璃化转变温度最高的聚碳酸酯品种[15]。

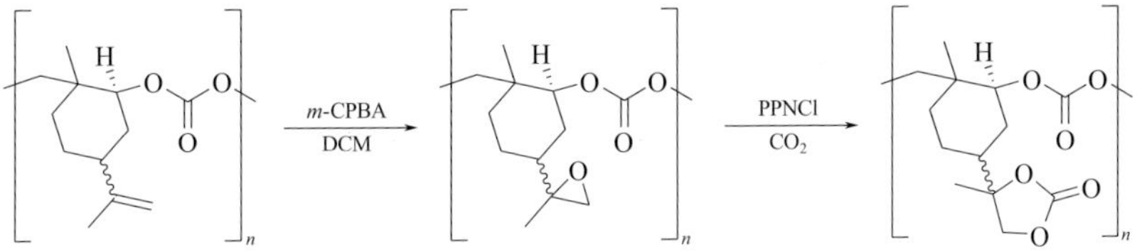

图 2-1　PLC 的侧基修饰反应

受到 PLC 类可持续二氧化碳共聚物的启发，王献红等[16]以来自玉米芯的糠醛为原料合成了糠基缩水甘油醚（TFGE）单体，采用稀土三元催化剂实

现了 CO_2 与糠基缩水甘油醚的共聚反应，制备出全生物基的脂肪族聚碳酸酯（PTFGEC），其玻璃化转变温度约为 6.8℃，比 PPC 的低，起始热分解温度则高于 PPC，约为 231℃。但 PTFGEC 不稳定，在空气中放置容易发生氧化变色，还易发生交联反应等副反应。为此，采用呋喃环与 N-苯基马来酰亚胺的 Diels-Alder（DA）反应，可有效改善 PTFGEC 的环境稳定性，如图2-2 所示。

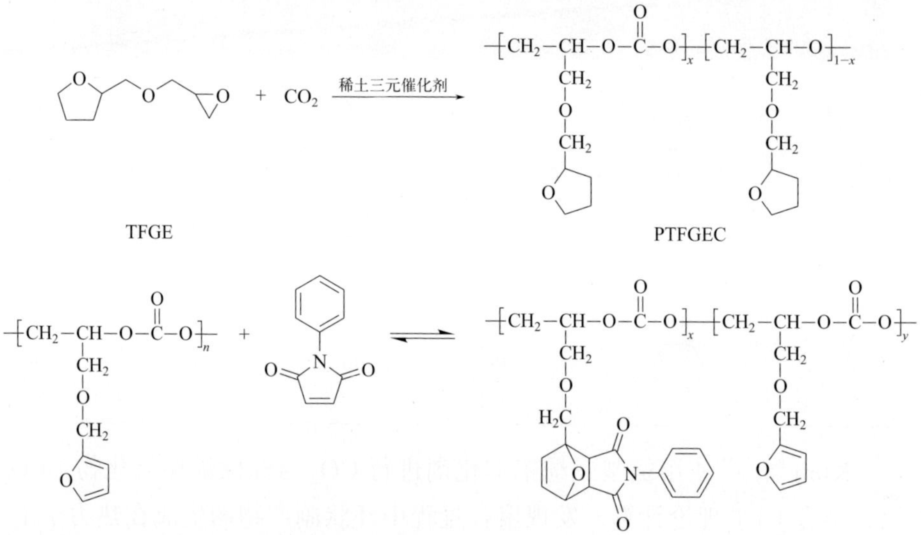

图2-2 CO_2 与糠基缩水甘油醚共聚物的合成及DA反应改性

Darensbourg 等[17]采用双官能 Salen-Co 配合物催化 CO_2 与氧化茚（IO）共聚反应。如图 2-3 所示，由于 IO 的刚性强，空间位阻大，导致共聚反应活性较低，反应时间一般需要 48h 以上，且所得共聚物的分子量也较低（约 9700），但是玻璃化转变温度高达 138℃。

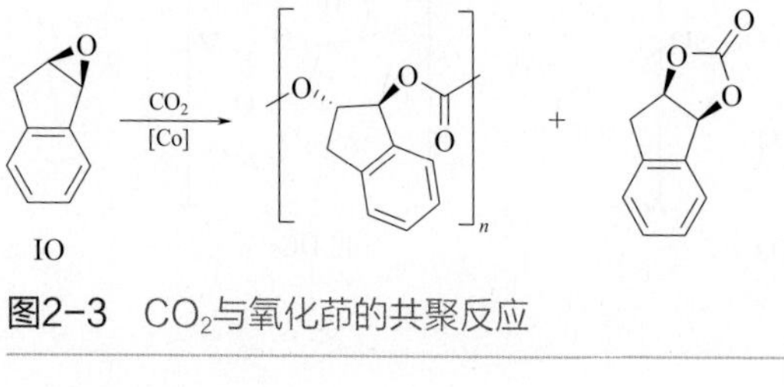

图2-3 CO_2 与氧化茚的共聚反应

2008 年 Darensbourg 等[18]采用 Salen-Cr 配合物催化 CO_2 与氧杂环丁烷的共聚反应，发现 CO_2 与氧杂环丁烷首先进行环加成反应生成六元环状碳酸酯，再开环聚合得到聚合物，如图 2-4 所示，不过反应过程会伴随着一定的脱羧反应。2017 年 Detrembleur 等[19] 使用双组元有机催化体系（季铵盐/氢键给体）也合成了 CO_2 与氧杂环丁烷共聚物，不过催化活性较低，他们通过光谱分析结合 DFT 理论计算验证了 Darensbourg 等所阐述的反应机理，即第一步先生成六元环状碳酸酯中间产物，再进一步开环得到聚合物。

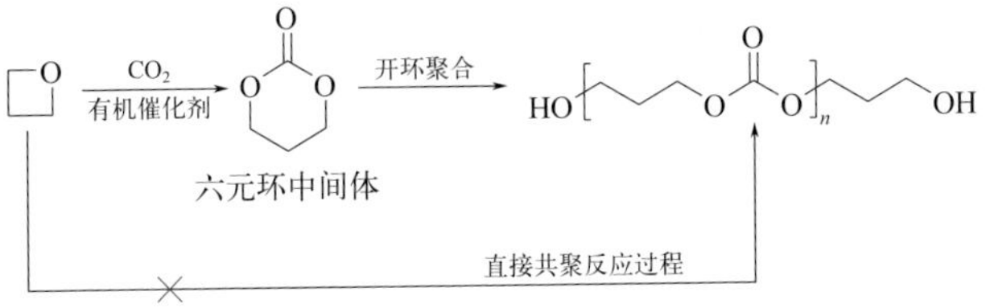

图2-4 CO_2 与氧杂环丁烷的共聚反应

在 CO_2 和环氧化物的共聚体系中加入第三单体，可以促进共聚反应进行，合成出新结构共聚物，并赋予共聚物新性能。所选择的第三单体包括环氧化物、环状酸酐、己内酯、甲基丙烯酸酯等，共聚物中引入第三单体可形成新的结构单元，在一定程度上能改变聚合物的热力学性能。如 CO_2 与 EO 共聚物（PEC）有良好的生物降解性和相容性，但其力学性能较差，不易成型加工。加入 CHO 或 PO 作为第三单体可以提升聚合物的热力学性能，改善其成型加工性能。通常在 CO_2 和 PO 共聚时加入 CHO，可以得到热稳定性较高的三元共聚物，而加入含有酯键的杂环化合物[20]，可以得到不同结构的三元共聚物。王献红等[21] 在 CO_2-PO 共聚体系中加入双环氧单体，如乙二醇二缩水甘油醚（EGDE）、丁二醇二缩水甘油醚、新戊二醇二缩水甘油醚等，可以获得更高分子量的聚合物，聚合物的热稳定性和力学性能均得到较大幅度提升，如热分解温度提升了 37℃，一定程度上改善了 PPC 的成型加工性能。当共聚体系中引入含有可后修饰基团的烯丙基缩水甘油醚（AGE）后，通过紫外固化交联，聚合物在 60℃下的尺寸稳定性明显提升。Saegusa 等[22] 也报道了 CO_2 与 2-苯基-1,3,2-二氧磷杂环戊烷和乙烯基羰基化合物的三元共聚反应，不过产物的数均分子量较低（低于 2000），聚合物的热力学性能改善还不明显。

王献红等[23] 采用 Salen-Co(Ⅲ)-Cl/PPNCl 二元体系催化 CO_2 和带有低聚乙二醇侧链的环氧化合物（ME_mMO）共聚合反应，成功制备了具有快速可逆温度响应的 CO_2 基聚碳酸酯（PC-g-EG_m），他们还合成了 CO_2-PO-ME_3MO 三元共聚物，这是一类具有较强亲水性的 CO_2 共聚物[6]。最近，王献红等[24-25]使用环境友好型催化剂，以羟基功能化的四苯基乙烯作链转移剂，催化 CO_2 与 4-乙烯基环氧环己烷（VCHO）共聚反应，再对聚合物侧链进行后修饰，制备出具有荧光特性分子量可调的水溶性聚电解质。这种具有聚集诱导发光（AIE）特性的聚电解质可用于对 Zn^{2+} 的检测，通过建立聚电解质结构和性能关系，实现了聚电解质的自组装行为可视化。王献红等[26]使用 4-醛基苯甲酸作链转移剂制备出醛基封端的二氧化碳基聚碳酸酯，由于醛基后修饰性较强，可制备出具有各种性能的端基功能化聚合物，如调节亲水性、改变热性质、赋予 AIE 特性以及氨基酸偶联等功能。

2. 二氧化碳与环硫化合物的共聚反应

Kuran 等[27]采用由金属烷氧基化合物-联苯三酚组成的催化体系实现了 CO_2 与环硫化合物的共聚反应（图 2-5），不过所得聚合物不溶于常用有机溶剂中，只能溶解在三氟乙酸中。共聚物中碳酸酯单元含量与金属烷基化合物的金属种类密切相关：当金属中心为锌时，根据软硬酸碱理论，二氧化碳难以插入，只能得到环硫化合物的均聚物；当金属中心为铝时，可制备出低碳酸酯单元含量的二氧化碳-环硫化合物共聚物。

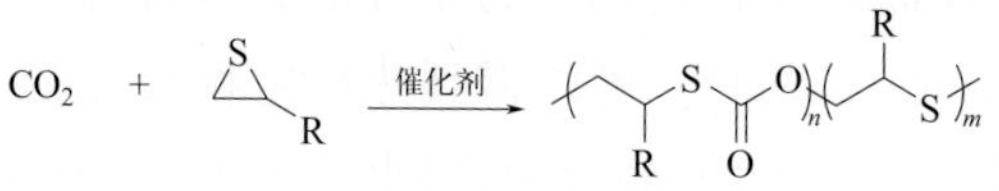

图2-5　CO_2与环硫化合物的共聚反应

3. 二氧化碳与环氮化合物的共聚反应

CO_2 与环氮化合物（如氮丙啶）在弱电解质或路易斯酸催化下可以进行共聚反应，如图 2-6 所示。

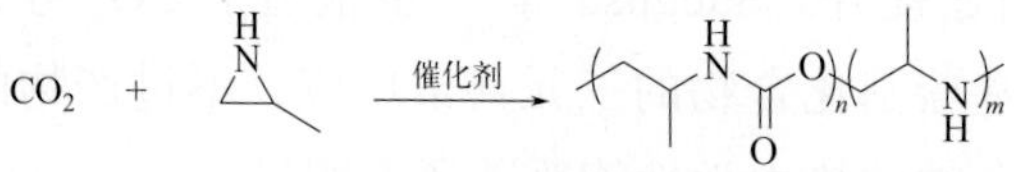

图2-6　CO_2与环氮化合物的共聚反应

Kuran 等[28]发现在 CO_2 与氮丙啶的共聚过程中，羧基负离子极易进攻聚合物主链中的仲胺，从而导致聚合物形成支化结构。Kayaki 等[29]研究了该共聚反应机理，指出一分子 CO_2 先与两分子氮丙啶结合生成引发剂，再进行 CO_2 或氮丙啶的插入，该聚合机理与 CO_2-环氧化物共聚反应机理类似。Soga 等[30] 发现通过调整反应条件，在无催化剂下也可进行共聚反应，如通过调整聚合温度、延长反应时间，可以提高聚合物产率及其碳酸酯单元含量。王献红等[31] 使用稀土三元催化剂实现了 CO_2 和 2-甲基氮吡啶的共聚反应，制备出氨酯含量高达 85% 的聚氨酯-胺（PUA），当采用 N,N-二甲基乙酰胺（DMAc）为溶剂时，可以制备出数均分子量为 31000 的高分子量 PUA。所制备的 PUA 在水中溶解性好，并在水溶液中显示出温度和 pH 的双重响应。

4. 二氧化碳与炔烃的共聚反应

CO_2 可以与二炔烃发生共聚反应，Tsuda 等[32] 使用零价镍配合物催化 CO_2 与二炔烃共聚反应，得到了数均分子量为 2100～17900 的共聚物，如图 2-7 所示。该共聚反应的关键在于能否推动炔烃在共聚过程中实现从分子内加成向分子间加成的转变。零价镍配合物还可催化 CO_2 和环二炔烃进行共聚反应，制备出分子量约 7500 的共聚物，该共聚物在氮气气氛下的热分解温度可达 420℃，具有优良的热稳定性。CO_2 与二炔胺的共聚反应较易发生，Tsuda 等[33] 发现即使在没有任何催化剂的条件下，CO_2 与二炔胺也可发生交替共聚反应得到数均分子量为 8800 的共聚物。

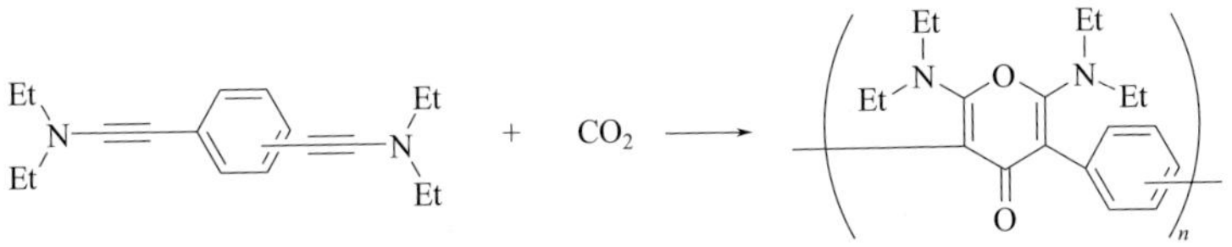

图2-7　CO_2 与炔烃的共聚反应

通过引入第三单体，CO_2 和炔类单体可以进行三元共聚反应，如二氧化碳-不饱和烃-二卤化物在 CuI/K_2CO_3 催化剂下可直接共聚，但聚合活性不高，当向体系中加入给电子试剂如邻菲咯啉时，共聚活性可提升 3 倍。Guo 等[34] 发现银离子对碳碳三键有配位作用，钨酸根离子对 CO_2 有活化作用，如图 2-8 所示，采用 Ag_2WO_4/Cs_2CO_3 催化体系可实现炔烃末端羧基化。唐本忠等[35] 也采用 Ag_2WO_4/Cs_2CO_3 催化体系实现了 CO_2-二炔-二卤代烷的三元共聚反应，如图 2-9 所示，所得聚炔酯的产率达 95%，重均分子量最高可为 31400。

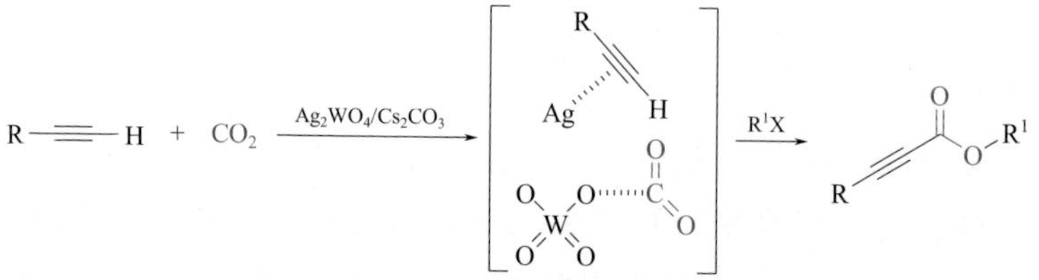

图2-8 Ag_2WO_4/Cs_2CO_3催化炔烃末端羧基化

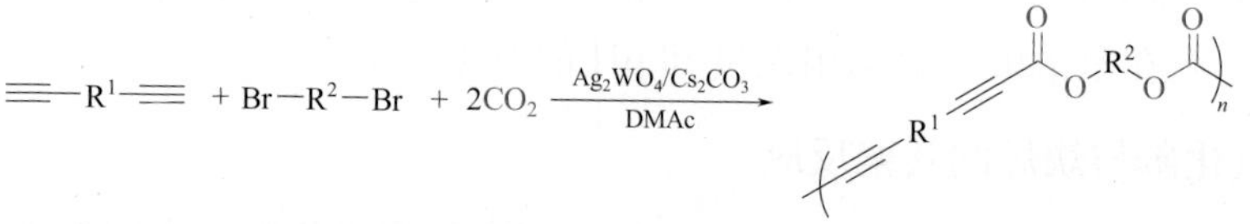

图2-9 CO_2-二炔-二卤代烷的三元共聚反应

5. 二氧化碳与醇（酚）、胺的缩聚反应

CO_2可直接和二醇（酚）类单体发生共聚反应生成聚碳酸酯。Kadokawa等[36]早在1998年就利用CO_2和对苯二甲醇共聚制备了聚碳酸酯，但聚合物产率低，分子量也不高。2016年Tamura等[37]采用二氧化铈实现了CO_2和二醇类单体的共聚反应，不过由于共聚反应过程有水生成，其链转移剂作用降低了聚合物分子量。Gu等[38]在体系中加入含氰基化合物作为脱水剂可提高共聚物的分子量，其中2-氰基呋喃的脱水效果最佳。

在CO_2-二醇的共聚体系中引入二卤代物可发生三元共聚反应生成聚碳酸酯。二卤化物在某种意义上可视为扩链剂，进一步提高聚合物分子量。2016年，Gnanou等[39]指出碳酸铯也能催化该共聚反应，得到较高分子量的聚合物。随后Bian等[40]探究了二卤代甲烷和二卤代乙烷对碳酸铯催化的CO_2-二醇共聚体系的影响。二卤代乙烷体系均能得到交替聚碳酸酯共聚物，产物结构与卤素种类（氟、溴、碘）无关。而二卤代甲烷体系中，所得共聚物主链结构与卤素种类相关：当使用二溴甲烷时，插入聚合物主链中的亚甲基基团主要以碳酸酯或醚单元形式存在；当使用二碘甲烷时，插入聚合物主链中的亚甲基基团主要以醚段为主，没有二氧化碳插入。上述聚合物主链结构的差异主要归因于共聚反应中间体的活性不同。

CO_2和二胺的共聚反应可以生成低分子量的聚脲，通常该反应需要高温高压条件下才能发生。不过Yamazaki等[41]在反应体系中加入亚磷酸酯和吡啶，在常温、低压条件下就可以实现CO_2和胺类化合物的缩聚并制备出聚脲，如

图 2-10 所示。

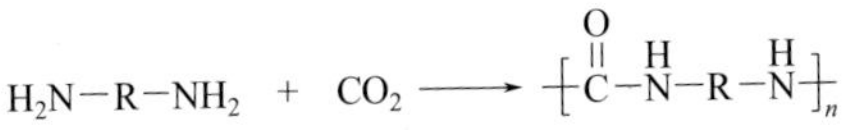

图2-10 CO_2 与二胺的共聚反应

Rokicki 等[42]采用碱催化剂，一锅法得到 CO_2-二胺共聚物，不过仅有活性较高的芳香二胺才能顺利发生共聚合反应，且催化剂用量很大，达到二胺物质的量的 2 倍。原因是 CO_2 与二胺共聚反应过程会生成小分子水，会降低聚合物分子量。2017 年赵凤玉等[43]采用 Cs_2CO_3 类催化剂实现了 CO_2 与己二胺的共聚反应，通过两步法制备了高分子量聚合物。第一步先在 180℃下反应得到低聚物，分离出低聚物并烘干除水后，再在 250℃下进行缩聚得到高分子量聚合物，所得聚脲拉伸强度约 18MPa，断裂伸长率约 1.6%。赵凤玉等[44]还研究了 CO_2 与含硅氧烷二胺的共聚反应，合成出分子量 40000 以上的可溶性聚脲，可溶解于乙醇、异丙醇和四氢呋喃等溶剂中。

CO_2 可以与二胺、二卤化物发生三元共聚反应，冯晓双等[45]采用碳酸铯/四丁基溴化铵（Cs_2CO_3/TBAB）体系催化 CO_2-二胺-二卤化物的三元共聚反应，二卤化物作为扩链剂，TBAB 则可以保护聚合物主链的仲胺不被烷基化，如图 2-11（a）所示。所得三元共聚物中除了氨酯基之外，还含有一定量的碳酸酯基，这些碳酸酯结构是由 CO_2 和二卤化物反应而生成的，如图 2-11（b）所示。

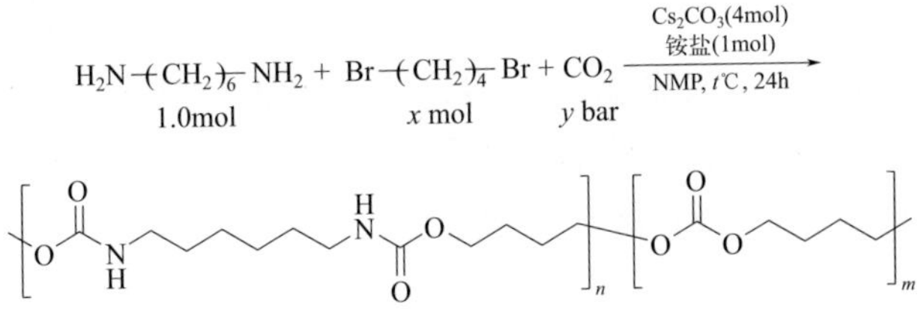

(a) 聚氨基甲酸酯碳酸酯的合成反应

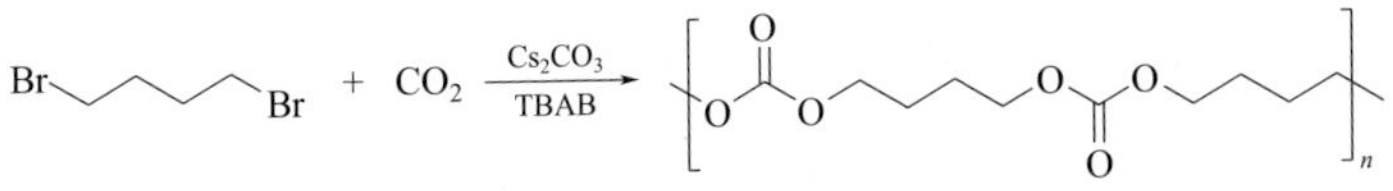

(b) CO_2 与二溴化物共聚形成碳酸酯结构的反应

图2-11 CO_2-二胺-二卤化物的三元共聚和碳酸酯生成反应
（1bar=0.1MPa）

炔和醛类单体也可与CO_2、胺一起进行四元共聚反应，通过借鉴有机小分子反应的催化体系，Teffahi 等[46]将CO_2和胺、炔、醛的四组分反应成功发展为聚合反应，如图 2-12 所示，他们利用对苯二炔、二铵盐、苯甲醛和CO_2进行四元共聚反应，制备出聚噁唑啉酮，由于该聚合物不溶于常见有机溶剂中，其分子结构并未得到清晰的表征。

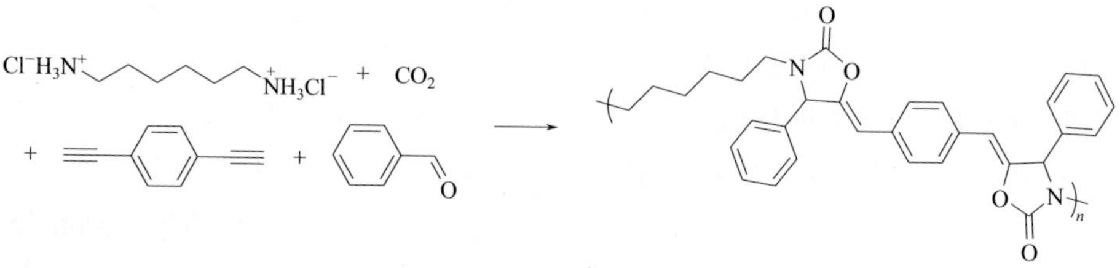

图2-12　CO_2参与的四元共聚反应

6. 二氧化碳与其他单体的直接共聚反应

1997 年 Kadokawa 等[47]报道了CO_2与氨基醇的共聚反应，其反应机理类似CO_2-二胺或CO_2-二醇的共聚反应，所得聚合物分子量为 2000～3000。该反应需用有机强碱如 1,8-二氮杂双环[5.4.0]十一碳-7-烯（DBU）作催化剂，当使用碱性较弱的三乙胺等作催化剂时，共聚反应则不能发生。

Liu 等[48]发现受阻路易斯酸碱对可以紧密结合CO_2，若将受阻路易斯酸碱对集中在一个分子上，可作为单体与CO_2在常压、室温和无催化剂下进行共聚反应，如图 2-13 所示，所得共聚物的重均分子量可达 54200，分子量分布指数约为 2.5。值得指出的是，该聚合物具有闭环循环特征，即聚合物可以直接解聚为原单体，并可重新与CO_2进行共聚反应，上述共聚-解聚可以进行多次循环。

二、二氧化碳间接参与的聚合反应

1. 二氧化碳与烯烃经内酯中间体的共聚反应

烯烃是当今产量最大的化学品之一，CO_2与烯烃催化耦合可生成各种精细化学品，但CO_2和烯烃发生共聚反应生成聚合物的报道很少。

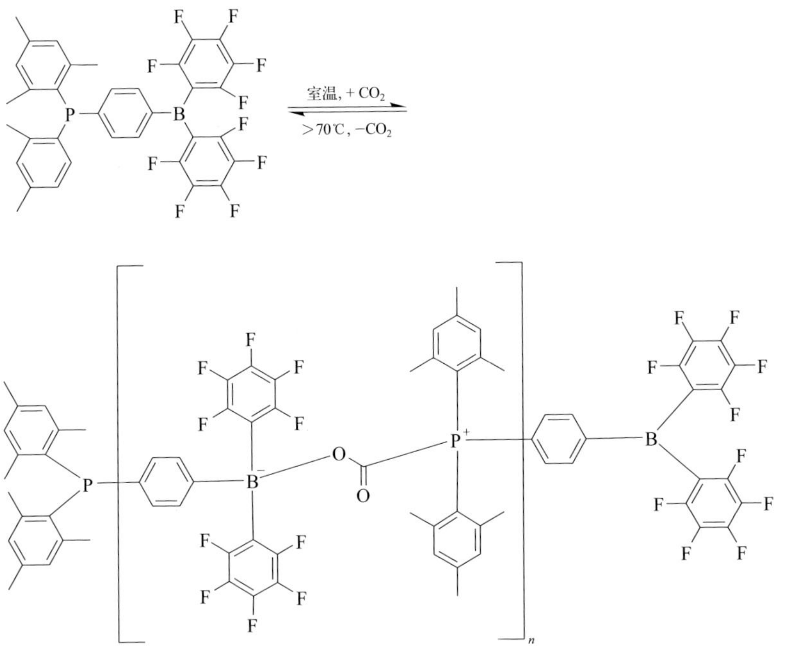

图2-13 CO₂与受阻路易斯酸碱对之间的可逆共聚-解聚反应

Nozaki 等[49] 在 2014 年率先报道了 CO_2 与丁二烯的共聚反应，首先由 CO_2 和丁二烯反应制备六元环内酯（EVP）中间体，然后采用自由基引发剂如偶氮二异丁腈（AIBN）催化六元环内酯聚合，合成的聚合物中 CO_2 含量达 33%（质量分数）。当采用半衰期更长的 1,1'-偶氮（氰基环己烷）（V40）作为自由基引发剂时，聚合物的分子量和收率可以进一步提升。2017 年林柏霖等[50] 发现有氧气存在下，EVP 具有聚合活性，他们使用氧气催化 EVP 聚合得到聚合物，该聚合物中含有未反应的碳碳双键，因此可以通过巯基-烯点击反应进行聚合后修饰，制备出含硫聚合物。最近 Nozaki 等[51] 报道了乙烯-CO_2-丁二烯的三元共聚反应，采用钯催化的配位/插入共聚反应可生成含不饱和内酯的共聚物，采用自由基共聚反应可得到含有双环内酯的共聚物，如图 2-14 所示。2019 年，Zhang 等[52] 通过三步反应将 CO_2 和丁二烯转化成了多烯单体，再与乙烯单体在钯催化下进行自由基聚合得到具有区域和立构规整性的类聚乙烯高分子，该聚合物中含有酯键、碳碳双键以及环状内酯，可以通过后修饰实现聚合物的功能化。

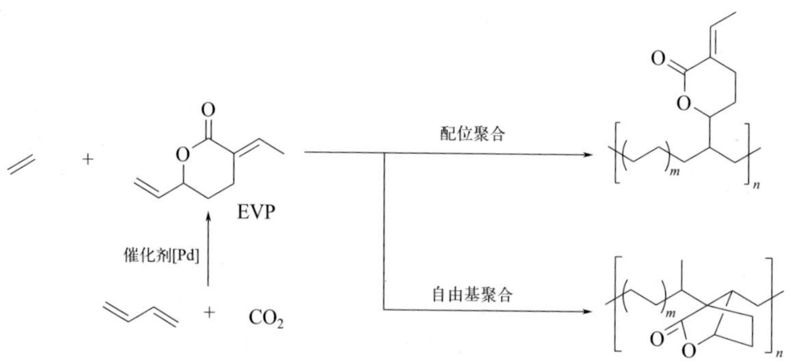

图2-14 CO$_2$参与的自由基聚合反应

CO$_2$可与炔类化合物反应合成内酯单体，随后通过开环聚合制备聚酯材料。2016年，吕小兵等[53]利用CO$_2$与2-丁炔反应得到了α-甲亚基-β-丁内酯，然后通过Salen-Al配合物催化开环聚合制备了脂肪族聚酯，如图2-15所示，作为一种结晶性高分子，间规聚合物的玻璃化转变温度约为20℃，熔点可达109℃，全同等规聚合物的熔点也达103℃，热分解温度为276℃，具有较好的熔融加工性能。

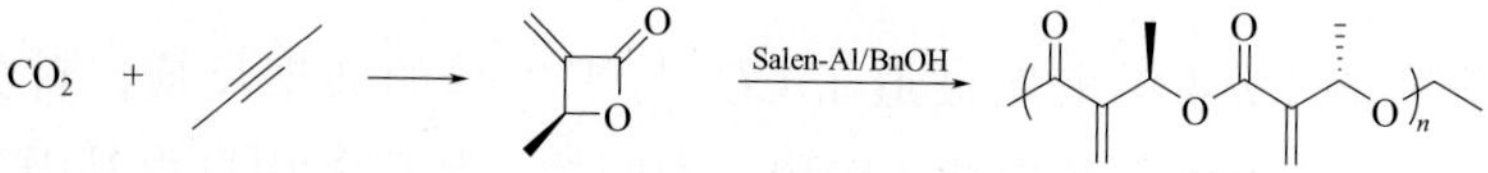

图2-15 CO$_2$与炔经环状中间体的共聚合反应

2. 二氧化碳经环状碳酸酯中间体的聚合反应

CO$_2$制备环状碳酸酯主要有两种方法，常规方法是用CO$_2$与环氧化物反应合成，也可通过CO$_2$与炔丙醇反应来合成。例如2017年Detrembleur等[54]采用CO$_2$和炔丙醇反应制备了含有环外双键的双官能度环状碳酸酯单体，该单体可以直接与二胺发生缩聚，得到聚氨酯和聚碳酸酯。当采用一级胺单体时，所得的聚氨酯会发生分子链内的环化作用，最终得到聚噁唑啉酮。Detrembleur等[55]还通过CO$_2$和炔丙醇反应制备单官能度的五元环状碳酸酯，随后和二元仲胺反应生成胺酯类化合物，再与二元伯胺进行缩聚反应，得到具有酸降解性能的共聚物，如图2-16所示。所得共聚物在pH为1时，24h内可以完全降解。

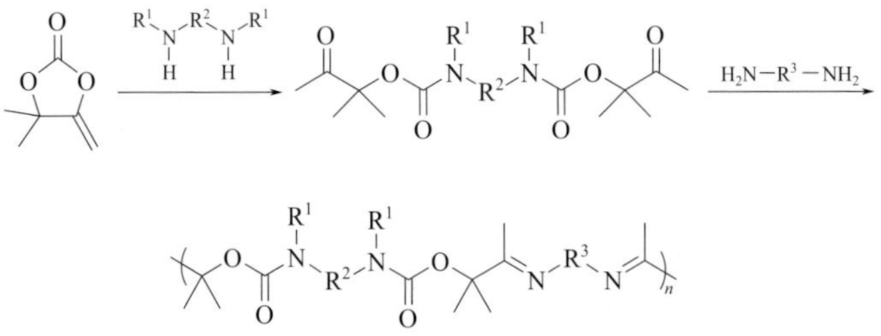

图2-16 CO_2与炔丙醇经五元环状碳酸酯的共聚合反应

五元环状碳酸酯除了能与胺类化合物反应外，还可以与硫醇类化合物反应。Detrembleur 等 [56] 在 2019 年的研究结果显示，单独采用 DBU 催化时仅得到聚（硫醚环状碳酸酯），而当同时采用 1,3-双（六氟羟异丙基）苯（FA）和 DBU 时，最终得到的产物是聚（硫代碳酸酯），这是一种制备 CO_2 基含硫高分子的高效、可控的新途径。

3．二氧化碳经呋喃二甲酸合成生物基聚酯

2,5-呋喃二甲酸（FDCA）被公认是聚酯合成的新模块，2016 年 Kanan 等[57] 发展了从植物资源和 CO_2 出发合成 FDCA 的新路线。首先通过成熟的工业化路线制备 2-呋喃甲酸，再通过碳酸铯使 C—H 发生羧化反应得到 FDCA，其 C—H 活化产率高达 91%，且碳酸铯回收率达 99%，所制备的 FDCA 可用于合成聚呋喃二甲酸乙二醇酯（PEF），PEF 具有优良的气体阻隔性能和耐高温性能，有望成长为生物基聚酯大品种。

4．二氧化碳经碳酸二甲酯合成聚碳酸酯

双酚 A 型聚碳酸酯具有优良的耐温性能和韧性，是一个年消耗千万吨级的大品种高分子材料。得益于科思创（Covestro，原德国 Bayer Materials 公司）的原创性贡献，目前双酚 A 型聚碳酸酯主要通过光气法合成，但是也面临光气带来的剧毒和环境污染问题，非光气法合成聚碳酸酯一直是该领域的重要发展方向。日本朝日（Asahi Kasei）公司发明了非光气路线合成聚碳酸酯[58]，该路线起始原料是碳酸二甲酯，通常可采用二氧化碳与环氧乙烷反应形成环状碳酸乙烯酯，再通过醇解反应获得碳酸二甲酯。一旦获得碳酸二甲酯，则可采用成熟的工业化技术，与苯酚反应制备碳酸二苯酯，最后与双酚 A 进行酯交换反应得到双酚 A 型聚碳酸酯[58-59]。

5. 二氧化碳经二氧化碳基多元醇合成聚氨酯

聚氨酯是由 Bayer 等发明的分子链中含氨基甲酸酯结构 [—NH—C(═O)—O—] 的一类高分子，通常由聚合物多元醇和多异氰酸酯反应所制备，在软硬泡沫、氨纶纤维、热塑性聚氨酯弹性体（TPU）、合成革、涂料、胶黏剂等领域应用广泛，已经发展成为千万吨级用量的通用高分子材料。

目前 CO_2 与环氧化物共聚制备聚碳酸酯方面取得了重要进展，但是以 CO_2 和环氧化物为原料，制备出适用于聚氨酯工业的低分子量聚碳酸酯型多元醇的报道并不多。主要原因是在 CO_2-环氧化物进行"不死"聚合时，体系中存在大量的链转移剂（醇、羧酸、胺等含活泼氢化合物），使得催化剂活性大幅度降低甚至失活。目前可以用于制备低分子量聚碳酸酯型多元醇的催化体系非常有限，非均相催化剂中研究最多的是双金属氰化物催化剂，近些年发展出的 Salen-Co 和低聚铝卟啉等均相催化剂则在催化活性和分子量调控方面显示出较大潜力[60-61]。

2021 年，王献红等[62] 使用衣康酸作为链转移剂，铝卟啉低聚物为催化剂制备了含有碳碳双键的功能化 CO_2 基多元醇，聚合物分子量分布均低于 1.10，同时聚合物选择性高达 99%。该聚合物再与 4,4'-二苯甲烷二异氰酸酯（MDI）反应制备出含有碳碳双键的 CO_2 基聚氨酯，所含的活泼双键可以参与许多化学反应，如利用点击化学可以引入各类官能团，或通过后聚合方法得到超支化结构，为进一步修饰聚氨酯提供了一个可操控的平台。双键固化前聚氨酯膜强度较差，拉伸强度仅为 4%，断裂伸长率约 3.7MPa，双键固化之后拉伸强度提高到 12.5MPa，断裂伸长率达到了 270%，固化后力学性能大幅度改善，具有很大的应用价值。

王献红等[63-64] 采用二氧化碳基多元醇（CO_2-polyol）为核心原料制备了水性阳离子二氧化碳基聚氨酯（CO_2-CWPU），发现亲水基团位于端基时，乳化能力是侧链、主链的 3～5 倍，且亲水扩链剂的用量可显著降低至 1.0%（质量分数）。基于末端亲水基团诱导分散策略制备出的 CO_2-CWPU，利用紫外光固化形成交联结构，满足了长期使用的要求。同时，王献红等[65-66] 以 CO_2-polyol 为软段，以支链型阳离子扩链剂 BDE[1,4-丁二醇二（3-二乙基氨基-2-羟丙醇）醚] 作为内乳化剂制备出近中性水性阳离子二氧化碳基聚氨酯（CPUD），这种近中性 CPUD 可与水性聚苯胺制备水性防腐材料，显示出较好的防腐性能。

三、二氧化碳共聚物的分子量控制

分子量是聚合物一次链结构中最重要的参数，尤其对材料的力学性能至关重要，高分子量是该聚合物能够实现应用的前提。二氧化碳共聚物也不例外，从发现之初开始，其分子量控制问题一直是贯穿始终的研究焦点。

二氧化碳共聚物的分子量与催化剂密切相关。以最典型的二氧化碳共聚物即二氧化碳-环氧丙烷共聚物（PPC）为例，催化剂的研发一开始以非均相体系为主。Inoue 等采用 $ZnEt_2/H_2O$ 为催化剂制备了数均分子量为 30000～150000 的交替结构 PPC，沈之荃等[67]利用稀土三元催化剂 $[Y(P_{204})_3$-$Al(^iBu)_3$-甘油] 得到分子量为 400000 的共聚物，但是聚合物中醚段含量高达 70%。王献红等[68]进一步发展了稀土三元催化体系，在确保交替结构 PPC 的同时提高了催化活性。对稀土三元催化剂而言，二乙基锌与甘油率先形成 Zn-O 活性中心，然后该活性中心与稀土配合物相结合，使得催化中心的电子云分布发生变化，从而显著提高催化活性。上述想法通过紫外光谱和 X 射线电子能谱跟踪共聚反应过程中稀土元素的价态变化得到了验证。

除了非均相催化剂，文献上也报道了系列均相催化剂用于 CO_2 和环氧化物共聚，一开始 β-二亚胺锌类均相催化体系仅能得到几万分子量的聚合物。而通过在催化剂配体结构中引入哌啶基团抑制"回咬"反应的发生，控制反应条件可以得到分子量为 80000 的共聚物。该策略同样适用于 Salen-Co 催化体系，通过在 Salen 配体骨架中引入助催化剂，得到双官能 Salen-Co，该催化剂在低催化剂浓度下得到 300000 的高分子量交替结构 PPC，显示出均相催化剂在控制聚合物分子量方面的潜力。王献红等[61]提出金属配合物低聚化（MCO）策略，与大环配体配位多金属的方法相比，该策略可操控性更强，在保留金属有机化学可调性的同时，低聚物合成又增添了新的结构参数；与负载型催化剂相比，低聚催化剂在反应体系中是可溶的，活性中心利用率为 100%，可得到分子量为 200000 的共聚物，在使用均相催化剂催化 CO_2-环氧化物共聚反应时，该反应具有活性末端可再引发单体、分子量分布窄（通常小于 1.25）等活性聚合的特征，但是所得聚合物交替率不高，碳酸酯单元含量仍然需要进一步提高。

值得提出的是，文献上报道的 GPC 曲线通常为双峰分布，且实验条件下聚合产物的实际分子量与由单体/引发剂投料比和转化率决定的理论分子量相差较大，这是因为在反应体系中存在微量未除去的具有链转移能力的水、醇等含活泼氢化合物。冯晓双等[69]通过使用烷基铝（如三异丁基铝）对 CO_2 等反应原料进行严格的干燥处理，成功合成了单峰分布的高分子量二氧化碳共聚物。

许多均相催化剂下的二氧化碳共聚合反应具有准活性聚合特征，因此向 CO_2 和环氧化物的共聚体系中添加一定量的醇类或羧酸类活泼氢化合物作为起始剂，可制备低分子量的二氧化碳基多元醇（CO_2-polyol）。这种一个催化剂（引发剂）对应多条增长链的聚合反应又被称为"不死"聚合，链的数量与链的长度由活泼氢化物的用量决定[70]。

除了催化剂对二氧化碳共聚物分子量有决定性影响之外，一些聚合条件变化和助剂的加入均会影响聚合物分子量。如在 CO_2 与二元胺的缩聚反应中，通过提升 CO_2 的压力就可以得到高分子量共聚物。在 CO_2-二元醇-二卤化物的缩聚反应中引入冠醚，也可以提高聚合物分子量。又如在 CO_2 与环氧化物共聚体系中加入双环氧化合物（如乙二醇 = 缩水甘油醚），也可得到分子量倍增的二氧化碳共聚物。

第二节
二氧化碳－环氧化物共聚催化体系

在各国科学家们的不懈努力下，二氧化碳与环氧化物共聚制备聚碳酸酯体系得到了长足发展，催化剂在该发展历程中起到了举足轻重的作用。

二氧化碳与环氧化物共聚催化剂大致分为非均相催化剂与均相催化剂。鉴于本书作者的另一著作《二氧化碳的固定和利用》对催化剂的发展进行了详细介绍，本章节将简要介绍这两类催化体系的发展，重点阐述最近五年发展起来的高分子催化剂及无金属催化剂。

一、非均相催化剂

1. 烷基锌-含多活泼氢化合物催化剂

20 世纪 60 年代，Inoue 最初将烷基锌-含多活泼氢化合物催化体系用于 PO 的均聚反应，后来成功实现了环氧化物与环状酸酐的交替共聚反应。CO_2

可视为碳酸的酸酐，因此 Inoue 以 CO_2 取代酸酐，采用 $ZnEt_2/H_2O$ 催化体系实现了 CO_2-PO 的共聚反应。30℃下连续反应 58 天后，产物的红外谱图中观察到了 $1740cm^{-1}$ 处微弱羰基红外吸收峰，证实了二氧化碳参与共聚合的可行性。尽管此时 $ZnEt_2/H_2O$（1/1）催化体系的共聚反应活性仅为 $0.12h^{-1}$，但正是这个发现开创了二氧化碳固定为高分子材料的历史先河[71]。

此后，Inoue 等又考察了 $ZnEt_2$ 与多种活泼氢化合物，如伯胺[72]、多元酚[73-74]、二元羧酸[75]等组成的催化体系，发现均可实现 CO_2-PO 的共聚反应，反应活性分别为 $0.06h^{-1}$、$0.17h^{-1}$ 和 $0.43h^{-1}$，不过单质子的甲醇与仲胺却不能催化 CO_2-PO 共聚。基于 Inoue 的前期发现，Kuran 等[76] 报道 $ZnEt_2$ 在含有三个活泼氢的酚类化合物作用下也能够催化 CO_2-PO 的共聚反应，$ZnEt_2$ 与多种活泼氢化合物形成连续的—Zn—O—Zn—结构是其催化 CO_2-PO 共聚的决定因素。而单质子化合物与 $ZnEt_2$ 不能形成这种连续结构，因此不能实现 CO_2-PO 的共聚反应。

2. 金属羧酸盐催化剂

Inoue 在研究乙基锌-活泼氢催化剂时，指出 $ZnEt_2$ 与二羧酸 1∶1 混合时的催化活性高于 $ZnEt_2$-H_2O 和 $ZnEt_2$-间苯二酚体系。受此启发，Soga 直接使用金属羧酸盐为催化剂[77-78]，发现 $Cr(OAc)_3$、$Co(OAc)_2$、$Zn(OAc)_2$、$Ni(OAc)_2$ 均可催化 CO_2/PO 的共聚反应，其中 $Co(OAc)_2$、$Zn(OAc)_2$ 可制备出交替结构的 PPC，而 $Zn(OAc)_2$ 的活性最高。随后，Soga 等[79] 采用由 $Zn(OH)_2$ 与系列二元有机羧酸反应制备的羧酸锌为催化剂，发现二羧酸锌催化剂都能得到完全交替的 PPC。羧酸锌的催化活性随羧酸长度先增加后降低，其中，戊二酸锌展现出最高活性（$1.1h^{-1}$）。Ree 等[80] 研究了不同锌源和戊二酸制备的系列戊二酸锌对 CO_2/PO 共聚的影响，发现 ZnO 作为锌源时催化活性最高，达 $3.4h^{-1}$。他们认为提高结晶度和比表面积是提高金属羧酸锌催化活性的关键。由于戊二酸锌制备简单，活性较高，且能得到完全交替结构的高分子量聚合物，是当时很受关注的催化剂。

3. 稀土三元催化剂

我国稀土金属资源储量丰富、种类繁多，为稀土催化剂的研究提供了保障。鉴于许多稀土金属配合物对环氧化物开环聚合都有很高的活性，沈之荃等[67] 利用稀土三元催化剂 [Y(P_{204})-Al(^iBu)$_3$-glycerin] 催化 CO_2-PO 的共聚反应，制备了分子量高达 40 万的窄分布无规共聚物，但聚合物中碳酸酯单元含量低于 40%。Tan 等[81]优化了成分，制备出 Y(CF₃COO)₃-ZnEt₂-glycerin 稀土三元催化剂，进一步提高了活性，且聚合物中醚段含量降到 5% 以下。王献红等[68]采用 Nd(CCl₃COO)₃-ZnEt₂-glycerin 稀土三元催化剂实现了二氧化碳与环氧丙烷的共聚合反应，催化活性提高至 6.87kg PPC/(mol Nd·h)，制备出数均分子量大于 100000 的 PPC，碳酸酯单元含量大于 95%。催化剂中的稀土元素在缩短聚合反应诱导期、提高 PPC 的分子量和碳酸酯单元含量、提高催化活性等方面起关键作用。研究还发现，稀土三元催化剂的活性与其制备过程中各组分的加入顺序有关，最佳顺序为：稀土盐、甘油、乙基锌。正是基于高性能稀土三元催化剂和二氧化碳共聚合方法的成功开发，王献红等在世界上首次建立了万吨级 PPC 生产线，并赋予二氧化碳共聚物的工业界名称——二氧化碳基塑料，实现了二氧化碳基塑料工业化从不可能到可能的转变。

4. 双金属氰化物催化剂

双金属氰化物（DMC）催化剂是 20 世纪 60 年代美国通用轮胎公司发明的一种用于环氧化物均聚的催化剂，一般是由一种金属盐和另一种金属的氰化物（在有机配合物参与下）通过沉淀反应制得，其反应简式如下所示：

$$M^{II}X_2 + M_3^I[M^{III}(CN)_6] + L/H_2O \longrightarrow M_3^{II}[M^{III}(CN)_6]_2 \cdot xM^{II}X_2 \cdot yL \cdot zH_2O$$

式中，M^I 一般为碱金属；M^{II} 一般为二价金属；M^{III} 一般为过渡金属；X 一般为卤素；L 一般为含氧的有机配体；x、y、z 分别为催化剂中 $M^{II}X_2$、L 及 H_2O 的相对含量，但是通常具有不确定性。

1983 年陶氏化学的 Kruper[82]首次使用 Fe-Zn DMC 实现了 CO_2-PO 的共聚反应，35℃下催化活性仅有 44g 聚合物/g 催化剂。随后壳牌公司以乙二醇二甲醚作有机配体，制备出 Zn-Co DMC 催化剂，催化活性有所提升，在多元醇链转移剂下可得到低分子量二氧化碳基多元醇。1996 年，Arco 公司利用叔丁醇作有机配体制备出 Zn-Co DMC 催化剂，催化 PO 均聚反应，活性大幅度提高至 20mol PO/(mol Co·h)。由于催化活性的显著提升，Zn-Co 基 DMC 催化剂在 CO_2-PO 共聚反应中的研究越来越受到重视。

2004 年，陈上等[83]利用 Zn₃[Co(CN)₆]₂、ZnCl₂ 在配位剂作用下制备出 Zn-Co-DMC 催化剂，催化活性达到 1000g 聚合物/g 催化剂。2011 年，张兴宏等[84]研究出纳米薄层 Zn-Co-DMC 催化剂，催化活性达到 6000g 聚合物/g

Zn，聚合物中碳酸酯单元含量达 72%，副产物环状碳酸酯单元含量为 8%。同年，王献红等[85] 使用叔丁醇作配位剂，系统研究加料比例、顺序以及洗涤过程，成功开发出超高活性 Zn-Co-DMC 催化剂（60000g 聚合物/g 催化剂），但是聚合物中碳酸酯单元含量仅为 50%，值得指出的是该共聚反应过程所产生的副产物环状碳酸酯单元含量低于 1%，展现出极高的聚合物选择性。由于 Zn-Co-DMC 催化剂难以得到高交替结构的 PPC，但是该催化剂具有高度质子耐受性，因此可以作为二氧化碳与环氧丙烷调聚反应催化剂，高效制备出低分子量聚（碳酸酯醚）多元醇[86-88]，有望作为聚氨酯工业的原料。相关内容将在本书第四章中进行详细介绍。

二、传统均相催化剂

在二氧化碳共聚物的初期研究阶段，催化剂研究主要是以非均相催化剂为主。尽管此类催化剂更适合工业化生产，但很难清晰地研究非均相催化剂的催化机理，从而限制了该领域的进一步发展。因此人们迫切希望设计结构明确、活性中心清晰的均相催化剂以研究其催化聚合机理，目前报道的均相催化剂主要有金属卟啉配合物、β-二亚胺锌配合物和金属-Salen 配合物等几类，下面分别展开介绍。

1. 金属卟啉催化剂

植物光合作用吸收二氧化碳的现象与卟啉类化合物的作用密切相关，受此启发，Inoue 等[89] 首先尝试了二氧化碳在可见光条件下与金属卟啉的反应，发现二氧化碳可在助催化剂 1-甲基咪唑和光照条件下与四苯基卟啉铝发生配位反应，借此设计了四苯基卟啉铝配合物用于催化二氧化碳与 PO 的共聚反应，这是第一例均相催化体系，其结构如图 2-17 所示。催化剂 **1a** 在 20℃和 0.8MPa 下反应 19 天，可以得到碳酸酯链段含量为 40%，分子量为 4000 的共聚物，该共聚物的分子量具有窄分布特征，分子量分布指数约 1.15。当采用季铵盐或季𬭸盐（如 EtPh₃PBr）与催化剂 **1b** 组成双组元体系时，尽管聚合物碳酸酯单元含量能达到 99% 以上，但聚合活性仍处于极低水平（0.18h⁻¹）。王献红等将中心金属由铝改为钴，设计了催化剂 **2**，与季铵盐组成的双组元体系进行二氧化碳与 PO 的共聚反应，在保持高碳酸酯单元含量（99%）的同时，催化活性可达 188h^{-1}，不过聚合物分子量仅有 50000 左右。通过进一步研究催化剂中心金属的 Lewis 酸性对共聚反应的影响，王献红等在卟啉配体上引入 Cl 等吸电子基团，在季铵盐助催化剂、90℃、3MPa 条件下，催化剂 **3** 的活性可显著提高至 2700h^{-1}。进一步引入大位阻基团，可有效调控聚合物微观结构，如催化剂 **4** 不仅可制备出具有完全交替结构的 PPC，且其头尾结构能够达到 92%，为当时金属卟啉所报道的最高值。此外，通过改变轴向配体基团，可以合成出分子量为 180000 的 PPC。由于铝卟啉催化剂具有中心金属环境友好且催化性能优良的特点，该催化剂展现出重要的工业化前景。

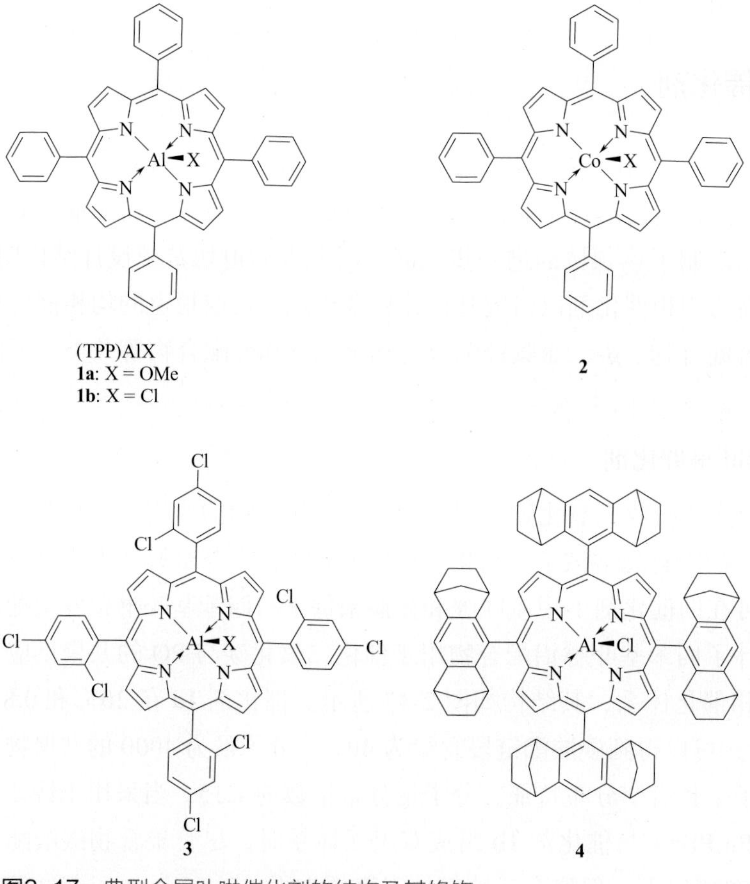

(TPP)AlX
1a: X = OMe
1b: X = Cl

2

3

4

图2-17 典型金属卟啉催化剂的结构及其修饰

2. β-二亚胺锌催化剂

1998 年，Coates 等[90]首次将 β-二亚胺锌催化剂引入 CO$_2$ 和环氧化物共聚体系，在温和条件下就可实现二氧化碳与环氧化物的高效聚合。β-二亚胺锌催化剂具有很好的结构设计性能，即使其结构发生微小变化，例如改变配体取代基的电子效应和位阻效应、引发基团等，也会导致较大的催化活性差异。经过优化β-二亚胺锌催化剂，他们设计出氰基取代双核β-二亚胺锌配合物，在50℃和7.0MPa下催化CO_2和环氧环己烷共聚，可得到分子量为20000的PCHC，催化活性达到$2200h^{-1}$，如图2-18（a）所示。他们发现氰基取代双核β-二亚胺锌配合物存在单体-二聚体的平衡，通常只有二聚体才能催化二氧化碳/环氧化物的共聚。该平衡受到配体空间位阻、温度和催化剂浓度等的影响，例如低催化剂浓度或者大位阻取代基均会增大Zn-Zn间距离，催化剂主要以单体形式存在而失活。通过将吸电子基团CF_3引入配体骨架，其结构见图2-18（b）所示，该催化剂可催化CHO-CO_2共聚，活性达到$3200h^{-1}$。基于β-二亚胺锌催化CHO-CO_2共聚的动力学研究，发现CO_2插入为零级反应，而CHO反应为一级反应。在此基础上提出了双金属链增长的过渡态反应机理：两个锌金属中心起单体配位活化以及稳定活性增长链作用，环氧化物开环与二氧化碳插入在两个金属中心交替进行，实现链增长。尽管β-二亚胺锌催化剂主要对二氧化碳与环氧环己烷的共聚反应有效，但是该催化剂的发现堪称CO_2共聚反应催化剂领域的里程碑之一，通过催化剂的结构设计优化，催化剂活性与选择性较之前非均相催化剂有很大提升，但该催化剂对更具工业化应用前景的PO单体束手无策，致使其近年来受关注度越来越少。

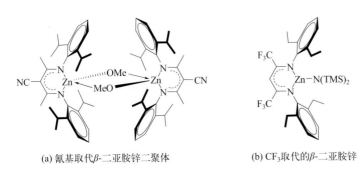

(a) 氰基取代β-二亚胺锌二聚体　　　　(b) CF_3取代的β-二亚胺锌

图2-18　典型的高活性β-二亚胺锌催化剂

3. 金属-Salen 配合物催化剂

金属席夫碱配合物催化体系具有易合成、可修饰等优点，是目前在二氧化碳/环氧化物共聚合领域研究最多的催化体系，其分子结构如图2-19（a）[91]，其中 Salen-Co(Ⅲ)配合物最具有代表性，在 PO 或 CHO 与 CO$_2$ 的交替共聚中均表现出良好的催化活性及选择性，Salen-Cr(Ⅲ)配合物对 PO-CO$_2$ 共聚反应的催化效果较差，而 Salen-Al(Ⅲ)通常只生成环状碳酸酯。

2003 年 Coates 等 [92] 报道了 Salen-Co(Ⅲ)OAc 催化体系，在无助催化剂的存在下催化二氧化碳与 PO 共聚反应，转换频率（TOF）达到为 81h^{-1}，且所得共聚物为完全交替结构。吕小兵等在金属 Salen 催化剂中引入助催化剂，一些典型助催化剂结构如图 2-19（b）所示，发展出 Salen-CoX/^{n}Bu$_4$NY 双组元催化体系，催化二氧化碳与 PO 共聚反应，活性能够达到 257h^{-1}，且聚合物中头尾结构达到 95%。通过系统研究催化剂的构效关系，他们提出了高性能金属 Salen 催化剂的设计思路：大位阻 Salen 骨架、离去能力弱的轴向配体、助催化剂选用大体积阳离子与难离去的阴离子组成的季铵盐（如 PPNCl）或者大位阻有机碱（如 MTBD）等。

鉴于 Co 和 Cr 等中心金属存在潜在的毒性，王献红等 [93-94] 从中心金属环境友好的角度出发，以钛为活性中心制备了 Salphen❶-Ti(Ⅳ)Cl$_2$ 与 Salphen-Ti(Ⅲ)Cl 配合物，其结构如图 2-19（c）（d）所示，并以 PPNCl 为助催化剂，实现了 CHO 与 CO$_2$ 共聚合反应。Salphen-Ti(Ⅳ)Cl$_2$ 与 Salphen-Ti(Ⅲ)Cl 配合

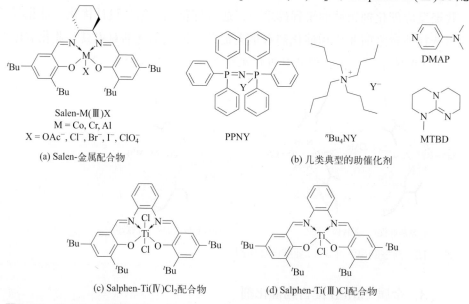

(a) Salen-金属配合物

(b) 几类典型的助催化剂

(c) Salphen-Ti(Ⅳ)Cl$_2$配合物

(d) Salphen-Ti(Ⅲ)Cl配合物

图2-19　Salen-金属配合物、Salphen-Ti配合物及其助催化剂体系

---

❶ 双水杨醛缩邻苯二胺配体。

物体系均可以得到碳酸酯单元含量＞99%的交替共聚物，但四价钛配合物形成的钛氧键极性较弱，催化剂 TOF 最高仅为 24h^{-1}，而三价钛配合物具有良好的热稳定性，TOF 值最高可达到 577h^{-1} 且没有环状碳酸酯生成。

三、双功能催化剂

虽然传统催化剂能够通过助催化剂的加入显著提高活性，但仍然存在着明显的局限性：首先是升温会降低催化剂的稳定性以及聚合物的选择性，其次是催化剂在低浓度下会失活。为克服这些问题，新的设计理念是将有机碱、季铵盐助催化剂以化学键直接连接在配体上，形成单组元双功能催化剂。该设计理念的优势在于助催化剂始终处于金属活性中心周围，对其形成有效保护。

2006 年 Nozaki 等首次在 Salen 配体上连接了吡啶基团，合成了如图 2-20 所示的双功能催化剂 **1**，在 60℃下可高效催化 PO/CO$_2$ 聚合，TOF 达到 602h^{-1}，聚合物选择性达到 90%，高于对应的双组分 Salen-Co 催化体系[95]。吕小兵等将 TBD 连接在 Salen 配体的一个苯环上，制备了催化剂 **2**，在聚合过程中 TBD 与轴向基团能够分别引发聚合并且活性链在金属两侧交替进行配位-解离。该策略能有效保护 Co(Ⅲ) 中心，使其能在 100℃的较高温度下催化共聚，催化活性显著提高至 10000h^{-1}。

Lee 等[96]将季铵盐连接在 Salen 配体上，合成的催化剂 **3**（图 2-20）在极低催化剂用量（[CAT] : [PO] =1 : 50000）下，实现了 PO-CO$_2$ 共聚反应，活性高达 3200h^{-1}。值得注意的是，在同样的条件下 Salen-CoX/PPNCl 双组元催化体系只能得到环状碳酸酯，甚至失去任何催化活性。此后，他们在 Salen 配体上连接了四个季铵盐单元，合成了如图 2-20 所示的催化剂 **4~6**[97]，其中催化剂 **6** 的催化活性达到 26000h^{-1}，至今仍是 PO-CO$_2$ 共聚所能达到的最高活性。

王献红等将双功能催化剂策略引入钴卟啉催化剂中，制备出催化剂 **7**（图 2-20），在 50℃、4MPa 下催化 PO-CO$_2$ 共聚反应，其催化活性可达到 495h^{-1}，是钴卟啉配合物/PPNCl 双组元催化剂的三倍[98-99]。将 Salen-Co 配合物的修饰策略用于铝卟啉配合物，制备出双功能铝卟啉催化剂 **8**，该催化剂在 70℃和 3MPa 的反应条件下进行二氧化碳与 PO 的共聚反应，活性最高可达 485h^{-1}。进一步调控卟啉配体结构，设计合成了催化剂 **9**，用于催化 PO-CO$_2$ 共聚，其活性提高至 1320h^{-1}，且环状碳酸酯含量仅为 8%。CHO 与二氧

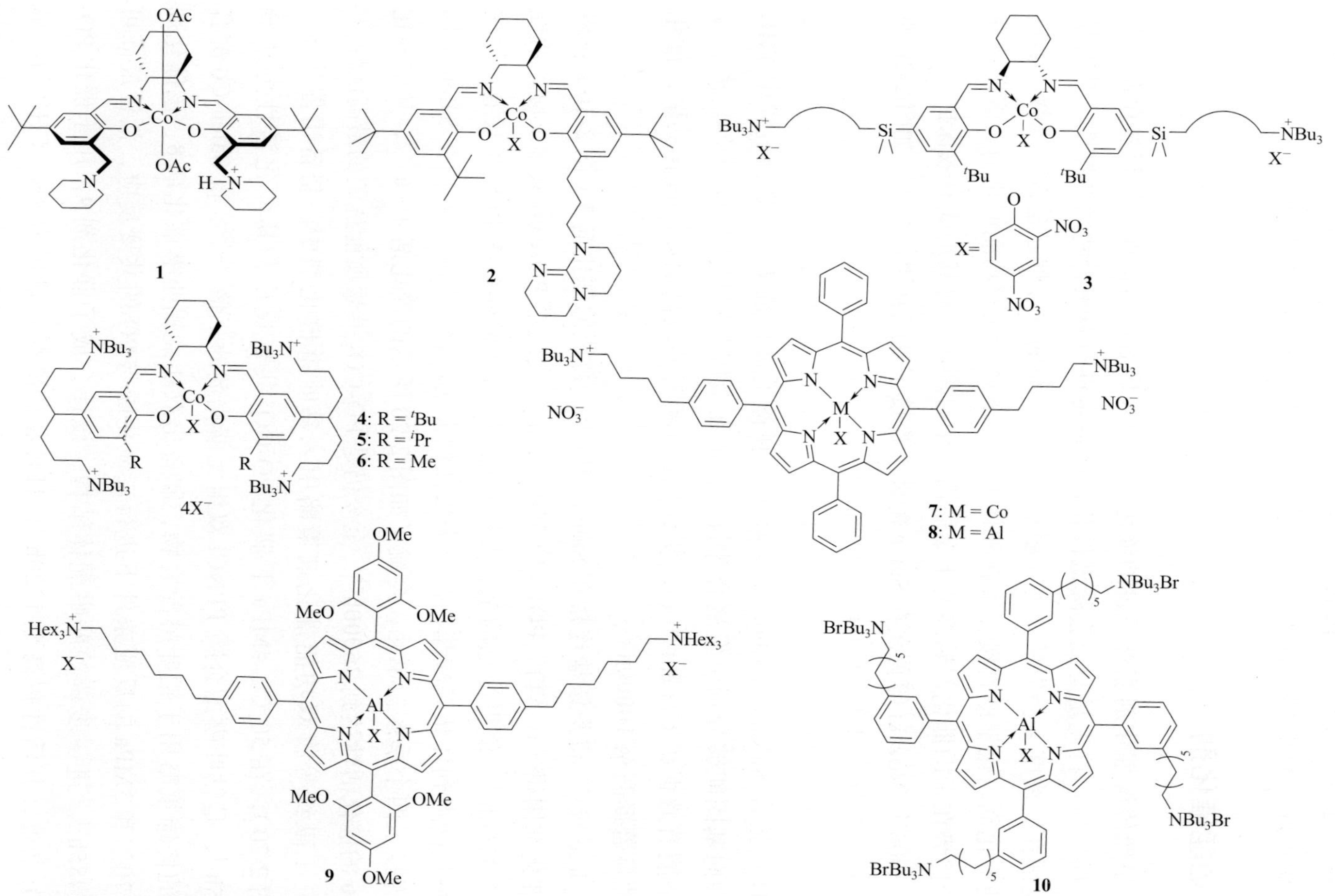

图2-20 几类典型的双功能催化体系

化碳共聚合方面，Ema 和 Nozaki 等设计了苯环间位带有四个季铵盐基团的双功能铝卟啉催化剂 **10**，其转换频率（TOF）值和转化数（TON）值分别达到 10000h^{-1} 和 55000，可制备数均分子量高达 281000 的 PCHC。

四、双金属催化剂

Coates 等提出了双金属链增长模型，受此启发，将单一金属或异种金属配位在同一配体上或通过化学键方式将两分子金属催化剂键连，设计合成双金属均相催化剂，成为重要的催化剂构筑策略，一些典型的单一金属或异种金属构成的双金属均相催化剂如图 2-21 所示。2009 年 Williams 等[100-101] 报道了一种基于 Robson 型配体的双核 Zn 配合物 **1～3**（图 2-21），可催化 CHO 与 CO_2 共聚反应，但 TOF 仅为 25h^{-1}。Rieger 等[102-103] 合成了一系列双核 BDIZn 配合物 **4～6**，通过对比催化剂 **4** 与 **5** 的催化性能，发现催化剂 **4** 的柔性链能够为反应过程中不同的过渡态提供合适的 Zn-Zn 间距，以提高催化活性。通过进一步优化取代基，引入 CF_3 结构的双核催化剂 **6**，在催化 CO_2-CHO 共聚反应时，催化活性高达 155000h^{-1}，且分子量达到 350000。

多核金属 Salen 配合物催化剂也是目前很受关注的研究方向。Nozaki 等[104] 将两分子 Salen-Co 用间隔基团（通常为烷基链双酯基）和化学键连方法连接起来（见图 2-21，催化剂 **7～13**），制备了一系列不同键连长度的双核 Salen-Co 催化体系。所得双核催化剂催化 CO_2-CHO 共聚时活性最高能够达到 140h^{-1}（催化剂 **9**，n=4），但加入 PPNCl 助催化剂后活性并没有明显提升，原因是在加入助催化剂后，体系内的协同效应会由金属-金属间协同转变为金属-季铵盐协同。吕小兵等[105] 将刚性键连基团引入双核 Salen-Co 催化剂，制备出催化剂 **11～13**，用于 CO_2-CHO 共聚反应，活性可达 24h^{-1}，尽管相比于单核催化剂（6h^{-1}）有所提升，但碳酸酯链段含量也从 99% 下降至 43%，说明刚性间隔基团的引入主要促进了 CHO 均聚。受 Coates 启发，他们制备出 Salen 配体间呈现"面对面"的双核催化剂，Co 中心之间合适的距离为 8Å（1Å=0.1nm）。由联苯结构连接的双核 Salen-Co 催化剂 **14** 在室温下催化 CO_2-CHO 共聚活性能够达到 200h^{-1}，且碳酸酯链段含量保持在 99%，此类催化剂还可成功合成出主链梯度结晶的聚碳酸酯。

Rieger 等制备了双核钴卟啉催化剂 **15**[106]，该催化剂的催化性能依赖于助催化剂的加入，且类似于双核 Salen-Co，但该催化剂活性相比于对应的单核催

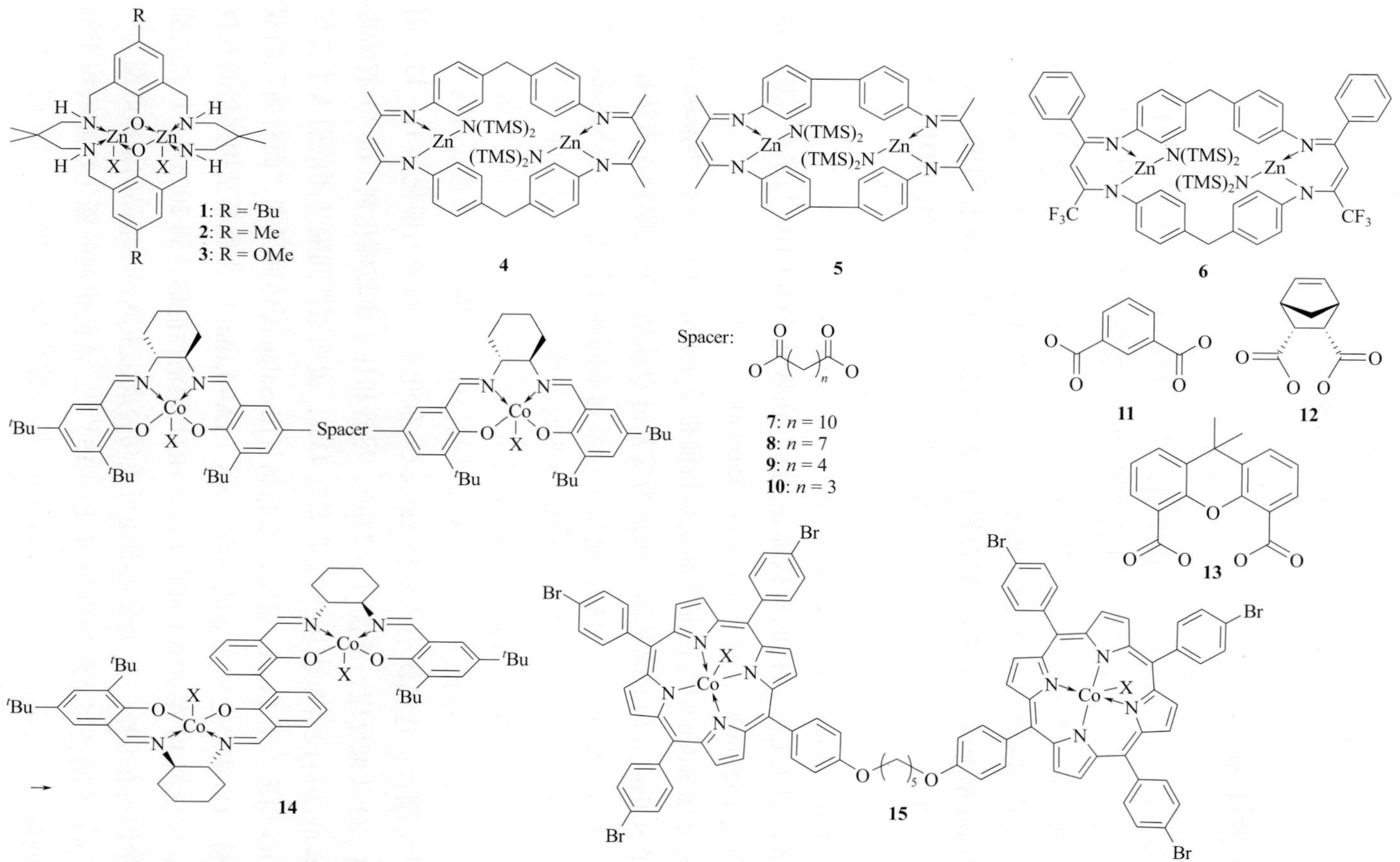

图2-21 典型的单一金属或异种金属构成的双金属相均相催化剂及化学键连间隔基团

Spacer—间隔基团

化剂（33h^{-1}）并未明显提升（36h^{-1}）。他们通过紫外光谱观察到低催化剂浓度下该双核催化剂中的钴中心更易从三价被还原为二价而失活，导致该催化剂在低浓度下活性较低。因此现阶段双中心策略对钴卟啉催化剂的活性提升还比较有限。

五、杂核双/多金属配合物催化体系

2014年，Williams等[107-108]在双核催化剂基础上提出了杂核双金属催化剂的设计理念，如图2-22所示。他们首先合成了Zn-Mg双金属催化剂 **1** 用于催化CO_2与CHO的共聚反应。与对应的同核双金属催化剂及二者（1:1）混合催化剂相比，Zn-Mg双金属催化剂 **1** 表现出了更高的活性（624h^{-1}）与选择性，说明不同金属间存在着分子内的异核协同催化作用。他们进一步设计合成了Mg/Co异核催化剂，催化CO_2与CHO的共聚反应时活性能够达到12000h^{-1}。通过后续的动力学及热力学探究[109]，他们发现Mg(II)中心亲氧性强，易于与环氧化物配位，降低了过渡态的活化熵，而Co(II)中心由于亲核性更强，能够通过降低过渡态焓来加速碳酸阴离子对环氧化物的进攻开环。

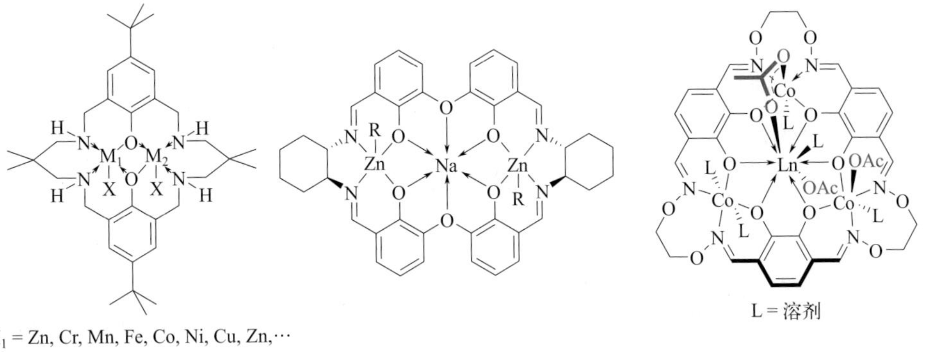

M_1 = Zn, Cr, Mn, Fe, Co, Ni, Cu, Zn,···
M_2 = Mg, Li, Na, K, Ca, Al, Ga, In,···

L = 溶剂

1　　　　**2**　　　　**3**

图2-22　典型的杂核多金属催化剂

2021年，Williams等[110-111]将钠离子引入催化剂中，制备了杂核三金属配合物 **2**（图2-22），用于催化CO_2与CHO的共聚反应，在120℃下活性达到960h^{-1}，但CHO连续插入形成了较多醚段。这是由于钠离子在聚合过程中为金属烷氧键提供了空的配位点，通过与链末端配位为活性链向两端金属转移提供桥梁，降低了 CHO 均聚所需的活化能。利用该特性，他们将该催化剂应用于 CO_2 与 CHO、邻苯二甲酸酐的三元共聚反应，制备出聚醚、聚酯、聚碳酸酯的无规及嵌段共聚物。

另一类杂核催化剂来自 Nozaki 等[112]的工作，他们在一个环状多齿配体上配位了三个二价 Co 原子和一个稀土原子（Ln），组成了 Co/Ln 杂核催化剂 **3**（图 2-22），该催化剂相比于传统 Salen-Co 催化剂拥有更高的热稳定性。在聚合过程中，稀土原子（Ln）中心负责活化单体 CHO，金属 Co 中心则稳定羧酸阴离子链末端。通过对稀土原子种类（Ln）的优化之后，催化剂活性能够达到 TON=13000，且能够制备数均分子量为 110000 的 PCHC。

从学术研究考虑，杂核催化剂将更丰富的金属原子选择性引入催化剂设计，借此这些杂核催化剂有效利用了不同金属的特性，使不同金属在聚合过程中"各司其职"，优化聚合反应性能。然而，对金属间相互作用进行更加精准的预测和调控仍然是杂核催化剂研究所面临的巨大挑战，尤其是如何在设计杂核催化剂时权衡金属的酸性、稳定性、与链末端的结合能力以及金属间距等因素，以便更加有效地利用分子内的协同作用提升其催化性能。

六、高分子催化剂体系

总结前述催化剂发展历程，可以看出高活性二氧化碳共聚合催化剂的设计和制备大多基于"试错法"，即先筛选出一个对特定单体具有催化活性的母体单元，然后利用化学手段优化催化剂结构，如改变空间效应、电子效应，甚至采用物理添加或化学键连的方式引入有机碱、季铵盐等助催化剂，最终实现催化性能提升。该策略尽管取得了巨大成功，但是存在较大的不确定性，且费时费力。为解决该问题，王献红等提出了一种高分子催化剂的设计策略。如图 2-23 所示，将具有催化活性的单分子铝卟啉聚合成高分子催化剂（图 2-23，催化剂 **1**），可在极低催化剂浓度下实现二氧化碳与环氧丙烷的高效共聚，催化活性、聚合物选择性显著提高，有效解决了单分子铝卟啉在低浓度下失活的问题。

对该催化剂优异的催化性能，王献红等提出了二氧化碳与环氧化物共聚反应的"受限链转移"的链增长模型。如图 2-24 所示，高分子催化剂的多核活性金属中心（Al）可与环氧化物进行预组装活化（单体活化并受限），在低催

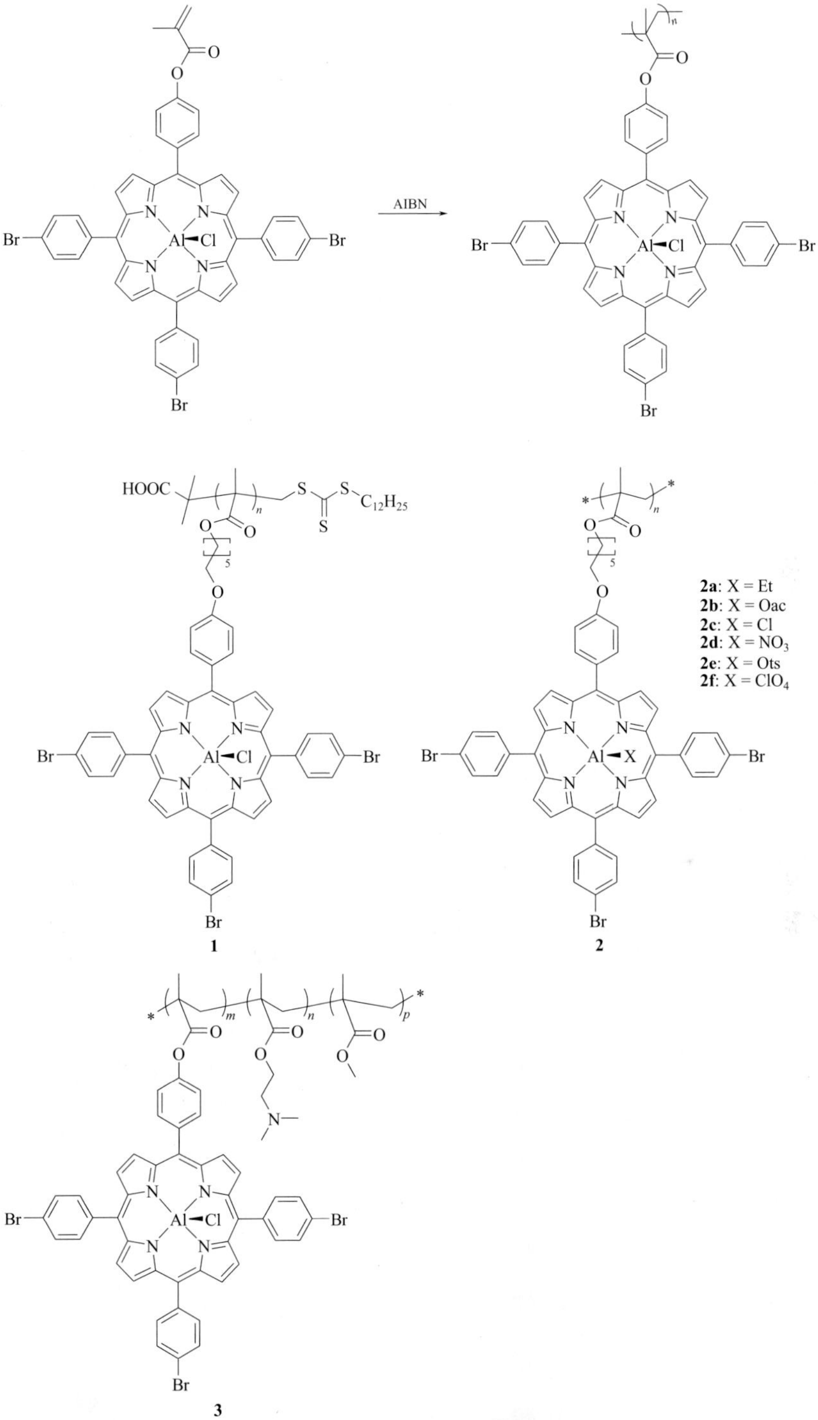

图2-23　几类典型高分子铝卟啉催化体系及其制备方法

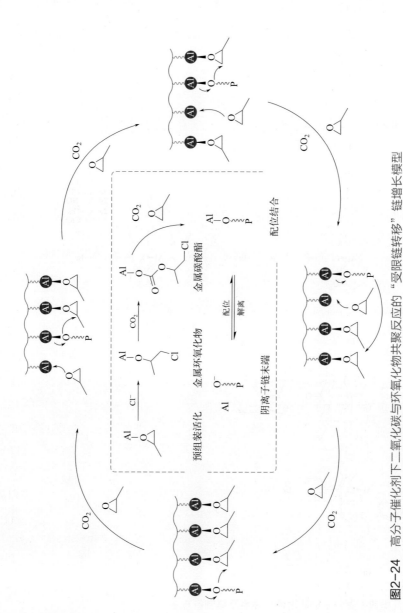

图2-24 高分子催化剂下二氧化碳与环氧化物共聚反应的"受限链转移"链增长模型

$\underset{\sim\!\sim\!\sim}{Al}\!-\!O\!\!\triangleleft$ 代表金属中心活化的环氧丙烷；$P\!\sim\!\sim\!\sim O^-$代表解离活性中心（阴离子链末端）；$P\!\sim\!\sim\!\sim O\!-\!Al$代表金属中心与链拉长末端配位结合

化剂浓度下，从高分子催化剂金属中心解离的阴离子链末端能够迅速进攻邻近的金属中心活化的环氧化物，一方面提升了催化活性，另一方面降低了"回咬"副反应的发生。因此该催化剂保持高活性的前提是提供足够的环氧化物配位点（预组装和活化），增长活性链可以迅速进攻邻近的经活化的环氧化物（链转移），实现快速链增长。在降低助催化剂浓度时，这种链增长模型更容易形成，从而对催化活性有明显的提升。值得指出的是，当助催化剂过多时，会与环氧化合物及阴离子链末端竞争配位到金属中心，并降低聚合速率，这也是该高分子催化剂可降低助催化剂用量的主要原因。

高分子催化剂对铝中心路易斯酸性的提升同样是催化剂高活性的重要来源。王献红等[113]观察到高分子催化剂 **2a**（其结构见图 2-23）的共轭平衡常数 K_{eq} 为 14.3L/mol，对应的单核催化剂的 K_{eq} 仅为 2.3L/mol，与此相应，单核催化剂催化活性为 92h^{-1}，高分子催化剂 **2a** 的活性高达 2700h^{-1}。通过提升轴向基团的吸电子能力（图 2-23，催化剂 **2a**~**2f**），高分子催化剂中铝中心的路易斯酸性明显增强，催化剂 **2a**~**2f** 的催化活性也依次大幅度提升，分别为 2700h^{-1}、3400h^{-1}、5500h^{-1}、7500h^{-1}、9300h^{-1}、10600h^{-1}。其中催化剂 **2f** 中的 Al 中心原子具有最强的路易斯酸性 K_{eq}= 48.7L/mol，且在优化后的聚合条件下能够实现超高的聚合活性（30200h^{-1}），是现阶段二氧化碳与环氧丙烷聚合活性的最高记录。同时催化剂 **2f** 在 150℃的高温下仍能维持 97% 的聚合物选择性。

得益于单组元双功能催化剂的设计理念，王献红等通过无规共聚在主链结构中引入有机碱，并通过改变高分子链上铝卟啉与有机碱结构单元的比例，实现对铝-铝间及铝-有机碱间协同效应的控制。这种基于分子内多重协同效应的高分子催化剂 **3**（图 2-23）在聚合过程中不需要外加助催化剂，且在高温（120℃）下能够兼具高活性（5000h^{-1}）与高聚合物选择性（99%）的特点。

最近王献红等[114]采用开环易位聚合方法制备了"刷状"高分子铝卟啉催化剂 **1**，如图 2-25 所示。"刷状"高分子铝卟啉催化剂 **1** 的催化性能可以通过改变"刷毛"的长度和种类进行调控，其中催化剂 **1e** 在二氧化碳与环氧丙烷的聚合中展现出最高的活性（8110h^{-1}），且聚合物选择性在 110℃下能够维持在 99%。值得注意的是，该催化剂在极低的催化剂浓度下（[Al]：[PO] =1：50000），其 TON 仍能达到 39000，且能制备数均分子量为 271000 的二氧化碳共聚物。

通过调控刷状催化剂的取代基团的空间位阻，结合键连基团的空间限域设计，可以合成碳酸酯链段在 35%~75% 的二氧化碳共聚物。该现象可通过"气

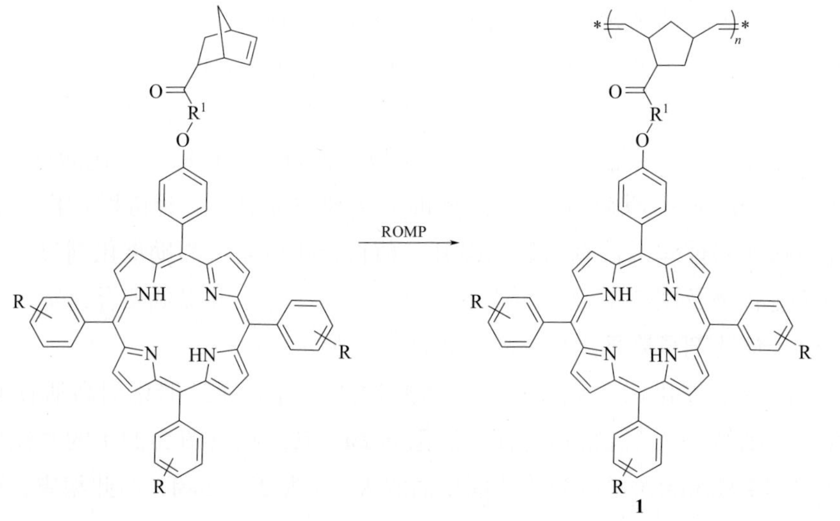

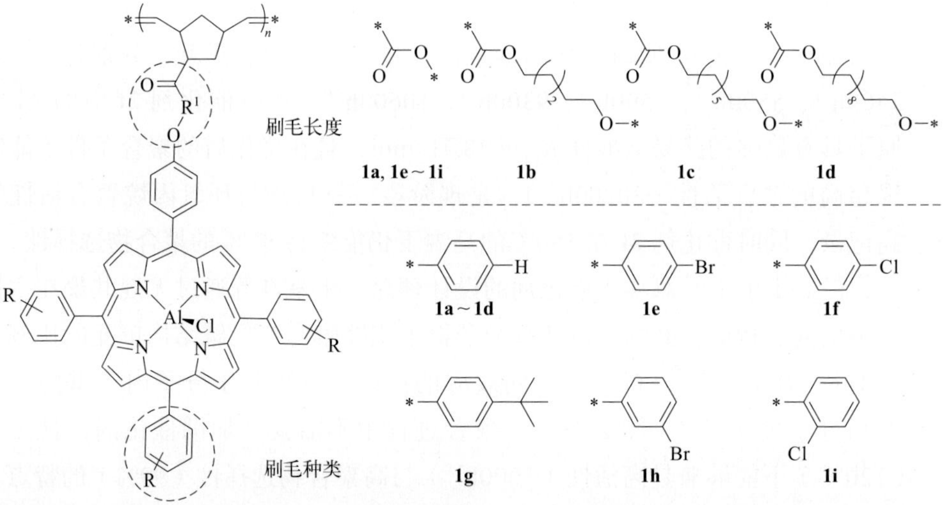

图2-25 典型"刷状"高分子铝卟啉催化剂

球"模型（图2-26）来解释：气球的体积变大与连接绳的延长均会使其中心难以接近，因此提升催化剂取代基团的空间位阻、降低键连基团的空间限域，均可使金属间的协同作用减弱，表现为催化活性降低与碳酸酯链段含量提升。因此将空间位阻较低的配体通过短的键连基团连接在同一条聚合物链上，能更有效地提升催化剂的金属间协同作用。

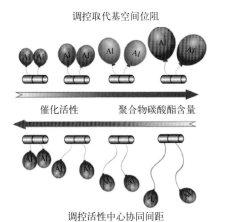

调控取代基空间位阻

催化活性　　　　聚合物碳酸酯含量

调控活性中心协同间距

图2-26　刷状高分子催化剂催化二氧化碳与环氧化物共聚反应的"气球"模型

高分子卟啉铝催化剂由于其高活性、高聚合物选择性（＞99%）和高质子耐受性以及低碳酸酯链段含量（＜50%）的特性，适合制备聚（碳酸酯-醚）多元醇。在含活泼氢起始剂下，王献红等[115]利用高分子铝卟啉催化剂实现了二氧化碳基多元醇的精准合成，实现了聚合过程中二氧化碳的高效、定量转化，TON 高达 50000。值得指出的是，与传统高压聚合或者追求常压转化的聚合反应不同，高分子催化剂能够实现二氧化碳的按需转化，即根据充入二氧化碳的量精确调控多元醇中碳酸酯链段含量。

以高分子卟啉铝为代表的多中心低聚物催化剂不仅实现了均相催化剂的结构明确设计理念，而且利用了非均相催化剂的多活性位点优势，为二氧化碳与环氧化物共聚合带来了新的催化剂设计思路，也实现了优异的催化性能。不过目前高分子铝卟啉催化剂仍然存在提升空间，如该催化剂在合成高分子量二氧化碳共聚物时仍然无法调控序列分布，属于无规共聚，对活性中心的精准控制有待提升。另一方面，该催化剂仍然无法实现高碳酸酯链段含量的高分子量二氧化碳共聚物的合成，因此需要进一步对高分子催化剂构筑体系开展进一步研究工作。

七、无金属催化剂

金属配合物催化剂是 CO_2-环氧化物共聚反应中研究历史最长的催化剂品种，也是最有工业化价值的催化剂。但金属配合物催化剂的合成和优化通常需要经过复杂的配体设计与试错。更为重要的是，由于目前合成二氧化碳共聚物的金属配合物催化剂活性不如传统的烯烃聚合催化剂，导致二氧化碳共聚物中残留金属杂质污染，而分离这些残留的金属催化剂需要很大的能源消耗，因此无金属催化剂逐渐受到学术界和工业界的关注。

2016年，受三异丙基铝催化剂应用于CO_2与CHO共聚反应的启发，冯晓双等[116]将三乙基硼（TEB）作为路易斯酸，辅以季铵盐、季磷盐、磷腈碱等路易斯碱，实现了CO_2与以PO为代表的环氧化物的共聚反应，如图2-27（a）所示。这是首例用于二氧化碳与环氧化物共聚反应的有机催化剂，由此拉开了有机催化研究二氧化碳共聚反应的序幕。Lewis碱对共聚反应有很大影响，当采用四丁基氯化铵作为季铵盐催化$PO-CO_2$共聚时，TON最高为490，但聚合物选择性仅为83%，季铵盐采用PPNCl则能够将产物选择性提升至99%。这类有机催化体系的催化机理如图2-27（b）所示，2分子Lewis酸三乙基硼起到稳定链末端以及活化单体的作用，1分子路易斯碱则用于引发环氧化物开环反应，因此酸碱最佳比例为2∶1。为解决聚合物中助催化剂残留问题，他们通过聚合手段制备了负载型助催化剂[117]，在聚合过程中与有机硼催化剂相结合，并可通过简单过滤进行分离回收。以二氧化碳、环氧环己烷及环氧辛烷的三元共聚反应为例，他们采用一锅法顺序加料合成了聚碳酸环己烯酯-聚碳酸亚辛酯-聚碳酸环己烯酯三嵌段共聚物（PCHC-POC-PCHC），数均分子量达到353000，断裂伸长率达到1000%，具有明显的弹性体特征。

张兴宏等[118]采用有机碱如三乙胺（TEA）等与有机硼如三乙基硼（TEB）或三丁基硼（TBB）组成了双组分催化剂，如图2-27（c）所示。聚合过程中，双组分催化体系能够在聚合物链末端原位形成两性离子对，该结构有利于二氧化碳与环氧化物的交替插入，所合成的聚合物碳酸酯链段含量达到99%，聚合物收率为171g聚合物/g催化剂。进一步将双组元催化剂设计成单组元双功能有机胺，还能够将该聚合物收率提升至216g聚合物/g催化剂。张兴宏等[119]还构建了三乙基硼与N,N-二甲基环己胺双组分催化剂［图2-27（c）］，实现了二氧化碳、氧硫化碳与环氧丙烷的三元共聚，得到的聚合物数均分子量达到58400。值得指出的是，通常双酚A型聚碳酸酯的折射率为1.46，而二氧化碳-氧硫化碳-环氧丙烷三元共聚物的折射率可达1.55，有望在光学领域得到应用。

2020年，伍广朋等[120]基于双功能金属催化剂的设计策略，将有机硼与季铵盐通过共价键连接发展了一种双功能有机催化剂，如图2-27（d）（催化剂1）所示，用于环氧环己烷（CHO）与CO_2的共聚反应。催化剂1［图2-27（d）］在15bar压力下，在较宽的温度范围（25～150℃）内均表现出良好的活

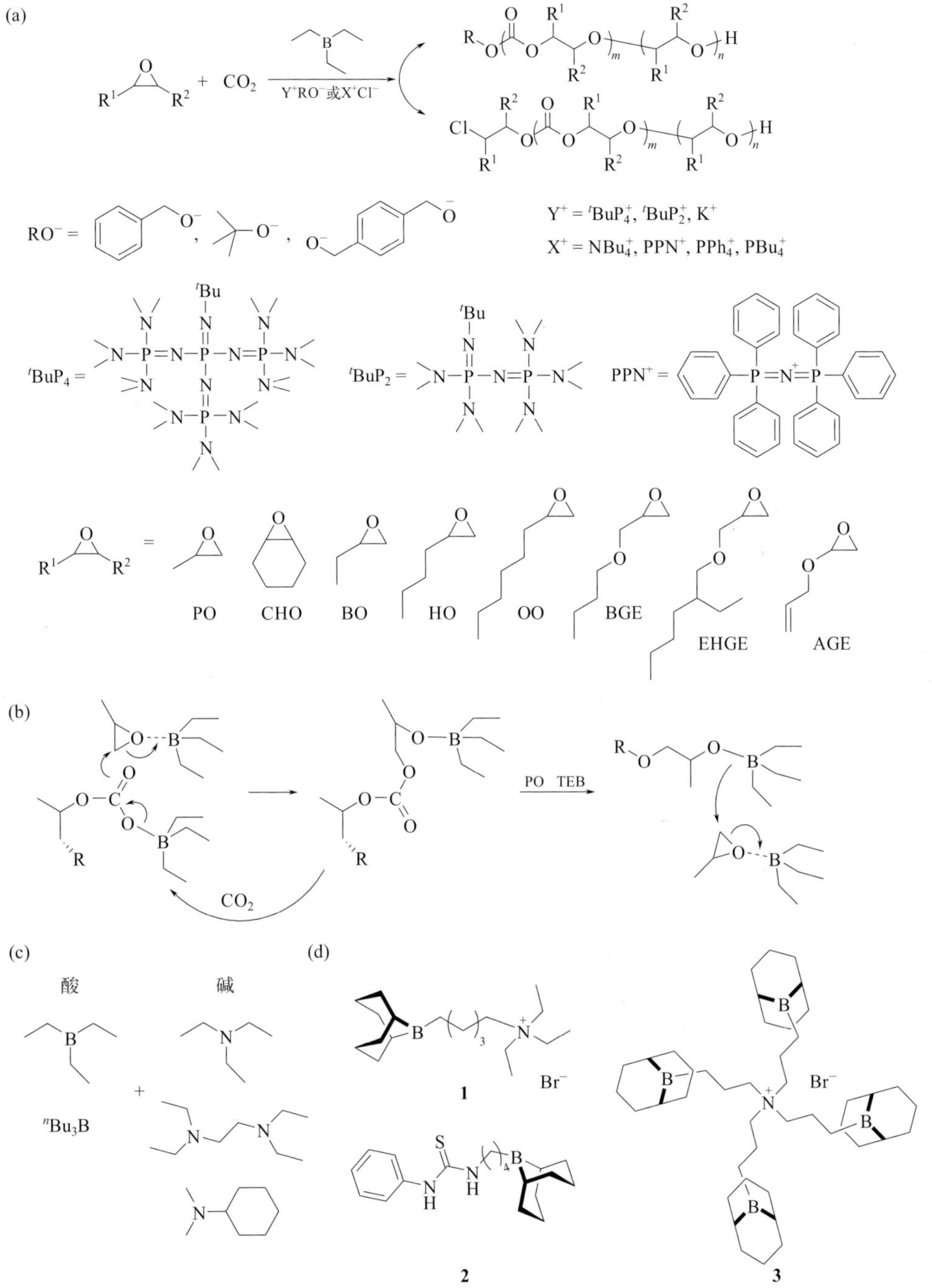

图2-27 有机硼-季铵盐双功能催化剂

性，在环氧环己烷/催化剂进料比为20000/1的情况下，催化效率仍然可以达到5.0kg聚合物/g催化剂。伍广朋等[12]随后以季铵盐为中心，制备了"风车"状的四核有机硼催化剂**3**，解决了环氧氯丙烷与CO_2交替共聚难题，其聚合物选择性能够达到99%，且在温和的反应条件下（25~40℃，25bar）碳酸酯链段含量能够大于99%，所制备的二氧化碳共聚物的数均分子量达到36500，玻璃化转变温度为45.4℃。2022年，陶友华等[121]报道了硫脲-硼双功能有机催化体系［图2-27（d），催化剂**2**］，实现了环氧化物与环状酸酐的高活性、高选择性聚合。有机硼催化剂具有合成效率高、催化共聚反应条件温和、产物无色等优点，如能解决催化剂的水分敏感性、合成成本高等问题，将具有较好的工业化前景。

本节介绍了文献上在二氧化碳-环氧化物共聚反应中具有代表性的催化体系，不仅呈现了由非均相催化剂向均相催化剂的发展趋势，更是发展了多种催化剂设计策略，如双组元、单组元双功能催化剂、双中心甚至多中心催化剂等，高效、精准和绿色催化正在成为当今催化剂的发展方向。但是，与烯烃聚合催化剂如Ziegler-Natta催化剂、茂金属催化剂或后过渡金属催化剂相比，现阶段用于二氧化碳与环氧化物共聚的催化剂仍有着明显差距，仍需要研究者们不断探索新的催化剂构筑模式，并对各类协同作用进行深入研究，实现对二氧化碳共聚反应的高效、精准和绿色催化。

第三节
二氧化碳-环氧丙烷共聚物（PPC）的链结构控制

CO_2与环氧丙烷（PO）共聚物即聚碳酸丙烯酯（PPC），是最典型的二氧化碳共聚物，更是目前研究最为广泛、最有应用价值的二氧化碳共聚物品种。PPC的链结构包括一次结构和多次结构（聚集态），决定了其基础物化性能，进而决定了可能的PPC应用领域。由于PPC是非晶聚合物，除了拉伸等外场会影响其力学性能，决定其物化性能的主要是PPC的一次链结构，包括分子量及其分布、醚酯相对含量、序列结构、立体结构、官能团等，如图2-28所示。本节将重点概述PPC的一次结构调控，尤其是分子量和分子结构的调控方法。

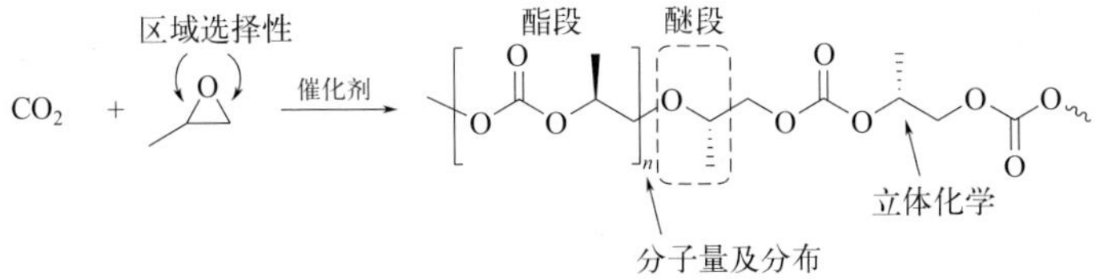

图2-28 二氧化碳-环氧丙烷共聚物的链结构控制

一、PPC的分子量

众所周知，聚合物的分子量对材料性能有重要影响，只有分子量超过一定数值后才能显示出所期望的性能。另一方面，由于聚合物的分子量存在多分散性，因此其分子量分布也同样影响高分子材料性能[122]。对聚合物的力学性能而言，通常聚合物的分子量越大，分子间色散力越大，聚合物的力学强度越高。然而，聚合物分子量增加后，分子间的作用力也增加，使聚合物的高温流动黏度增加，给成型加工带来一定的困难[123]。因此在PPC作为塑料使用时，调控聚合物分子量是平衡其力学性能与成型加工性能的关键因素[124]。

催化剂种类和聚合条件是控制PPC分子量的重要因素。在世界各国科学家不断努力下，催化剂发展取得了长足的进步，且至今仍在不断优化中。催化剂的进步直接推动了PPC的分子量调控能力的发展，进而发掘PPC的基础物化性能，形成相应的应用领域。因此PPC的发展历史实际上就是催化剂的发展历史，本节将从非均相和均相催化剂出发，探讨催化剂种类对PPC分子量的影响。

1. 非均相催化剂体系下的PPC分子量

在1969年，Inoue首次利用二乙基锌/水催化体系实现了CO_2与PO的共聚反应，成功制备出PPC。在此基础上，通过优化含活泼氢助剂的种类，例如间苯二酚[73-74]、伯胺[72]及间羟基苯甲酸[75]等，所得PPC的数均分子量（M_n）在30000～150000之间可控。Kuran开发出$ZnEt_2$/联苯三酚[76,125-126]催化体系，PPC数均分子量最高可达189000。尽管在该体系下催化活性较低，共聚反应效率较差，但是说明了可以通过二氧化碳与环氧丙烷的共聚反应合成出高分子量PPC，对后续科研人员开展PPC的研究有重要影响。

Soga等[77]利用戊二酸锌催化剂合成了PPC，数均分子量为12000，但催

化活性仅有 $1.1h^{-1}$ [78-79]。稀土配合物可以高效催化环氧化合物和环硫化合物的开环聚合，受此启发，沈之荃等 [67, 127] 将稀土三元催化剂 [Y(P$_{204}$)$_3$-Al^{i}Bu$_3$-甘油] 用于二氧化碳和环氧丙烷的共聚合，制备出分子量高达 400000 的共聚物，只是醚段含量为 60%～70%。为降低醚段含量，王献红等采用 [Y(Cl$_3$COO)$_3$-ZnEt$_2$-glycerin] 组成的稀土三元催化剂，合成了数均分子量超过 200000 的 PPC，醚段含量低于 5%，由此实现了高交替结构的高分子量 PPC 的高效合成。基于催化体系的不断优化及高分子量 PPC 带来材料性能的提升，王献红等历经 20 年终于在 2022 年建成世界上第一条万吨级 PPC 生产线，PPC 也作为二氧化碳基塑料的代名词得到学术界和产业界的认可。

双金属氰化物（DMC）催化剂是一种催化 PO 均聚的高活性非均相催化剂，自陶氏公司将其引入二氧化碳和环氧丙烷的共聚领域以来，受到国内外科学家的广泛关注。DMC 催化剂所得聚合物为碳酸酯-醚结构，T_g 低于室温，一般不作为主体材料使用。但是，DMC 催化剂具有很强的质子耐受性，通过调聚反应可制备二氧化碳基多元醇，是一种潜在的聚氨酯原料。张兴宏等开发出纳米薄层 DMC 催化剂，催化活性提高至 6kg 聚合物/g 锌。王献红等 [86-87] 通过优化 DMC 催化剂结构，开发出稀土掺杂 DMC 催化剂，催化活性高达 60kg 聚合物/g 催化剂，并通过调聚反应成功制备出分子量 1000～6000 的二氧化碳基多元醇（二元醇、三元醇、四元醇和六元醇）。

2. 均相催化剂体系下的 PPC 分子量

在 CO_2 与环氧化物共聚研究领域，第一例均相催化剂为 Inoue 报道的铝卟啉催化体系，但反应时间超过 14 天，且所得 PPC 的数均分子量只有几千。王献红等 [128] 对铝卟啉催化剂进行了系统研究，在卟啉配体上键接季铵盐并调节中心铝的电子环境，在 80℃和 3MPa 下 TOF 达 560h^{-1}，PPC 选择性达到 93%，所制备的 PPC 数均分子量达 96000。不过卟啉配体上键接季铵盐操作比较复杂，成本很高，难以大规模应用。为进一步提高 PPC 的分子量，王献红等 [129] 开发出溴取代的铝卟啉催化剂（轴向基团为对甲苯磺酸根），得到数均分子量高达 180000 的 PPC，且碳酸酯单元含量大于 95%。

2003 年 Coates 等 [92] 报道了 Salen-Co 配合物可催化环氧化物和 CO_2 共聚反应，当时所得 PPC 数分子量较低，约为 22000。Nozaki 等 [95] 在 Salen 配体上引入哌啶基团得到双功能催化剂，所得 PPC 数均分子量超过 80000。2009

年，吕小兵等[130]利用 MTBD 官能化的 Salen-CoX 配合物制备出分子量超过100000 的 PPC，且碳酸酯单元含量＞99%，分子量呈现窄分布（聚合物分散性指数 PDI=1.18）。Lee 等[96-97]从阳离子季铵盐可稳定阴离子增长链的角度出发，在 Salen 配体上引入四个季铵盐，所得双功能 Salen-Co 催化剂兼具高活性（TOF = 26000h^{-1}）、高产物选择性（PC＜1%）、高分子量（M_n=296000）等优点，是迄今为止综合催化性能最佳的均相催化剂。

2017 年 Garcia-Ruiz 和 Claver[131]报道了用钴配合物催化 CO_2 和环氧丙烷共聚制备高分子量的聚碳酸丙烯酯，以 [Bu$_4$N][Br] 为助催化剂，研究了邻位取代基 R 和轴向配体 X 对催化性能的影响，所得催化剂产物选择性为 95%，聚合物分子量达到 104000，分子量分布系数为 1.43。王献红等[61]提出高分子催化剂设计理念，成功开发出高分子铝卟啉体系，催化 CO_2-PO 共聚反应时，实现了二氧化碳基共聚物高活性、高选择性制备，突破了之前单核铝卟啉催化剂面临的浓度、助催化剂、温度等诸多反应条件限制，在极低浓度下（[PO]/[Al]=100000/1）的转化数（TON）超过 40000，且产物的数均分子量超过200000，但是碳酸酯单元含量低于 60%。不过，基于该催化剂优异的质子耐受性，可制备超低分子量二氧化碳基多元醇（M_n＜500）。随后，王献红等[132]进一步开发了高分子催化剂的构筑策略，将可聚合的单分子卟啉铝与有机碱助催化剂通过共聚合制备相应的均相高分子催化剂，侧基单元通过多重协同作用达到"聚沙成塔"的效果，在保持高 PPC 选择性（99%）情况下，所得聚合物分子量高达 232000，碳酸酯单元含量低于 50%。该策略为协同催化提供了一个新的可行方案，具有很大的探索空间。

除了上述均相金属配合物催化体系，有机催化 CO_2 与环氧化物的共聚反应具有重要的研究价值。2016 年，Gnanou 和冯晓双等[116]报道了利用有机催化剂三乙基硼（TEB）和鎓盐催化 CO_2 与环氧化物共聚反应，开拓了不含金属元素的有机催化体系。该体系通过阴离子聚合模式催化 CO_2/PO 共聚反应，所得共聚物的碳酸酯单元含量在 92%～99% 之间，TON 值为 500，聚合物分子量最高可达到 50000。2021 年，张兴宏等[118]采用了结构简单的叔胺（三乙胺）与烷基硼（三乙基硼）组成有机催化体系，构建了两性离子共聚合的模式，即烷基硼配位的活性阴离子与链引发端形成的阳离子"首尾相连"，实现了催化PO 与 CO_2 全交替共聚反应，数均分子量达到 56000。目前有机催化体系的难点还是在于如何进一步提高 PPC 的分子量，使其具有可以实现薄膜应用的力学性能。

二、PPC的分子结构

1. PPC 的主链结构

二氧化碳与环氧丙烷共聚反应链增长过程中，理论上会同时存在碳酸酯键（环氧丙烷与二氧化碳交替共聚）、醚键（环氧丙烷均聚）和酸酐键（二氧化碳均聚）的竞争反应。由于二氧化碳的化学惰性，其连续插入形成酸酐键的反应很难发生，因为该反应在热力学上是不利的。而环氧丙烷连续插入的副反应则容易发生，导致在 PPC 主链上经常会形成聚醚结构。二氧化碳共聚物中醚段含量的增大不仅会提高聚合物的成本，也会在很大程度上降低聚合物的生物降解性，同时也改变聚合物的其他性质，如 PPC 中醚段增多通常会降低聚合物的玻璃化转变温度。当然醚段增多也会使 PPC 表现出其他特殊性质，如当聚醚链段达到一个较大值时 (80%)，PPC 就会在超临界 CO_2 中表现出优异的溶解性[133]。

在 PPC 的合成化学中，为了充分利用廉价的二氧化碳单体，提高 PPC 降解性能和降低成本，通常希望制备高碳酸酯单元含量的 PPC，因此实现二氧化碳和环氧丙烷的交替共聚形成高碳酸酯单元含量的 PPC 是该领域关注的焦点之一。其实现的主要途径有两种：一是直接进行高效高选择性催化剂设计，二是聚合过程中适当提高聚合压力。

2. PPC 的区域结构

环氧丙烷含有一个不对称的手性碳原子，因此在开环反应过程中存在 α 断裂和 β 断裂两种可能的开环方式。根据聚合过程中环氧丙烷开环方式的不同，环氧丙烷开环共聚生成的 PPC 存在头头（HH）、头尾（HT）及尾尾（TT）三种区域结构[76]，如图 2-29 所示，通过 ^{13}C-NMR 谱图可清晰确定这三种区域结构的比例[134]。

通常环氧丙烷的开环过程遵循 S_N2 亲核开环机理，更容易进攻位阻较小的亚甲基碳[135]。但是大多数催化体系得到的都是区域无规的 PPC，这表明此时开环步骤也具有部分碳正离子或 S_N1 反应的性质（图 2-30）。区域化学选择性实际上体现的是环氧丙烷开环方式的结果，通过解析 PPC 的精细结构，可以得到更多关于聚合过程中价键断裂和形成的信息。

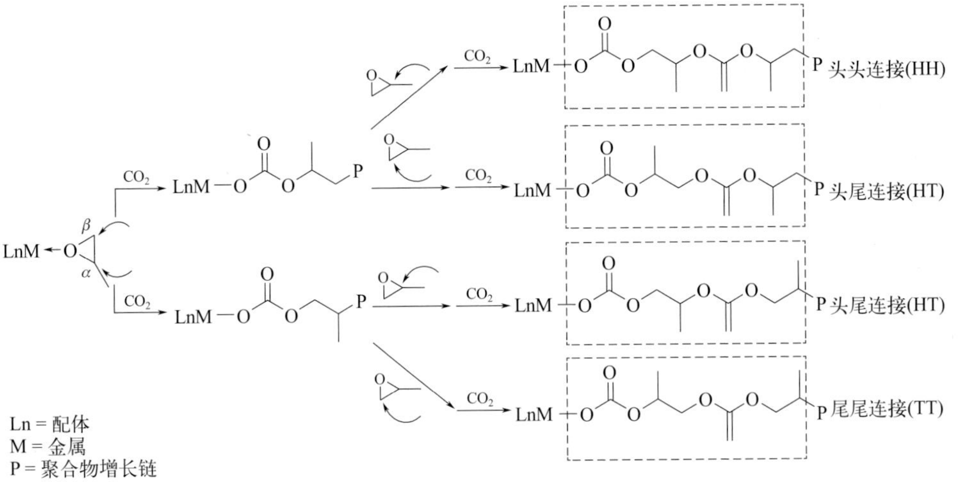

图2-29 PPC中不同区域结构的形成过程

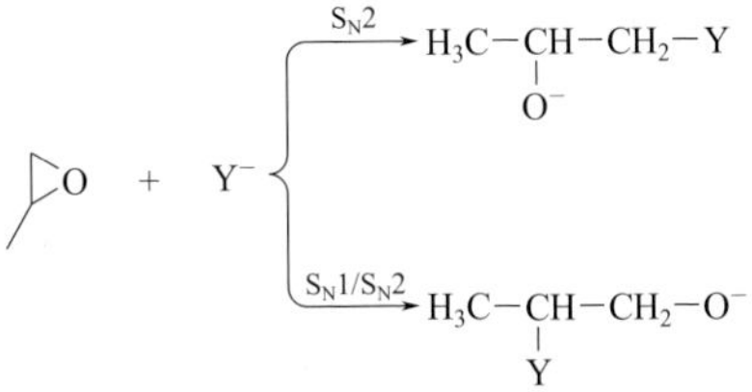

图2-30 环氧丙烷的亲核开环机理

PPC 的区域结构主要取决于所用的催化体系。Lednor 计算了 $ZnEt_2$-H_2O 和 $ZnEt_2$-间苯二酚体系催化得到的 PPC 的区域结构组成，这两类催化体系所得产物头尾结构含量介于 68%～75% 之间，表明聚合物中头尾结构占优势。王献红等[136] 指出稀土三元催化剂中通过改变稀土盐种类，PPC 的头尾结构比例在 68.4%～75.4% 之间可调控，说明稀土三元催化体系与 $ZnEt_2$-H_2O 和 $ZnEt_2$-间苯二酚体系类似，对二氧化碳与环氧丙烷的共聚合反应具有一定的区域选择性，倾向于开环生成位阻小的结构单元。另外，稀土三元催化剂所得 PPC 中含有的头头和尾尾结构几乎是等量的，与 Lednor 的结果一致。

随着均相催化剂研究的不断深入，PPC区域结构控制取得了很大的进展[137]。2003 年，Coates 等[92] 利用 Salen-Co(Ⅲ)OAc 催化 CO_2-PO 的共聚反应，在 25℃和 5MPa 下得到 HT 含量为 80% 的 PPC。随后，吕小兵等[138] 通过对 (R,R) Salen-CoX 钴配合物的轴向负离子和亲核试剂（季铵盐负离子）进行合理调节，所得 PPC 的头尾结构含量提高到 95% 以上。

　　吕小兵等[139-140]进一步制备了多手性 (S,S,S)Salen-Co(Ⅲ) 催化剂。催化剂配体中的 (1S,2S)-1,2-二氨基环己烷骨架和 S 构型的 2′-异丙氧基-1,10-联萘共同提供了围绕中心金属离子的手性环境，环氧化物开环优先发生在亚甲基碳上，所得 PPC 中的头尾结构含量大于 99%。王献红等[141]则设计了大位阻手性铝卟啉催化剂，该大位阻铝卟啉催化剂表现出优异的区域结构选择性，所制备的 PPC 中的头尾结构单元（HT）达到 92%，是首例能够制备具有高区域结构选择性的完全交替聚碳酸丙烯酯的铝系催化剂。

3．PPC 的立体结构

　　由于环氧丙烷含有一个手性中心，因此与聚丙烯相似，PPC 也存在立体异构现象。在手性催化剂的作用下，外消旋环氧丙烷（PO）与 CO_2 发生共聚，由于 (R)-PO 和 (S)-PO 的插入顺序不同，将会产生三种不同立构规整性的聚合物，分别为全同（等规）立构（isotactic）、间同（间规）立构（syndiotactic）以及无规立构（atactic）聚合物，如图 2-31 所示。如果侧甲基都以相同的手性构型排列在聚合物主链平面的同一侧，即为等规 PPC；当侧甲基都以相反的手性构型交替排列在聚合物主链平面的两侧，则为间规 PPC；一旦侧甲基以任意的构型无规排列在聚合物主链平面的两侧，则为无规 PPC。一般通过测量聚碳酸丙烯酯的降解产物（环状碳酸酯）的对映体过量值（ee 值，即一种对映体的纯度超过另一种对映体的差值）的大小来衡量反应立体选择性的高低。

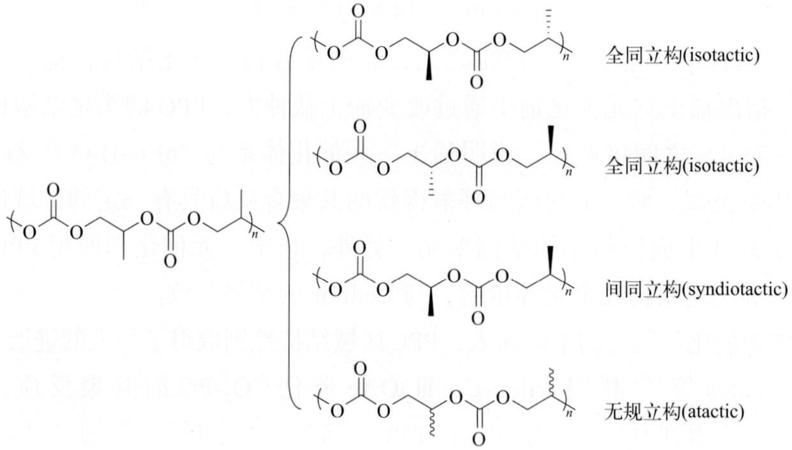

图2-31　PPC的立体结构

2003 年，Coates 等[92] 采用 Salen-Co(Ⅲ)X 配合物催化 CO_2 和环氧丙烷（PO）共聚，合成出区域规整和高度交替的 PPC。对于外消旋环氧丙烷，通过动力学拆分过程优先消耗 (S)-PO 形成立体选择性 S-PPC（图 2-32）。对 Salen-Co(Ⅲ) 配合物催化剂而言，手性二胺骨架、Salen 配体上的取代基、Salen-Co(Ⅲ)X 的轴向离子以及助催化剂的亲核性等，都会显著影响对映选择性。

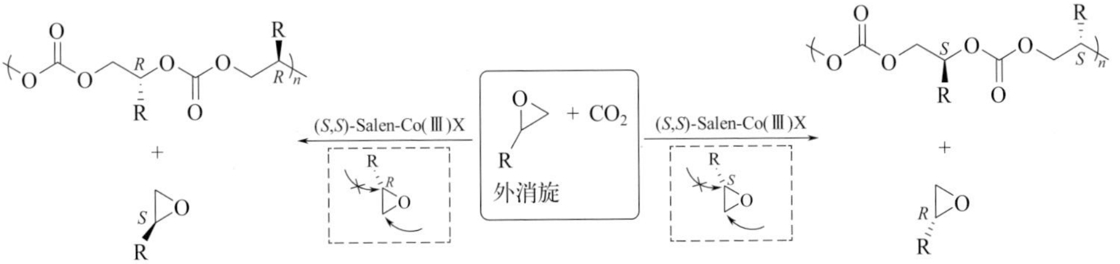

图2-32　CO_2 和外消旋环氧化物的不对称共聚形成立体选择性 S-PPC

Coates 等[142] 采用手性纯 (R,R)-Salen-CoBr 催化剂催化手性纯 S-PO 与 CO_2 共聚，制备出等规 PPC，当采用外消旋 rac-Salen-CoBr 催化剂进行外消旋 rac-PO 与 CO_2 共聚反应，则得到富含间规结构的 PPC。在比较了等规、无规聚合物和模拟低聚物的 ^{13}C-NMR 谱图后，Coates 和 Chisholm 等[143] 完成了对 PPC 三单元组水平上 ^{13}C-NMR 信号归属，其中位于 $\delta 154.1 \sim 154.3$ 处的三重峰中，$\delta 154.1$ 归属于 [mm] 三单元组，代表一种等规结构，$\delta 154.2$ 归属为 [mr]/[rm]，代表一种杂规结构，而 $\delta 154.3$ 则归属于 [rr] 三单元组，也就是间规结构 PPC 的特征峰。

吕小兵等采用多手性中心 Salen-Co 催化剂，制备出全同立构 PPC，其玻璃化转变温度达到 47℃，比无规 PPC 高 $10 \sim 12$℃。Nozaki 等[144] 通过使用双功能手性 Salen-Co 催化剂首次合成了具有立体梯度的 PPC，如图 2-33 所示，该立体梯度 PPC 的头部结构以 S-PPC 为主，尾部以 R-PPC 为主，该立体梯度 PPC 比无规立构 PPC 具有更高的热分解温度。

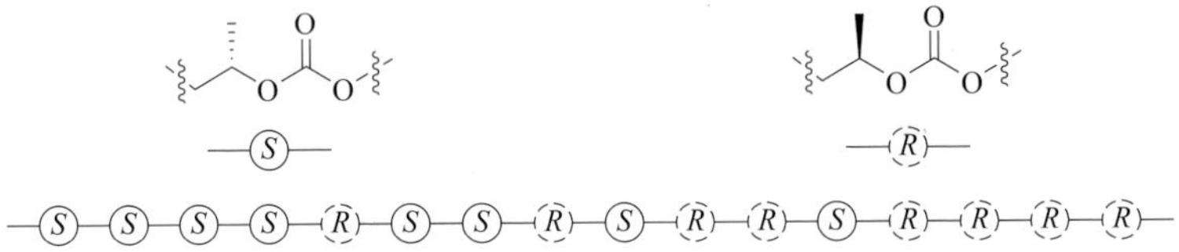

图2-33　立体梯度 PPC

4．PPC 的端基结构

聚合物端基是聚合物分子链末端的基团，与其他聚合物一样，PPC 的端基取决于聚合过程中活性链的形成方式和终止方式。端基除来自单体本身特征外，还会来自引发剂、分子量调节剂、链终止剂或溶剂等的链转移或链终止作用。

PPC 来自 CO_2 与 PO 的交替共聚，理论上 PPC 的端基以碳酸或羟基为主，但是碳酸基团不稳定，极易释放出 CO_2，因而最终也形成羟基（图 2-34）。值得注意的是，由于催化剂本身含有引发基团如烷氧基、卤素、硝基等，使得聚合物结构一端为引发基团，另一端为羟基，但这部分聚合物比例较低，可忽略不计。PPC 中大多数两端为羟基，这是因为 PPC 在体系中微量水的存在下，活性链极易向质子化合物发生链转移反应，从而形成羟基。利用这一原理，研究人员向聚合体系中加入多官能质子化合物，制备出分子量可控（1000～20000）的多元醇，广泛应用于聚氨酯软段。但对于高分子量（大于100000）PPC 而言，端羟基的存在会降低其热稳定性，从而影响熔融加工性能。主要原因为端羟基的存在引发"回咬"反应，从而以"解拉链"式生成环状碳酸酯。

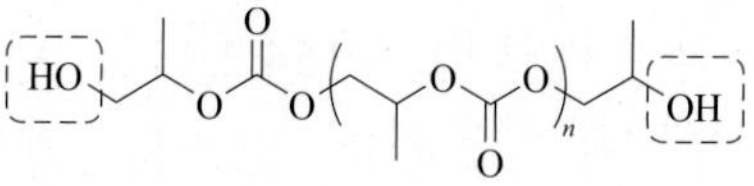

图2-34　PPC的端羟基结构

提高 PPC 热稳定性的一个重要方法就是对端基进行封端（图 2-35）。Dixon 等[145]采用多种亲电子有机化合物封端 PPC，典型的封端剂如：过氧化物、乙酰氯、苯并咪唑硫醇、三价磷复合物、有机磷酸酯复合物等。PPC 末端羟基被封端后，其热分解温度可提高 20～40℃。刘景江等[146]通过熔体反应

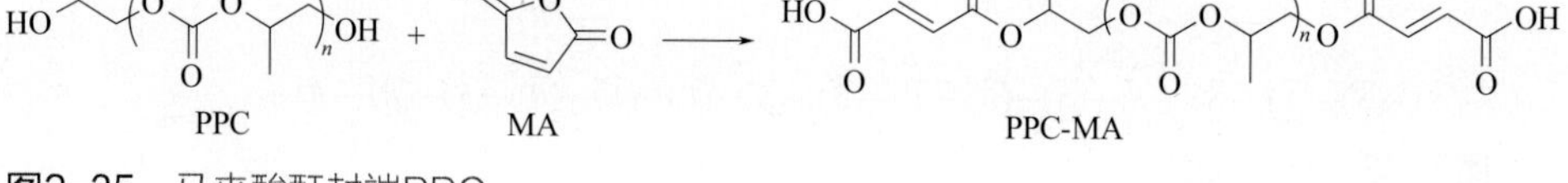

图2-35　马来酸酐封端PPC

用马来酸酐对 PPC 进行封端，PPC 的热稳定性明显改善，核磁和红外分析结果表明封端后的 PPC 发生了偶联反应。董丽松等[147]采用溶液法，利用马来酸酐、苯甲酰氯和醋酸酐等对 PPC 进行封端，PPC 的热分解温度可以提高到230℃以上。利用马来酸酐等小分子封端剂可以有效防止热降解发生，提高聚合物的热稳定性，但是这些小分子封端剂在熔融封端过程中易挥发，在冷却过程中未反应的小分子封端剂易在熔体表面析出[148-149]。为了解决这些问题，王献红等[150]合成了顺丁烯二酸酐二元共聚物和顺丁烯二酸酐三元共聚物等高分子封端剂，不仅解决了小分子封端剂存在的问题，而且高分子封端的 PPC 的起始热分解温度比小分子封端的 PPC 提高 30℃。尽管 PPC 封端的工作在许多文献中已经出现，但是封端 PPC 的结构表征尚未得到充分研究，因为对高分子量 PPC 而言，其末端占比很低，且数据主要来源于动态热重分析（TGA）[151]，很难得到其他数据源的佐证。

第四节
二氧化碳-环氧环己烷共聚物（PCHC）

　　环氧环己烷（CHO）是除 PO 外另一种得到广泛研究的环氧单体，其与 CO_2 的交替共聚物即聚碳酸环己烯酯（PCHC）是重要性仅次于 PPC 的一类二氧化碳共聚物[152-154]，PCHC 的合成路线如图 2-36 所示。Darensbourg 等利用原位红外方法研究了 CO_2 和环氧化物共聚的反应动力学，PPC 和 PC 的反应活化能分别为 67.6kJ/mol 和 100.5kJ/mol，而 PCHC 及其环状产物碳酸环己烯酯（CHC）的活化能分别为 46.9kJ/mol 和 133.0kJ/mol。由此可以看出，脂环族 CHO 单体相对于端基环氧 PO 具有更大的环张力，因而更容易与 CO_2 进行交替共聚反应。此外，由于 CHO 的空间位阻效应，在共聚过程中回咬反应较难发生，故体系中环状产物较少。因此，CHO 对催化剂性能的要求较低，选择范围较 CO_2-PO 催化体系更广。通常能催化 CO_2-PO 共聚反应的催化体系，也能催化 CO_2-CHO 共聚反应，这些催化剂详见本章第二节第五小节，本节只对 CO_2 与 CHO 的共聚反应催化剂作简要介绍。

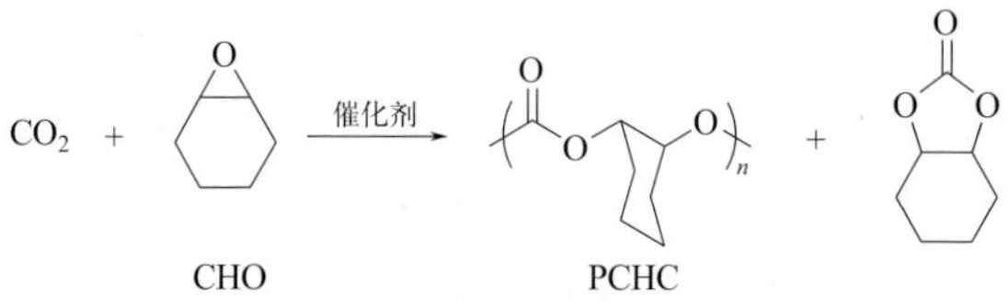

图2-36 CO₂-CHO共聚制备PCHC

一、催化体系

目前，CO_2-CHO 共聚的催化体系主要有非均相催化剂、均相催化剂及有机催化剂等。由于 CHO 存在较大的环张力，其与二氧化碳共聚能力要强于 PO，总体来看，一般能催化 CO_2-PO 共聚的催化体系都能催化 CO_2-CHO 共聚，反之不一定奏效。如 β-二亚胺锌和双核 Robson 型催化剂主要对 CO_2-CHO 共聚有活性，而无法催化 CO_2-PO 共聚。

本节将对 CO_2-CHO 共聚的催化体系进行简要介绍。

1. 非均相催化剂

用于 CO_2-CHO 共聚反应的非均相催化剂主要有两种：羧酸锌和双金属氰化物（DMC）。1997 年，Beckman 等[155]合成了含氟取代的羧酸锌，该催化剂能催化 CHO-CO_2 共聚。在 100℃和 13.7MPa 下反应 24h，能够获得分子量为 17000、分子量分布为 6.4、碳酸酯单元含量大于 90% 的聚合物。Darensbourg 等[156-157]研究发现巴豆酸锌和安息香酸锌催化体系也有一定的催化性能。其中巴豆酸锌催化 CHO-CO_2 共聚，在 80℃和 5.6MPa 下能够获得碳酸酯单元含量为 84% 的聚合物，其催化活性达到 35g 聚合物/g 锌。安息酸锌能够获得碳酸酯单元含量为 99% 的聚合物，催化活性达到 16.7g 聚合物/g 锌。

双金属氰化物 (DMC) 催化剂也可以用于 CHO-CO_2 的共聚反应。Kim 等[158]采用纳米多金属氰化物催化共聚，制备出分子量在 3400～5100、碳酸酯单元含量在 5%～60% 之间的 PCHC，TOF 值为 50h^{-1}。他们还研究了在微波诱导下，DMC 对 CHO-CO_2 共聚的影响[159]。2001 年，Darensbourg 等[160-161]设计了具有明确结构的双金属氰化物，但是催化 CHO/CO_2 反应时仅得到环状碳酸酯。2008 年，张兴宏等[162]合成纳米片状的 SiO_2/DMC 催化剂，在 100℃和 3.8MPa 下催化 CHO-CO_2 共聚反应，TOF 达到 3815h^{-1}，所得的聚合物分子量为 7000～13000，碳酸酯单元含量为 88%～94%。最近，王献红等利用稀土掺杂 DMC 催化剂实现了 CHO-CO$_2$ 高活性共聚，催化活性大于 2kg 聚合物/g 催化剂，分子量可达 100000。

2. 均相催化剂

用于 CHO-CO$_2$ 共聚合反应的均相催化剂较多，是该领域的研究热点，文献上主要包含金属卟啉催化剂、金属-Salen 催化剂、β-二亚胺锌催化剂及双核 Robson 型配合物等，下面就主要催化剂进行介绍。

（1）金属卟啉催化剂

1978，Inoue 等发现四苯基卟啉氯化铝（TPPAlCl）能够催化 PO-CO$_2$ 共聚，同时该体系也能催化 CHO-CO$_2$ 聚合[163]，制备出的 PCHC 数均分子量为 6200，分子量分布为 1.06，且 PCHC 中碳酸酯单元含量大于 99%。王献红等[164] 采用四苯基卟啉氯化铝/四乙基溴化铵体系，在 60℃下反应 9h，TOF 达到 36.1h^{-1}，所得 PCHC 的碳酸酯单元含量可达 97.9%。通过加入大位阻 Lewis 酸，可以进一步提高反应活性至 44.9h^{-1}。但是过量的 Lewis 酸会降低碳酸酯单元含量，因为 CHO 被过度活化从而连续聚合形成醚段。2020 年，Nozaki 和 Ema 等[165] 设计了双功能铝卟啉催化剂，如图 2-37 所示。其中 **1a** 和 **1b** 都有很好的催化活性，当 **1a** 作为催化剂时，固定单体/催化剂比例为 [CHO]∶[催化剂]=40000∶1，在 120℃ 和 2.0MPa 下进行 CHO-CO$_2$ 共聚反应，TOF 最高可达到 18000h^{-1}。而当催化剂的负载量低至 0.001% 时，**1a** 和 **1b** 催化得到的 PCHC 数均分子量很高，分别为 281000 和 263000。

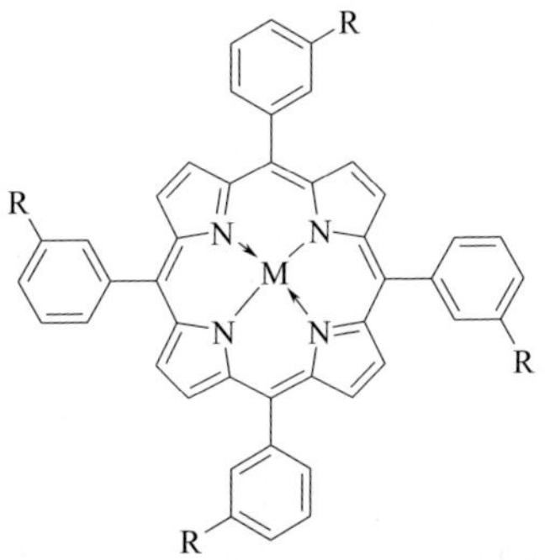

1a: M = AlCl, R = O(CH$_2$)$_6$N$^+$Bu$_3$Cl$^-$
1b: M = AlBr, R = O(CH$_2$)$_6$N$^+$Bu$_3$Br$^-$

图2-37 高活性双功能铝卟啉催化剂

除了铝，其他金属包括铬、钴、镁、锌、锰等，也可合成出相应的卟啉金属催化剂，用于 CHO/CO_2 的共聚反应，但反应活性、产物分子量均不如铝体系。

（2）金属-Salen 催化剂

金属-Salen 配合物是二氧化碳共聚反应的里程碑式催化剂，从催化活性、聚合物选择性、碳酸酯单元含量及立体选择性等各个方面均带来了很大幅度的提升。2002 年 Darensbourg 以 Salen-CrX 为催化剂、N-甲基咪唑为助催化剂，实现了 CO_2-CHO 的共聚反应。Salen 配体的电子效应、空间效应、助催化剂及轴向引发基团会直接影响 CO_2-CHO 共聚反应性能。鉴于 CHO 单体内消旋的特点，吕小兵等利用手性 Salen-Co 配合物实现了 CO_2-CHO 的不对称聚合，得到光学活性 PCHC。特别是，他们合成了一系列基于手性联苯/联萘作为桥联基团的双核 Salen 催化剂，中心金属包括 Co、Cr 和 Al[166-168]，其中双核 Salen-Co 催化 CO_2-CHO 聚合反应，室温下活性最高可达 $1409h^{-1}$，而且存在高对映选择性，ee 值可达到 98%。王献红等[94]合成了中心金属环境友好的 Salen-Ti(Ⅲ)X 催化剂，在 120℃和 4.0MPa 下可高效合成完全交替 PCHC，而且没有环状碳酸酯副产物生成，TOF 达到 $577h^{-1}$。

（3）其他金属催化剂

除了以上典型的金属催化剂，文献上也报道了多种催化剂，用于 CHO-CO_2 共聚反应。

1998 年，Daresbourg 等[169]合成了一系列不同取代基的锌酚配合物，该系列催化剂能够催化 CHO-CO_2 共聚反应，催化活性最高可达到 1441g/g Zn。2011 年，Nozaki 等[170]采用四价金属（Ti、Zr、Ge、Sn）为中心金属，设计合成了 BOXDIPY 型配合物，并应用于 CHO-CO_2 共聚反应，TOF 最高达到 $76h^{-1}$，数均分子量为 13000，碳酸酯单元含量为 99%。

文献上也有采用稀土配合物催化体系研究 CHO-CO_2 共聚反应的工作。2005 年，Hou[171]合成了以环戊二烯为配体的钪、钇、镝、镥催化剂，用于催化 CHO-CO_2 的共聚反应，这是最早报道的应用于该领域的均相稀土催化剂。该系列配合物可在 70～110℃和 1.2MPa 下催化 CHO-CO_2 共聚合反应，得到数均分子量为 14000～40000 的 PCHC，分子量分布介于 4～6 之间，碳酸酯单元含量为 77%～99%。Hultzsch[172]设计了一系列 BDI 配体，进而合成了镧、钇配合物。通过改变配体的取代基可调节催化性能，得到数均分子量为 13500、分子量分布为 1.6、碳酸酯单元含量为 92% 的 PCHC。2008 年，Hou[173] 对其之前的工作进行了拓展，以环戊二烯为配体，合成了一系列氢桥连接的双核镧系金属催化剂，能够合成碳酸酯单元含量大于 92% 的聚合物。Cui 等[174] 也合成了多种双烷基稀土配合物，进行 CHO-CO$_2$ 的共聚反应，活性可达 47.4h^{-1}。2015 年，Kleij 等[175] 报道了一种新型的单核 Salen-Yb 催化剂，并将其用于 CHO-CO$_2$ 的共聚反应。针对稀土配合物催化剂不易合成高分子量 PCHC 的问题，2016 年 Yao 等[176] 采用钕、钇两种稀土金属，与锌共同配位合成了三核-异核稀土金属配合物，可得到分子量高达 295000 的 PCHC，其分子量分布指数为 1.65。

（4）有机催化体系

尽管金属催化剂相对成熟，但是它们存在着合成复杂、成本高、潜在环境危害等问题，因此开发无金属的有机催化体系受到国内外科学家的广泛关注。2016 年，Feng 等[116] 采用三乙基硼-鏻盐体系实现了 CO$_2$-CHO 的共聚反应，这是第一例用于 CO$_2$-CHO 共聚反应的有机催化剂。在 80℃ 和 1MPa 下反应 6h，TOF 值达到 3600h^{-1}，PCHC 数均分子量为 28300，且碳酸酯单元含量大于 99%，聚合物选择性为 95%。最近，伍广朋等[120] 将有机硼与季铵碱连到同一体系中，开发出有机双功能催化体系，能够在较低的催化剂载量（1/20000）和较宽的温度区间下（25～150℃）实现 CO$_2$/CHO 的交替共聚，TON 值高达 13000，相当于 5.0kg PCHC/g 催化剂。2022 年，李志波等[177] 报道了不同类型有机磷腈/TEB 组成的二元催化体系，其中碱性相对较低和分子尺寸相对较大的有机磷腈在 CO$_2$/CHO 共聚中表现出更高的催化活性。在 1MPa CO$_2$ 和 80℃ 条件下，TON 值可达 12240，数均分子量高达 275500 的交替共聚物。该体系也可在常温常压下催化 CO$_2$-CHO 的共聚反应，TOF 可达 95h^{-1}。

二、PCHC的热学性能

聚合物的热性能是决定材料应用性能的重要因素。相比于 PPC 约 40℃ 的玻璃化转变温度（T_g），PCHC 的 T_g 可达到 110～125℃[178-182]，与聚苯乙烯相当。

PCHC 主链上的刚性六元环结构是具有高 T_g 的根本原因。Thorat 等[179] 通过动态热机械分析（DMA）指出 PCHC 玻璃化转变的活化能达到 336.4kJ/mol，其活化熵为 617J/(mol·K)(1.1Hz），均明显高于 PPC。聚合物分子量对 T_g 具有明显的影响。王献红等发现在低分子量时，PCHC 的 T_g 随着分子量增加而上升，例如 M_n 为 27000、85000 和 145000 时，其对应的 T_g 分别为 113.6℃、118.7℃ 和 119.2℃。然而，当 PCHC 数均分子量在 85000 以上时，其 T_g 受分子量影响较小。Floudas 等[183]对 M_n 在 4800～33000 范围内窄分布 PCHC 的热性质进行了研究，揭示了相似的 T_g 对分子量的依赖性规律［图 2-38（a）］，并从拟合关系推导出高分子量 PCHC 的极限 T_g 约为 125℃。但是，即使低分子量的 PCHC，其 T_g 也超过 110℃，分子量的增加不会对 PCHC 固有的高 T_g 属性产生很大的变化。

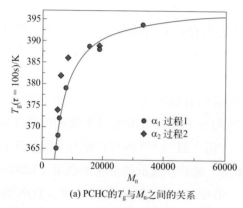

样品	M_n	$T_{d, 5\%}$ /℃	$T_{d, max}$ /℃
1	39900	220	261
2	62300	244	275
3	91300	277	314

(a) PCHC的 T_g 与 M_n 之间的关系   (b) PCHC的 M_n 与 T_d 之间的关系

图2-38 PCHC聚合物的玻璃化转变温度（T_g）、热分解温度（T_d）与数均分子量（M_n）之间的关系

（τ 为弛豫时间；$T_{d,5\%}$ 指5%失重温度，也称起始热分解温度；$T_{d,max}$ 为最大热分解温度）

PCHC 的热分解温度（T_d）通常在 240～280℃ 的较宽范围内，PCHC 的分子量对其热稳定性有显著影响。如图 2-38（b）所示，随着 PCHC 的数均分子量从 39900 增加到 91300，聚合物的起始热分解温度（$T_{d,5\%}$）从 220℃ 增加至 277℃，最大热分解速率温度（$T_{d,max}$）从 261℃ 提高至 314℃。Zhang 等[184]通过热重分析（TGA）和气质联用（GC-MS）对 PCHC（M_n =70100）的热分解行为进行跟踪研究。在 180℃、350℃ 和 600℃ 的热分解产物组分如表 2-3 所示。PCHC 在 180℃ 下无热分解挥发物产生（氯仿来自样品预处理），保持良好的热稳定性。随着温度的升高，热分解产物相继出现，包括 CO_2、环己二烯、环戊基甲醛、CHO、环己酮、1,2-环己二烯和反式碳酸环己烯酯，其中在 600℃ 下反式碳酸环己烯的百分比迅速增加到 86.56%。同时，热分解残余物的分析

表明，在350℃下PCHC的碳酸酯单元结构发生完全热降解。唐劲松等[185]报道的热分解实验证实了上述结论，250℃下的分解产物以环状碳酸环己烯酯为主，其他热降解产物含量极低。综合上述研究结果，PCHC在250℃时热降解主要是由于碳酸酯链段的回咬反应产生碳酸环己烯酯。在350℃以上的较高温度下，除回咬反应外，PCHC的热降解同时包括碳酸酯键断裂和无规断链，产生更复杂的热降解产物。

表2-3　PCHC在不同温度下的热分解挥发物

GC-MS峰	组分名称	分子式	含量[①]/%		
			180℃	350℃	600℃
1	三氯甲烷	$CHCl_3$	100	1.24	1.24
2	二氧化碳	CO_2	0	3.06	2.20
3	1,3-环己二烯	C_6H_8	0	3.61	1.56
4	环戊基甲醛	$C_6H_{10}O$	0	8.25	3.94
5	环氧环己烷	$C_6H_{10}O$	0	3.47	3.45
6	环己酮	$C_6H_{10}O$	0	1.09	1.05
7	反式碳酸环己烯酯	$C_7H_{10}O_3$	0	79.27	86.56

① 特定温度下化合物在总GC-MS色谱图中的百分比。

王献红等[186]考察了PCHC的热分解动力学，通过Kissinger和Ozawa-Flynn-Wall方法求得PCHC非等温热分解的表观活化能分别为146kJ/mol和185～200kJ/mol。结合Coats-Redfern和Phadnis-Deshpande方法可以得到其热分解机理为Phase Boundary机理。此外，催化剂的残余对PCHC的热稳定性同样产生明显影响。例如使用稀土三元催化剂时，未纯化（锌含量4400×10^{-6}）相比纯化后（锌含量5×10^{-6}）的PCHC，起始热分解温度（$T_{d,5\%}$）下降56℃，这是因为残留的催化剂降低了热分解活化能[187]。王献红等也研究了PCHC在γ射线辐照下的降解行为，此时PCHC以无规断链的降解方式为主[188]。

PCHC通常为无定形态，但是高立体规整度的PCHC却具有半结晶性能。吕小兵等[189]使用手性催化剂合成不同对映选择性的PCHC，发现等规度大于90%的共聚物可以结晶，熔点为215～230℃，起始热分解温度（$T_{d,5\%}$）提升至310℃。后续研究发现，增加PCHC的分子量能够提高熔点，当分子量达到35600时，熔点高达272.4℃。值得指出的是，可以通过等比例共混具有相反构型的全同结构PCHC，形成立构复合结晶聚合物，结晶度和熔点相对于手性纯聚合物有明显提高[190]。

三、PCHC的力学性能

PCHC 的主链刚性结构赋予其较高的强度，但是同时也赋予其脆性特征。Darensbourg 等[178]给出了分子量为 42000（分子量分布指数 $Đ=6$）的 PCHC 力学性能，其断裂伸长率为 1%～2%，拉伸强度为 42MPa，屈服强度为 43MPa，杨氏模量为 3.6GPa，表明 PCHC 是有一定强度的脆性材料。进一步利用动态热机械分析（DMA）比较了 PCHC 和双酚 A 聚碳酸酯（PC）的热力学性能，PCHC 在 -110℃出现幅度小于 PC 的 γ 转变，说明主链结构的灵活性弱于后者。这归因于环己烷结构较为稳定的椅式构象，吸收能量的能力较差，因此与韧性 PC 不同，PCHC 表现为脆性特征。

分子量是影响 PCHC 力学性能的关键因素。文献上许多报道所涉及的都是较低分子量（$M_n < 30000$）的 PCHC，其因为脆性过大不具备可加工的力学性能。然而，根据王献红等的研究表明，当 PCHC 的 M_n 在 50000 以上时，将具有可媲美通用级聚苯乙烯的力学性能，如表 2-4 所示。例如唐劲松等[185]制备的 PCHC($M_n = 61000$, $Đ = 3.28$)，其拉伸强度为 59.5MPa（±5.3MPa），断裂伸长率为 10.3%（±2.4%），弹性模量为 1862MPa（±157MPa），无缺口冲击强度为 13.0kJ/m^2（±0.9kJ/m^2）。上述独特的热学和力学特性，使 PCHC 作为极少数耐高温 CO_2 基高分子之一，具有较大的发展空间。

表2-4　PCHC 与通用级聚苯乙烯（GPPS）树脂的基础物性

性能	聚碳酸环己烯酯（PCHC）	通用级聚苯乙烯（GPPS）
玻璃化转变温度/℃	110～125	80～105
热分解温度/℃	260～270	300～350
熔融温度/℃	150～165	150～180
拉伸强度/MPa	40～55	40～60
断裂伸长率/%	5～7	7
冲击强度/(kJ/m^2)	12～15	12～16
相对密度	1.22～1.25	1.04～1.09
拉伸弹性模量/MPa	1300～1800	3300

总结与展望

自井上祥平首次采用二氧化碳合成高分子至今已超过 50 年，二氧化碳共聚物的研究逐渐呈现出多元化的趋势，而在工业化方面，以高分子量二氧化碳-环氧丙烷（PO）共聚物 PPC 为代表的二氧化碳基塑料已实现了万吨级工业生产，而低分子量二氧化碳基多元醇也开始作为生产聚氨酯的原料进入了千吨级工业化阶段。在二氧化碳固定和利用备受关注的 21 世纪，这些工业化进展使二氧化碳聚合物成为世界各国科研及工业行为的重点发展方向。

然而，二氧化碳共聚物未来能否大规模替代聚烯烃，成为可持续发展材料的中心？这个问题目前仍然没有明确的答案，需要解决性价比问题带来的巨大挑战。首先，尽管通过非均相催化剂已经实现万吨级 PPC 的生产，但目前的性价比仍然远低于聚烯烃，即使 PPC 有生物降解性能的加持，其发展仍然处于初级阶段。除此之外，PPC 作为无定形聚合物，目前的数均分子量仅为150000，尚不足以满足人们对材料性能的需求。基于以上问题，亟需发展更加高活性、可控、绿色的催化体系，高效制备高分子量的二氧化碳基高分子材料，通过提升其性价比，提高其相对于传统聚烯烃的竞争力。

参考文献

[1] Burkart M, Hazari N, Tway C, et al. Opportunities and challenges for catalysis in carbon dioxide utilization[J]. ACS Catalysis, 2019, 9 (9): 7937-7956.

[2] Artz J, Müller T, Thenert K, et al. Sustainable conversion of carbon dioxide: An integrated review of catalysis and life cycle assessment[J]. Chemical Reviews, 2017, 118 (2): 434-504.

[3] Grignard B, Gennen S, Jérôme C, et al. Advances in the use of CO_2 as a renewable feedstock for the synthesis of polymers[J]. Chemical Society Reviews, 2019, 48 (16): 4466-4514.

[4] Inoue S, Koinuma H, Tsuruta T. Copolymerization of carbon dioxide and epoxide[J]. Polymer Letters, 1969, 7 (4): 287-292.

[5] Okada A, Kikuchi S, Nakano K, et al. New class of catalysts for alternating copolymerization of alkylene oxide and carbon dioxide[J]. Chemistry Letters, 2010, 39 (10): 1066-1068.

[6] Gu L, Gao Y, Qin Y, et al. Biodegradable poly(carbonate-ether)s with thermoresponsive feature at body temperature[J]. Journal of Polymer Science Part A: Polymer Chemistry, 2013, 51 (2): 282-289.

[7] Wu G, Wei S, Darensbourg D, et al. Highly selective synthesis of CO_2 copolymer from styrene oxide[J]. Macromolecules, 2010, 43 (21): 9202-9204.

[8] Wu G, Wei S, Darensbourg D, et al. Perfectly alternating copolymerization of CO_2 and epichlorohydrin using cobalt(Ⅲ)-based catalyst systems[J]. Journal of the American Chemical Society, 2011, 133 (38): 15191-15199.

[9] Wu G, Xu P, Darensbourg D, et al. Crystalline CO_2 copolymer from epichlorohydrin via Co(Ⅲ)-complex-

mediated stereospecific polymerization[J]. Macromolecules, 2013, 46(6): 2128-2133.

[10] Wei R, Zhang X, Du B, et al. Selective production of poly(carbonate-co-ether) over cyclic carbonate for epichlorohydrin and CO_2 copolymerization via heterogeneous catalysis of Zn-Co (Ⅲ) double metal cyanide complex[J]. Polymer, 2013, 54 (23): 6357-6362.

[11] Sudakar P, Sivanesan D, Yoon S. Copolymerization of epichlorohydrin and CO_2 using zinc glutarate: An additional application of ZnGA in polycarbonate synthesis[J]. Macromolecular Rapid Communications, 2016, 37 (9): 788-793.

[12] Yang G, Xu C, Xie R, et al. Pinwheel-shaped tetranuclear organoboron catalysts for perfectly alternating copolymerization of CO_2 and epichlorohydrin[J]. Journal of the American Chemical Society, 2021, 143 (9): 3455-3465.

[13] Christopher M, Byrne E, Coates G, et al. Alternating copolymerization of limonene oxide and carbon dioxide[J]. Journal of the American Chemical Society, 2004, 126 (37): 11404-11405.

[14] Peña C, González F, Castro G, et al. AlⅢ-catalysed formation of poly(limonene)carbonate: DFT analysis of the origin of stereoregularity[J]. Chemistry-A European Journal, 2015, 21 (16): 6115-6122.

[15] Kindermann N, Cristòfol À, Kleij A. Access to biorenewable polycarbonates with unusual glass-transition temperature (T_g) modulation[J]. ACS Catalysis, 2017, 7 (6): 3860-3863.

[16] Hu Y, Qiao L, Qin Y, et al. Synthesis and stabilization of novel aliphatic polycarbonate from renewable resource[J]. Macromolecules, 2009, 42 (23): 9251-9254.

[17] Darensbourg D, Wilson S. Synthesis of CO_2-derived poly(indene carbonate) from indene oxide utilizing bifunctional cobalt(Ⅲ) catalysts[J]. Macromolecules, 2013, 46 (15): 5929-5934.

[18] Darensbourg D, Moncada A, Choi W, et al. Mechanistic studies of the copolymerization reaction of oxetane and carbon dioxide to provide aliphatic polycarbonates catalyzed by (Salen)CrX complexes[J]. Journal of the American Chemical Society, 2008, 130 (20): 6523-6533.

[19] Alves M, Grignard B, Boyaval A, et al. Organocatalytic coupling of CO_2 with oxetane[J]. ChemSusChem, 2017, 10 (6): 1128-1138.

[20] Qin Y, Wang X, Wang F, et al. One-pot terpolymerization of CO_2, propylene oxide and lactide using rare-earth ternary catalyst[J]. Chinese Journal of Chemistry, 2012, 30(9): 2121-2125.

[21] Tao Y, Wang X, Wang F, et al. Double propagation based on diepoxide, a facile route to high molecular weight poly(propylene carbonate)[J]. Polymer, 2006, 47 (21): 7368-7373.

[22] Saegusa T, Kobayashi S, Kimura Y. Polymerization via zwitterion. 11. alternating cooligomerizations of 2-Phenyl-l,3,2-dioxaphospholane with vinyl monomers having electron-withdrawing groups[J]. Macromolecules, 1977, 10 (1): 64-68.

[23] Qin Y, Wang X, Wang F, et al. Hydrophilic CO_2-based biodegradable polycarbonates: Synthesis and rapid thermo-responsive behavior[J]. Journal of Polymer Science Part A-Polymer Chemistry, 2013, 51 (13): 2834-2840.

[24] Wang E, Wang X, Wang F, et al. Deciphering structure–functionality relationship of polycarbonate-based polyelectrolytes by AIE technology[J]. Macromolecules, 2020, 53 (14): 5839-5846.

[25] Wang M, Wang X, Wang F, et al. Construction of self-reporting biodegradable CO_2-based polycarbonates for the visualization of thermoresponsive behavior with aggregation-induced emission technology[J]. Chinese Journal of Chemistry, 2021, 39 (11): 3037-3043.

[26] Wang M, Liu S, Wang X, et al. Aldehyde end-capped CO_2-based polycarbonates: A green synthetic platform for site-specific functionalization[J]. Polymer Chemistry, 2022, 13 (12): 1731-1738.

[27] Kuran W. Coordination polymerization of heterocyclic and heterounsaturated monomers[J]. Progress in

Polymer Science, 1998, 23 (6): 919-992.

[28] Kuran W, Rokicki A, Romanowska D. A new route for synthesis of oligomeric polyurethanes. Alternating copolymerization of carbon dioxide and aziridines[J]. Journal of Polymer Science: Polymer Chemistry Edition, 1979, 17 (7): 2003-2011.

[29] Ihata O, Kayaki Y, Ikariya T. Poly(urethane-amine)s synthesized by copolymerization of aziridines and supercritical carbon dioxide[J]. Macromolecules, 2005, 38 (15): 6429-6434.

[30] Soga K, Chiang W, Ikeda S. Copolymerization of carbon dioxide with propyleneimine[J]. Journal of Polymer Science: Polymer Chemistry Edition, 1974, 12 (1): 121-131.

[31] Gu L, Wang X, Wang F, et al. Thermal and pH responsive high molecular weight poly(urethane-amine) with high urethane content[J]. Journal of Polymer Science Part A: Polymer Chemistry, 2011, 49 (24): 5162-5168.

[32] Tsuda T, Sumiya R, Saegus T, et al. Nickel(0)-catalyzed cycloaddition of diynes and carbon dioxide to bicyclic a-pyrones[J]. Journal of Organic Chemistry, 1988, 53 (14): 3140-3145.

[33] Tsuda T, Hokazono H, Toyota K. Efficient spontaneous 1 : 1 copolymerization of bis(ynamine)s with carbon dioxide to poly(4-pyrone)[J]. Journal of the Chemical Society, Chemical Communications, 1995 (23): 2417-2418.

[34] Guo C, Yu B, Xie J, et al. Silver tungstate: a single-component bifunctional catalyst for carboxylation of terminal alkynes with CO_2 in ambient conditions[J]. Green Chemistry, 2015, 17 (1): 474-479.

[35] Song B, He B, Qin A, et al. Direct polymerization of carbon dioxide, diynes, and alkyl dihalides under mild reaction conditions[J]. Macromolecules, 2017, 51 (1): 42-48.

[36] Kadokawa J, Habu H, Fukamachi S, et al. Direct polycondensation of carbon dioxide with xylylene glycols: a new method for the synthesis of polycarbonates[J]. Macromolecular Rapid Communications, 1998, 19 (12): 657-660.

[37] Tamura M, Ito K, Honda M, et al. Direct copolymerization of CO_2 and diols[J]. Scientific Reports, 2016, 6: 24038.

[38] Gu Y, Matsuda K, Nakayama A, et al. Direct synthesis of alternating polycarbonates from CO_2 and diols by using a catalyst system of CeO_2 and 2-Furonitrile[J]. ACS Sustainable Chemistry & Engineering, 2019, 7 (6): 6304-6315.

[39] Chen Z, Hadjichristidis N, Feng X, et al. Cs_2CO_3-promoted polycondensation of CO_2 with diols and dihalides for the synthesis of miscellaneous polycarbonates[J]. Polymer Chemistry, 2016, 7 (30): 4944-4952.

[40] Bian S, Andrianova A, Kubatova A, et al. Effect of dihalides on the polymer linkages in the Cs_2CO_3-promoted polycondensation of 1 atm carbon dioxide and diols[J]. Materials Today Communications, 2019, 18: 100-109.

[41] Yamazaki N, Higashi F, Iguchi T. Polyureas and polythioureas from carbon dioxide and disulfide with diamines under mild conditions[J]. Journal of Polymer Science: Polymer Letters Edition, 1974, 12 (9): 517-521.

[42] Rokicki G. Direct method of synthesis of polyureas by N-acylphosp horamidites[J]. Die Makromolekulare Chemie, 1988, 189 (11): 2513-2520.

[43] Jiang S, Shi R, Cheng H, et al. Synthesis of polyurea from 1,6-hexanediamine with CO_2 through a two-step polymerization[J]. Green Energy & Environment, 2017, 2 (4): 370-376.

[44] Ying Z, Wu C, Zhang C, et al. Synthesis of polyureas with CO_2 as carbonyl building block and their high performances[J]. Journal of CO_2 Utilization, 2017, 19: 209-213.

[45] Chen Z, Hadjichristidis N, Feng X, et al. Poly(urethane–carbonate)s from carbon dioxide[J]. Macromolecules, 2017, 50 (6): 2320-2328.

[46] Teffahi D, Hocine S, Li C, et al. Synthesis of oxazolidinones, dioxazolidinone and polyoxazolidinone (a new polyurethane) via a multi component-coupling of aldehyde, diamine dihydrochloride, terminal alkyne and CO_2[J]. Letters in Organic Chemistry, 2012, 9 (8): 585-593.

[47] Kadokawa J, Horiguchi T, Sunaga E, et al. Regioselective polycondensation of benzyl 2-amino-2-deoxy-a-D-glucopyranoside hydrochloride with carbon dioxide[J]. Acta Polymerica, 1997, 48 (8): 310-313.

[48] Liu R, Liu X, Ouyang K, et al. Catalyst-free click polymerization of CO_2 and Lewis monomers for recyclable C1 fixation and release[J]. ACS Macro Letters, 2019, 8 (2): 200-204.

[49] Nakano R, Ito S, Nozaki K. Copolymerization of carbon dioxide and butadiene via a lactone intermediate[J]. Nature Chemistry, 2014, 6 (4): 325-331.

[50] Liu M, Sun Y, Liang Y, et al. Highly efficient synthesis of functionalizable polymers from a CO_2/1,3-butadiene-derived lactone[J]. ACS Macro Letters, 2017, 6 (12): 1373-1378.

[51] Ohkawara T, Suzuki K, Nakano K, et al. Facile estimation of catalytic activity and selectivities in copolymerization of propylene oxide with carbon dioxide mediated by metal complexes with planar tetradentate ligand[J]. Journal of the American Chemical Society, 2014, 136 (30): 10728-10735.

[52] Zhang Y, Xia J, Song J, et al. Combination of ethylene, 1,3-butadiene, and carbon dioxide into ester-functionalized polyethylenes via palladium-catalyzed coupling and insertion polymerization[J]. Macromolecules, 2019, 52 (6): 2504-2512.

[53] Xu Y, Zhou H, Sun X, et al. Crystalline polyesters from CO_2 and 2-Butyne via α-methylene-β-butyrolactone intermediate[J]. Macromolecules, 2016, 49 (16): 5782-5787.

[54] Gennen S, Grignard B, Tassaing T, et al. CO_2-sourced α-alkylidene cyclic carbonates: A step forward in the quest for functional regioregular poly(urethane)s and poly(carbonate)s[J]. Angewandte Chemie-International Edition, 2017, 56 (35): 10394-10398.

[55] Gennen S, Grignard B, Jérôme C, et al. CO_2-sourced non-isocyanate poly(Urethane)s with pH-sensitive imine linkages[J]. Advanced Synthesis & Catalysis, 2019, 361 (2): 355-365.

[56] Ouhib F, Grignard B, Van D, et al. A switchable domino process for the construction of novel CO_2-sourced sulfur-containing building blocks and polymers[J]. Angewandte Chemie-International Edition, 2019, 58 (34): 11768-11773.

[57] Banerjee A, Dick G, Yoshino T, et al. Carbon dioxide utilization via carbonate-promoted C–H carboxylation[J]. Nature, 2016, 531 (7593): 215-219.

[58] Fukuoka S, Fukawa I, Adachi T, et al. Industrialization and expansion of green sustainable chemical process: A review of non-phosgene polycarbonate from CO_2[J]. Organic Process Research & Development, 2019, 23 (2): 145-169.

[59] 王自庆, 杨先贵, 刘绍英, 等. 聚乙烯吡咯烷酮固载卤化锌催化酯交换法合成脂肪族聚碳酸酯 [J]. 高分子学报, 2016, 12 (12): 1654-1661.

[60] Cyriac A, Lee S, Varghese J K, et al. Immortal CO_2/propylene oxide copolymerization: precise control of molecular weight and architecture of various block copolymers[J]. Macromolecules, 2010, 43 (18): 7398-7401.

[61] Cao H, Qin Y, Zhuo C, et al. Homogeneous metallic oligomer catalyst with multisite intramolecular cooperativity for the synthesis of CO_2-based polymers[J]. ACS Catalysis, 2019, 9 (9): 8669-8676.

[62] Cao H, Wang X, Wang F, et al. Precise synthesis of functional carbon dioxide-polyols[J]. Acta Polymerica Sinica, 2021, 52 (8): 1006-1014.

[63] Gong R, Wang F, Wang X, et al. Terminal hydrophilicity-induced dispersion of cationic waterborne

polyurethane from CO_2-based polyol[J]. Macromolecules, 2020, 53 (15): 6322-6330.

[64] Gong R, Cao H, Wang X, et al. UV-curable cationic waterborne polyurethane from CO_2-polyol with excellent water resistance[J]. Polymer, 2021, 218: 1-11.

[65] Zou C, Wang, X, Wang F, et al. Near neutral waterborne cationic polyurethane from CO_2-polyol, a compatible binder to aqueous conducting polyaniline for eco-friendly anti-corrosion purposes[J]. Green Chemistry, 2020, 22 (22): 7823-7831.

[66] Zou C, Wang X, Wang F, et al. Cationic polyurethane from CO_2-polyol as an effective barrier binder for polyaniline-based metal anti-corrosion materials[J]. Polymer Chemistry, 2021, 12 (13): 1950-1956.

[67] Chen X, Shen Z, Zhang Y. New catalytic systems for the fixation of carbon dioxide. 1. copolymerization of CO_2 and propylene oxide with new rare-earth catalysts—RE(P$_{204}$)$_3$-Al(i-Bu)$_3$-R(OH)$_n$[J]. Macromolecules, 1991, 24 (19): 5305-5308.

[68] Liu B, Wang X, Wang F, et al. Copolymerization of carbon dioxide and propylene oxide with Ln(CCl$_3$COO)$_3$-based catalyst: The role of rare-earth compound in the catalytic system[J]. Journal of Polymer Science Part A-Polymer Chemistry, 2001, 39 (16): 2751-2754.

[69] Jia M, Hadjichristidis N, Gnanou Y, et al. Monomodal ultrahigh-molar-mass polycarbonate homopolymers and diblock copolymers by anionic copolymerization of epoxides with CO_2[J]. ACS Macro Letters, 2019, 8 (12): 1594-1598.

[70] Li Y, Zhang Y, Hu L, et al. Carbon dioxide-based copolymers with various architectures[J]. Progress in Polymer Science, 2018, 82: 120-157.

[71] Inoue S, Koinuma H, Tsuruta T. Copolymerization of carbon dioxide and epoxide with organometallic compounds[J]. Die Makromolekulare Chemie, 1969, 130 (1): 210-220.

[72] Inoue S, Kobayashi M, Koinuma H, et al. Reactivities of some organozinc initiators for copolymerization of carbon dioxide and propylene oxide[J]. Die Makromolekulare Chemie, 1972, 155 (1): 61-73.

[73] Kobayashi M, Inoue S, Tsuruta T. Diethylzinc-dihydric phenol system as catalyst for the copolymerization of carbon dioxide with propylene oxide[J]. Macromolecules, 1971, 4 (5):178-190.

[74] Kobayashi M, Tang Y, Tsuruta T, et al. Copolymerization of carbon dioxide and epoxide using dialkylzinc/dihydric phenol system as catalyst[J]. Die Makromolekulare Chemie, 1973, 169 (1): 69-81.

[75] Kobayashi M, Inoue S, Tsuruta T. Copolymerization of carbon-dioxide and epoxide by dialkylzinc-carboxylic acid sysdtem[J]. Journal of Polymer Science Part a-Polymer Chemistry, 1973, 11 (9): 2383-2385.

[76] Kuran W, Pasynkiewicz S, Skupinska J, et al. Alternating copolymerrization of carbon-dioxide and propylene-oxide in presence of organometallic catalysis[J]. Die Makromolekulare Chemie, 1976, 177 (1): 11-20.

[77] Soga K, Hyakkoku K, Ikeda S. Co-polymerization of carbon-dioxide and epoxypropane by using cobalt(Ⅱ) acetate and acetic-acid[J]. Die Makromolekulare Chemie, 1978, 179 (12): 2837-2843.

[78] Soga K, Hyakkoku K, Ikeda S, Co-polymerization of carbon-dioxide and propylene-oxide with supported diethylzinc catalysis[J]. Journal of Polymer Science, Part A: Polymer Chemistry, 1979, 17 (7): 2173-2180.

[79] Soga K, Imai E, Hattori I. Alternating copolymerization of CO_2 and propylene-oxide with the catalysis prepared from Zn(OH)$_2$and various dicarboxylic-acid[J]. Polymer Journal, 1981, 13 (4): 407-410.

[80] Ree M, Bae J, Jung J. A new copolymerization process leading to poly(propylene carbonate) with a highly enhanced yield from carbon dioxide and propylene oxide[J]. Journal of Polymer Science, Part A: Polymer Chemistry, 1999, 37 (12): 1863-1876.

[81] Tan C, Hsu T. Alternating copolymerization of carbon dioxide and propylene oxide with a rare-earth-

metal coordination catalyst[J]. Macromolecules, 1997, 30 (11): 3147-3150.

[82] Kruper J, Swart, Daniel J, et al. Carbon dioxide oxirane copolymers prepared using double metal cyanide complexes: US19830523217[P]. 1985-02-19.

[83] Shang C, Qi G, Hua Z, et al. Double metal cyanide complex based on $Zn_3[Co(CN)_6]_2$ as highly active catalyst for copolymerization of carbon dioxide and cyclohexene oxide[J]. Journal of Polymer Science, Part A: Polymer Chemistry, 2004, 42 (20): 5284-5291.

[84] Zhang X, Wei R, Sun X, et al. Selective copolymerization of carbon dioxide with propylene oxide catalyzed by a nanolamellar double metal cyanide complex catalyst at low polymerization temperatures[J]. Polymer, 2011, 52 (24): 5494-5502.

[85] Li Z, Wang F, Wang X. Synthesis and stabilization of high-molecular-weight poly(propylene carbonate) from Zn-Co-based double metal cyanide catalyst[J]. European Polymer Journal, 2011, 47 (11): 2152-2157.

[86] Liu S, Wang X, Wang F, et al. One-pot controllable synthesis of oligo(carbonate-ether) triol using a Zn-Co-DMC catalyst: the special role of trimesic acid as an initiation-transfer agent[J]. Polymer Chemistry, 2014, 5 (21): 6171-6179.

[87] Liu S, Chen X, Wang F, et al. Controllable synthesis of a narrow polydispersity CO_2-based oligo(carbonate-ether) tetraol[J]. Polymer Chemistry, 2015, 6 (43): 7580-7585.

[88] Liu S, Wang X, Wang F, et al. Cheap and fast: oxalic acid initiated CO_2-based polyols synthesized by a novel preactivation approach[J]. Polymer Chemistry, 2016, 7 (1): 146-152.

[89] Takeda N, Inoue S. Polymerization of 1,2-epoxypropane an co-polymerization with carbon-dioxide catalyzed by metalloporphyrins[J]. Die Makromolekulare Chemie, 1978, 179 (5): 1377-1381.

[90] Cheng M, Lobkovsky B, Coates G. Catalytic reactions involving C_1 feedstocks: New high-activity Zn(II)-based catalysts for the alternating copolymerization of carbon dioxide and epoxides[J]. Journal of the American Chemical Society, 1998, 120 (42): 11018-11019.

[91] Luinstra G, Haas G, Molnar F, et al. On the formation of aliphatic polycarbonates from epoxides with chromium(III) and aluminum(III) metal-salen complexes[J]. Chemistry-a European Journal, 2005, 11 (21): 6298-6314.

[92] Qin Z, Lee S, Coates G. Cobalt-based complexes for the copolymerization of propylene oxide and CO_2: Active and selective catalysts for polycarbonate synthesis[J]. Angewandte Chemie-International Edition, 2003, 42 (44): 5484-5487.

[93] Sheng X, Wang X, Wang F, et al. Aluminum porphyrin complexes via delicate ligand design: emerging efficient catalysts for high molecular weight poly(propylene carbonate)[J]. RSC Advances, 2014, 4 (96): 54043-54050.

[94] Wang Y, Wang X, Wang F. Coupling reaction between CO_2 and cyclohexene oxide: selective control from cyclic carbonate to polycarbonate by ligand design of salen/salalen titanium complexes[J]. Catalysis Science & Technology, 2014, 4 (11): 3964-3972.

[95] Nakano K, Kamada T, Nozaki K. Selective formation of polycarbonate over cyclic carbonate: Copolymerization of epoxides with carbon dioxide catalyzed by a cobalt(III) complex with a piperidinium end-capping arm[J]. Angewandte Chemie-International Edition, 2006, 45 (43): 7274-7277.

[96] Noh E, Sujith S, Lee B, et al. Two components in a molecule: highly efficient and thermally robust catalytic system for CO_2/epoxide copolymerization[J]. Journal of the American Chemical Society, 2007, 129 (26): 8082-8083.

[97] Sujith S, Min J, Lee B, et al. A highly active and recyclable catalytic system for CO_2/propylene oxide copolymerization[J]. Angewandte Chemie-International Edition, 2008, 47 (38): 7306-7309.

[98] Wu W, Wang X, Wang F, et al. New bifunctional catalyst based on cobalt-porphyrin complex for the copolymerization of propylene oxide and CO_2[J]. Journal of Polymer Science, Part A: Polymer Chemistry, 2013, 51 (3): 493-498.

[99] Wu W, Wang X, Wang F, et al. Bifunctional aluminum porphyrin complex: Soil tolerant catalyst for copolymerization of$_2$and propylene oxide[J]. Journal of Polymer Science, Part A: Polymer Chemistry, 2014, 52 (16): 2346-2355.

[100] Kember M, Knight P, Williams C, et al. Highly active dizinc catalyst for the copolymerization of carbon dioxide and cyclohexene oxide at one atmosphere pressure[J]. Angewandte Chemie-International Edition, 2009, 48 (5): 931-933.

[101] Kember M, White A, Williams C. Di-and tri-zinc catalysts for the low-pressure copolymerization of CO_2 and cyclohexene oxide[J]. Inorganic Chemistry, 2009, 48 (19): 9535-9542.

[102] Lehenmeier M, Kissling S, Rieger B, et al. Flexibly tethered dinuclear zinc complexes: a solution to the entropy problem in CO_2/epoxide copolymerization catalysis[J]. Angewandte Chemie-International Edition, 2013, 52 (37): 9821-9826.

[103] Kissling S, Lehenmeier M, Rieger B, et al. Dinuclear zinc catalysts with unprecedented activities for the copolymerization of cyclohexene oxide and CO_2[J]. Chemical Communications, 2015, 51 (22): 4579-4582.

[104] Nakano K, Hashimoto S, Nozaki K. Bimetallic mechanism operating in the copolymerization of propylene oxide with carbon dioxide catalyzed by cobalt-salen complexes[J]. Chemical Science, 2010, 1 (3): 369-373.

[105] Liu Y, Yu Y, Bao Y, et al. Kinetic study and nonlinear phenomenon during the copolymerization of CO_2 with meso-epoxides catalyzed by various bimetallic Co-Ⅲ complexes[J]. Macromolecular Chemistry and Physics, 2020, 221 (21): 2000247.

[106] Anderson C, Vagin S, Rieger B, et al. Copolymerisation of propylene oxide and carbon dioxide by dinuclear cobalt porphyrins[J]. ChemCatChem, 2013, 5 (11): 3269-3280.

[107] Reis N, Deacy A, Williams C, et al. Heterodinuclear Mg(Ⅱ)M(Ⅱ) (M=Cr, Mn, Fe, Co, Ni, Cu and Zn) complexes for the ring opening copolymerization of carbon dioxide/epoxide and anhydride/epoxide[J]. Chemistry-A European Journal, 2022, 28(14): e202104198.

[108] Saini P, Romain C, Williams C. Dinuclear metal catalysts: improved performance of heterodinuclear mixed catalysts for CO_2-epoxide copolymerization[J]. Chemical Communications, 2014, 50 (32): 4164-4167.

[109] Deacy A, Kilpatrick A, Williams C, et al. Understanding metal synergy in heterodinuclear catalysts for the copolymerization of CO_2 and epoxides[J]. Nature Chemistry, 2020, 12 (4): 372-380.

[110] Plajer A, Williams C. Heterotrimetallic carbon dioxide copolymerization and switchable catalysts: sodium is the key to high activity and unusual selectivity[J]. Angewandte Chemie-International Edition, 2021, 60 (24): 13372-13379.

[111] Plajer A, Williams C. Heterotrinuclear ring opening copolymerization catalysis: Structure-activity relationships[J]. ACS Catalysis, 2021, 11 (24): 14819-14828.

[112] Asaba H, Iwasaki T, Nozaki K, et al. Alternating copolymerization of CO_2 and cyclohexene oxide catalyzed by cobalt-lanthanide mixed multinuclear complexes[J]. Inorganic Chemistry, 2020, 59 (12): 7928-7933.

[113] Chen P, Liu S, Wang X, et al. Polymeric catalyst with polymerization-enhanced Lewis acidity for CO_2-based copolymers[J]. Chinese Chemical Letters, 2023, 34(12): 108630.

[114] Zhuo C, Wang X, Wang F, et al. Bottlebrush polymeric catalyst: Boosting activity for CO_2/epoxide copolymerization[J]. Fuel, 2023, 333: 126434.

[115] Cao H, Wang X, Wang F. Precise synthesis of functional carbon dioxide-polyols[J]. Acta Polymerica Sinica, 2021, 52 (8): 1006-1014.

[116] Zhang D, Boopathi S, Hadjichristidis N, et al. Metal-free alternating copolymerization of CO_2 with epoxides: Fulfilling "green" synthesis and activity[J]. Journal of the American Chemical Society, 2016, 138 (35): 11117-11120.

[117] Patil N, Bhoopathi S, Chidara V, et al. Recycling a borate complex for synthesis of polycarbonate polyols: towards an environmentally friendly and cost-effective process[J]. ChemSusChem, 2020, 13 (18): 5080-5087.

[118] Wang Y, Zhang J, Yang J, et al. Highly selective and productive synthesis of a carbon dioxide-based copolymer upon zwitterionic growth[J]. Macromolecules, 2021, 54 (5): 2178-2186.

[119] Kiriratnikom J, Guo J, Zhang X, et al. Metal-free terpolymerization of propylene oxide, carbon dioxide, and carbonyl sulfide: A facile route to sulfur-containing polycarbonates with gradient sequences[J]. Journal of Polymer Science, 2022, 60 (24): 3414-3419.

[120] Yang G, Zhang Y, Xie R, et al. Scalable bifunctional organoboron catalysts for copolymerization of CO_2 and epoxides with unprecedented efficiency[J]. Journal of the American Chemical Society, 2020, 142 (28): 12245-12255.

[121] Wang J, Zhu Y, Wang X, et al. Tug-of-war between two distinct catalytic sites enables fast and selective ring-opening copolymerizations[J]. Angewandte Chemie-International Edition, 2022, 61 (36):e2022085.

[122] 何平笙. 新编高聚物的结构与性能 [M]. 2 版. 北京：科学出版社，2021.

[123] Gentekos D, Sifri R, Fors B. Controlling polymer properties through the shape of the molecular-weight distribution[J]. Nature Reviews Materials, 2019, 4 (12): 761-774.

[124] Patel K, Chikkali S. H, Sivaram S. Ultrahigh molecular weight polyethylene: Catalysis, structure, properties, processing and applications[J]. Progress in Polymer Science, 2020, 109: 101290.

[125] Kuran W, Pasynkiewicz S, Skupińska J, et al. Alternating copolymerization of carbon dioxide and propylene oxide in the presence of organometallic catalysts[J]. Die Makromolekulare Chemie, 1976, 177 (1): 11-20.

[126] Kuran W, Listos T. Initiation and propagation reactions in the copolymerization of epoxide with carbon-dioxide by catalysts based on diethylzinc and polyhydric phenol[J]. Macromolecular Chemistry and Physics, 1994, 195 (3): 977-984.

[127] Shen Z, Chen X, Zhang Y. New catalytic systems for the fixation of carbon dioxide, 2. Synthesis of high molecular weight epichlorohydrin/carbon dioxide copolymer with rare earth phosphonates/triisobutyl-aluminium systems[J]. Macromolecular Chemistry and Physics, 1994, 195 (6): 2003-2011.

[128] Sheng X, Wang X, Wang F, et al. Efficient synthesis and stabilization of poly(propylene carbonate) from delicately designed bifunctional aluminum porphyrin complexes[J]. Polymer Chemistry, 2015, 6 (26): 4719-4724.

[129] Qin Y, Wang X, Wang F. Copolymerization of carbon dioxide and propylene oxide under aluminum porphyrin catalyst[J]. Chinese Journal of Applied Chemistry, 2019, 36 (10): 1118-1127.

[130] Ren W, Liu Z, Wen Y, et al. Mechanistic aspects of the copolymerization of CO_2 with epoxides using a thermally stable single-site cobalt(Ⅲ) catalyst[J]. Journal of the American Chemical Society, 2009, 131 (32): 11509-11518.

[131] Viciano M, Muñoz, B, Godard C, et al. Salcy-naphthalene cobalt complexes as catalysts for the

synthesis of high molecular weight polycarbonates[J]. ChemCatChem, 2017, 9 (20): 3974-3981.

[132] Liu S, Wang X, Wang F, et al. Unity makes strength: constructing polymeric catalyst for selective synthesis of CO_2/epoxide copolymer[J]. CCS Chemistry, 2022,5(3): 750-760.

[133] Sarbu T, Styranec T, Beckman E. Non-fluorous polymers with very high solubility in supercritical CO_2 down to low pressures[J]. Nature, 2000, 405 (6783): 165-168.

[134] Lu X, Ren W, Wu G. CO_2 copolymers from epoxides: catalyst activity, product selectivity, and stereochemistry control[J]. Accounts of Chemical Research, 2012, 45 (10): 1721-1735.

[135] Zhang D, Feng X, Gnanou Y. Theoretical mechanistic investigation into metal-free alternating copolymerization of CO_2 and epoxides: The key role of triethylborane[J]. Macromolecules, 2018, 51 (15): 5600-5607.

[136] Quan Z, Wang X, Wang F, et al. Copolymerization of CO_2 and propylene oxide under rare earth ternary catalyst: design of ligand in yttrium complex[J]. Polymer, 2003, 44 (19): 5605-5610.

[137] Dyduch K, Roznowska A, Lee B, et al. Theoretical study on epoxide ring-opening in CO_2/epoxide copolymerization catalyzed by bifunctional Salen-type cobalt(Ⅲ) complexes: influence of stereoelectronic factors[J]. Catalysts, 2021, 11 (3): 328.

[138] Lu X, Wang Y. Highly active, binary catalyst systems for the alternating copolymerization of CO_2 and epoxides under mild conditions[J]. Angewandte Chemie-International Edition, 2004, 43 (27): 3574-3577.

[139] Ren W, Zhang W, Lu X. Highly regio- and stereo-selective copolymerization of CO_2 with racemic propylene oxide catalyzed by unsymmetrical (S,S,S)-SalenCo(Ⅲ) complexes[J]. Science China Chemistry, 2010, 53 (8): 1646-1652.

[140] Ren W, Liu Y, Wu G, et al. Stereoregular polycarbonate synthesis: Alternating copolymerization of CO_2 with aliphatic terminal epoxides catalyzed by multichiral cobalt(Ⅲ) complexes[J]. Polymer Chemistry, 2011, 49 (22): 4894-4901.

[141] Zhuo C, Qin Y, Wang X, et al. Steric hindrance ligand strategy to aluminum porphyrin catalyst for completely alternative copolymerization of CO_2 and propylene oxide[J]. Chinese Journal of Polymer Science, 2018, 36 (2): 252-260.

[142] Cohen C, Chu T, Coates G. Cobalt catalysts for the alternating copolymerization of propylene oxide and carbon dioxide: combining high activity and selectivity[J]. Journal of the American Chemical Society, 2005, 127 (31): 10869-10878.

[143] Chisholm M, Navarro L, Zhou Z. Poly(propylene carbonate). 1. More about poly(propylene carbonate) formed from the copolymerization of propylene oxide and carbon dioxide employing a zinc glutarate catalyst[J]. Macromolecules, 2002, 35 (17): 6494-6504.

[144] Nakano K, Hashimoto S, Nakamura M, et al. Stereocomplex of poly(propylene carbonate): synthesis of stereogradient poly(propylene carbonate) by regio- and enantioselective copolymerization of propylene oxide with carbon dioxide[J]. Angewandte Chemie-International Edition, 2011, 50 (21): 4868-4871.

[145] Dixon D, Ford M, Mantell G. Thermal stabilization of poly(alkylene carbonate)s[J]. Journal of Polymer Science, Part A: Polymer Chemistry, 1980, 18 (3): 131-134.

[146] 赖明芳，李静，杨钧，等. 马来酸酐封端聚碳酸亚丙酯的大分子偶联反应 [J]. 高分子学报，2003, 6 (6): 895-897.

[147] Peng S, An Y, Chen C，et al. Thermal degradation kinetics of uncapped and end-capped poly(propylene carbonate)[J]. Polymer Degradation and Stability, 2003, 80 (1): 141-147.

[148] Barreto C, Hansen E, Fredriksen S. Novel solventless purification of poly(propylene carbonate):

Tailoring the composition and thermal properties of PPC[J]. Polymer Degradation and Stability, 2012, 97(6): 893-904.

[149] Yao M, Mai F, Deng H, et al. Improved thermal stability and mechanical properties of poly(propylene carbonate) by reactive blending with maleic anhydride[J]. Journal of Applied Polymer Science, 2011, 120 (6): 3565-3573.

[150] 熊涛，王献红，王佛松，等. 二氧化碳-环氧化物共聚物的高分子封端剂及制法：CN1786046A[P]. 2006-06-14.

[151] Phillips O, Schwartz J, Kohl P. Thermal decomposition of poly(propylene carbonate): End-capping, additives, and solvent effects[J]. Polymer Degradation and Stability, 2016, 125: 129-139.

[152] Qin Y, Wang X, Wang F, et al. Recent advances in carbon dioxide based copolymers[J]. Journal of CO_2 Utilization, 2015, 11: 3-9.

[153] Liu S, Wang X. Polymers from carbon dioxide: Polycarbonates, polyurethanes[J]. Current Opinion in Green and Sustainable Chemistry, 2017, 3: 61-66.

[154] Wang E, Zhou Z, Wang X, et al. Biodegradable plastics from carbon dioxide: opportunities and challenges[J]. Scientia Sinica Chimica, 2020, 50 (7): 847-856.

[155] Berluche E, Costello C, Beckman E, et al. Copolymerization of 1,2-epoxycyclohexane and carbon dioxide using carbon dioxide as both reactant and solvent[J]. Macromolecules, 1997, 30(3): 368-372.

[156] Darensbourg D, Zimme M. Copolymerization and terpolymerization of CO_2 and epoxides using a soluble zinc crotonate catalyst precursor[J]. Macromolecules, 1999, 32 (7): 2137-2140.

[157] Darensbourg D, Wildeson J, Yarbrough J. Solid-state structures of zinc(II) benzoate complexes. Catalyst precursors for the coupling of carbon dioxide and epoxides[J]. Inorganic Chemistry, 2022, 41(4): 973-980.

[158] Wakihara M, Senna M, Yoshimura M, et al. Proceedings of the fifteenth international symposium on the reactivity of solids[J]. Solid State Ionics, 2004, 172 (1-4): 139-144.

[159] Dharman M, Ahn J, Lee M, et al. Moderate route for the utilization of CO_2-microwave induced copolymerization with cyclohexene oxide using highly efficient double metal cyanide complex catalysts based on $Zn_3[Co(CN)_6]$[J]. Green Chemistry, 2008, 10 (6): 678.

[160] Darensbourg D, Adams M, Yarbrough J. Toward the design of double metal cyanides for the copolymerization of CO_2 and epoxides[J]. Inorganic Chemistry, 2001, 40 (26): 6542-6544.

[161] Darensbourg D, Adams M, Yarbrough J, et al. Synthesis and structural characterization of double metal cyanides of iron and zinc: catalyst precursors for the copolymerization of carbon dioxide and epoxid[J]. Inorganic Chemistry, 2003, 42 (24): 7809-7818.

[162] Sun X, Zhang X, Liu F, et al. Alternating copolymerization of carbon dioxide and cyclohexene oxide catalyzed by silicon dioxide/Zn Co III double metal cyanide complex hybrid catalysts with a nanolamellar structure[J]. Journal of Polymer Science, Part A: Polymer Chemistry, 2008, 46 (9): 3128-3139.

[163] Aida T, Ishikawa M, Inoue S. Alternating copolymerization of carbon dioxide and epoxide catalyzed by the aluminum porphyrin-quaternary organic salt or -triphenylphosphine system. Synthesis of polycarbonate with well-controlled molecular weight[J]. Macromolecules, 1986, 19 (1): 8-13.

[164] Qin Y, Wang X, Wang F, et al. Copolymerization of carbon dioxide and cyclohexene oxide catalyzed by aluminum porphyrin-quaternary ammonium salt in the presence of bulky lewis acid[J]. Chinese Journal of Polymer Science, 2008, 26 (2): 241-247.

[165] Deng J, Ratanasak M, Sako Y, et al. Aluminum porphyrins with quaternary ammonium halides as catalysts for copolymerization of cyclohexene oxide and CO_2: metal-ligand cooperative catalysis[J]. Chemical

二氧化碳基高分子材料

Science, 2020, 11 (22): 5669-5675.

[166] Liu Y, Ren W, Liu J, et al. Asymmetric copolymerization of CO_2 with meso-epoxides mediated by dinuclear cobalt(Ⅲ) complexes: unprecedented enantioselectivity and activity[J]. Angewandte Chemie-International Edition, 2013, 52 (44): 11594-11598.

[167] Li J, Liu Y, Ren W, et al. Asymmetric alternating copolymerization of meso-epoxides and cyclic anhydrides: efficient access to enantiopure polyesters[J]. Journal of the American Chemical Society, 2016, 138 (36): 11493-11496.

[168] Liu Y, Guo J, Lu H, et al. Making various degradable polymers from epoxides using a versatile dinuclear chromium catalyst[J]. Macromolecules, 2018, 51 (3): 771-778.

[169] Darensbourg D, Struck G, Zimme M, et al. Catalytic activity of a series of Zn(Ⅱ) phenoxides for the copolymerization of epoxides and carbon dioxide[J]. Journal of the American Chemical Society, 1999, 121 (1): 107-116.

[170] Nakano K, Kobayashi K, Nozaki K. Tetravalent metal complexes as a new family of catalysts for copolymerization of epoxides with carbon dioxide[J]. Journal of the American Chemical Society, 2011, 133 (28): 10720-10723.

[171] Cui D, Nishiura M, Hou Z. Alternating copolymerization of cyclohexene oxide and carbon dioxide catalyzed by organo rare earth metal complexes[J]. Macromolecules, 2005, 38 (10): 4089-4095.

[172] Vitanova D, Hampel F, Hultzsch K. Rare earth metal complexes based on β-diketiminato and novel linked bis(β-diketiminato) ligands: Synthesis, structural characterization and catalytic application in epoxide/CO_2-copolymerization[J]. Journal of Organometallic Chemistry, 2005, 690 (23): 5182-5197.

[173] Cui D, Tardif O, Hou Z, et al. Rare-earth-metal mixed hydride/aryloxide complexes bearing mono(cyclopentadienyl) ligands. Synthesis, CO_2 fixation, and catalysis on copolymerization of CO_2 with cyclohexene oxide[J]. Organometallics, 2008, 27 (11): 2428-2435.

[174] Zhang Z, Cui D, Liu X. Alternating copolymerization of cyclohexene oxide and carbon dioxide catalyzed by noncyclopentadienyl rare-earth metal bis(alkyl) complexes[J]. Journal of Polymer Science, Part A: Polymer Chemistry, 2008, 46 (20): 6810-6818.

[175] Decortes A, Haak R, Martín C, et al. Copolymerization of CO_2 and cyclohexene oxide mediated by Yb(Salen)-based complexes[J]. Macromolecules, 2015, 48 (22): 8197-8207.

[176] Qin J, Xu B, Zhang Y, et al. Cooperative rare earth metal–zinc based heterometallic catalysts for copolymerization of CO_2 and cyclohexene oxide[J]. Green Chemistry, 2016, 18 (15): 4270-4275.

[177] Zhang J, Wang L, Liu S, et al. Synthesis of diverse polycarbonates by organocatalytic copolymerization of CO_2 and epoxides: From high pressure and temperature to ambient Conditions[J]. Angewandte Chemie-International Edition, 2022, 61 (4): e202111197.

[178] Koning C, Wildeson J, Parton R, et al. Synthesis and physical characterization of poly(cyclohexane carbonate), synthesized from CO_2 and cyclohexene oxide[J]. Polymer, 2001, 42 (9): 3995-4004.

[179] Thorat S, Phillips P, Semenov V, et al. Physical properties of aliphatic polycarbonates made from CO_2 and epoxides[J]. Journal of Applied Polymer Science, 2003, 89 (5): 1163-1176.

[180] Sulley G, Gregory G, Chen T, et al. Switchable catalysis improves the properties of CO_2-derived polymers: Poly(cyclohexene carbonate-b-epsilon-decalactone-b-cyclohexene carbonate) adhesives, elastomers, and toughened plastics[J]. Journal of the American Chemical Society, 2020, 142 (9): 4367-4378.

[181] Mo W, Zhuo C, Cao H, et al. Facile aluminum porphyrin complexes enable flexible terminal epoxides

to boost properties of CO_2-polycarbonate[J]. Macromolecular Chemistry and Physics, 2021, 223 (13): 2100403.

[182] Kember M, Copley J, Buchard A, et al. Triblock copolymers from lactide and telechelic poly(cyclohexene carbonate)[J]. Polymer Chemistry, 2012, 3 (5): 1196-1201.

[183] Spyridakou M, Gardiner C, Papamokos G, et al. Dynamics of poly(cyclohexene carbonate) as a function of molar mass[J]. ACS Applied Polymer Materials, 2022, 4 (5): 3833-3843.

[184] Luo J, Zou Z, Liu B, et al. Thermal decomposition studies of highly alternating CO_2 cyclohexene oxide copolymer[J]. e-Polymers, 2009, 120: 1-13.

[185] Wang J, Hu H, Jin J, et al. Improving the thermal stability of poly(cyclohexylene carbonate) by in situ end-capping[J]. Polymer Bulletin, 2021, 79 (8): 6073-6086.

[186] 李国法，王献红，王佛松，等. 二氧化碳-氧化环己烯共聚物的合成和热性能研究 [J]. 高分子学报，2010, 1 (1): 107-113.

[187] Li G, Wang X, Wang F, et al. Study on the influence of metal residue on thermal degradation of poly(cyclohexene carbonate)[J]. Journal of Polymer Research, 2011, 18 (5): 1177-1183.

[188] Ma Q, Zhang Y, Gao F, et al. Radiation effects on poly(cyclohexane carbonate)[J]. Chemistry Letters, 2008, 37 (2): 206-207.

[189] Wu G, Ren W, Luo Y, et al. Enhanced asymmetric induction for the copolymerization of CO_2 and cyclohexene oxide with unsymmetric enantiopure SalenCo(Ⅲ) Complexes: Synthesis of crystalline CO_2-based polycarbonate[J]. Journal of the American Chemical Society, 2012, 134 (12): 5682-5688.

[190] Wu G, Jiang S, Lu X, et al. Stereoregular poly(cyclohexene carbonate)s: Unique crystallization behavior[J]. Chinese Journal of Polymer Science, 2012, 30 (4): 487-492.

第三章

二氧化碳基塑料的
物理性能

二氧化碳-环氧丙烷共聚物（PPC）是目前已经成功工业化的最具代表性的二氧化碳共聚物品种[1]，其物理性能决定该类材料的应用领域及发展方向[2]。本章重点介绍 PPC 的物理性能以及调控方法，并展示 PPC 材料已经实现的应用领域。

第一节
二氧化碳基塑料的链结构与性能

目前文献中有关高分子量 PPC 的物理性能数据仍相对较少，根据笔者团队近 20 年积累的数据，总结了 PPC 的主要物理性能，列于表 3-1。从该表可以看出，PPC 具有优良的氧气阻隔性能、较低的热分解温度，较低的焚烧热值等特点。

表3-1　PPC 物理性能

项目	数值	项目	数值
玻璃化转变温度T_g/℃	25~45	燃烧热/(MJ/kg)	18.5
弹性模量E/MPa	700~1400	折射率n	1.463
拉伸强度/MPa	7~400	吸水性(23℃)/%	0.397
密度/(t/m³)	1.2~1.3	热分解温度T_d/℃	180~250
相对介电常数(1kHz)	3	氧气透过率/[cm³/(m² · d · atm)]	2.3

从分子链结构来看，PPC 是由碳酸酯单元和少量聚醚单元组成的线型高分子，其结构如图 3-1 所示：

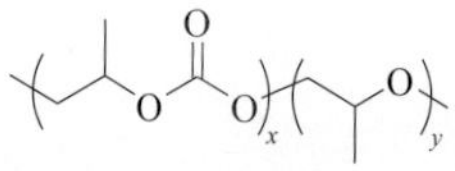

图3-1　PPC的分子结构

高分子材料的一次结构（分子链结构）和多次结构（凝聚态结构）决定了其物理性能。从主链结构来看，PPC 是二氧化碳和环氧丙烷的交替共聚物，属于脂肪族聚碳酸酯。主链存在碳酸酯键 [—O—C(=O)—O—] 和碳碳单键（—CH₂—CHCH₃—），使得链段容易发生内旋转，具有一定的柔顺性，因而材料玻璃化转变温度较低[3]。另一方面，主链结构中甲基的存在破坏了聚合物链段的规整排列，致使 PPC 为无定形材料，很难结晶[4]。由于 PPC 是非晶高分子，除了拉伸取向之外，凝聚态结构对 PPC 物理性能的影响可以忽略。

尽管物理共混可以改善 PPC 的热力学性能和力学性能[5-7]，但难以从根本上改变 PPC 自身的理化性质。从 PPC 的化学结构上看，分子量和碳酸酯单元含量是决定 PPC 物理性能的两个基础参数[8]。本节将主要探讨 PPC 分子量及碳酸酯单元含量对其物理性能的影响。

一、PPC分子量对其物理性能的影响

众所周知，聚合物的分子量对物理性能有着至关重要的影响，只有聚合物分子量达到某一数值后才能显示出力学强度[9]。另一方面，由于高分子材料的分子量存在多分散性，因此分子量分布也对高分子材料的性能产生重要影响。

1. 热稳定性

热稳定性是材料加工过程中必须考虑到的问题[10]，其中热分解温度是表征材料热稳定性的重要参数。在研究分子量对 PPC 热稳定影响之前，我们需先了解目前普遍认可的 PPC 的两种热降解方式（图 3-2）：一种是解拉链式降解[11]，即末端羟基进攻主链上的碳原子，发生"回咬"形成热力学稳定的五元环状化合物，此种降解方式在较低温度下即可发生；另一种是在较高温度下进行的主链无规断链降解[12]。

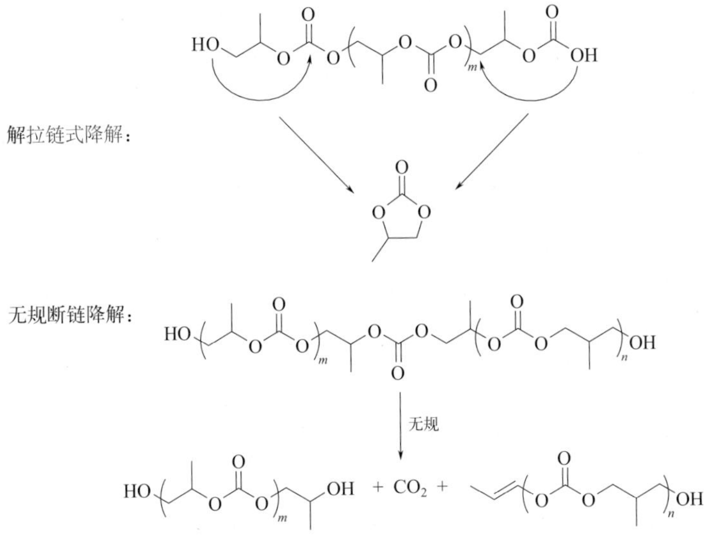

图3-2 PPC的热降解方式

分子量是影响 PPC 热稳定性的重要因素。图 3-3 为几种不同分子量的 PPC 热重分析（TGA）结果，分子量为 109000 的 PPC，其起始热分解温度为 180℃，当分子量提高至 227000 时，PPC 热分解温度可达 217℃[13]。这是由于 PPC 末端羟基的含量随着分子量的增加而降低，从而减少了解拉链式降解的发生概率，提高了共聚物的热稳定性。但这种变化并不是呈线性关系的，根据自由体积理论，当聚合度很大时，端羟基的影响可以忽略不计，此时提高 PPC 的分子量对其热分解温度影响不大[14]。

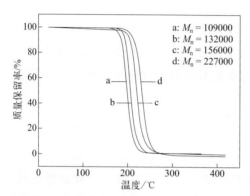

图3-3 不同分子量PPC的TGA曲线

2．玻璃化转变温度

玻璃化转变温度（T_g）是指聚合物链段从固定到开始运动的温度，是橡胶长期使用的下限温度，也是塑料等材料长期使用的上限温度[15]。

PPC 的玻璃化转变温度与数均分子量、头尾结构含量、碳酸酯单元含量均密切相关，通常需要固定其他参数再考虑某因素对 PPC 玻璃化转变温度的影响。王献红等[16-17]利用稀土三元催化剂合成了不同分子量的 PPC，其头尾结构含量约 70%，碳酸酯单元含量 95%，当 PPC 的数均分子量为 39000 时，其玻璃化转变温度约 37℃，当 PPC 的数均分子量达到 73000 时，其玻璃化转变温度提高至 42℃。采用 Salen-Co[III]催化可以合成头尾结构含量为 95%、数均分子量为 55000 的 PPC，其玻璃化转变温度约为 40℃[18]。当采用钴卟啉催化剂时，可以合成数均分子量为 115000 的 PPC，头尾结构含量为 90%，玻璃化转变温度上升至 44.5℃[19]。虽然其头尾结构较 Salen-Co[III]合成的 PPC 低，但玻璃化转变温度仍然较高，表明分子量对玻璃化转变温度有重要影响。

根据自由体积理论，链端的活动能力要比链中的链段活动能力大，所以末端链段的含量越高，聚合物的玻璃化转变温度就越低。一般来说分子量较低时，玻璃化转变温度 T_g 随分子量的增加而增大；当分子量较高时，分子量对 T_g 的影响便不太显著。由于链末端占比随着分子量的提高而降低，所以在 PPC 分子量较低时，提高分子量会显著改变 PPC 的玻璃化转变温度。但当分子量超过一定程度后，PPC 的玻璃化转变温度对分子量的依赖就不会那么明显了。综合目前的文献数据分析，通过优化几个参数，如 PPC 的碳酸酯单元含量超过 99%，头尾结构含量超过 99%，数均分子量超过 200000，PPC 的玻璃化转变温度最高能达到 45℃左右。

3. 流变性能

聚合物的熔体流变性能是评估聚合物加工性能的常用方法，其对分子结构的变化尤其敏感，因此聚合物的分子结构调控能反映到流变参数的变化上[20]，进而反馈到聚合物的加工性能上。因此流变性能是聚合物加工的理论基础，也是分子结构和加工性的重要桥梁，研究聚合物熔体流变行为对选择和优化其熔融加工条件具有重要意义[21]。

王献红等[22]采用平板流变仪测定了不同分子量及分布的 PPC 熔体在不同角频率下的黏弹性，进而对 PPC 的加工性能进行预测。图 3-4 是不同分子量及分布的 PPC 在 150℃下的动态流变曲线。随着角频率的增加，如图 3-4（a）和（b）所示，PPC 的储能模量（G'）和损耗模量（G''）都逐步增加。分子量的影响在低频时非常显著，G' 和 G'' 都随着 PPC 的分子量增加而增加，但 G'' 增幅相对较少，说明损耗模量受分子量影响较小。在高频区，G' 却不受影响，这是因为高频动态响应反映的是分子链局部的结构和小链段分子动力学，不同分子量 PPC 的链段运动变化不大，因此 G' 在高频区域比较接近。图 3-4（c）是复数黏度（η^*）随角频率变化的曲线，在较低剪切速率时，体系呈现牛顿流体特征，随着角频率的增大，假塑特性增加。此外，随着分子量增加，黏度显著增加，且黏度对角频率依赖程度越来越大。这是因为高聚物的黏性流动是分子链重心沿流动方向发生位移和链间相互滑移的结果。虽然它们都是通过链段运动来实现的，但是分子量越大，一个分子链包含的链段数目就越多，为实现重心的位移，需要完成的链段协同位移的次数就越多，因此高聚物熔体的剪切黏度随分子量的升高而增加。因此分子量大的流动性变差，黏度提高，熔融指数更小。随着 PPC 分子量分布变宽，如图 3-4（c）所示，对数均分子量为

172000、分子量分布为 3.34 的 PPC，曲线很快发生偏离进入假塑区，熔体流动开始出现非牛顿性的剪切速率值降低。对剪切速率越敏感，剪切引起的黏度下降越大，即在更低的剪切速率下便发生黏度随剪切速率的增加而降低，表现为更容易进行熔融加工。而对分子量分布低于 1.5 的窄分布 PPC 而言，如图 3-4（c）所示，在复数黏度随角频率变化曲线中第一牛顿区范围很宽，致使其黏度值在高剪切速率区高于宽分布 PPC，表明窄分布的 PPC 更难熔融加工。

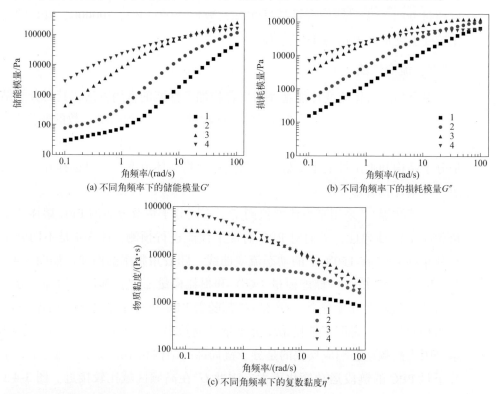

(a) 不同角频率下的储能模量 G'

(b) 不同角频率下的损耗模量 G''

(c) 不同角频率下的复数黏度 η^*

图3-4 不同分子量和分布的PPC在150℃下的流变行为

图中PPC样品的分子量和分布，1（■）：M_n = 101000, $Đ$ = 1.16; 2（●）：M_n = 142000, $Đ$ = 1.18; 3（▲）：M_n = 180000, $Đ$ = 1.38; 4（▼）：M_n = 172000, $Đ$ = 3.34

王献红等进一步利用旋转流变仪研究了不同分子量和分布的 PPC 在线性黏弹性范围内的动态应变行为，如图 3-5 所示，PPC 的储能模量随分子量的增加而增加，在剪切速率低于 20% 时保持稳定，而当剪切速率超过 100% 时，高分子量 PPC（重均分子量 M_w 超过 440000）的储能模量下降更明显。有趣的是，与之前的现象一致，宽分布 PPC 的储能模量比窄分布 PPC 的储能模量下降得更快，这也表明宽分布的 PPC 更利于熔融加工。

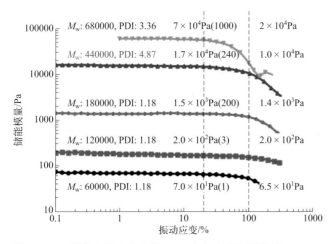

图3-5　不同分子量和分布的PPC动态应变扫描曲线

4．力学性能

聚合物的力学性能是其应用的基础，通常聚合物力学性能与其组成、一次结构（分子量及其分布、序列结构、拓扑结构）及凝聚态结构有关[23]。通过应力-应变曲线能够获得材料的弹性模量、断裂伸长率等基本力学性能参数，其中弹性模量是材料刚性的量度，断裂伸长率是材料韧性的量度。

分子量是影响聚合物力学性能的重要因素。当聚合物的分子量很低时，分子间作用力很小，当受到外力作用时，分子链间可迅速发生滑移，此时很难显示出材料的力学强度。只有当分子量达到临界值后，聚合物分子链间的色散力增强，分子间可形成一定的物理交联，开始显示出材料的强度特征。当分子量较低时，化学键比分子间作用力大得多，此时聚合物的强度主要取决于分子间作用力。随着聚合度增加，以色散作用为主的分子间作用力增大，聚合物强度也提高[23]。因此分子量的增大通常有利于提高材料的力学强度，但是当分子量增大到一定程度，聚合物力学强度达到一个临界值时，分子间力的总和超过了化学键能，化学键被拉断已成为可能，力学强度主要取决于化学键能的大小，不再依赖分子量。

由于PPC的玻璃化转变温度通常在35℃左右，且为无定形聚合物，温度对PPC的力学性能影响很大。当环境温度小于聚合物的 T_g 时，聚合物表现出高模量和高拉伸强度。当环境温度接近或高于 T_g 时，由于聚合物的链段运动，其力学性能就会显著降低。图3-6为不同分子量PPC的储能模量随温度的变化情况，储能模量在 T_g 附近发生了很大变化，在 T_g 以下，当PPC的数均分子量为

109000 时，储能模量为 4300MPa，当 PPC 的数均分子量为 227000 时，其储能模量达 6900MPa，分子量增加一倍，储能模量增加至 160%。但是在玻璃化转变温度之上时，PPC 的储能模量迅速下降，如在 50～70℃之间时，分子量为 227000 的 PPC，其储能模量仅为 8.6MPa，该现象与 PPC 的无定形材料特征相符。

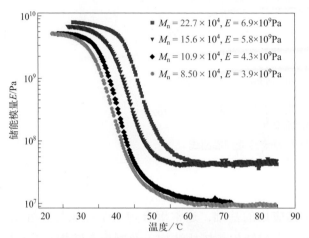

图3-6　不同分子量PPC的储能模量随温度的变化

　　如对数均分子量为 109000 的 PPC 而言，其玻璃化转变温度为 30～35℃，如图 3-7 所示，在 20℃和拉伸速度 20mm/min 下，PPC 表现出典型的脆性聚合物的特征，其断裂伸长率不足 10%。总而言之，提高 PPC 的分子量对改善其力学性能是有利的，尤其在玻璃化转变温度之上，这种效果更为显著。一旦测试温度超过 25℃，PPC 的拉伸强度会急剧下降，断裂伸长率则会迅速升高。如图 3-7 所示，此时 PPC 的尺寸温度稳定性急剧恶化。

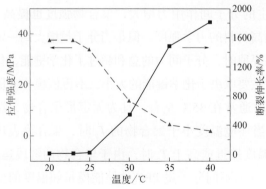

图3-7　PPC的拉伸强度和断裂伸长率随温度的变化（PPC的M_n=109000）

二、PPC中碳酸酯单元含量对其物理性能的影响

在二氧化碳与环氧丙烷共聚反应过程中，理论上会同时伴有醚键（环氧丙烷均聚）、酯键（二氧化碳与环氧丙烷交替共聚）和酸酐键（二氧化碳均聚）的竞争反应[24]。其中二氧化碳的连续插入形成酸酐键在热力学上是不利的，因此很难发生。而环氧丙烷的连续插入形成聚醚段的副反应经常存在，导致在PPC主链上形成了聚醚的结构，从而降低了PPC的碳酸酯单元含量，进而影响PPC的热力学性能。

1. 热稳定性

如前所述，PPC的降解过程是通过活化的分子链末端进攻主链上相邻单元的碳原子，发生"回咬"形成小分子的环状碳酸丙烯酯（PC）而进行的。此过程要求PPC分子链末端由相邻的CO_2和PO单元组成，也就是解拉链过程中，如果末端变成连续的PO单元或其他结构单元，反应将被终止，因此碳酸酯单元含量的降低利于提高PPC的热稳定性。而当碳酸酯单元含量高于94%时，聚醚链段在分子链上无规分布，没有形成足够的链节长度，因此对PPC热稳定性的影响相对较小。如图3-8所示，随着PPC的碳酸酯单元含量（CU）从99.4%降低至45.9%，PPC的热分解温度从218.6℃提高至241.0℃[25]。

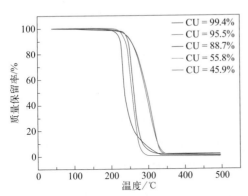

图3-8 不同碳酸酯单元含量PPC的TGA谱图

2. 玻璃化转变温度

由于PPC中的聚醚段为柔性结构且在主链中无规分布，因此会降低PPC的T_g。王献红等将稀土三元催化剂和双金属催化剂作为组合催化剂，制备了

数均分子量约为 100000 但碳酸酯单元含量不同的一系列 PPC，研究了其热性能。如图 3-9 所示，改变 PPC 的碳酸酯单元含量，尽管所有的 PPC 均显示出一个玻璃化转变温度，但这些 PPC 的玻璃化转变温度随着碳酸酯单元含量的逐渐降低而依次降低。当 PPC 中碳酸酯单元含量为 57.8% 时，玻璃化转变温度只有 6.7℃，而当碳酸酯单元含量提高到 97.1% 时，玻璃化转变温度相应地提高到 36.3℃[26]。

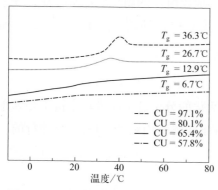

图3-9 不同碳酸酯单元含量PPC的DSC谱图

3. 阻隔性能

PPC 主链包含疏水的极性碳酸酯键，使聚合物链之间存在较强的内聚力，因此 PPC 具有更高的分子堆积密度和更小的自由体积[27]。与其他生物降解材料相比，PPC 展现出了优异的水、氧阻隔性能[28]。使用热压和溶液涂覆技术使 PPC 在聚乙烯基底上成膜，发现其氧气阻隔性能明显优于聚乙烯膜。综合文献上的数据[29]，PPC 的氧气透过量为 89cm³/(m²·d·atm)，远低于同类生物降解材料如聚乳酸 (PLA) [550cm³/(m²·d·atm)]、聚丁二酸丁二醇酯 (PBS)[1200cm³/(m²·d·atm)] 和聚己二酸-对苯二甲酸丁二醇酯 (PBAT)[1400cm³/(m²·d·atm)] 等。

PPC 的气体阻隔性受 PPC 中碳酸酯单元含量影响较大。提高碳酸酯单元含量会使 PPC 膜气体阻隔性变好。例如当 PPC 中碳酸酯单元含量为 45.9% 时，氧气、氮气、二氧化碳透过率均变大，分别为 116cm³/(m²·d·atm)、108cm³/(m²·d·atm) 和 559cm³/(m²·d·atm)。当碳酸酯单元含量为 99.4% 时，PPC 的氧气、氮气、二氧化碳透过率则分别为 14cm³/(m²·d·atm)、11cm³/(m²·d·atm) 和 220cm³/(m²·d·atm)[25]。这表明 PPC 中碳酸酯单元含量的增加，可提高 PPC 材料的气体阻隔性能。

因此，将 PPC 与其他生物降解材料通过三层或多层共挤出方式制备的复合膜，既可以满足食品、医药包装等对阻隔性能的严格要求，又能够解决 PPC 膜脆性和温度尺寸稳定性不足的问题，在对水汽和氧气阻隔性能要求高的行业具有较好的应用前景。

4. 流变性能

王献红等探究了不同碳酸酯单元含量 PPC 的储能模量（G'）随剪切应变（γ）的变化曲线，剪切应变测试范围为 0.1%～100%，扫描频率固定在 1rad/s，所采用的 PPC 样品的数均分子量平均为 100000。如图 3-10 所示，碳酸酯单元含量对 PPC 的储能模量有较大影响，随碳酸酯单元含量的升高，PPC 的储能模量逐渐增大。在低应变范围，碳酸酯单元含量为 97.1% 的 PPC 的储能模量达到 1.0GPa，是低碳酸酯单元含量（65.4%）PPC 的 7.6 倍。这可能是由于柔性较大的醚段增大了链段的活动能力，在外力的作用下更容易产生形变。同时，碳酸酯单元含量越高，线性黏弹区的范围越窄，表明高碳酸酯单元含量的 PPC 在较低的剪切速率即可降低模量和熔体黏度，从而更易于熔融加工。

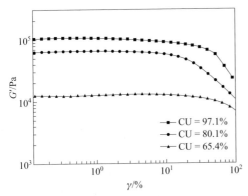

图3-10 不同碳酸酯单元含量的PPC剪切应变(γ)-储能模量(G')曲线

为研究不同碳酸酯单元含量的 PPC 的黏弹行为，将 PPC 的数均分子量固定在约 100000。由于 PPC 在 1% 剪切应变时都处于线性黏弹区，因此可在 1% 应变的条件下对 PPC 进行动态频率扫描，扫描范围为 0.01～100rad/s。如图 3-11（a）所示，不同碳酸酯单元含量 PPC 的储能模量都随扫描频率的增高而增大，随碳酸酯单元含量的升高，储能模量呈上升趋势，在低频范围内，差异尤其明显。如图 3-11（b）～（d）所示，碳酸酯单元含量为 97.1%、80.1% 和 65.4% 的 PPC 的储能模量和损耗模量的交点频率分别为 0.16～0.20rad/s、

0.9～1.1rad/s 和 9.0～10.5rad/s，碳酸酯单元含量越高，交点频率越高，表明高碳酸酯单元含量的 PPC 在较宽的范围内表现出固态弹性行为。

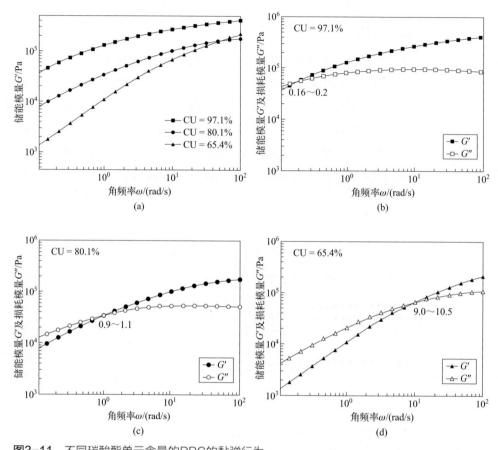

图3-11 不同碳酸酯单元含量的PPC的黏弹行为
（a）不同碳酸酯单元含量的PPC储能模量(G')随角频率(ω)的变化曲线；（b）～（d）不同碳酸酯单元含量PPC（CU=97.1%、80.1%和65.4%）的交点频率(G',G'')变化

　　不同碳酸酯单元含量 PPC 的复数黏度 η^* 与角频率的关系如图 3-12 所示，随着碳酸酯单元含量从 65.4% 增加到 97.1%，η^* 也增大，且在低剪切频率范围内黏度差距较为明显。值得指出的是，所有 PPC 样品都出现了剪切变稀的现象，而且碳酸酯单元含量越高，剪切变稀行为越明显。高碳酸酯单元含量 PPC 的 η^* 随剪切频率的升高下降幅度变大。一个最重要的原因是：含有醚段的分子链在外力作用下更易解缠并沿外力方向发生取向，形成较高的熔体黏度，而碳酸酯单元含量越高，剪切取向越低，越容易发生剪切变稀。

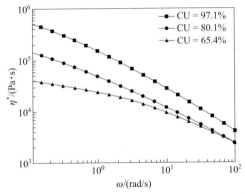

图3-12 不同碳酸酯单元含量PPC的复数黏度(η^*)随角频率(ω)的变化曲线

在 PPC 的合成化学中，为了充分利用廉价的二氧化碳单体，降低 PPC 的成本，通常希望制备高碳酸酯单元含量的 PPC，通过设计高选择性和高活性催化剂可以有效提高碳酸酯结构单元含量。值得指出的是，醚段含量增加也能赋予 PPC 其他的性能，例如当聚合物中碳酸酯单元含量低于 20% 时，PPC 会在超临界 CO_2 中表现出优异的溶解性[30]。此外通过利用 DMC[31] 以及低聚卟啉[24] 催化体系，可以合成碳酸酯单元含量低于 65% 的二氧化碳基多元醇，可作为聚氨酯材料的软段，且碳酸酯单元含量的增加会显著提高聚氨酯的力学强度，尽管也会牺牲部分断裂伸长率作为代价[32]。总之，除了从经济角度考虑外，我们也需探索不同碳酸酯单元含量的 PPC 的性能，以期拓展 PPC 的应用范围。

第二节
二氧化碳基塑料的性能调控

目前使用的所有 PPC 均为无定形非晶态，因此相比于其他结晶型生物可降解高分子如聚乳酸、脂肪族-芳香族共聚酯或聚羟基烷基酸酯等，PPC 的热变形温度低于 30℃。此外，由于其分子链中缺少强极性基团，分子间相互作用力较弱，玻璃化转变温度较低。另外，由于 PPC 末端亲核性羟基的存在，PPC 温度过高时易发生热降解，热稳定性较差。上述 PPC 的基础性能决定了其应用领域，下面将重点介绍 PPC 的热力学性能及其调控方法，给出潜在的应用领域。

一、PPC的热学性能

从应用角度考虑，对 PPC 热学性能的调控包括对玻璃化转变温度、热分解稳定性等方面。玻璃化转变温度是指 PPC 链段开始运动的温度，是 PPC 作为塑料长期使用的上限温度。另一方面，热分解稳定性是 PPC 成型加工中必须注意的问题，表征热稳定性的重要参数是起始热分解温度。

PPC 的玻璃化转变温度受分子量、区域规整性、醚段含量等因素的共同影响。增大 PPC 分子量可提高其玻璃化转变温度，如当 PPC 的数均分子量从 50000 提高到 360000 时，PPC 的 T_g 会从 33℃提高到 39℃，原因是更高分子量 PPC 中末端链段的比例更低，且分子链间的色散作用也增强，有助于提高玻璃化转变温度。PPC 中主链的区域规整度，尤其是头尾结构含量，是影响 PPC 玻璃化转变温度的另一重要因素。王献红等[33]采用给电子试剂改善稀土三元催化剂的选择性，将 PPC 的头尾结构含量从 69.7% 提高到 83.2% 时，T_g 则从 36.1℃提高到 43.3℃。吕小兵等[34]利用多手性中心 Salen-Co(Ⅲ) 催化剂将头尾结构控制到 99% 以上，T_g 进一步提升至 47℃。除了分子量和区域结构，另一个影响玻璃化转变温度的重要参数是 PPC 中醚段含量，如 Huang 等[14]采用双金属配合物催化剂合成了醚段含量为 40%～60% 的 PPC，其 T_g 仅为 8℃。

一般认为 PPC 存在解拉链降解和无规断链降解两种热分解方式（图 3-2），温度较低时以解拉链降解为主，温度较高时则以无规断链降解为主。Wang 等[35]发现 PPC 在约 190℃时开始分解。Dong 等[36]研究了不同封端剂封端的 PPC 的热分解性能，发现未封端的 PPC 的微商热重分析（DTG）曲线出现多个峰，而封端 PPC 的 DTG 曲线只出现了一个峰，说明加入封端剂改变了 PPC 的降解机理。通过对热分解反应的动力学分析，未封端时，解拉链反应的活化能较低，解拉链反应在较低温度下进行。封端后抑制了解拉链反应，高温下主要发生无规断链反应，从而提高了材料的热分解温度。目前 PPC 的热分解反应大约分为 3 个阶段：除了解拉链反应和无规断链反应两个明确的阶段之外，中间存在以解拉链反应为主向以无规断链反应为主的过渡区域。解拉链反应属于分子内亲核进攻反应，由亲核端基进攻相邻重复单元中的羰基，生成热力学稳定的五元环状碳酸酯（PC）。从该机理可知，在解拉链过程中，若相邻的重复单元是醚键，则会显著抑制解拉链反应。故在 PPC 主链结构中引入醚键或共聚第三单体可有效抑制解拉链反应。而无规断链反应会生成一个分子量较低的链和一个分子量较高的链，通常使分子量分布变宽，这类反应在高温下发生，还会生成不饱和双键。目前很难找到抑制无规断链的方法，导致PPC的熔融加工窗口比较窄。

二、PPC的力学性能

PPC的力学性能不仅取决于其分子链结构特征，也与外场条件如杂质含量、温度等密切相关。PPC主链碳酸酯单元含量以及PPC的纯度（杂质含量）均会影响其玻璃化转变温度，进而影响测试条件下的力学性能。分子量是影响PPC性能的重要因素，当PPC数均分子量很低时，如28000，拉伸强度仅为9MPa，弹性模量为200MPa。而数均分子量为173000的高分子量PPC，在20℃下，其拉伸强度显著提高至53MPa，杨氏模量达到1078MPa左右，但断裂伸长率仅为10%左右，表明PPC是一种脆性材料[37]。PPC的力学性能对玻璃化转变温度非常敏感，当PPC处于玻璃态时（温度低于T_g），储能模量保持在1000MPa以上。在玻璃化转变温度以上时，储能模量随着温度升高迅速下降，并最终降低至10MPa左右，从而进入橡胶态，表明玻璃化转变温度对材料的力学性能有很大的影响。

总之，作为无定形材料，高分子量PPC在20℃下是一种脆性材料，断裂伸长率不足10%，而在30℃以上（温度接近玻璃化转变温度），PPC的力学强度迅速下降，温度的尺寸稳定性很差，其适合应用的温度窗口很窄。那么，PPC是否有应用价值呢？刘景江等利用王献红团队合成的马来酐封端PPC（MA-PPC，数均分子量约109000）研究了不同温度下其线膨胀系数的变化。如图3-13所示，在玻璃化转变温度以下（温度在25℃以内），MA-PPC的线膨胀系数α_g稳定在$4.05×10^{-5}$，基本保持不变，此时MA-PPC处于玻璃态。一旦温度超过25℃，α_g开始快速上升，不过在50～70℃区间，α_g开始出现了一个准平台，称为α_r区，此时线膨胀系数α_g稳定在$2.48×10^{-3}$，此温度区间之后线膨胀系数开始快速上升，出现了橡胶态特征。通常PPC的长期应用温度范围是25℃以下，幸运的是，由于上述α_r区的存在，PPC可以在70℃以内短期使用。也就是说，这个曲线使PPC的研究人员确信，其短期使用温度上限可以超过其玻璃化转变温度之上约40℃，可以说这是高分子物理对PPC材料的最关键支持，使PPC的改性成为有应用价值的研究方向。

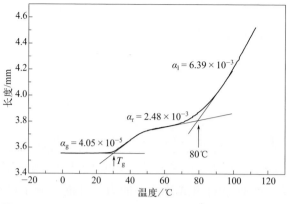

图3-13 MA-PPC的线膨胀系数随温度的变化

鉴于高分子物理科学对 PPC 材料的认识，PPC 能否实现应用取决于如何实现其增塑和增韧改性。为了得到综合性能较好的 PPC，通常采用物理改性或化学改性的方法提升材料性能。化学改性直接对材料自身进行分子水平改造，难度较大，成本较高。物理改性主要基于 PPC 与其他有机材料、高分子材料或无机材料进行共混改性，具有工艺简单、成本低等优势，成为 PPC 材料改性的研究重点。

三、基于氢键相互作用的增韧和增强

尽管物理共混是一种改性聚合物、开发新材料的重要手段，但大部分共混物都会发生相分离，在界面形成薄弱环节，影响材料性能。通过将特定相互作用引入共混组分间，可以改善相容性及界面黏结力。如分子间氢键可以降低共混材料各组分的分子链自由度，并在分子水平上控制共混材料的聚集态结构，从而改善共混体系各组分的相容性。

一般来说，氢键是一种在富电子原子和缺电子氢原子间形成的定向吸引力，例如 X—H···Y 类型，X、Y 是富电子原子，有一对或更多孤对电子（如 F、O、N）。氢键具有以下特征：①X—H 共价键的拉伸与形成氢键的强度有关；②有少量电子云（0.01~0.03e）会从质子受体（Y）转移到质子给体（X—H）上；③形成氢键时，X—H 拉伸，红外吸收谱带强度加强、变宽、向低波数位移（即红移），红移值与形成氢键的强度有关。尽管氢键弱于化学键或其他极性相互作用力，但是强于范德华力。

王献红等[38]将 O-酰化十二烷基壳聚糖（OCS）与 PPC 进行共混，利用 OCS 中剩余的大量氨基和羟基与 PPC 中的碳酸酯基团形成氢键相互作用，实现了 PPC 材料的增韧和增强。例如，OCS 的加入使 PPC 的 T_g 升高 2～3℃，当 OCS 含量为 10% 时，共混膜的断裂伸长率较纯 PPC 提高了 100%，杨氏模量提高了 150%，同时保持断裂应力和拉伸应力基本不变。王献红等[39]还将 PPC 与超支化聚（酯-酰胺）（HBP）共混，HBP 含量为 2.5%（质量分数）的共混材料，其断裂伸长率为纯 PPC 的 2 倍，且强度也有所提高。剪切屈服和空洞化的存在是该共混体系的主要增韧机理，而银纹化起辅助作用。

王献红等[40]还利用非异氰酸酯路线分别合成了氨酯化合物（HDU、BEU、BPU），合成方法和化学结构如图 3-14 所示。将氨酯化合物与 PPC 共混，发现氨酯化合物的分子内氢键强度越小，与 PPC 的相容程度越好；BEU 由于分子内氢键较强，与 PPC 的共混改性效果不佳。而分子内氢键较弱的 HDU 显示出最好的增塑效果，含 5%（质量分数）HDU 的 PPC/HDU 共混物，其最大断裂伸长率比纯 PPC 提高了 53 倍，达到 727%，其增塑效果显著，且拉伸强度仍维持在 15MPa，与低密度聚乙烯相当。值得指出的是，PPC/BPU 共混物的断裂伸长率可达 27.6%，为纯 PPC 的 2 倍，拉伸强度也从纯 PPC 的 43MPa 增加到 50MPa。

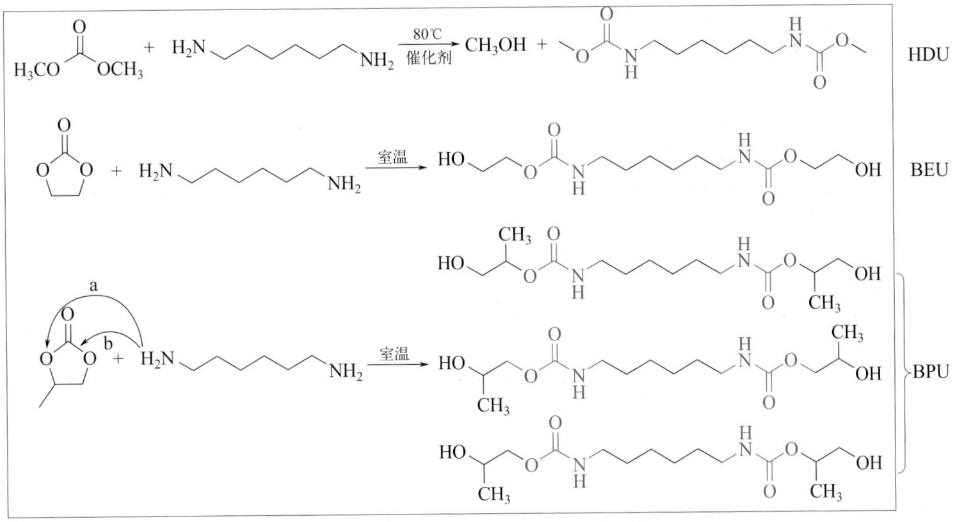

图3-14　几类氨酯化合物（HDU、BEU、BPU）的合成方法和化学结构

四、基于高分子物理共混的性能调控

如前所述，PPC 存在玻璃化转变温度低、尺寸稳定性差、热稳定性也不尽人意等缺点。为了提升 PPC 的综合性能，将 PPC 与其他聚合物或无机纳米粒子进行物理共混是 PPC 改性领域的重要方向。下面根据共混材料种类，从天然高分子、合成高分子及无机纳米材料等几个方面出发，介绍 PPC 的物理性能调控。

1. PPC 与天然高分子材料的共混

天然高分子是指未经人工合成、天然存在于动物、植物和微生物的有机高分子，主要包含纤维素、淀粉、蛋白质等。相对于合成高分子，天然高分子具有可再生、可生物降解和生物相容性等优点，受到学术界和产业界的广泛关注。

纤维素是世界上蕴藏量最丰富的天然高分子材料，但其不溶于一般溶剂，通常采用纤维素衍生物与 PPC 共混。莫志深等[41]采用溶液共混方法制备了马来酸酐封端的 PPC（PPC-MA）与乙基纤维素（EC）的共混物。通过差示扫描量热法（DSC）、热重分析法（TGA）和广角 X 射线衍射（WAXD）研究了共混材料的结晶行为、热分解行为和聚集态结构。研究发现共混物中 EC 仍然表现出热致液晶性，显示出胆甾型液晶结构，并且用 EC 稀释 PPC-MA 增加了非晶区的尺寸，导致结构更有序，而且 EC 与 PPC-MA 共混后可以提升共混物的热分解温度，改善热稳定性。

张军等[42]采用纤维素纳米晶须（CNW）与 PPC 进行溶液共混，制备出 CNW 含量在 1%～10%（质量分数）的共混物，实现了 CNW 在 PPC 中的均匀分布，且 CNW 的引入可提高 PPC 的拉伸强度和储能模量。

纤维素酯化后可以提高其熔融加工性能，基于此，李勇进等[43]采用乙基丁基纤维素（CAB）与 PPC 进行熔融共混。研究发现共混后 CAB 与 PPC 的 T_g 互相靠近，且 CAB 与 PPC 等质量比共混时，体系形成双连续相结构，两者具有部分相容性。红外光谱分析表明，PPC 与 CAB 间存在分子间氢键，使其最大热分解温度由 251℃提高至 297℃。由于两者较好的相容性，CAB 的加入量可达 50%（质量分数），共混物的拉伸强度和拉伸模量分别达到 27.7MPa 和 1240GPa。

李莉等[44]将具有高纵横比的棒状纳米结晶纤维素（NCC）与 PPC 进行溶液共混，制备了 PPC/NCC 复合材料，还通过熔融共混法制备了 PPC/NCC/

PVA（PVA 为聚乙烯醇）内外双约束结构的复合材料。在 PPC 相之外，PVA作为微观尺度的强骨架，可以通过在 PPC 和 PVA 相界面与 PPC 形成氢键来约束 PPC 分子链的运动，而在 PPC 相内，棒状 NCC 可以通过与 PPC 形成多氢键，在纳米尺度上抑制 PPC 的柔性分子链运动。在这种新颖的内外双约束结构的协同作用下，NCC 含量为 3%（质量分数）时，共混材料的 T_g 达到最大值，约 49.6℃，分别比 PPC、含 3%（质量分数）NCC 的 PPC/NCC 混合物和 PPC/PVA（60/40）混合物高 15.6℃、5.7℃和 4.2℃。

与纤维素类似，未经修饰的淀粉在熔融加工过程中难以被塑化。Yu 等[45]利用甘油增塑淀粉（GPTPS）与 PPC 共混，但是由于 GPTPS 与 PPC 间界面张力较大，两个组分间的界面粘接力弱。随后他们巧妙地加入丁二酸酐（SA）解决了这一问题，一方面 SA 可以和淀粉颗粒反应，进一步增强淀粉的可塑性；另一方面 SA 可以封端 PPC，提高其热稳定性，从而增大了界面粘接力，使共混物的力学性能均有所提高。例如，PPC/GPTPS/SA（75/25/1）的拉伸强度和断裂伸长率可达 19.4MPa 和 88.5%。也有用淀粉直接和 PPC 共混的报道，如 Dehghani 等[46]用淀粉直接和 PPC 共混，所得复合材料的压缩强度可在 0.2～33.9MPa 间调节，当淀粉加入量为 50%（质量分数）时，复合材料的热分解温度可由 245℃提高至 276℃。

Luinstra 等[47]采用杨树木粉对 PPC 进行共混改性，虽然木粉和 PPC 间界面结合力差，但加入木粉仍旧对 PPC 起到了增强作用。木粉含量为 20%（质量分数）时，PPC 的拉伸模量由 500MPa 增加到 2500MPa，拉伸强度也由 28MPa 增加到 45MPa，T_g 也由 36℃提高至 41℃，但断裂伸长率出现较大降低，由 36% 减小到 6%。利用马来酸酐（MA）对 PPC 封端可以有效增加 PPC 与木粉的界面黏结力，在木粉含量高时对共混物的力学性能有一定的优化作用。

一般在 PPC 中加入天然高分子化合物，即使其能够与 PPC 形成较强的相互作用，大多数情况也只表现为强度或模量的提高，难以同时对 PPC 进行增韧增强。Wang 等[38]通过对壳聚糖进行酰化改性（平均取代度为 1.8），将改性后的壳聚糖和 PPC 进行溶液共混，成功实现了对 PPC 的同时增韧增强。当改性壳聚糖含量为 10%（质量分数）时，共混物的杨氏模量提高到 1014MPa，同时断裂伸长率由 PPC 的 3.8% 提高到 8.1%，壳聚糖以 1μm 左右的球状粒子均匀分布在 PPC 基体中，两相具有较好的界面粘接力。力学性能的提高和较好的界面粘接力归因于 PPC 与壳聚糖的分子间氢键相互作用。

2. PPC 与合成高分子材料的共混

聚乳酸（PLA）是生物降解塑料的标志性品种，是一种结晶型脂肪族聚酯。PPC 和 PLA 共混不仅可以改善材料的力学性能，还可以改善材料的生物降解性。Yu 等[48] 采用单螺杆挤出机制备了不同比例的 PPC/PLA 共混物。在 PPC/PLA（70/30，质量比）的共混物中，PPC 和 PLA 的分解活化能（E_t）分别为 200.6kJ/mol 和 228.8kJ/mol，而纯 PPC 与 PLA 的 E_t 分别为 56.0kJ/mol 和 213.9kJ/mol，表明共混体系比单组分聚合物有更好的热稳定性，这与 PPC 和 PLA 在熔融共混过程中发生的酯交换反应有关，当然前提是这两个高分子的主链存在一定的相似性，产生相似相溶的互溶现象。基于上述现象，将 PLA 与 PPC 按不同比例在转矩流变仪中进行熔融共混（150℃，8min），制备出 PLA/PPC 共混物，PPC 的加入赋予了 PLA/PPC（50/50）体系较好的韧性，断裂伸长率由原来的 2% 提高到 23.8%，且拉伸强度下降不大（43MPa 变为 35MPa）。将等物质的量的聚 L-乳酸（PLLA）和聚 D-丙交酯（PDLA）与 PPC 熔融共混，制备了 PPC 和立体配合物聚乳酸（sc-PLA）的共混物[49]，当 sc-PLA 含量超过 10%（质量分数）时，在 PPC 基质中仅形成 sc-PLA，没有 PLLA 或 PDLA 的均质结晶。扫描电子显微镜观察表明，sc-PLA 以球形颗粒的形式均匀分散在 PPC 相中，即使 sc-PLA 含量进一步增加，sc-PLA 颗粒的尺寸也没有明显增加。此外，通过引入 sc-PLA 组分，PPC 的流变性能也得到了极大的改善，使其更容易进行熔融成型加工。

聚 β-羟基丁酸酯-β-羟基戊酸酯共聚物（PHBV）是由细菌发酵法制备的热塑性脂肪族聚酯，也是一类结晶性高分子，具有优异的生物降解性能和生物相容性。羟基戊酸酯含量较低的 PHBV 尽管耐温性能超过 100℃，但脆性很大。Liu 等[50] 分别通过熔融共混方法得到了 PHBV/PPC 共混物，如表 3-2 所示，与纯 PHBV 相比，以 PHBV/PPC（30/70）为例，其屈服应力达到 17.7MPa，断裂伸长率达到 74%，因此 PHBV/PPC 共混物已经从脆性材料转变为具有一定韧性的材料，力学性能发生了很大变化。

表3-2　纯PHBV及其PPC共混物的力学性能

PHBV/PPC（质量比）	屈服应力/MPa	断裂应力/MPa	断裂伸长率/%	拉伸模量/MPa	吸收能量/MJ
100/0	38.2	38.2	4.0	1515	25.3
30/70	17.7	9.7	74	1096	428
70/30	3.8	3.6	1300	66.6	4236

聚丁二酸丁二醇酯（PBS）是丁二酸和丁二醇经缩聚反应合成的脂肪族聚酯，高分子量的 PBS 力学性能优异，热变形温度达 115℃，具有类似聚乙烯、聚丙烯的理化性能，加工性和生物相容性较好。王献红等[51]采用熔融共混法制备了 PPC/PBS 共混物和 PPC/PBS/DAP（邻苯二甲酸二烯丙酯）增塑共混物，并对共混物的相容性、热性能、结晶性和力学性能进行了研究。结果表明 PPC/PBS 共混物中两个组分的相容性差，PPC 对 PBS 的结晶度影响很小。但是 PBS 的加入提高了共混物的起始热分解温度（$T_{d,5\%}$），当共混物中 PBS 含量从 10% 增加到 90% 时，共混物的 $T_{d,5\%}$ 分别增加 15～59℃。研究发现 DAP 是 PPC/PBS 共混物的增塑剂，如在 PPC/PBS（30/70）引入 30 份质量比的 DAP 时，所得共混物的 T_g 下降了 36.9℃。通过组成优化制备了 PPC/PBS/DAP（30/70/5，质量比）共混物，与 PPC/PBS 共混物相比，该共混物的断裂伸长率和断裂能最大可提高 31 倍和 34 倍，分别达到 655.1% 和 3.4J/m²，因此引入 DAP 可以大幅度改善 PPC/PBS 共混材料的力学性能。

聚氨酯（PU）是由多异氰酸酯与多元醇反应合成的聚合物。王献红等[52]通过二氧化碳基二醇与甲苯二异氰酸酯（TDI）反应合成了生物降解的热塑性弹性体即二氧化碳基聚氨酯（PCO₂PU），并以此与 PPC 进行熔融共混。在 PCO₂PU 负载量为 20%（质量分数）时，PPC 的缺口冲击强度从 20.8J/m 增加到 54.2J/m，几乎与尼龙 6 相当。当 PCO₂PU 负载量为 30%（质量分数）时，PPC 的缺口冲击强度达到 228.3J/m，是纯 PPC 的 10.9 倍，这一数值甚至高于双酚 A 聚碳酸酯。

除了上述具有生物降解特征的共混物之外，一些不具有生物降解性能，但是具有与 PPC 进行相互作用的特殊官能团的聚合物，文献上也被用来制备共混物，以改善 PPC 的力学性能，如聚乙二醇（PEG）、聚乙烯醇（PVA）、聚对乙烯基苯酚（PVPh）、聚氯乙烯（PVC）、乙烯-醋酸乙烯酯（EVA）、聚酯酰胺（PEA）等。

聚乙二醇（PEG）是由环氧乙烷均聚而成的水溶性高分子，尽管它不具有生物降解性能，但是具有良好的亲水性和热稳定性。将 PEG 与 PPC 共混，可以改善 PPC 的亲水性，提高其热稳定性。如采用溶液共混法制备了 PPC 与 PEG 的共混物，发现两个组分相容性较好，共混物的亲水性随 PEG 组分的增加而增强。且共混物的玻璃化转变温度最高可达 51℃，热分解温度 $T_{d,95\%}$ 最高达到 410℃，分别比纯 PPC 提高了 29℃ 和 130℃。

聚乙烯醇（PVA）是一种具有多羟基的聚合物，也不具备生物降解性能，但是可用于研究 PPC 与 PVA 之间的氢键相互作用。李莉等[53]通过熔融共混法制备了 PPC 和 PVA 的共混物，共混物的红外光谱中存在的两个特征峰 ν_{O-H} 和 ν_{CO} 均出现了位移，证实了 PPC 和 PVA 之间形成了大分子间氢键，保证了 PPC 和 PVA 之间较好的相容性。含有 30%（质量分数）PVA 的共混物，其 T_g 从纯 PPC 的 34.1℃提高到 44.0℃，而且含有 50%（质量分数）PVA 的共混物，其拉伸强度从纯 PPC 的 10.5MPa 提高到 39.7MPa，显示出较大幅度的力学性能改善。

聚对乙烯基苯酚（PVPh）可视为一种质子给体聚合物，其 4-位羟基可以和质子受体聚合物通过氢键相互作用。莫志深等[54]研究了 PPC 和 PVPh 间的氢键作用和相容性。不同比例 PPC/PVPh 共混物显示出单一的并且依赖组成变化的 T_g，表明 PPC 与 PVPh 是相容的。但是实验测得的 T_g 偏离 Fox 方程的计算值，说明 PVPh 的羟基还与 PPC 的氧官能团之间存在相互作用。

聚氯乙烯（PVC）是用量巨大的通用塑料，其软性制品需要大量的增塑剂，但目前常用的小分子增塑剂存在着易挥发、耐久性差等缺点，Huang 等[55]开展了低分子量 PPC（数均分子量为 20000）作为 PVC 的高分子增塑剂的研究，但是 PPC 单独作增塑剂，不能明显降低 PVC 的黏流温度，也不能显著抑制 PVC 的降解，而当丁腈橡胶（NBR）与 PPC 反应形成交联互穿网络结构弹性体后，再作为 PVC/PPC 体系的偶联剂则有良好的增容作用，偶联剂的用量、NBR/PPC 比例、NBR 中含腈量、偶联剂硫化程度等对共混体系力学性能均有较大影响。

EVA 是乙烯和乙酸乙烯酯单体的共聚物，因其韧性、内在柔韧性、耐化学性、出色的加工性等而被用于许多工程和工业领域。张会良等[56]通过熔融共混法制备了 PPC 和 EVA 的混合物。由于 PPC 和 EVA 之间存在界面相互作用，所以 EVA 可以大幅度提高 PPC 的拉伸强度、玻璃化转变温度和热稳定性。当 EVA 含量从 0 增加到 20%（质量分数）时，共混物的断裂伸长率从纯 PPC 的 4.6% 增长到 53.0%，拉伸强度从 27.8MPa 增加到 32.6MPa。而且当 EVA 的浓度增加到 80%（质量分数）时，共混物的起始分解温度 $T_{d,5\%}$ 增加到 248℃，而纯的 PPC 仅为 220℃。

聚酯酰胺 (PEA) 是通过己内酯和氨基己酸开环、缩合反应制备而成的线型高分子，PEA 中存在酰胺链段分子间氢键，即使在分子量较低的情况下也具有优异的热稳定性和力学强度。王献红等[57]用熔融共混的方法制备了 PEA/PPC 共混物，发现 PEA 可有效改善 PPC 热力学性能。即使加入 3%（质量分数）PEA，所制备的共混物在保持拉伸强度不变的情况下，断裂应力也比纯 PPC 提高了 3MPa，断裂伸长率达到 27.4%，比 PPC 增加了近 1 倍，同时 $T_{d,5\%}$ 和 $T_{d,max}$ 分别比纯 PPC 提高了 52.7℃和 46.4℃。

3. PPC 与无机纳米材料的共混

无机粒子通常具有高模量的优点，能够提高聚合物的热稳定性和力学性能，还可能会赋予 PPC 新的功能。将无机粒子与聚合物进行共混改性的研究非常多。但是无机材料往往与聚合物相容性较差，限制了复合材料的性能改善空间。将无机材料引入 PPC 的关键问题在于如何使其在 PPC 中实现均匀分散，尽可能地发挥不同组分的效果。

氧化石墨烯（GO）含有羟基、羧基等亲水基团，在有机溶剂中分散性较差。Bian 等[58]利用甲苯二异氰酸酯和丁二醇对 GO 进行改性，在二甲基甲酰胺（DMF）中与 PPC 进行溶液共混。当加入改性 GO 的量为 3%（质量分数）时，PPC 的起始热分解温度可提高至 283℃，T_g 则由 28.1℃提高至 41.9℃，拉伸强度提高至 29.5MPa，约为纯 PPC 拉伸强度的 2 倍。傅强等[59]利用溶剂交换的方法将 GO 的加入量提升至 20%（质量分数），PPC 的 T_g 从 25℃提高至 47℃，并且在 100℃出现了第二个 T_g，有效提高了 PPC 在较高温度下的力学性能。如共混物在 50℃下的拉伸强度和拉伸模量分别达到了 16MPa 和 443MPa，断裂伸长率可以维持在 34%，这可以和聚丙烯相比拟。

Lu 等[60]通过在制备 PPC 的过程中加入表面含羧基的多壁碳纳米管（MWCNT），以 MWCNT 上的羧基为链转移剂在 MWCNT 表面成功接枝上 PPC 分子链。当接枝后的 MWCNT 含量达到 3%（质量分数）时，PPC 的拉伸模量从 23.8MPa 提高至 41.4MPa，杨氏模量从 662.7MPa 提高至 1071.9MPa。由于 MWCNT 也面临在 PPC 中的分散问题，故即使在低分子量 PPC 中，MWCNT 直接加入也会导致断裂伸长率急剧降低。为此，傅强等[61]制备了 PPC/PLA/MWCNT 的三元共混物，在三元共混物中大多数 MWCNT 能分散于 PPC 相中，也会在 PPC 和 PLA 界面处形成具有连接功能的过渡结构，有利于应力传递。当 MWCNT 含量达到 1.5%（质量分数）时，PPC/PLA/MWCNT 共混物的拉伸强度可达 23MPa，同时断裂伸长率仍高于 600%。

王献红等[62]研究了 PPC 与插层改性蒙脱土的共混。它们首先利用阳离子交换法，以十六烷基三甲基溴化铵（HTAB）改性钠基蒙脱土制备了有机改性蒙脱土（OMMT）。OMMT 的层间距达到了 2nm，比普通的钠基蒙脱土增加了 0.74nm。然后采用熔融插层法制备了插层-絮凝型 PPC/OMMT 复合材料，当 OMMT 含量为 5%（质量分数）时，复合材料的弹性模量较纯 PPC 树脂提高了 61.8%，且玻璃化转变温度提高了 2.4℃，热分解温度提高了 32.3℃。

鉴于 ZnO 粒子较好的抗菌性[63]，将 ZnO 和 PPC 溶液共混制备而成的膜有明显的抑菌效果，如 ZnO 加入量为 10%（质量分数）时可完全抑制大肠杆菌的生长。此外，ZnO 还可以吸收 350nm 以下的紫外光，从而提高 PPC 的耐候性。此外，利用硬脂酸改性的 CaCO₃ 与 PPC 共混[64]，可提高 T_g，同时 CaCO₃ 粒子能够起到一部分隔热作用，使 PPC 的热分解温度提高。

韩常玉等[65]通过熔融混合制备 PPC 和碳纤维（CF）的共混物。当 CF 含量小于 20%（质量分数）时，CF 均匀分散在 PPC 基体中。此时 CF 的加入极大地改善了 PPC/CF 复合材料的流变性能。一旦 CF 含量增加到 20%（质量分数），就会形成由 CF 组成的渗流网络结构，使复合材料表现出类固体的行为。添加 CF 可以增加 PPC/CF 复合材料的玻璃化转变温度和维卡软化温度，从而提高 PPC 耐热性。更重要的是，CF 可以提高 PPC 的力学强度，含 20%（质量分数）CF 的 PPC 复合材料，其储能模量在 20℃下比纯 PPC 增加 333%，尤其是较高温度如 50℃下，纯 PPC 已经大幅度失去了力学性能，但是 PPC/CF 复合材料仍然具有较高的储能模量，保持较好的力学强度。

五、PPC薄膜的阻隔性能

早在 1979 年的一件美国专利中，Dixon 等就指出二氧化碳共聚物可用于氧气阻隔材料。他们使用热压和溶液涂覆使聚碳酸亚乙酯在聚乙烯基底上成膜，发现其氧气阻隔性能明显优于聚乙烯膜。但由于未能稳定制备一定规模的二氧化碳共聚物，长期以来一直没有得到其准确的阻隔性能数据。

王献红等将工业化生产的 PPC（数均分子量 120000～130000）吹制成薄膜，获得了其水汽和氧气透过率的数据。如表 3-3 所示，PPC 的氧气透过率低于 $20cm^3/(m^2 \cdot d \cdot atm)$，气体阻隔性能显著优于其他生物降解塑料如 PBS（聚丁二酸丁二醇酯）、PLA（聚乳酸）、PBAT（己二酸丁二醇酯和对苯二甲酸丁二醇酯的共聚物，又称脂肪芳香共聚酯，典型产品如 BASF 公司的 Ecoflex）。进一步采用三层共挤法制得 Ecoflex/PPC/PBS 薄膜，氧气透过率下降到 $9.3cm^3/$

$(m^2 \cdot d \cdot atm)$。当然，由于全部采用聚酯材料，PBAT/PPC/PBS薄膜阻水性能较差，水汽透过率高于50g/$(m^2 \cdot d)$。不过若采用低密度聚乙烯（LDPE）与PPC做成三层共挤薄膜，如将PPC置于两层LDPE之间形成LDPE/PPC/LDPE三层膜，不仅氧气的透过率降至9.5cm^3/$(m^2 \cdot d \cdot atm)$，水汽的透过率也低于10g/$(m^2 \cdot d)$，是一种中等阻隔水平的阻隔薄膜。文献上，除了三层共挤出技术外，加入ZnO[63]或剥离石墨烯[66]等无机纳米填料也会改进PPC的水汽和氧气阻隔性能。

表3-3 不同聚合物薄膜的阻隔性能

材料名称	水/[g/$(m^2 \cdot d)$]	氧气/[cm^3/$(m^2 \cdot d \cdot atm)$]
双向拉伸聚对苯二甲酸乙二醇酯(BOPET)	100	60～100
双向拉伸聚丙烯(BOPP)	—	2000
高密度聚乙烯(HDPE)	20	1400
尼龙-6(PA6)	150	25～40
聚偏二氯乙烯(PVDC)	0.4～1	<1
乙烯-乙烯醇共聚物(EVOH)	20～70	0.1～1
聚碳酸丙烯酯(PPC)	40～60	10～20
聚丁二酸丁二醇酯(PBS)	—	1200
聚乳酸(PLA)	325	550
PBAT	170	1400
PBAT（Ecoflex）/PPC/PBS三层共挤出膜	52	9.3
LDPE/PPC/LDPE三层共挤出膜	5.3	9.5

除了采用复合膜改变PPC的阻隔行为之外，PPC的气体阻隔性也与PPC的化学组成密切相关。除了分子量因素，PPC中醚段含量的影响很大[25]，当PPC中醚段含量为0.6%时，PPC的氧气、氮气、二氧化碳透过率分别为14cm^3/$(m^2 \cdot d \cdot atm)$、11cm^3/$(m^2 \cdot d \cdot atm)$和220cm^3/$(m^2 \cdot d \cdot atm)$。而当PPC中醚段含量为54.1%时，氧气、氮气、二氧化碳透过率分别增大到116cm^3/$(m^2 \cdot d \cdot atm)$、108cm^3/$(m^2 \cdot d \cdot atm)$和559cm^3/$(m^2 \cdot d \cdot atm)$。除了PPC的化学组成，膜厚对PPC气体阻隔性也有较大影响，尤其在膜厚小于50μm时，随着膜厚减小，氧气透过量呈指数增长。

六、PPC薄膜的耐老化性能

在实际使用过程中，PPC会受到使用环境下的外场作用，导致其物化性能发生变化，通常是性能恶化，这一过程被叫作老化，影响PPC老化的外场因素主要包括温度、湿度、光照等。

Lee 等 [67] 将纯化后的高分子量 PPC 在常温下放置 8 个月，其分子量没有明显变化。然而，将 PPC 置于温度为（63±3）℃，湿度为（50±3）% 以及光照（290～800nm，550W/m²）的气候条件下，PPC 的重均分子量降低，分子量分布变宽，如图 3-15 所示。当放置时间达到 1000h 时，其重均分子量降低到原来的 62%，而整个过程中没有环状碳酸酯的生成。因此，Lee 认为温度和湿度作用下 PPC 降解反应是水分子的亲核进攻使 PPC 发生无规断链所致。

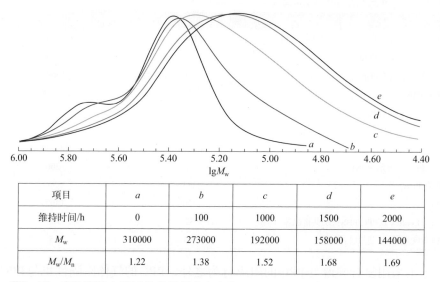

项目	a	b	c	d	e
维持时间/h	0	100	1000	1500	2000
M_w	310000	273000	192000	158000	144000
M_w/M_n	1.22	1.38	1.52	1.68	1.69

图3-15 老化实验中PPC的分子量分布变化

为改善 PPC 的耐老化性能，王献红等 [68] 制备了含紫外吸收基团的单体 2-羟基-4-(2,3-环氧丙氧基) 二苯甲酮（HEB），并将 HEB 与二氧化碳和环氧丙烷进行三元共聚，制备了耐紫外光老化的二氧化碳共聚物 PPCH。经过 240h 的紫外辐照后，普通 PPC 的数均分子量下降了 67.8%，相应地其拉伸强度和断裂伸长率分别下降了 10.1% 和 40.1%。而含 HEB0.06%（摩尔分数）的 PPCH，数均分子量仅下降了 6.2%，其拉伸强度和断裂伸长率也仅分别下降了 1.7% 和 13.3%，证明 PPCH 具有较强的耐紫外老化性能。

七、PPC薄膜的生物降解性能

PPC 由于主链上存在脂肪族碳酸酯单元，是一类生物降解高分子材料。通常高分子量 PPC 在土壤掩埋或中性缓冲溶液中降解速度较慢，但是 Luinstra 等[69] 指出，数均分子量为 50000 的 PPC 在堆肥条件下 69 天内可以被降解。王献红等与中国塑料制品质量监督检验中心合作跟踪了 PPC 的堆肥降解情况，所采用的 PPC 样品的数均分子量为 110000。试验按照 GB/T 19277.1—2011 标准进行，生物降解率通过检测放出的二氧化碳量来计算。图 3-16 为 PPC 的生物降解率随时间的变化情况。在开始的 20 天内，PPC 的降解很缓慢，降解不到 10%。随后降解速度开始加快，45 天内降解了 25.8%，然后降解进一步加快，在 95 天内降解了 63.5%，说明 PPC 是可以生物降解的。开始阶段降解速度缓慢的原因之一是 PPC 属于疏水材料，因此细菌很难附着在 PPC 样品表面，只有当降解开始发生后，PPC 的疏水性能下降，亲水性增强，降解速度才不断加快。因此，通过改善 PPC 的亲水性可以加速其生物降解率。

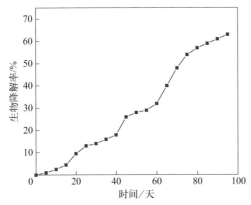

图3-16　PPC的堆肥生物降解率（60℃，相对湿度90%）随时间的变化情况

第三节
基于二氧化碳基塑料的薄膜

一、阻隔包装薄膜

阻隔性包装薄膜，即具有低透过性、耐化学药品性的高阻隔性包装材料，同时高阻隔也定义为一种材料具有很强的阻止另一种物质进入的能力，不论另

一种物质是气体、水，还是怪味或香气。目前阻隔性包装薄膜材料主要有醇解乙烯-醋酸乙烯酯共聚物（EVOH）、偏氯乙烯共聚物（PVDC）、聚萘二甲酸乙二醇酯（PEN）、尼龙（PA）、聚对苯二甲酸乙二醇酯（PET）等，在这些阻隔性树脂中，EVOH、PVDC、PEN属于高阻隔性材料，最常用的是PVDC和EVOH[70]，PVDC具有极好的阻氧阻湿性能，但是由于含氯而受到环保人士的反对，在欧洲的一些国家属禁用材料。

采用热压和溶液涂覆将聚碳酸亚乙酯（PEC）涂在聚乙烯基底，其氧气阻隔性能明显优于聚乙烯膜。对比表3-3所示的不同聚合物薄膜的阻隔性能，发现同等厚度的高分子量PPC膜（数均分子量120000～130000）的氧气阻隔性和水蒸气阻隔性明显优于PBS、PBAT等其他可生物降解高分子材料。同时，PPC氧气阻隔性相比于聚烯烃材料有明显优势。如PBAT/PPC/PBS三层共挤薄膜的阻氧系数为$9.3cm^3/(m^2 \cdot d \cdot atm)$，水汽透过率为$52g/(m^2 \cdot d)$，表明其阻水性能比聚乙烯略差。不过若采用低密度聚乙烯（LDPE）与PPC做成LDPE/PPC/LDPE三层共挤薄膜，不仅氧气的透过率降至$9.5cm^3/(m^2 \cdot d \cdot atm)$，水的透过率也低于$5.3g/(m^2 \cdot d)$，是一种中等阻隔性能薄膜。

基于PPC优异的水汽阻隔性能，王献红[71]等研发了PPC生物降解纸塑复合膜，水蒸气透过量最低可达$17.57g/(m^2 \cdot d)$，已经接近聚对苯二甲酸乙二醇酯（PET）薄膜的水蒸气阻隔水平，适于包装干果等需要防潮的物品。

Athanassiou等[72]将PLA、PPC和CCM（姜黄素）共混，制备出一种可生物降解的具有防紫外线、光学透明、屏障性能、抗氧化活性、氨敏感性和监测食品新鲜度能力的智能食品包装生物基薄膜。其中PPC的含量高达40%，CCM的质量分数为2%，CCM的加入有效地阻断了紫外光，同时也保持了薄膜的透明度。由于CCM对氨气有颜色响应性，故PLA/PPC/CCM薄膜可作为贴纸指示剂实时监测虾保存过程中的质量问题。

二、快递包装薄膜

近年来，借助电商业飞速发展的红利，中国快递业蓬勃发展，显著提高了国民经济水平。但是，伴随着快递行业一次性包装薄膜如塑料袋薄膜、气泡垫填充物和胶带等的过度使用，产生了日益严重的白色污染问题。因此，如何利用生物降解塑料代替或部分代替不可降解包装材料具有重大意义。

鉴于 PPC 优异的水汽阻隔性能，其在快递包装薄膜领域也有一定的优势。表 3-4 为采用聚乙烯吹塑装置获得的改性 PPC 薄膜与 LDPE 薄膜的性能比较，改性 PPC 薄膜的强度好于 LDPE 薄膜，虽然断裂伸长率略低，但能够满足市场对包装薄膜的要求。

表3-4　改性PPC薄膜与LDPE薄膜拉伸性能比较

薄膜性能		LDPE	PPC	测试方法
屈服强度/MPa	MD	12	30	ASTM D-882
	TD	10	24	
断裂强度/MPa	MD	35	49	ASTM D-882
	TD	29	36	
断裂伸长率/%	MD	700	390	ASTM D-882
	TD	750	470	

注：TD 为横向拉伸性能，MD 为纵向拉伸性能。

同时，PPC 在生物降解购物袋［图 3-17（a）（b）］等方面也得到了规模化应用。南通华盛新材料公司以中国科学院长春应用化学研究所的薄膜改性技术，研制并生产了 PPC 生物降解超市购物袋、垃圾袋等，且均已得到应用，以 "PCO₂" 为商标在美国以百吨级销售。开发的手拎袋性能优异，承重 10kg 时，袋子没有发生明显撑长现象，并且在负重 5kg、振荡 6000 次的情况下也没有出现破裂，远高于国标要求的 1800 次 (GB/T 38082—2019)。

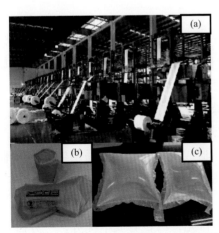

图3-17　典型PPC生物降解材料制品照片
（a）南通华盛的PPC生物降解膜的生产车间；（b）南通华盛生产的PCO₂塑料袋；（c）生物降解PPC气泡袋样品

王献红等 [73] 利用 PPC 的阻隔性能，采用三层复合工艺研发出 PPC 生物降解气泡袋［图3-17（c）］，PPC生物降解气泡袋的空气透过量为465cm³/(m²·d·atm)，低于市售气泡膜［509cm³/(m²·d·atm)］，其阻隔气体的水平远高于PBAT膜［1194cm³/(m²·d·atm)，图3-18］。这意味着PPC生物降解气泡袋具有更长的使用寿命和更佳的缓冲效果，因此相比于其他生物降解材料，PPC在生物降解气泡袋和气泡柱等缓冲包装上具有独特性、不可取代的作用和广阔的发展前景。

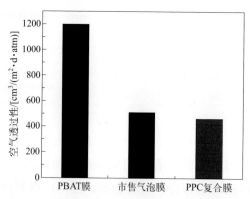

图3-18 PBAT膜、市售气泡膜与PPC复合膜的空气透过量

三、生物降解地膜

不可降解的聚乙烯地膜经年累月在农田铺膜，导致残膜大量在农田积累，农田白色污染日益严重，除了视觉上的白色污染，还引起土壤板结，肥力下降，甚至导致农作物的质量下降、产量降低。

生物降解地膜在自然环境条件下可被微生物作用分解为小分子化合物，最终分解为CO_2与H_2O。尽管曾经有回收地膜或采用厚聚乙烯地膜的方案，但经过十余年的摸索和碰壁，农业部门开始形成一个共识，即采用生物降解地膜才是农田白色污染的最终解决方案。但是典型的生物降解塑料，除了成本高，其保墒和地膜寿命离农艺要求差距也大。

PPC带来了生物降解地膜的新选择。首先，PPC有成本优势，一方面PPC相对其他生物降解材料而言，因为含有40%的二氧化碳，价格低廉，另一方面，PPC的熔体黏度大，具有较好的熔体强度，因此可以吹制5~6μm厚度的超薄膜以降低地膜成本。除了成本优势，PPC在应用上具有独一无二的特色。

一方面 PPC 可在水和土壤中降解，并且在土壤中的降解速度显著高于在水中的降解速度[74]，是极少数适合制备薄膜的生物降解材料之一。更值得指出的是，相比其他生物降解塑料品种，PPC 具有更好的耐老化性和优异的阻水能力。特别适合在寒旱地区应用。不仅如此，在水田中 PPC 的保水性能也有特色，如表 3-5 所示，相比裸地来说，PPC 地膜节约灌溉用水 50% 以上，并且 PPC 地膜表现出长期有效的除杂草效果，能保持长期有效的除草效果。综上所述，PPC 被认为是最适合制备生物降解地膜的材料。

表3-5　不同条件下的灌水量以及杂草密度

项目		水稻裸地	水稻裸地打药	PPC地膜
灌水量/(m³/30m²)		9.52	6.53	3.86
杂草密度/(株/m²)	47天	176	0	0
	68天	222	0	0.07
	92天	192	0.76	0.2
	128天	206	0.76	0.26

Rieger 等[75] 研究表明，数均分子量为 50000 的 200μm 厚的 PPC 在标准的堆肥条件下 3 个月内可以实现完全降解。王献红等率先制备出了 6μm 厚度 PPC 地膜并进行了降解性能测试。研究表明，6μm PPC 地膜在裸地曝晒的情况下，40 天出现裂纹，60 天开始破裂，70 天出现大裂纹，在曝晒 100 天后，已经完全失去力学性能，150 天时很难找到大块的膜面。而相比之下，PE 地膜没有变化，膜面完好（图 3-19），表明 PPC 膜的环境降解能力良好。

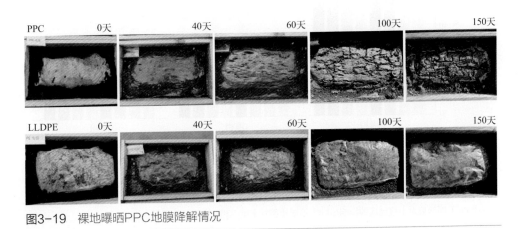

图3-19　裸地曝晒PPC地膜降解情况

王献红等测试了 PPC 地膜对土壤物性的影响，如图 3-20 所示，与裸地和 PE 地膜相比，覆 PPC 生物降解地膜（应化所 1 号）明显能够降低土壤的硬度 [图 3-20（a）]，这对农作物的生长和土壤是有益的。从土壤三相比 [图 3-20（b）] 可以看到，覆 PPC 地膜的土壤气相比覆 PE 的要高，说明 PPC 地膜相比 PE 地膜，更能够提高土壤的通气性，不会使土壤板结。

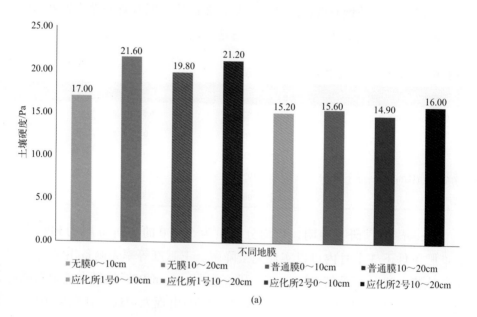

(a)

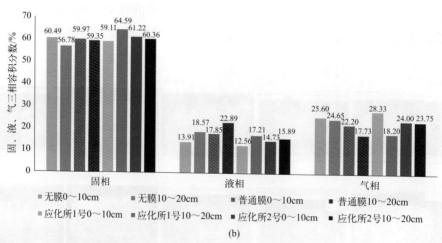

(b)

图3-20 不同地膜对土壤物性的影响

（a）不同地膜对土壤硬度的影响；（b）不同地膜对土壤三相比的影响

PPC 独特的性能在于其对水、氧的阻隔性能相对较好，熔体强度高，可吹制 5～6μm 超薄膜，但 PPC 由于 T_g 较低，温度尺寸稳定性差，且存在缺口敏感、韧性不足的问题，无法单独作为地膜使用，通常需要与 PBAT 共混，一起使用。

对于 PPC 缺口敏感的问题，王献红等采用聚酯-氨酯共聚物作为增韧剂，与 PPC 分子链中的酯键形成大量氢键，同时对于 PPC 与 PBAT 共混体系制备了专用相容剂以提高两者的相容性，从而解决了地膜产品的缺口敏感、尺寸稳定性和韧性不足等问题。在 8μm 厚的情况下，PPC 地膜的拉伸强度可达 24.6MPa，断裂伸长率达 586%，透度达 85%，均高于线型低密度聚乙烯（LLDPE）地膜的性能指标（GB 13735—2017，拉伸强度 18.8MPa、断裂伸长率 276%、透度 83%）。同时，8μm 厚的 PPC 地膜的水蒸气透过量为 260g/(m^2·d)，阻水性远好于厚度更大的 PLA[600g/(m^2·d)，12μm] 和 PBAT[1500g/(m^2·d)，12μm]，阻水性的提高减少了水分的蒸发，从而也提高了地膜的保温保墒性能。

自 2013 年起，中国科学院长春应用化学研究所先后与吉林省农业科学院农业资源与环境研究所、山西省农业科学院农业环境与资源研究所、中国农业科学院农业环境与可持续发展研究所等多家单位开展合作，在东北、西北、西南以及华北地区开展千亩级乃至万亩级的地膜实验［图 3-21（a）］，主要涵盖如玉米、番茄、烟草、花生、谷子和棉花等农作物的田间试验［图 3-21（b）～（d）］。所采用的 PPC 生物降解地膜参与了"全国生物降解地膜评价试验"，在 6 个省、多点和多种作物上连续进行了多年试验。证明 PPC 生物降解地膜支持绝大部分农作物的增产保产，具有极高的性价比优势，即使在农艺要求最高、最难解决的新疆棉花种植上也显示出了初步的可行性[76-77]。2019～2021 年，连续 3 年在陕西佳县进行了万亩谷子、高粱等小杂粮铺膜示范，农作物增产效果显著［图 3-21（e）］。系列研究表明，PPC 基生物降解地膜具有极好的应用潜力，是传统 PE 地膜潜在的替代者，有望为农田地膜残留的污染防控提供一个新的突破口。

2018 年以来，王献红等与山西省农业科学院环资所的姚建民研究员合作，研制出生物降解渗水地膜，并在陕西省佳县进行了田间降解实验。尽管覆盖 180d 的情况下［图 3-22（a）］，地表仍有较为明显的地膜残余，但是经分析检测得出：高粱田中地膜平均分解率为 69.3%，地面膜的分解率为 68.22%，地下膜的分解率为70.89%。覆盖360d时［图3-22（b）］，地表已无明显地膜残余，此时高粱田地膜平均分解率为95.12%，地面膜的分解率为100%，地下膜的分解率为87.81%。

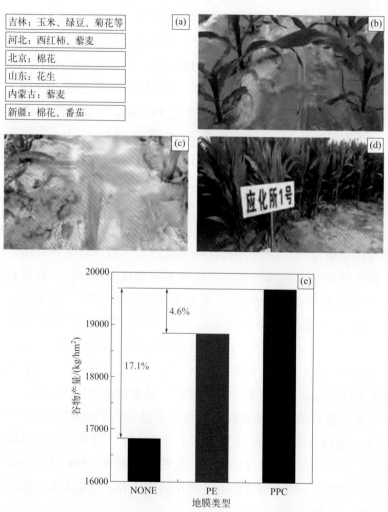

图3-21　生物降解PPC地膜的应用情况

（a）PPC地膜的国内试验区域；（b）～（e）PPC地膜覆盖用于玉米作物的情况，其中（b）为PPC地膜覆盖初期，（c）为中期，（d）为后期(封垄后)，（e）为PPC与聚乙烯(PE)地膜的产量对比

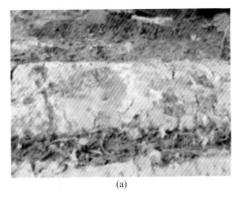

(a)   (b)

图3-22　PPC渗水地膜的土壤降解情况

第四节
基于二氧化碳基塑料的牺牲型热熔胶

一、PPC的熔体性能

高分子熔体流变学主要研究高分子材料熔融加工过程中的流动与变形情况，通过分析聚合物的黏弹性能确定其加工方法和成型工艺。俞炜等[78]通过流变手段研究了PPC加工过程中的热降解动力学。首先采用挤出机进行PPC的熔融加工，通过改变挤出时间、温度及转速等因素制备出具有不同热历史的PPC样品，分析其分子量及分子量分布，从而考察熔融加工过程对PPC降解反应的影响。提高熔融加工温度和延长加工时间会导致PPC分子量显著下降，结合群平衡模型（population balance model）和流变学能够准确预测高温（160℃）和不同加工时间下PPC的降解程度，给出不同剪切速率下的PPC降解活化能。

冯连芳等[79]研究了分子量分布相近、分子量不同的PPC的熔融流变行为。PPC的流变行为符合"Cox-Merz"规则，可以通过动态分析获得高剪切速率下PPC的稳态黏弹特性。在140～170℃进行的流变研究中PPC结构稳定，但是随着分子量的增加，PPC的线性黏弹区范围增大，剪切变稀行为明显，高分子的链松弛时间延长。最后可以采用Carreau-Yasuda方程确定PPC的零剪切黏度（η_0）与分子量的2.8次方成正比。

王献红等制备并纯化了重均分子量从 11.71 万到 57.6 万的 PPC 样品，考察了其在不同温度、不同剪切频率下的动态黏弹行为，并使用时温叠加原理得到了 150℃下的主曲线。一方面随着 PPC 分子量的增加，低频区 PPC 熔体的储能模量和黏度均增加，黏度的剪切速率依赖性增大。另一方面，随着 PPC 分子量分布的变宽，PPC 熔体出现非常明显的剪切变稀现象。将 Carreau-Yasuda 方程与 GPC 实测数据联立，发现 PPC 熔体的临界分子量 M_c 约为 36300，PPC 熔体的零剪切黏度 η_0 与重均分子量的 3.42 次方呈线性相关。

高聚物的熔体黏度与温度的关系遵循 Arrhenius 方程：

$$\eta = A^{\frac{\Delta E_\eta}{RT}}$$

式中，η 为黏度；A 为指前因子，对于特定高聚物为常数；ΔE_η 为表观活化能；R 为摩尔气体常数；T 为热力学温度。

黏流活化能是聚合物链段在流动过程中克服能垒而发生位置移动所需的最小能垒，不仅反映聚合物流动的难易程度，最重要的是可以表征聚合物黏度对温度的敏感度，数值越大，温敏性越强。王献红等的研究表明，窄分布 PPC 随着分子量的增加，其表观活化能基本不变。窄分布 PPC 的流动活化能明显高于宽分布 PPC，相应地，其黏度对温度变化较敏感，可以通过升高温度来改善流动性能。而宽分布 PPC 的黏度对温度变化敏感性较低，提升温度对改善流动性能并不明显，但是可通过增加剪切速率来降低黏度。

PPC 的基础热力学性能决定了其主要的应用领域是薄膜，如前所述，由于其熔体黏度主要取决于 PPC 的重均分子量，因此从吹制薄膜角度考虑，若希望 PPC 原料具有更好的流动性，可以采用低重均分子量的 PPC，但却是以牺牲制品的模量和力学强度为代价。另一方面，适当宽的分子量分布可以加强剪切稀化现象，有利于快速高效吹制 PPC 薄膜。因此一个平衡 PPC 分子量与吹膜速度的方案是：在提高 PPC 分子量的同时，保持适当宽的分子量分布，在保证薄膜力学性能的基础上提高加工速度。不过，分子量分布不宜过宽，否则会含有相当数量的小分子量部分，降低薄膜的力学性能。

二、牺牲型PPC热熔胶

在微流装置、微电机等体系中引入空腔具有重要意义，而形成空腔的一种有效方法是使用牺牲材料，将牺牲材料塑造成所需要的形状，然后用第二种材料封装，最后在后续的加工过程中除去，从而形成空腔。PPC 在 $200 \sim 300{}^{\circ}\mathrm{C}$ 的温度范围内会完全降解成可挥发的小分子，因而 PPC 可以作为热牺牲材料用于微加工领域。实际上，采用 PPC 作为牺牲型热熔胶涂层（SAB）可满足微加工技术的理想要求，如洁净、高初始黏附强度、超大规模集成（ULSI）等，还可避免使用高温、高气压、高电压等苛刻加工条件。

Reed 等[80]采用 PPC 作为一种低温牺牲材料，与三种不同密封剂如无机玻璃、热塑性聚合物及热固性聚合物复合，在窄温度范围内均可形成微通道（空气空腔），并且几乎没有固体残留。

Metz 等[81]以 PPC 为热牺牲型热熔胶开发出一种用于制造微流控通道器件技术。该技术首先将 PPC 嵌入聚酰亚胺层中，并在聚酰亚胺固化过程中通过热降解去除 PPC。牺牲材料 PPC 热解产生的挥发性分解产物通过覆盖层扩散逸出包埋材料，生成微通道和密封的空腔。研究 PPC 的热降解及其分解产物通过聚酰亚胺覆盖层的过程，发现与传统的牺牲层技术不同，牺牲材料的去除过程与时间线性相关，而与实际的通道几何形状无关，完全由牺牲聚合物的层厚和覆盖材料的厚度决定。这种制造方法为微型全分析系统（μTAS）和芯片实验室（LOC）领域应用的微流控器件的制造提供了一种通用和快速的技术。Cui 等[82]使用牺牲型 PPC 降解产生的气隙代替传统的二氧化硅作为硅穿孔的绝缘体，以期提高硅穿孔的电气特性和热可靠性。Luong 等[83]以 PPC 为牺牲材料，在生物微机电系统（BioMEMS）中实现了微腔的制备，该方法有望成为目前生物微机电系统微/纳米制造技术的理想替代方案。

第五节
二氧化碳基塑料纤维

一、PPC静电纺丝

静电纺丝（electrospinning），又称电纺，由 Formhals 于 1934 年首次提出，是制备高分子微米或纳米级超细纤维的一种技术[84]。静电纺丝过程主要包括两个阶段：

第一阶段，聚合物溶液或熔体从出口流出，出口处液滴会向最近的低电势点方向伸展，形成泰勒锥（Taylor cone）结构[85]。当静电排斥力大于泰勒锥尖端液滴的表面张力时，聚合物将以一定速度从流出口喷射而出，形成带电细流，并在电场的作用下加速流动并拉伸。

第二阶段，液流将沿螺旋线旋转着向下流动，产生很大的拉伸比，这一过程中聚合物流体充分固化，形成连续微米或纳米级的超细纤维形态，最后被收集于接收端上。

与其他技术相比，静电纺丝技术是一种直接且相对容易的微米或纳米级纤维制备方法。而二氧化碳基塑料（PPC）通过静电纺丝制成的超细纤维具有多孔结构，有较大的比表面积，在过滤、纳米复合材料、组织工程支架以及凝胶聚合物电解质等方面有潜在的用途。

二、PPC纤维应用

如前所述，通过静电纺丝制成的超细PPC纤维具有多孔结构，有较高的比表面积，有望用于以下多个领域。

1. 生物医用材料

脂肪族聚碳酸酯生物相容性好、毒性小，因此可应用于生物医用材料和组织培养。孔德林等[86]通过PPC静电纺丝制备了直径为2mm的纤维管状支架，并将转基因骨髓间充质干细胞（MSCs）在电纺PPC支架上进行培养以制备小直径人造血管。Welle等[87]采用PPC电纺制备了纳米纤维，并将该PPC电纺纤维进行表面改性后用于肝细胞培养，表明PPC电纺纤维具有优良的生物相容性。Turng等[88]利用静电纺丝得到平行排列PPC超细纤维，经过氧等离子体处理后，采用冷冻干燥法将壳聚糖纳米纤维引入PPC纤维，制备出同时具有微米和纳米结构、高生物相容性的新型组织工程支架。这种支架的结构与天然细胞外基质（ECM）高度相似，因此可以在细胞培养中表现出很高的细胞黏附性，并可以有效增强细胞活力和细胞增殖能力。

2. 可降解材料

与主链含苯环的芳香族聚碳酸酯相比，脂肪族聚碳酸酯链本身较为柔顺，且主链有较短的亚烷基，容易在碱或酸催化下发生水解而断裂。Ober等[89]报道了一种由 PPC 和聚邻苯二甲醛（cPPA）共混电纺制备的纤维垫。通过调整 PPC 和 cPPA 的质量比，还可以有效调控该纤维垫的力学性能。在特定波长的紫外光作用下，这种纤维垫内共混的光致产酸剂和酸增殖剂可以释放出大量酸，充分催化降解该纤维垫。

3. 凝胶聚合物电解质（GPE）

锂离子电池中的液体电解质存在漏液的安全隐患，虽然固体电解质可以避免此类问题，但目前固体电解质尚不能满足锂离子电池所需的高电导率，所以凝胶聚合物电解质应运而生。凝胶聚合物电解质是由聚合物、增塑剂和锂盐组成的具有微孔结构的凝胶聚合物网络，利用固定在凝胶中的液态电解质实现锂离子传导[90]。由静电纺丝法制备的超细纤维组成的聚合物膜材料内部表现出完全相连的孔结构且有较高的孔隙率，很容易获得纳米级或微米级的微孔结构，这种结构有利于离子传导，因此在锂离子电池领域展现出较好的应用前景。

PPC 与传统电解质中所使用的碳酸酯类溶剂有着相似的化学结构，与锂盐具有良好的相容性，并能与常用的电极产生良好的界面接触。PPC 的骨架结构中存在大量极性基团，可以通过捕获和储存液体电解质增加离子传导率。此外，作为一种非晶态脂肪族聚碳酸酯，PPC 具有低玻璃化转变温度（T_g）的特点，其链段运动较为容易，这也有助于电解质中锂离子的传输。Zhou 等[91]将 PPC 与聚偏氟乙烯共混物静电纺丝制备出高性能凝胶态聚合物电解质（GPE），用于高性能锂电池领域。该静电纺丝膜具有均一的、相互连接的孔状结构，对电解液有很强的吸收和保留能力。所得电池在充放电速率为 0.1C、0.2C、0.5C、1.0C 和 2.0C 时，电池容量分别为 160mA·h/g、151mA·h/g、133mA·h/g、119mA·h/g 和 102mA·h/g。在此基础上，曹琪等[92]采用静电纺丝法制备了用于锂电池的聚偏氟乙烯/热塑性聚氨酯/PPC 复合纤维膜，这种复合纤维膜在电解液中浸泡后形成的凝胶聚合物电解质表现出较高的初始充/放容量，首次充电容量为 165.8mA·h/g，放电容量为 165.1mA·h/g。

总结与展望

PPC 的结构和性能的关系是本章重点关注的内容。聚合物的链结构和聚集态结构决定材料的性能，因此如何实现对分子量、区域结构和立体结构的合理控制是目前二氧化碳共聚物研究的重要课题。目前主要以线型高分子为主，通过对 PPC 链端基和侧基的调节合成新型（支化、交联、嵌段等）二氧化碳基共聚物，进而拓展二氧化碳基共聚物的性能和应用。从 PPC 的性能来看，其生物分解性能及高阻隔性能是其作为绿色阻隔材料的关键所在，具有十分重要的潜在应用前景；另一方面，PPC 的玻璃化转变温度较低，且呈无定形态，通常难以单独使用，将 PPC 与其他高分子材料或无机材料共混是提升其热学、力学性能、拓展其适用范围的重要途径。

参考文献

[1] 王献红. 基于二氧化碳资源的化学利用 [J]. 化学与可持续发展，2011, 26: 152-157.

[2] Ballamine A, Kotni A, Llored J, et al. Valuing CO_2 in the development of polymer materials[J]. Science and Technology for Energy Transition, 2022, 77: 1-5.

[3] 刘小文，潘莉莎，徐鼐，等. 聚碳酸亚丙酯共混改性研究进展 [J]. 化工进展，2010, 29(05): 901-908.

[4] Dong T, Yun X, Shi C, et al. Improved mechanical and barrier properties of PPC multilayer film through interlayer hydrogen bonding interaction[J]. Polymer Science Series A, 2014, 56: 830–836.

[5] 张乃荣，王献红，赵晓江，等. 带双键侧链的二氧化碳三元共聚物的合成及性能研究 [J]. 高分子学报，2005, 4: 571-573.

[6] 张志豪，张宏放，莫志深，等. 二氧化碳-环氧丙烷共聚物-乙基纤维素共混物的研究 [J]. 应用化学，2002，19: 1027-1031.

[7] 张亚明，高凤翔，周庆海，等. 二氧化碳/环氧丙烷/马来酸酐三元共聚物对 PPC/PHB 共混物力学性能的影响 [J]. 高分子学报，2015, 1: 106-111.

[8] Muthuraj R, Mekonnen T. Recent progress in carbon dioxide (CO_2) as feedstock for sustainable materials development: Co-polymers and polymer blends[J]. Polymer, 2018, 145: 348-373.

[9] 周坚，陶友华，王献红，等. 二氧化碳-环氧丙烷共聚物的链结构控制 [J]. 高分子学报，2007, 10: 913-917.

[10] 秦玉升，王献红. 基于二氧化碳共聚物的全生物降解塑料 [J]. 生物产业技术，2012, 03: 11-16.

[11] 谢东，张超灿，王献红，等. 不同分子量聚丙撑碳酸酯的封端及热分解 [J]. 武汉理工大学学报，2007, 29: 5-9.

[12] Phillips O, Schwartz M, Kohl A. Thermal decomposition of poly(propylene carbonate): End-capping, additives, and solvent effects[J]. Polymer Degradation and Stability, 2016, 125: 129-139.

[13] Tao Y, Wang X, Zhao X, et al. Double propagation based on diepoxide, a facile route to high molecular weight poly(propylene carbonate) [J]. Polymer, 2006, 47 (21): 7368-7373.

[14] Lu L, Huang K. Synthesis and characteristics of a novel aliphatic polycarbonate, poly[(propylene oxide)-*co*-(carbon dioxide)-*co*-(γ-butyrolactone)] [J]. Polymer International, 2005, 54 (6): 870-874.

[15] Calderón A, Sobkowicz J. Evidence of compatibility and thermal stability improvement of poly(propylene carbonate) and polyoxymethylene blends[J]. Journal of Applied Polymer Science, 2017, 135 (6): 45823.

[16] Liu B, Zhao X, Wan, X, et al. Copolymerization of carbon dioxide and propylene oxide with $Ln(CCl_3COO)_3$-based catalyst: The role of rare-earth compound in the catalytic system[J]. Journal of Polymer Science, Part A: Polymer Chemistry, 2001, 39 (16): 2751-2754.

[17] Quan Z, Min J, Zhou Q, et al. Synthesis and properties of carbon dioxide–epoxides copolymers from rare earth metal catalyst[J]. Macromolecular Symposia, 2003, 195 (1): 281-286.

[18] Lu X B, Wang Y. Highly active, binary catalyst systems for the alternating copolymerization of CO_2 and epoxides under mild conditions[J]. Angewandte Chemie International Edition, 2004, 116 (27): 3658-3661.

[19] Qin Y, Wang X, Zhang S, et al. Fixation of carbon dioxide into aliphatic polycarbonate, cobalt porphyrin catalyzed regio-specific poly(propylene carbonate) with high molecular weight[J]. Journal of Polymer Science, Part A: Polymer Chemistry, 2008, 46 (17): 5959-5967.

[20] Wang X. Recent advances in carbon dioxide based copolymer[J]. Progress in Chemistry, 2011, 23(4): 613-622.

[21] Hao Y, Yang H, Zhang H, et al. Effect of an eco-friendly plasticizer on rheological, thermal and mechanical properties of biodegradable poly(propylene carbonate) [J]. Polymer Degradation and Stability, 2016, 128: 286-293.

[22] 杨丽欣. 聚丙撑碳酸酯的熔体流变行为及改性研究 [D]. 北京：中国科学院文献情报中心，2017.

[23] Kuang T, Li K, Chen B, et al. Poly (propylene carbonate)-based in situ nanofibrillar biocomposites with enhanced miscibility, dynamic mechanical properties, rheological behavior and extrusion foaming ability[J]. Composites Part B: Engineering, 2017, 123: 112-123.

[24] Cao H, Qin Y, Zhuo C, et al. Homogeneous metallic oligomer catalyst with multisite intramolecular cooperativity for the synthesis of CO_{me}-based Polymers[J]. ACS Catalysis, 2019, 9 (9): 8669-8676.

[25] Gao F, Zhou Q, Dong Y, et al. Ether linkage in poly(1,2-propylene carbonate), a key structure factor to tune its performances[J]. Journal of Polymer Research, 2012, 19 (5): 9877.

[26] Dong Y, Wang X, Zhao X, et al. Facile synthesis of poly(ether carbonate)s via copolymerization of CO_2 and propylene oxide under combinatorial catalyst of rare earth ternary complex and double metal cyanide complex[J]. Journal of Polymer Science, Part A: Polymer Chemistry, 2012, 50 (2): 362-370.

[27] Xu Y, Lin L, Xiao M, et al. Synthesis and properties of CO_2-based plastics: Environmentally-friendly, energy-saving and biomedical polymeric materials[J]. Progress in Polymer Science, 2018, 80: 163-182.

[28] Wang D, Li J, Zhang X, et al. Poly(propylene carbonate)/clay nanocomposites with enhanced mechanical property, thermal stability and oxygen barrier property[J]. Composites Communications, 2020, 22: 100520.

[29] Zhao Z, Hu R, Qin A, et al. Synthetic polymer chemistry: innovations and outlook[M]. UK: The Royal Society of Chemistry, 2019: 197-242.

[30] Sarbu T, Styranec T, Beckman J. Non-fluorous polymers with very high solubility in supercritical CO_2 down to low pressures[J]. Nature, 2000, 405 (6783): 165-168.

[31] Fu S, Qin Y, Qiao L, et al. Propylene oxide end-capping route to primary hydroxyl group dominated CO_2-polyol[J]. Polymer, 2018, 153: 167-172.

[32] 冼文琪，刘晓暄，刘保华，等. 聚碳酸亚丙酯二醇在聚氨酯中的应用研究进展 [J]. 聚氨酯工业，2021, 36: 1-4.

[33] Tao Y, Wang X, Chen X, et al. Regio-regular structure high molecular weight poly(propylene carbonate)

by rare earth ternary catalyst and Lewis base cocatalyst[J]. Journal of Polymer Science, Part A: Polymer Chemistry, 2008, 46 (13): 4451-4458.

[34] Ren W, Liu Y, Wu G, et al. Stereoregular polycarbonate synthesis: Alternating copolymerization of CO_2 with aliphatic terminal epoxides catalyzed by multichiral cobalt(Ⅲ) complexes[J]. Journal of Polymer Science, Part A: Polymer Chemistry, 2011, 49 (22): 4894-4901.

[35] Tao J, Song C, Cao M, et al. Thermal properties and degradability of poly(propylene carbonate)/poly(β-hydroxybutyrate-co-β-hydroxyvalerate) (PPC/PHBV) blends[J]. Polymer Degradation and Stability, 2009, 94 (4): 575-583.

[36] Peng S, An Y, Chen C, et al. Thermal degradation kinetics of uncapped and end-capped poly(propylene carbonate) [J]. Polymer Degradation and Stability, 2003, 80 (1): 141-147.

[37] Ren G, Sheng X, Qin Y, et al. Toughening of poly(propylene carbonate) using rubbery non-isocyanate polyurethane: Transition from brittle to marginally tough[J]. Polymer, 2014, 55 (21): 5460-5468.

[38] Qin Y, Chen L, Wang X, et al. Enhanced mechanical performance of poly(propylene carbonate) via hydrogen bonding interaction with o-lauroyl chitosan[J]. Carbohydrate Polymers, 2011, 84 (1): 329-334.

[39] Chen L, Qin Y, Wang X, et al. Toughening of poly(propylene carbonate) by hyperbranched poly(ester-amide) via hydrogen bonding interaction[J]. Polymer International, 2011, 60 (12): 1697-1704.

[40] Chen L, Qin Y, Wang X, et al. Plasticizing while toughening and reinforcing poly(propylene carbonate) using low molecular weight urethane: Role of hydrogen-bonding interaction[J]. Polymer, 2011, 52 (21): 4873-4880.

[41] Zhang Z, Zhang H, Zhang Q, et al. Thermotropic liquid crystallinity, thermal decomposition behavior, and aggregated structure of poly(propylene carbonate)/ethyl cellulose blends[J]. Journal of Applied Polymer Science, 2006, 100 (1): 584-592.

[42] Wang D, Yu J, Zhang J, et al. Transparent bionanocomposites with improved properties from poly(propylene carbonate) (PPC) and cellulose nanowhiskers (CNWs) [J]. Composites Science and Technology, 2013, 85: 83-89.

[43] Xing C, Wang H, Hu Q, et al. Mechanical and thermal properties of eco-friendly poly(propylene carbonate)/cellulose acetate butyrate blends[J]. Carbohydrate Polymers, 2013, 92 (2): 1921-1927.

[44] Cui S, Li L, Wang Q. Fabrication of (PPC/NCC)/PVA composites with inner-outer double constrained structure and improved glass transition temperature[J]. Carbohydrate Polymers, 2018, 191: 35-43.

[45] Ma X, Chang P R, Yu J, et al. Preparation and properties of biodegradable poly(propylene carbonate)/thermoplastic dried starch composites[J]. Carbohydrate Polymers, 2008, 71 (2): 229-234.

[46] Manavitehrani I, Fathi A, Wang Y, et al. Reinforced poly(propylene carbonate) composite with enhanced and tunable characteristics, an alternative for poly(lactic acid) [J]. ACS Applied Materials & Interfaces, 2015, 7 (40): 22421-22430.

[47] Nörnberg B, Borchardt E, Luinstra A, et al. Wood plastic composites from poly(propylene carbonate) and poplar wood flour–Mechanical, thermal and morphological properties[J]. European Polymer Journal, 2014, 51: 167-176.

[48] Ma X, Yu J, Wang N. Compatibility characterization of poly(lactic acid)/poly(propylene carbonate) blends[J]. Journal of Polymer Science, Part B: Polymer Physics, 2006, 44 (1): 94-101.

[49] Li Y, Yu Y, Han C, et al. Sustainable blends of poly(propylene carbonate) and stereocomplex Polylactide with Enhanced Rheological Properties and Heat Resistance[J]. Chinese Journal of Polymer Science, 2020, 38 (11): 1267-1275.

[50] Li J, Lai M, Liu J. Control and development of crystallinity and morphology in poly(β-hydroxybutyrate-co-β-hydroxyvalerate)/poly(propylene carbonate) blends[J]. Journal of Applied Polymer Science, 2005, 98 (3): 1427-1436.

[51] 周庆海, 高凤翔, 王献红, 等. 聚碳酸 1,2-丙二酯/聚琥珀酸丁二酯/邻苯二甲酸二烯丙酯共混体系的研究 [J]. 高分子学报, 2009, 3: 227-232.

[52] Ren G, Miao Y, Qiao L, et al. Toughening of amorphous poly(propylene carbonate) by rubbery CO_2-based polyurethane: transition from brittle to ductile[J]. RSC Advances, 2015, 5 (62): 49979-49986.

[53] Cui S, Li L, Wang Q. Enhancing glass transition temperature and mechanical properties of poly (propylene carbonate) by intermacromolecular complexation with poly (vinyl alcohol) [J]. Composites Science and Technology, 2016, 127: 177-184.

[54] Zhang Z, Mo Z, Zhang H, et al. Miscibility and hydrogen-bonding interactions in blends of carbon dioxide/epoxy propane copolymer with poly(p-vinylphenol) [J]. Journal of Polymer Science, Part B: Polymer Physics, 2002, 40 (17): 1957-1964.

[55] Wang S, Huang Y, Cong G. Study on nitrile-butadiene rubber/poly(propylene carbonate) elastomer as coupling agent of poly (vinyl chloride)/poly (propylene carbonate) blends. I. Effect on mechanical properties of blends[J]. Journal of Applied Polymer Science, 1997, 63 (9): 1107-1111.

[56] Wu D, Li W, Hao Y, et al. Mechanical properties, miscibility, thermal stability, and rheology of poly(propylene carbonate) and poly(ethylene-co-vinyl acetate) blends[J]. Polymer Bulletin, 2015, 72 (4): 851-865.

[57] 董艳磊, 陈丽杰, 秦玉升, 等. 线性聚酯酰胺对聚碳酸亚丙酯的改性 [J]. 应用化学, 2012, 29: 1107-1110.

[58] Bian J, Wei X, Lin H, et al. Preparation and characterization of modified graphite oxide/poly (propylene carbonate) composites by solution intercalation[J]. Polymer Degradation and Stability, 2011, 96 (10): 1833-1840.

[59] Gao J, Bai H, Zhou X, et al. Observation of strong nano-effect via tuning distributed architecture of graphene oxide in poly(propylene carbonate) [J]. Nanotechnology, 2014, 25 (2): 025702.

[60] Wang Y, Song X, Shao S, et al. Functionalization of carbon nanotubes by surface-initiated immortal alternating polymerization of CO_2 and epoxides[J]. Polymer Chemistry, 2013, 4 (3): 629-636.

[61] Yang G, Geng C, Su J, et al. Property reinforcement of poly(propylene carbonate) by simultaneous incorporation of poly(lactic acid) and multiwalled carbon nanotubes[J]. Composites Science and Technology, 2013, 87: 196-203.

[62] 周庆海, 高凤翔, 卢会敏, 等. 聚碳酸 1,2-丙二酯/蒙脱土复合材料的制备与性能 [J]. 高分子学报, 2008, 12: 1123-1128.

[63] Seo J, Jeon G, Jang E, et al. Preparation and properties of poly(propylene carbonate) and nanosized ZnO composite films for packaging applications[J]. Journal of Applied Polymer Science, 2011, 122 (2): 1101-1108.

[64] Yu P, Mi H, Huang A, et al. Preparation of poly(propylene carbonate)/nano calcium carbonate composites and their supercritical carbon dioxide foaming behavior[J]. Journal of Applied Polymer Science, 2015, 132 (28): 42248.

[65] Wang W, Han C, Wang X, et al. Enhanced rheological properties and heat resistance of poly (propylene carbonate) composites with carbon fiber[J]. Composites Communications, 2020, 21: 100422.

[66] Lee Y, Kim D, Seo J, et al. Preparation and characterization of poly(propylene carbonate)/exfoliated graphite nanocomposite films with improved thermal stability, mechanical properties and barrier properties[J]. Polymer International, 2013, 62 (9): 1386-1394.

[67] Varghese J, Na S, Park J, et al. Thermal and weathering degradation of poly(propylene carbonate) [J].

Polymer Degradation and Stability, 2010, 95 (6): 1039-1044.

[68] 蔡毅, 郭洪辰, 曹瀚, 等. 耐紫外光老化 CO_2 共聚物的合成与性能 [J]. 应用化学, 2019, 36: 1248-1256.

[69] Luinstra G. Poly(propylene carbonate), old copolymers of propylene oxide and carbon dioxide with new interests: catalysis and material properties[J]. Polymer Reviews, 2008, 48 (1): 192-219.

[70] 涂志刚, 吴增青, 麦堪成. 阻隔性塑料包装薄膜的发展 [J]. 包装工程, 2001, 14(2): 19-22.

[71] 高凤翔, 董艳磊, 王献红, 等. 一种二氧化碳-环氧丙烷共聚物基纸塑复合膜及其制备方法袋法: CN111890761A[P]. 2020-08-12.

[72] Cvek M, Paul C, Zia J, et al. Biodegradable films of PLA/PPC and curcumin as packaging materials and smart indicators of food spoilage[J]. ACS Applied Materials & Interfaces, 2022, 14 (12): 14654-14667.

[73] 高凤翔, 董艳磊, 赵逊, 等. 一种气泡缓冲包装复合膜、其制备方法及气泡袋: CN111890770A[P]. 2020-11-06.

[74] Qin Y, Wang X. Carbon dioxide-based copolymers: Environmental benefits of PPC, an industrially viable catalyst[J]. Biotechnology Journal, 2010, 5 (11): 1164-1180.

[75] Rieger B, Künkel A, Coates G, et al. Synthetic biodegradable polymers[M]. Heidelberg: Springer, 2012: 245.

[76] 高凤翔, 蔡毅, 周庆海, 等. 一种二氧化碳-环氧丙烷改性共聚物及其制备方法和二氧化碳基生物降解地膜: CN105542423A[P]. 2016-01-21.

[77] 高凤翔, 蔡毅, 周庆海, 等. 一种黑色母料、其制备方法及黑色地膜: CN106977898A[P]. 2017-05-25.

[78] Lin S, Yu W, Wang X, et al. Study on the thermal degradation kinetics of biodegradable poly(propylene carbonate) during melt processing by population balance model and rheology[J]. Industrial & Engineering Chemistry Research, 2014, 53 (48): 18411-18419.

[79] 曹聪, 袁来深, 冯连芳, 等. 聚丙撑碳酸酯的熔融流变特性 [J]. 高分子材料科学与工程, 2012, 28: 18-21.

[80] Reed A, White E, Rao V, et al. Fabrication of microchannels using polycarbonates as sacrificial materials[J]. Journal of Micromechanics and Microengineering, 2001, 11 (6): 733-737.

[81] Metz S, Jiguet S, Bertsch A, et al. Polyimide and SU-8 microfluidic devices manufactured by heat-depolymerizable sacrificial material technique[J]. Lab on a Chip, 2004, 4 (2): 114-120.

[82] Cui H, Qianwen C, Dong W, et al. Implementation of air-gap through-silicon-vias (TSVs) using sacrificial technology[J]. IEEE Transactions on Components, Packaging and Manufacturing Technology, 2013, 3 (8): 1430-1438.

[83] Luong N, Ukita Y, Takamura Y, et al. Solution processing of microcavity for BioMEMS application[J]. Advances in Natural Sciences: Nanoscience and Nanotechnology, 2014, 5 (3): 035003.

[84] Formhals A. Process and apparatus for preparing artificial threads: US50028330A[P]. 1934-10-02.

[85] Taylor G. Electrically driven jets[J]. Proceedings of the Royal Society of London. A. Mathematical and Physical Sciences, 1997, 313 (1515): 453-475.

[86] Zhang J, Qi H, Wang H, et al. Engineering of vascular grafts with genetically modified bone marrow mesenchymal stem cells on poly (propylene carbonate) graft[J]. Artificial Organs, 2006, 30 (12): 898-905.

[87] Welle A, Kroger M, Doring M, et al. Electrospun aliphatic polycarbonates as tailored tissue scaffold materials[J]. Biomaterials, 2007, 28 (13): 2211-2219.

[88] Jing X, Mi H, Peng J, et al. Electrospun aligned poly(propylene carbonate) microfibers with chitosan nanofibers as tissue engineering scaffolds[J]. Carbohydrate Polymers, 2015, 117: 941-949.

[89] Shi C, Leonardi A, Zhang Y, et al. UV-triggered transient electrospun poly(propylene carbonate)/poly(phthalaldehyde) polymer blend fiber mats[J]. ACS Applied Materials & Interfaces, 2018, 10 (34): 28928-28935.

[90] Feuillade G, Perche P. Ion-conductive macromolecular gels and membranes for solid lithium cells[J]. Journal of Applied Electrochemistry, 1975, 5 (1): 63-69.

[91] Huang X, Zeng S, Liu J, et al. High-performance electrospun poly(vinylidene fluoride)/poly(propylene carbonate) gel polymer electrolyte for lithium-ion batteries[J]. Journal of Physical Chemistry C, 2015, 119 (50): 27882-27891.

[92] Xu J, Liu Y, Cao Q, et al. A high-performance gel polymer electrolyte based on poly(vinylidene fluoride)/thermoplastic polyurethane/poly(propylene carbonate) for lithium-ion batteries[J]. Journal of Chemical Sciences, 2019, 131 (6): 49.

第四章
二氧化碳共聚物的功能化

功能化一直是高分子材料科学中极为活跃的研究领域。聚碳酸丙烯酯（PPC）和聚碳酸环己烯酯（PCHC）是最具代表性的两个二氧化碳共聚物，其化学组成和结构赋予其阻氧、阻水等独特性能，但也存在热稳定性不佳、亲水性差等问题。由于 PPC 和 PCHC 的聚合物链中缺乏可参与反应的官能团，难以对其进行功能化改性，通常需要引入含反应性官能团的第三单体等方法实现其功能化。在本章中，我们将从主链功能化、侧基功能化、特定位点功能化、超支化四个方面介绍二氧化碳共聚物的功能化研究，重点阐述功能化二氧化碳共聚物的合成策略和性能。

第一节
二氧化碳共聚物的主链功能化

一、二氧化碳与功能化单体的共聚

采用特殊结构的环氧单体与二氧化碳共聚，或采用第三单体与二氧化碳、环氧化物进行三元共聚，向聚合物主链中引入功能化单元，可实现对聚合物的热学、亲疏水性、降解性等关键性能的调控。

PPC 是一种无定形高分子材料，其玻璃化转变温度（T_g）在 35℃左右，因此在玻璃化转变温度以上的环境中 PPC 力学性能严重下降，尺寸的温度稳定性差。通过引入如图 4-1 所示的具有刚性结构的环氧单体进行共聚，在聚合物主链中引入刚性结构，从而降低主链的柔顺性，提高聚合物的 T_g，改善材料在高温下的力学性能。在含刚性结构的单体中，环氧环己烷（CHO）的研究最为广泛，其与 CO_2 的共聚物 PCHC 在本书第一章已进行介绍，此处仅介绍非CHO 的环氧单体构筑的耐热二氧化碳基高分子。

Darensbourg 等[1] 报道了双组元 Salen-Co^{III} 催化氧化茚（IO）和 CO_2 共聚生成聚碳酸茚（PIC）的反应，从而将刚性芳香基团引入二氧化碳基聚碳酸酯的主链中。采用单组元双功能 Salen-Co^{III} 催化剂可进一步提高该共聚反应的活性和选择性[2]，聚合物的数均分子量达到 9700，PDI 保持在 1.2。由于刚性基团的引入，PIC 的 T_g 高达 138℃，在 239℃ 以下也不发生分解。Darensbourg 等[3] 还报道了

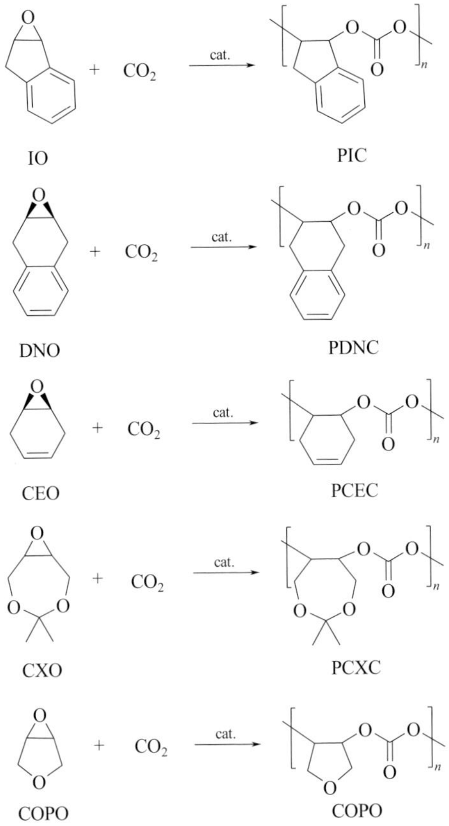

图4-1 不同刚性结构的环氧单体与二氧化碳的共聚反应
（cat.指催化剂，下同）

Cr^Ⅲ催化的 1,4-二氢萘氧化物（DNO）和 CO_2 的共聚反应，其中 Cr-四氮杂环烯衍生物配合物表现出较高的催化活性和选择性，制备了聚二氢萘碳酸酯（PDNC），其 M_n 达到 6700，T_g 为 150℃。同时，吕小兵等[4] 也采用手性 Salen-Co^Ⅲ催化剂实现了 DNO 与 1,2-环氧-4-环己烯（CEO）、CO_2 的三元共聚，得到了两种全同立构共聚物 PCDC 和 PCEC，其 T_g 分别为 150℃和 130℃。将这两种具有相反构型的全同立构聚碳酸酯等量共混，构建出可结晶的立体复合聚碳酸酯。

　　除了聚合物的 T_g，结晶性对聚合物的热性能有重要影响。尽管绝大多数二氧化碳基高分子是无定形的，但也有通过对立构规整度的控制得到半结晶性聚合物的成功例子。吕小兵等[5] 研究了 4,4-二甲基-3,5,8-三氧杂双环 [5.1.0] 辛烷（CXO）与 CO_2 的共聚反应，无规立构共聚物 PCXC 的 T_g 达到 140℃。采用手性双核 Salen-Co^Ⅲ催化制备的全同立构 PCXC 是半结晶高分子，具有相当高的熔融温度（242℃）和热分解温度（320℃）。该课题组还实现了3,4-环氧四氢呋喃（COPO）和CO_2的对映选择性共聚，所得的全同立构聚合物也具有半结晶性，数均分子量达到15700，熔融温度最高达到271℃[6]。

PPC具有良好的生物相容性和生物降解性，但是PPC本身是疏水的，导致其降解速率慢，细胞黏附性差，限制了PPC在生物医用材料领域的应用。Ikariya等[7]报道了2-甲基氮丙啶（MAZ）和CO_2的共聚，其产物聚（氨酯-胺）（PUA）是一种温度响应型聚合物，在最低临界共溶温度（LCST）以下表现出良好的水溶性，但是PUA并不具有生物降解性。王献红等[8]利用锌-钴基双金属氰化物催化剂（Zn-Co DMC）催化环氧乙烷和CO_2共聚，合成了可生物降解的二氧化碳基聚（碳酸酯-醚）（PCE）。PCE是一种温度响应型聚合物，通过控制聚合物链中碳酸酯单元的含量，聚合物的LCST可以在21.5～84.1℃之间进行调节。

可循环聚合物是指聚合物已使用被废弃后，可通过解聚反应还原为合成该聚合物的初始单体，这些单体可再次进行聚合，所得材料性能与原聚合物相当。随着环境资源问题的日益严峻，可持续发展理念已成为世界各国的共识，因此在高分子材料领域，可循环聚合物备受关注。Darensbourg等[9]系统研究了多种CO_2基聚碳酸酯的解聚过程，结合理论计算，发现多数聚碳酸酯都倾向于解聚成为环状碳酸酯，但聚碳酸环戊烯酯（PCPC）则更容易解聚生成环氧环戊烯（CPO），原因在于PCPC解聚成环状碳酸酯的自由能（19.9kcal/mol，1kcal/mol=4.184kJ/mol）比解聚成单体的自由能（13.3kcal/mol）更高。二(三甲基硅基)氨基钠（NaHDMS）和Salen-CrCl/n-Bu$_4$NN$_3$都可以催化PCPC的解聚反应，产物中CPO含量最高达到92%。以1,2,4-三氯苯为解聚溶剂，再经过简单的蒸馏即可分离出CPO单体[10]。吕小兵等[11]通过设计一种内消旋环氧单体——1-苄氧羰基-3,4-环氧吡咯烷，首次合成了完全可回收的CO_2基高分子。如图4-2所示，60℃时单体与CO_2在双核铬催化剂的催化下生成聚碳酸酯，升温至100℃后，聚碳酸酯迅速降解为起始单体，选择性达到99%。经聚

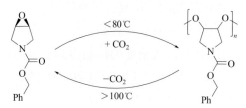

图4-2　可循环的二氧化碳基高分子

合-解聚-单体回收的多次循环，单体和聚合物的性质都未发生改变。

二、二氧化碳共聚物参与构建的嵌段聚合物

　　嵌段聚合物是将具有不同化学结构的聚合物链段连在一起构建的高分子材料，这类高分子可结合不同聚合物的优良性能，是制备功能化聚合物的重要手段。二氧化碳与环氧化物的共聚反应具有"不死"聚合的特点，为嵌段聚合物的合成提供了基础。Lee 等[12] 通过将端羟基聚乙烯（PE）、聚乙二醇（PEG）、端羧基聚苯乙烯（PS）等含端羟基/端羧基的大分子引发剂加入 PO/CO_2 共聚体系中，合成了多种含 PPC 链段的嵌段聚合物。其中，聚碳酸丙烯酯-聚乙烯嵌段聚合物（PPC-b-PE）显示 92～103℃ 的熔融温度，含 8.3%（质量分数）PEG 单元的 PPC-b-PEG 改善了 PPC 的脆性，而 PPC-b-PS 为透明材料，拥有比 PPC 更高的拉伸强度。

　　二氧化碳共聚物参与构建的嵌段聚合物中，内酯、丙交酯、酸酐是研究较多的几个第三单体。Ree 等[13] 报道了戊二酸锌催化下 ε-己内酯（ε-CL）与 PO 和 CO_2 的无规共聚，所得共聚物具有比 PPC 更快的生物降解速率。2011年，Williams 等[14] 提出了一种转换聚合的策略，如图 4-3 所示。在双核锌催化 ε-CL/CHO/CO_2 的共聚反应中，通过添加外源开关试剂（CO_2）实现开环聚合和开环共聚的切换，从而实现了用一种催化剂对 PCL-b-PCHC 嵌段聚合物的合成，在该转换聚合体系中，CO_2 对聚合物链端金属-烷氧基的快速插入是反应选择性的关键。Williams 等[15] 还采用双核锌催化剂合成出二羟基封端的 PCHC，再以此为大分子引发剂，在钇催化剂催化下引发丙交酯聚合，合成了 ABA 型嵌段共聚物（PLA-b-PCHC-b-PLA），分子量最高达到 5100。该聚合物有两个玻璃化转变温度，分别在 60℃ 和 80～95℃，表现出嵌段聚合物的典型特征。随后 Willams 等[16] 进一步采用 Zn-Mg 异核催化剂催化 CHO、CO_2 和 ε-癸内酯的共聚反应，一锅法合成了分子量 3800～71000 的聚碳酸酯-癸内酯-

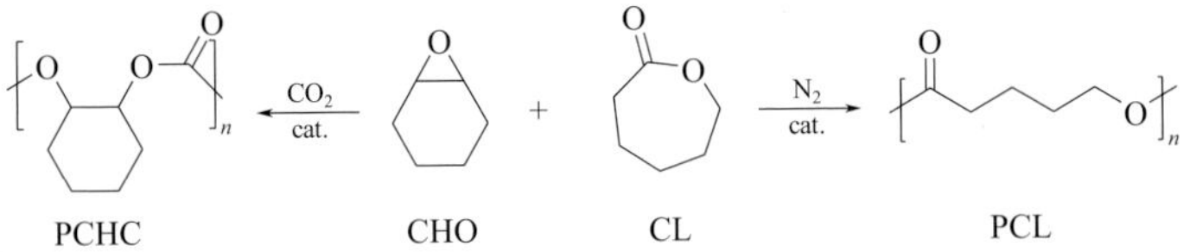

图4-3 转换聚合制备PCL-b-PCHC嵌段共聚物

碳酸酯三嵌段聚合物（PCHC-*b*-PDL-*b*-PCHC），该反应具有高选择性（CO_2 选择性＞99%）和高转化率（＞99%）的特点，所合成的嵌段聚合物的 5% 热分解温度达到 280℃，表现出良好的热稳定性。同时其拉伸韧性为 112MJ/m³，断裂伸长率＞900%，显示出优良的韧性。Willams 等[17] 还将转换聚合拓展到 *ε*-CL、CHO、CO_2、邻苯二甲酸酐（PA）等四单体体系，他们采用双核锌催化剂在不同的聚合反应之间切换，利用不同聚合反应的高单体选择性，精确合成了嵌段序列可控的聚（酯-碳酸酯），DFT 研究表明该反应的选择性来自较低的活化能垒和聚合途径中更稳定的中间体。

Darensbourg 等[18] 报道了 PLA-*b*-PPC-*b*-PLA 三嵌段共聚物的合成，先采用水为链转移剂，在 PPC 聚合物链上形成端羟基，然后在有机碱 1,8-二氮杂双环[5.4.0]十一碳-7-烯（DBU）的催化下，端羟基 PPC 作为大分子引发剂进行丙交酯的开环聚合反应，制备出 PLA-*b*-PPC-*b*-PLA 三嵌段聚合物。与 PPC 相比，PLA-*b*-PPC-*b*-PLA 具有更好的热性能，T_g 达到 46℃，T_m=128℃。Rieger 等[19] 也采用调控 CO_2 压力合成嵌段共聚物，先以 *β*-二亚胺锌（BDI-Zn）为催化剂在 3bar 下使 CHO/CO_2/*β*-丁内酯（BBL）发生共聚反应生成三元共聚物，随后再将压力升高至 40bar，此时可选择性生成 PCHC，不充入 CO_2 则生成聚（羟基丁酸酯）(PHB)，由此实现了二嵌段和三嵌段共聚物的合成。Coates 等[20] 使用 BDI-Zn 催化剂催化 CHO/CO_2/二乙醇酸酐（DGA）共聚，环氧与酸酐的高反应活性使得反应前期选择性生成聚酯，酸酐几乎完全消耗之后 CO_2 才会插入，从而实现了聚（酯-碳酸酯）嵌段聚合物的一锅法制备。

聚乙二醇（PEG）链段具有良好的亲水性，与疏水的聚碳酸酯构成的嵌段聚合物可作为表面活性剂，在生物医学领域有潜在的应用价值。Frey 等[21] 采用聚乙二醇和聚乙二醇单甲醚（mPEG）为引发剂引发 PO 和 CO_2 的共聚反应，合成了一系列二嵌段和三嵌段共聚物即 PPC-*b*-PEG 和 PPC-*b*-PEG-*b*-PPC，具有可调的分子量（1500～4500）和较窄的分子量分布（PDI=1.05～1.12），聚合物的临界胶束浓度（CMC）在 3～10mg/L 之间可控。

王勇等[22] 提出了一种通过双功能链转移剂合成聚碳酸酯-聚烯烃嵌段聚合物的方法，如图 4-4 所示。他们将同时含有羧基和三硫酯基团的双功能链转移剂引入环氧化物/二氧化碳/乙烯基单体的共聚体系中，羧基引发环氧和二氧化碳的开环共聚，同时将一个三硫酯基团引入二氧化碳共聚物末端。另外，三硫酯作为可逆加成-断裂链转移聚合 (RAFT) 的链转移剂，继续引发乙烯基单体的聚合，实现了一锅法制备聚碳酸酯-聚烯烃二嵌段聚合物。该方法具有良好的普适性，他们先后尝试了三种环氧化物与三种烯烃，分别为环氧丙烷（PO）、1,2-环氧辛烷（HO）、环氧环己烷（CHO）、甲基丙烯酸甲酯（MA）、甲基丙烯酸苄酯、苯乙烯，均达到了实验预期效果。王勇等[23]还报道了一种氧气开关的转化聚合方法，一锅法合成了聚碳酸酯-聚烯烃嵌段聚合物。先采用 Salen-Co[II]引发醋酸乙烯酯聚合，生成端基含 Salen-Co[II]的聚醋酸乙烯酯 Salen-Co[II]-PVAc，然后向反应釜中充入 O_2，将氧原子插入到 Co—C 键中，形成含 Co—O 键的 Salen-Co[III]—O—R，可引发 PO、CHO 等环氧化物和 CO_2 的开环共聚，最终得到聚碳酸酯-聚烯烃嵌段聚合物。如将 Salen-Co[III]-PVAc 作为大分子引发剂用于丙烯酸甲酯 (MA)/PO/CO_2 聚合体系，可进一步制备 PPC-b-PMA-b-PVAc 三嵌段聚合物。上述转换聚合方法提供了合成二氧化碳基嵌段聚合物的新思路，对拓宽二氧化碳基聚合物的应用领域具有重要意义。

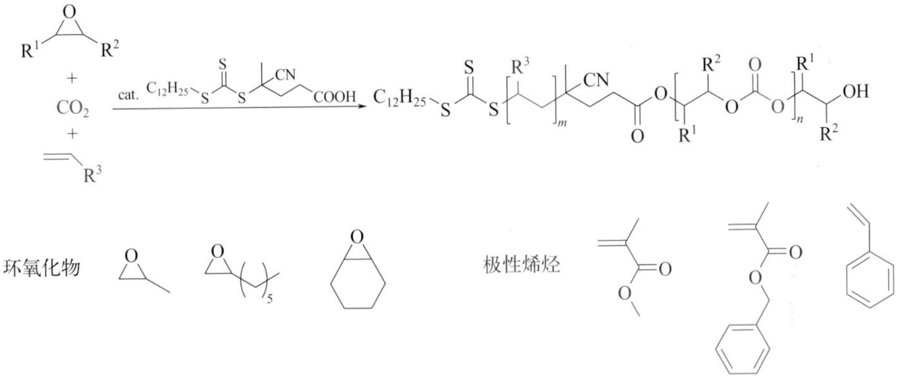

图4-4　双功能链转移剂下转换聚合路线合成聚碳酸酯-聚烯烃嵌段聚合物

Coates 和 Wiesner 等[24]也报道了一种合成聚碳酸酯-聚烯烃嵌段聚合物的方法。首先通过阴离子聚合制备出含端羟基的聚烯烃大分子链转移剂，然后引发 PO 和 CO_2 的共聚反应，合成出聚异戊二烯-聚苯乙烯-聚碳酸丙烯酯三嵌段聚合物（PI-b-PS-b-PPC）。Wu、Nealey 和 Xu 等[25]以羟基封端的聚苯乙烯为大分子引发剂，在 Salen-Co[III]/PPNCl 催化下进行 PO 和 CO_2 的交替共聚反应，制备了嵌段聚合物 PS-b-PPC。值得指出的是，该共聚物的 Flory-Huggins 参数 χ 为 0.079，约为聚苯乙烯-聚（甲基丙烯酸甲酯）嵌段共聚物（PS-b-PMMA）的 2 倍，有望用于光刻材料。

二氧化碳共聚物的侧基功能化

一、二氧化碳与含功能化侧基的环氧单体共聚

聚合物的侧基对材料结构和性能有重要影响，通过含不同侧基的环氧单体与二氧化碳共聚，合成不同链结构的聚合物是实现二氧化碳共聚物功能化的重要手段。环氧化物单体的结构丰富多样，为侧基功能化二氧化碳共聚物的制备提供了广阔的空间。

Inoue 等 [26] 报道了含碳酸酯侧基的聚碳酸酯的合成，如图 4-5 所示，这是该领域的先驱性工作。他们采用 $ZnEt_2/H_2O$ 催化多种含碳酸酯取代基的环氧单体与 CO_2 进行共聚反应，合成了一系列含碳酸酯侧基的聚碳酸酯。该聚合物具有水解特性，在酸性或碱性条件下均会降解为二氧化碳、甘油和醇，没有发现低聚物残留，因此该聚合物有望用于药物释放等领域。

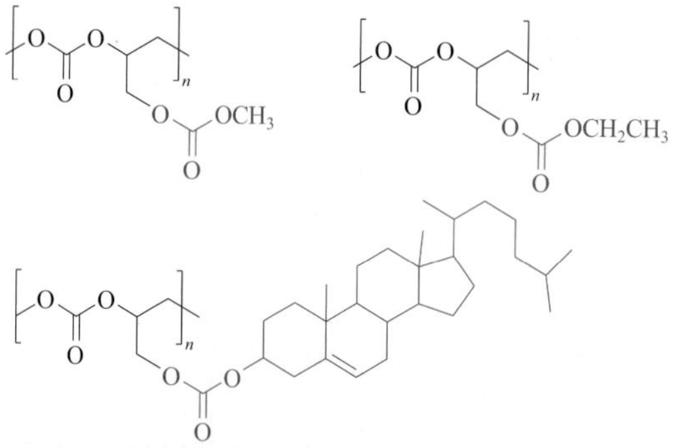

图4-5 含碳酸酯侧基的二氧化碳基聚碳酸酯

尽管主链结构是决定聚合物热性能的核心因素，但侧基的影响同样不可忽视。Yamada 等 [27] 研究了含不同长度烷基侧链的环氧单体与 PO 和 CO_2 的三元共聚反应，通过控制烷基链的长度和单体的掺入比例，所得聚碳酸酯的 T_g 可在 $-8.1 \sim 33.2℃$ 之间进行调节。张兴宏等 [28-29] 采用 Zn-Co DMC 催化多种烷基、芳基环氧单体与 CO_2 的共聚反应，合成了侧链长度、位阻各不相同的聚碳酸酯。具有线型烷基侧链的聚碳酸酯，其 T_g 随着烷基链长度的增加从 6℃ 降低至 $-38℃$，

而具有芳基位阻效应的侧基则使聚碳酸酯的 T_g 随着侧基位阻的增大从6℃上升到84℃，这种宽广温区可调性表明这些材料有望作为塑料和弹性体来使用。张兴宏等[30]还采用生物基环氧单体如环氧10-十一烯酸甲酯（EMU）制备含酯基侧链的聚碳酸酯，所得聚合物为完全交替结构，但是其 T_g 较低，在 $-44\sim-38$℃之间。

采用含吸电子基团的环氧化物（如氧化苯乙烯、环氧氯丙烷等）合成 CO_2 基聚碳酸酯是非常有挑战性的工作，因为吸电子基团不仅会降低环氧单体的配位能力，也会降低催化剂活性，而且吸电子基团还会促进聚合物链末端的回咬反应，生成大量环状碳酸酯副产物。Darensbourg 和吕小兵等[31-32]发现双功能Salen-Co^{III}配合物对氧化苯乙烯（SO）和 CO_2 的共聚反应有非常高的聚合物选择性（99%），所制备的完全交替结构的聚碳酸苯乙烯酯的玻璃化转变温度达到80℃，具有良好的热稳定性。值得指出的是，在该反应中温度的控制对聚合物的选择性有重要影响，较低的反应温度（25℃）可有效抑制环状副产物的生成。此外，他们还设计了一种串联聚合策略用于合成聚（碳酸苯乙烯酯-b-丙交酯）嵌段聚合物[33]，其中以水作为链转移剂原位生成端羟基聚碳酸苯乙烯酯是该方法的关键。

环氧氯丙烷（ECH）是典型的含吸电子基团的环氧化物单体。将氯原子引入碳酸酯链不但可以提高链的刚性，还可以为聚合物的后修饰提供反应位点，赋予聚合物额外的阻燃性能。沈之荃等[34]于1994年报道了稀土催化剂催化ECH 与 CO_2 的共聚反应，但是聚合物碳酸酯单元含量最高仅为30%。2013年张兴宏等[35]采用 Zn-Co-DMC 催化剂合成了碳酸酯段含量达70%的聚合物，聚合物选择性达到95%，该聚合物的玻璃化转变温度为31.2℃，起始热分解温度达到250℃。Yoon等[36]采用戊二酸锌（ZnGA）催化 ECH 与 CO_2 的共聚反应，聚合物碳酸酯单元含量提高到83%，聚合物选择性达到98%。Darensbourg和吕小兵等[37]使用双功能 Salen-Co^{III}催化剂首次合成了具有完全交替结构的ECH/CO_2 交替共聚物，分子量最高达到25900。该反应中聚合物选择性对温度的依赖非常明显，0℃下进行聚合反应，聚合物选择性大于99%，升温至25℃则生成25%的环状副产物，原因在于 ECH-CO_2 共聚反应中通过回咬生成环状产物的过程具有比生成聚合物更低的能垒。最近伍广朋等[38]设计了一种结构独特的风车型有机硼催化剂，25℃下催化 ECH/CO_2 共聚反应，也表现出相当高的聚合物选择性（＞99%），且所得聚合物碳酸酯单元含量超过99%，分子量最高可达36500，玻璃化转变温度45.4℃。

聚合物的亲疏水性对其在生物领域的应用至关重要，二氧化碳基聚碳酸酯本身呈疏水性，如何对其进行亲水改性是一个重要的挑战。通常向聚合物链引入亲水基团是最主要的方法，Grinstaff[39] 和 Frey[40] 分别报道了通过保护-脱保护的方法合成含伯羟基侧基聚碳酸酯的方法，该方法避免了活性氢原子在聚合过程中存在的严重的链转移反应。Grinstaff 等 [39] 利用苄基缩水甘油醚（BGE）与 CO_2 共聚反应合成聚碳酸酯，再通过脱保护得到伯羟基侧基的聚（1,2-甘油碳酸酯），如图 4-6（a）所示。该聚合物具有良好的降解性能，37℃下在二甲基甲酰胺（DMF）中降解 2～3 天，分子量即可下降一半。Frey 等 [40] 研究了 BGE、乙氧基乙基缩水甘油醚（EEGE）两种单体与 CO_2 的共聚反应，他们将所得的聚合物通过氢化和酸化脱保护得到聚（1,2-甘油碳酸酯），该聚合物的 T_g 在 −22.0～−3.9℃之间，不溶于甲苯、苯和氯仿，但可溶于 DMF 和二甲亚砜（DMSO），且在甲醇和水中溶胀，表明其具有较强的亲水性。Grinstaff 等 [41] 还通过保护-脱保护策略合成了含羧基侧基的聚碳酸酯，通过双功能 Salen-Co^{III} 催化缩水甘油酸苄酯和 CO_2 的共聚反应，氢化脱保护后得到聚（甘油酸碳酸酯）（PGAC），如图 4-6（b）所示。与聚丙烯酸（PAA）相比，PGAC 不仅可降解，而且细胞毒性很低。Darensbourg 等 [42] 也报道了含羧基侧基碳酸酯的合成，他们采用外消旋叔丁基-3,4-环氧丁酸酯（rac-^{t}Bu-3,4-EB）和 CO_2 进行共聚反应，聚合产物经三氟乙酸脱保护得到聚（3,4-二羟基丁酸碳酸酯），其铂-聚合物偶联物呈水溶性，铂负载量为 21.3%～29.5%，有望用于生物可降解的抗癌药物递送载体。

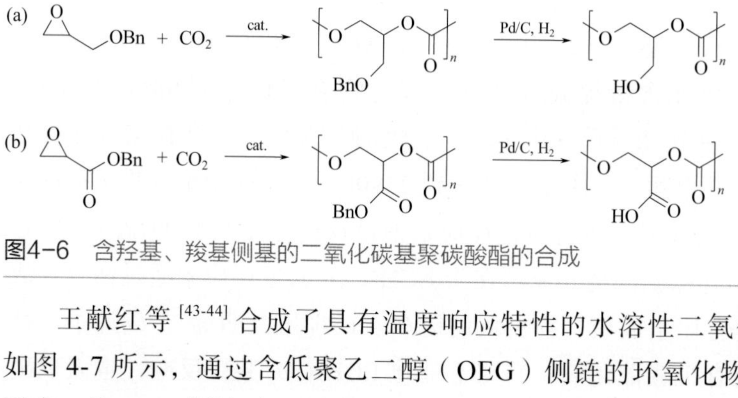

图4-6　含羟基、羧基侧基的二氧化碳基聚碳酸酯的合成

王献红等 [43-44] 合成了具有温度响应特性的水溶性二氧化碳基聚碳酸酯。如图 4-7 所示，通过含低聚乙二醇（OEG）侧链的环氧化物与 CO_2 进行共聚反应，将 OEG 侧链引入聚碳酸酯，所得的聚合物具有快速且可逆的温度响应能力。随着 OEG 侧链长度的增加，聚合物的最低临界共溶温度（LCST）上升，

通过调节具有不同 OEG 侧链的环氧单体在聚合物链中的比例，可获得 LCST 在 0～43℃的聚合物，表明二氧化碳基聚碳酸酯可以成为一种温度响应的"智能"材料。Song 等[45] 合成了氨基功能化聚碳酸酯，他们通过 *N,N*-二苄基氨基缩水甘油（DBAG）/环氧丙烷/CO_2 的三元共聚反应，制备了 DBAG 含量 0～3.3%（摩尔分数）的聚碳酸酯，脱苄基后可使聚合物的接触角从 76.1°降低至 60.2°，表明聚合物亲水性进一步得到提升。基于氨基多样的反应性，该聚合物有望在药物递送、组织工程等领域得到应用。

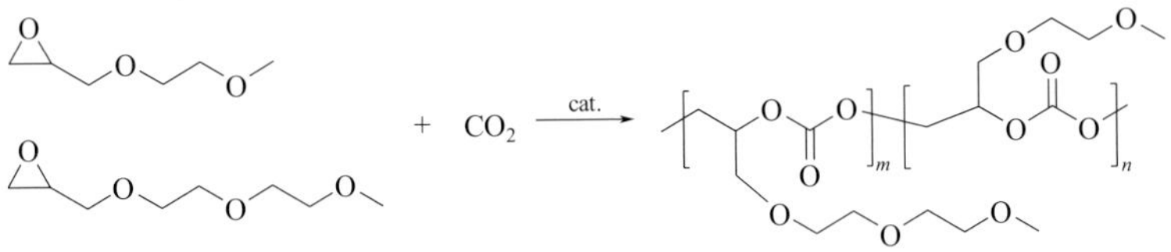

图4-7 温度响应型二氧化碳基聚碳酸酯的合成

侧链液晶聚合物具有独特的光电性质，可应用于气相色谱、信息存储、图像显示等领域。Jansen 等[46] 利用含液晶基元的环氧化物和 CO_2 共聚，合成了含硝基苯侧基的侧链液晶型聚碳酸酯，液晶基元通过不同长度的柔性烷基链与主链相连。聚合物的分子量介于 4300～38000 之间，但是分子量分布较宽（PDI= 5.9～80）。他们还连续报道了以烷氧基苯甲酸酯为液晶基元的侧链液晶型聚碳酸酯[47-48]，该类聚合物的分子量分布依然较宽，侧链具有较短的间隔基和不同长度的烷基链尾部，所有聚合物都呈近晶结构，其中具有短烷基链尾部的液晶基元易形成单层结构，具有长烷基链尾部的液晶基元则倾向于形成双层结构。

二、二氧化碳共聚物侧基的后修饰

聚合物后修饰是指通过化学反应，将聚合物转化为相同聚合度的衍生物，也是聚合物功能化的重要方法，通过该方法可得到直接聚合难以制备的功能化聚合物。可进行后修饰的聚合物通常带有反应性基团，在聚合过程中这些基团不受影响，聚合完成后则可通过高效的后修饰反应生成具有不同功能的新基团，从而赋予聚合物材料不同的性质。

常用的二氧化碳共聚物后修饰方法如图 4-8 所示，先通过含烯基、炔基的

环氧化物与 CO_2 进行共聚反应，合成出含反应性烯基、炔基的聚碳酸酯，再通过硫醇-烯点击反应、叠氮-炔点击反应、Diels-Alder 反应等高效化学反应进行改性，实现二氧化碳共聚物的后修饰。

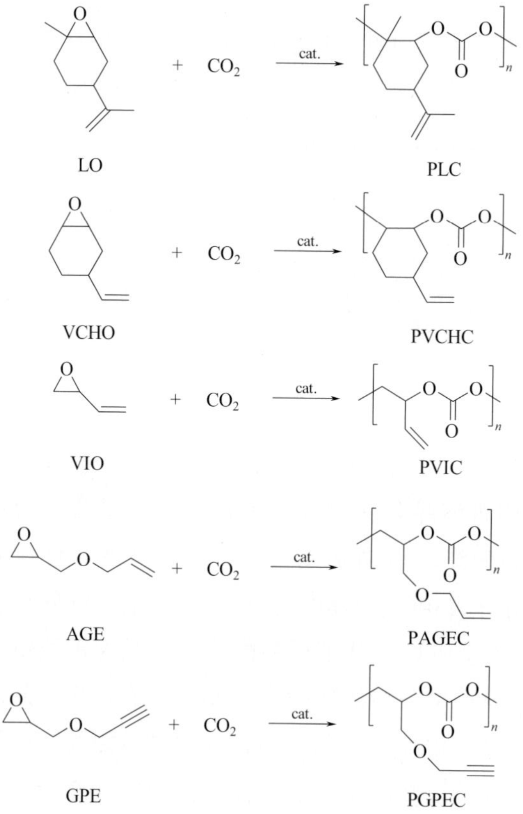

图4-8 含烯基、炔基的环氧单体制备含可修饰侧基的二氧化碳共聚物

氧化柠檬烯（LO）是一种生物质来源的脂环族环氧化物，LO 中含有一个双键，LO 与 CO_2 共聚物为聚（碳酸柠檬烯）（PLC），PLC 中每个重复单元的侧链上都有一个双键，可用于进一步的化学修饰，得到多种性能各异的聚合物。Greiner 等[49]采用硫醇-烯点击反应研究了 PLC 的后修饰改性及改性 PLC 材料性能。当采用 2-巯基乙醇进行硫醇-烯点击反应后可在 PLC 侧链中引入羟基，大大提高改性 PLC 材料的亲水性。当 2-巯基乙酸进行硫醇-烯点击反应后可引入羧基，使改性 PLC 材料在水中的溶解度出现 pH 依赖性。一旦引入叔胺再进行季铵盐化，则可制备出具有抗菌性的改性 PLC 材料。引入柔性烷基链

进行交联能够将高玻璃化转变温度的热塑性塑料转变为橡胶，可使改性 PLC 材料的杨氏模量降低三个数量级，T_g 从 130℃下降到 5℃，实现了热塑性塑料向橡胶弹性体的转变。此外，酸催化下羟基封端的聚乙二醇也可与 PLC 中的双键发生加成，提高材料的亲水性，但由于 PLC 主链在酸性环境不稳定，因此只能实现双键的部分转化。Kleij 等[50] 先通过 LO-CHO-CO$_2$ 三元共聚反应制备出共聚物，所得聚合物用二硫醇进行交联，得到 T_g 高达 150℃的交联材料。Koning 和 Williams 等[51] 研究了交联 PLC 在涂层方面的应用，制备出具有良好的硬度、耐溶剂性和耐刮性的涂层材料。

除氧化柠檬烯外，1,2-乙烯基环氧乙烷（VIO）、烯丙基缩水甘油醚（AGE）、4-乙烯基-1-环氧环己烷（VCHO）等含双键的环氧化物也可用于构建可修饰的二氧化碳共聚物。Darensbourg 等[52] 制备了 VIO-CO$_2$ 共聚物，即聚 2-乙烯基环氧乙烷碳酸酯（PVIC），并通过硫醇-烯点击反应在侧链上修饰羧基，合成两亲性的水溶性聚碳酸酯，经氨水处理得到水溶性的聚电解质。他们还通过 AGE-PO-CO$_2$ 三元共聚反应合成三嵌段共聚物[53]，通过硫醇改性聚合物得到两亲性聚电解质，在去离子水中可自组装形成聚合物纳米粒子。张兴宏等[54] 采用 VCHO 和 CO$_2$ 共聚，所得聚合物经硫醇-烯点击反应得到含羟基侧链的聚合物骨架，再将其作为大分子引发剂，引发 ε-己内酯的聚合反应，得到接近 100% 接枝密度的刷形聚合物，这种聚合物主链和侧链均可降解，有望应用于生物医用材料领域。

Frey 等[55] 合成了含炔基侧链聚碳酸酯，首先通过炔丙基缩水甘油醚（GPE）、甲基缩水甘油醚和 CO$_2$ 的三元共聚反应，制备出具有不同炔丙基缩水甘油醚含量的聚碳酸酯，分子量在 7000~10500 之间，PDI 为 1.6~2.5。随后该聚合物在 CuI 催化下，与苄基叠氮发生点击反应，展现出很好的可修饰潜力。

糠基缩水甘油醚（FGE）也是一种生物质来源的环氧化物，FGE 与 CO$_2$ 共聚物（PFGEC）的侧链糠基可发生 Diels-Alder 反应，为后修饰提供了可能。王献红等[56] 采用稀土三元催化剂催化 FGE-CO$_2$ 共聚反应合成了 PFGEC，其数均分子量达到 133000。PFGEC 含有呋喃环，暴露于空气中易发生交联反应而变黄，通过与 *N*-苯基马来酰亚胺发生 Diels-Alder 反应减少呋喃环的数量，如图 4-9 所示，可有效提高 PFGEC 的稳定性，此外，该反应还改善了 PFGEC 的热性能，使其 T_g 从 6.8℃升高到 40.3℃。Frey 等[57] 合成了 FGE、甲基缩水

甘油醚和 CO_2 的三元共聚物，分子量介于 2300～4100 之间。随后使用双马来酰亚胺对聚合物进行交联，可使聚合物的 T_g 从 −6℃提高至 95℃。他们的研究还发现，通过 Diels-Alder 反应可在聚合物中引入儿茶酚基团，有望用于高性能黏合剂。

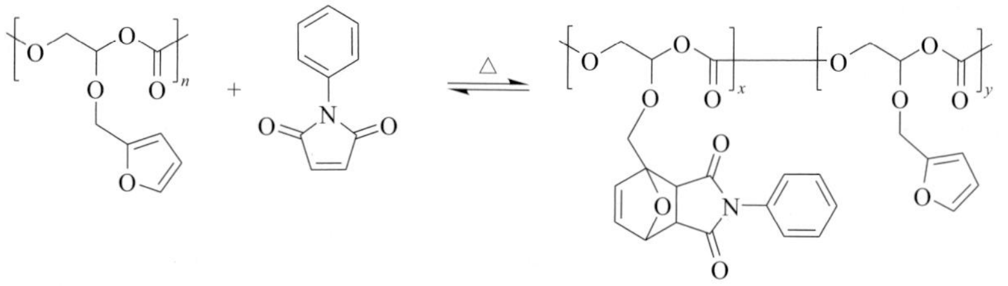

图4-9　糠基缩水甘油醚的二氧化碳共聚物的Diels−Alder反应

三、二氧化碳共聚物的氯代反应

聚合物的氯代反应是指通过置换反应将聚合物分子中的部分氢原子取代成氯原子，从而将氯元素引入聚合物的一种化学改性方法。姜伟等[58]通过气固相氯化反应，在 60℃无催化剂的条件下成功制备了氯代聚碳酸丙烯酯（CPPC），离子色谱显示 CPPC 的氯含量为 1.7%（质量分数）。与 PPC 相比，CPPC 在溶解性、润湿性、黏附性、气体阻隔性和生物降解性方面都有所提高。用 CPPC 黏结的木材、不锈钢和玻璃的黏合强度达到 PPC 的 4 倍。同时，与 PPC 相比，CPPC 的透氧系数降低了 33%。这些优良的性能表明了 CPPC 在涂料、黏合剂、阻隔材料等领域的应用前景。

随后，姜伟等[59]采用水相悬浮氯化反应对 PPC 进行改性，并将制备的 CPPC 与马来酸酐封端的 PPC（PPC-MA）和热塑性淀粉（TPS）熔融共混，以研究 CPPC 对 PPC-MA/TPS 共混物的相容性、流变性和力学性能的影响。结果表明 CPPC 的加入增强了 PPC-MA 和 TPS 之间的相互作用，有效改善了 PPC-MA/TPS 共混物的相容性，形成了共连续结构。当 CPPC 含量低于 5.0%（质量分数）时，PPC-MA/TPS 共混物的断裂伸长率、拉伸强度和杨氏模量均随 CPPC 含量的上升而提高，在 CPPC 含量为 5.0%（质量分数）时分别达到 22.4%、12.7MPa 和 611.3MPa。进一步提高 CPPC 含量则会降低共混物的力学性能，上述工作为 PPC/淀粉共混物的增容提供了一条有效途径。

第三节
二氧化碳共聚物的特定位点功能化

聚合物的特定位点功能化是指在聚合物链的某个特定位置修饰功能基团的方法。根据功能化位点的不同，可分为端基功能化和链中功能化。与侧基后修饰相比，特定位点功能化具有以下特点：首先，对于一个聚合物链来说，功能基团的数目是确定的，这有助于从微观水平上理解聚合物结构和性能的关系；其次，由于功能基团在聚合物中所占比例较小，聚合物在获得新功能的同时，其本身的固有性质将得到保留。

向反应体系中引入功能化链转移剂是制备特定位点功能化二氧化碳共聚物的常用方法。如图 4-10 所示，若链转移剂（图中用绿色条状表示）含有单个链转移基团，则产物为端基功能化的聚合物；若链转移基团数量为 2 个以上，则可制备链中功能化的聚合物。此方法不仅可赋予聚合物额外的物理或化学性质，还可有效调控产物分子量及其分布。

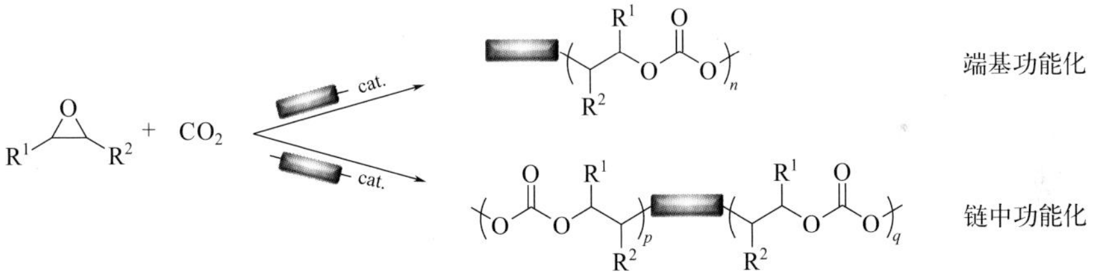

图4-10 特定位点功能化二氧化碳共聚物的制备

二氧化碳共聚物的羟基功能化（即多元醇）是一种聚合物链端至少含有两个羟基的化合物，由于低分子量二氧化碳基多元醇是合成聚氨酯的重要原料，本书将在第五章详细介绍，因此本节重点讨论非羟基端基的功能化二氧化碳共聚物。

一、二氧化碳共聚物的端基功能化

王献红等[60]以带有羟基的四苯基乙烯（TPE）为链转移剂制备了一系列不同分子量的乙烯基环氧环己烷（VCHO）与二氧化碳的共聚物，并利用点击反应将聚合物侧基以羧基修饰，制得可于水相中分散的两亲性纳米粒子

［图 4-11（a）］。因位于链端的 TPE 基团具有聚集诱导发光（AIE）特征，从而赋予了聚合物荧光特性。在聚合物形成纳米颗粒后其内部的致密程度将影响 TPE 的发光强度，可以此监测纳米颗粒的自组装行为，实现聚合物在水中的聚集过程的可视化。研究表明，不同分子量的聚合物所形成的纳米颗粒大小不同，荧光强度随分子量的增大呈现出先增大后减小的特征。随后根据锌离子检测分析结果提出了不同分子量聚合物的组装行为：若聚合物的分子量小于5600，则锌离子渗入颗粒使得粒子整体体积收缩，尺寸变小；若聚合物分子量大于 7600，则较长的分子链缠结在一起阻止锌离子的渗入，使得在纳米颗粒表面的锌离子将两个颗粒拉近，趋于融合，最终表现为颗粒尺寸增大。

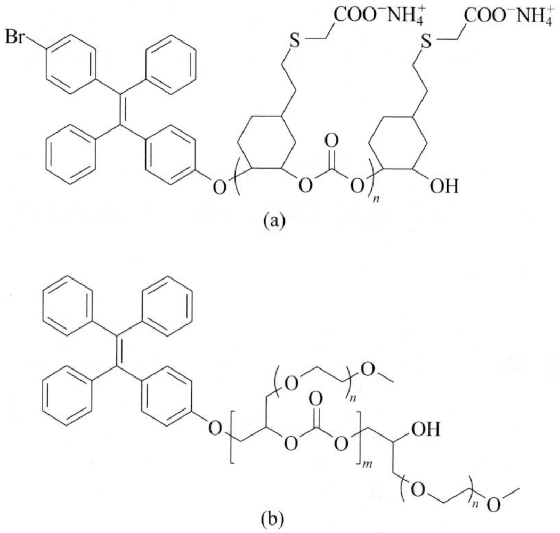

图4-11　四苯基乙烯端基功能化二氧化碳共聚物

2021 年，王献红等[61]又将单羟基四苯基乙烯（TPEOH）引入聚合物端基，实现了二氧化碳共聚物温度响应行为的可视化。他们以 TPEOH 为链转移剂，Salen-CoCl/PPNCl 为催化剂，实现了带有低聚乙二醇基团的环氧化物与二氧化碳的共聚反应，制得侧链长度为 2 个和 3 个聚乙二醇单元的两种产物［图 4-11（b）］。通过改变 TPEOH 的比例，产物分子量在 6400～17900 内可调。所制得的兼有亲疏水结构的聚合物分散于水中时形成纳米颗粒，其中亲水的聚乙二醇侧基与水结合分布于外侧，疏水的 TPE 基团被包裹于内侧，此时表现为较强荧光；当环境温度上升时，聚乙二醇侧基逐渐脱水使得聚合物沉降下来，疏水的 TPE 核发生解离，荧光减弱。上述研究建立了荧光变化与聚合物热致相转变之间的联系，从而实现聚合物温度响应行为的可视化。

王献红等[62]还报道了一种通过"链转移催化剂"合成卟啉钴端基二氧化碳聚合物的方法。在该体系中，羟基卟啉钴通过钴中心催化环氧化物和 CO_2 共聚，羟基的活泼氢则可引发链转移反应，在聚合物链端引入卟啉钴，从而在调控分子量的同时实现聚合物分子链的特定位点功能化，所得卟啉钴标记的 PPC 分子量在 1000～16800 内可调。增加羟基卟啉钴的羟基数目，还可进一步制备支化 PPC。金属卟啉聚合物优良的光学性能，有望应用于光捕获、光学成像、光热治疗等领域。

最近，王献红等[63]采用对醛基苯甲酸为链转移剂进行 PO/CO_2 的共聚，合成了单侧醛基封端的二氧化碳基聚碳酸酯 P-CHO（图 4-12）。对醛基苯甲酸在引入醛基的同时表现出对聚合物分子量良好的控制性（3700～19000）。基于醛基的高反应活性，P-CHO 可通过后修饰进一步制备端基功能化聚合物。如利用醛基与氨基、酰肼和醇羟基的反应，可以将多种功能化基团引入聚合物端基，从而调节亲水性，改变热性能，甚至具有聚集诱导发光功能等。

二、二氧化碳共聚物的链中功能化

Lee 等[64]提出了一种简单方便的二氧化碳基聚合物阻燃方案。他们将苯基膦酸作为链转移剂用于二氧化碳与环氧丙烷的共聚反应，从而将磷原子引入聚合物链中。通过改变苯基膦酸中苯基的数目（0～2 个），调节链转移剂的官能度，制备出单臂、双臂、三臂形多元醇，如图 4-13（a）所示，且分子量可在 900～56500 范围内调节。聚合物中引入磷元素改善了其阻燃性，当聚合物中磷元素含量超过 $400\mu g/g$ 时，聚合物表现出不易燃的特性。不仅如此，利用该多元醇为原料制备的二氧化碳基聚氨酯也同样具有不易燃烧的性质，而且在燃烧过程中释放的烟雾比聚苯乙烯等通用塑料要少得多。

Darensbourg 等[65]提供了一种将离子引入聚合物主链的新方法。如图 4-13（b）所示，他们利用季铵盐型离子液体为链转移剂，离子液体中的羟基或羧基会参与聚合反应使季铵盐部分留在聚合物链中，从而将离子引入聚合物，实现了一锅法合成含离子型二氧化碳共聚物。为了提高产物中含离子型聚合物的比例，他们研究了离子液体的酸度及阴离子种类的关系。虽然氯离子通常被认为是二氧化碳/环氧化物共聚的引发剂，但可通过提高离子液体与催化剂的比例，

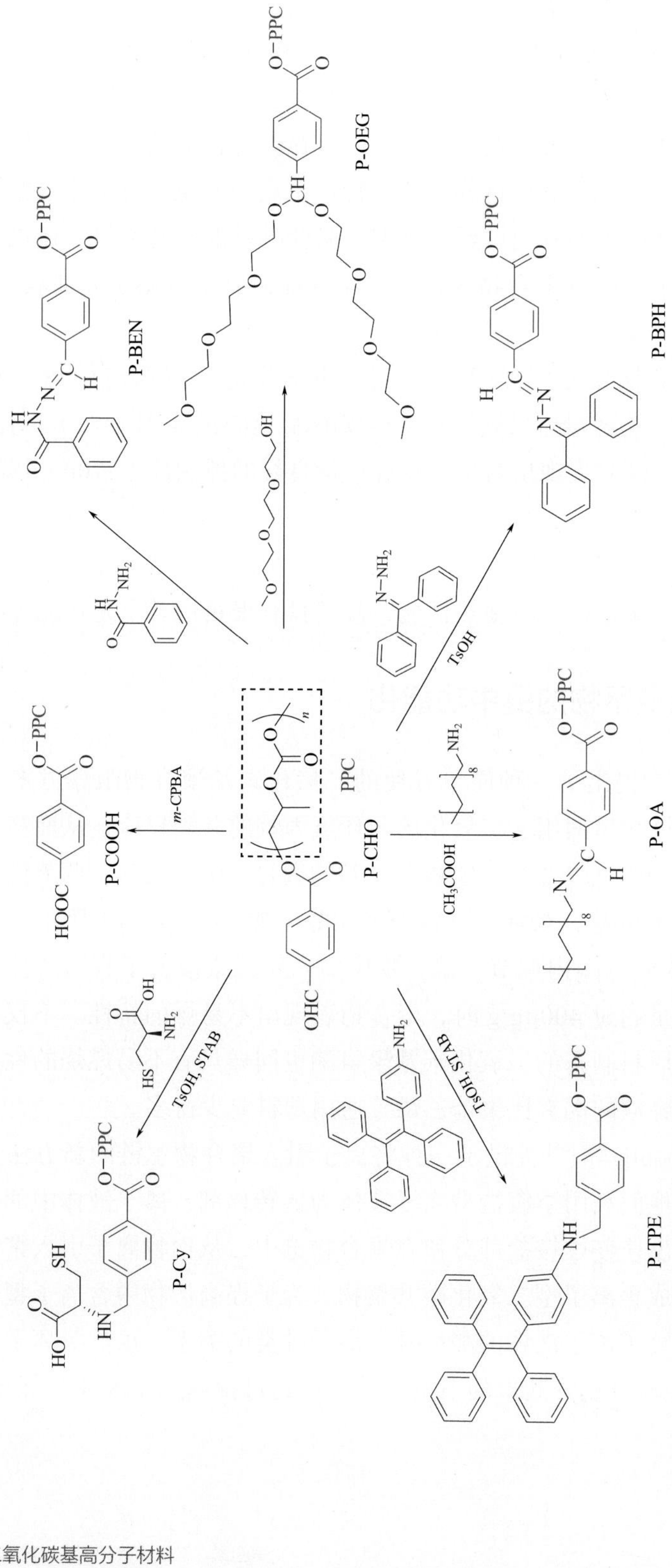

图4-12 醛基封端聚碳酸酯制备端基功能化聚合物

使含离子型聚合物占总产物的 99% 以上，证明含羧基型离子液体具有较好的链转移能力。将阴离子换为 BF_4^-，依然可在保持较高产物选择性的前提下制得分子量为 3900~73400 的二氧化碳共聚物。

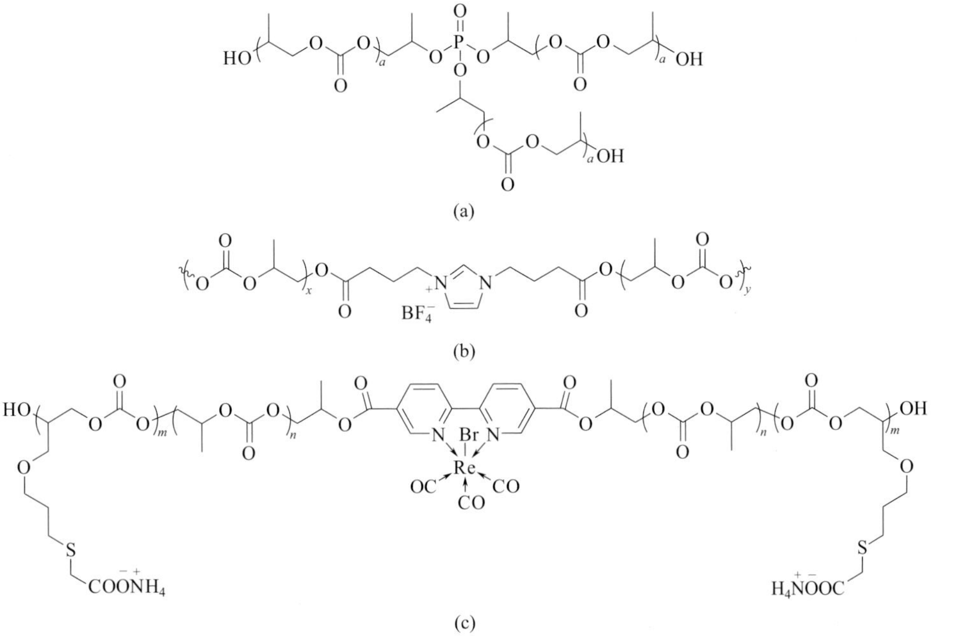

图4-13　链中功能化二氧化碳基共聚物

　　2019 年 Darensbourg 等[66] 报道了一种含金属配合物的两亲性聚合物的制备方法。他们利用含羟基的金属配合物实现了环氧丙烷与烯丙基缩水甘油醚两种环氧化物与二氧化碳的共聚反应，从而将金属配体引入聚合物链中，制得含金属配合物的嵌段二氧化碳基共聚物。进而采用"点击"反应将主链侧基修饰为亲水基团，制备出可于水相中分散的两亲性聚合物 [图 4-13（c）]，具有水相催化的应用潜力。

第四节
不同拓扑结构的二氧化碳共聚物

　　常见的聚合物拓扑结构包括线形、星形、环形、支化、超支化等，即使聚合物的化学组成相同，拓扑结构的变化也会引起聚合物性质的变化，进而影响材料的功能和性能。因此，聚合物拓扑结构的控制也是高分子领域重要的研究方向。本节将介绍二氧化碳共聚物拓扑结构相关的代表性工作。

一、超支化二氧化碳共聚物

超支化聚合物是具有较多支化点且分子具有类似球形结构的一类分子，这种聚合物分子链不易缠结，黏度受分子量影响较小，且具有丰富的末端官能团。一般通过向反应体系中添加多官能度单体增加支化位点的方法来制备超支化聚合物。对二氧化碳共聚物而言，通常采用含羟基的环氧化物作为多官能度单体与 CO_2 进行共聚反应制备支化聚合物。理论上，每个 2 官能度环氧化物单体都会使产物的支化度加 1，即产生一个新的支链。在此基础上引入不含链转移官能团的环氧化物作为共聚单体则可调节支化链的长度，如图 4-14 所示。

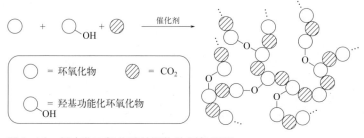

图4-14 超支化二氧化碳共聚物的制备原理

Frey 等[67]在超支化二氧化碳共聚物方面做了很有价值的工作。2014 年，他们首先利用 (salcy)CoOBzF₅/PPNCl 双组元催化体系催化环氧丙烷与缩水甘油共聚得到含多羟基的大分子链转移剂 *hb*-PG-*co*-PPO，再以此大分子链转移剂引发环氧丙烷与二氧化碳共聚，在其上的每个羟基处新生成一条聚碳酸酯链，从而获得星形超支化二氧化碳共聚物（图 4-15）。值得注意的是 *hb*-PG-*co*-PPO 相当于超支化聚合物"内核"，通过改变缩水甘油的比例即可调节产物分子的支化度。他们对超支化分子的化学组成（"内核"组成、支化程度、后接枝聚碳酸酯链段长度）进行了详细研究，发现所得产物的玻璃化转变温度（$T_g < 10℃$）均明显低于线型聚碳酸酯。在此基础上，Frey 等[68]在 2017 年进一步扩展单体种类，大分子"内核"采用环氧乙烷与缩水甘油共聚物，而后接

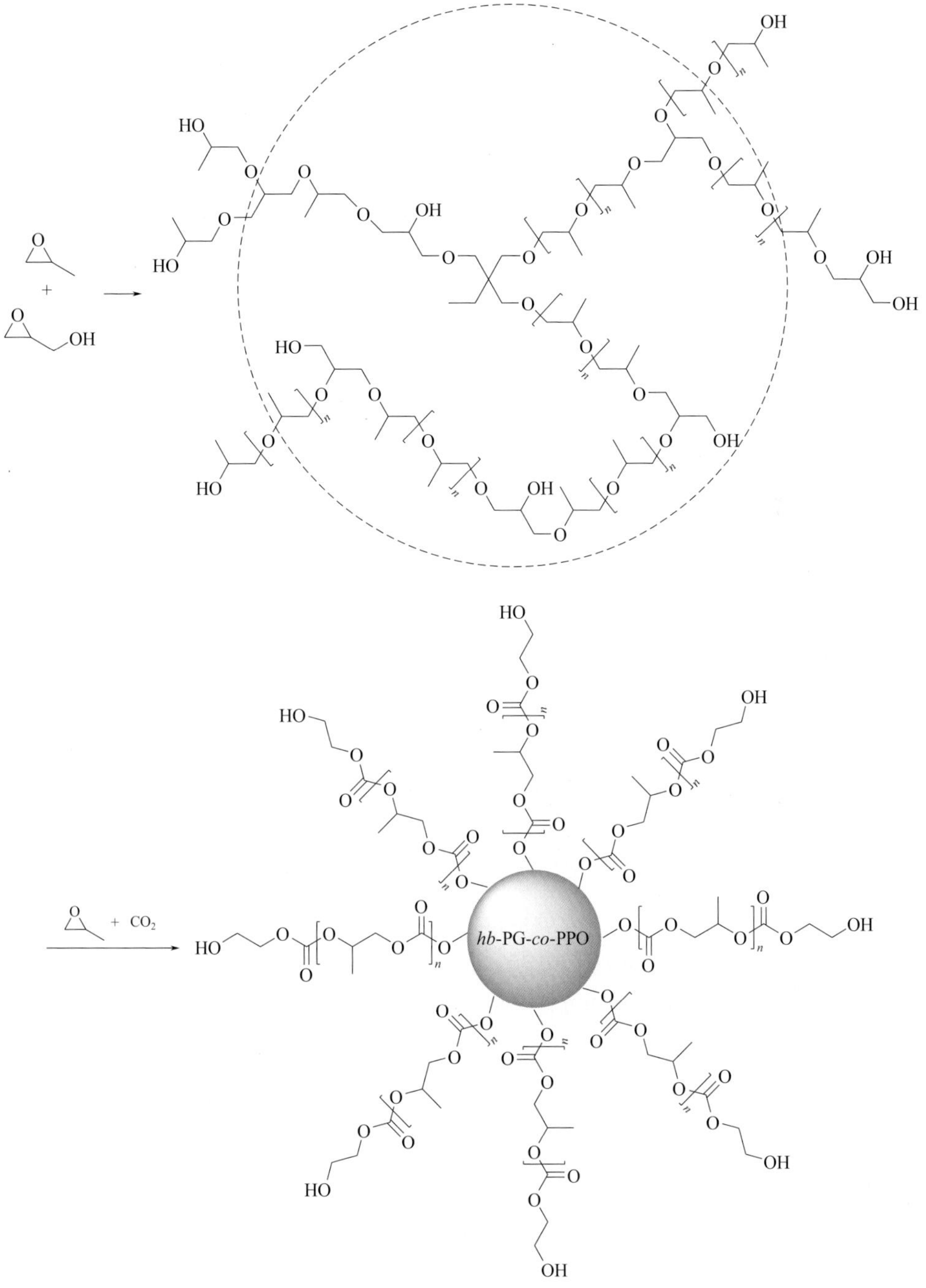

图4-15 大分子链转移剂*hb*-PG-*co*-PPO制备超支化二氧化碳共聚物

枝的碳酸酯段则是二氧化碳/环氧丁烷共聚物。通过调节投料比及反应条件制得分子量为3300～20800的超支化聚合物。所合成的超支化聚合物的玻璃化转变温度（−41～25℃）及本征黏度（5.4～17.3cm³/g）可随聚合物中聚醚段及聚碳酸酯段组成的变化大范围调节。这种超支化聚合物的末端羟基具有与异氰酸酯反应的活性，有望用于线型聚碳酸酯的共混改性及新结构聚氨酯合成等方面。

2017年，Frey等[69]将起始单体更换为CHO与4-羟甲基环氧环己烷(HCHO)，一步法制备了超支化CHO/HCHO/CO₂共聚物。通过调节CHO与HCHO单体比例（相当于改变支化位点数量），获得了分子量3600～9200的超支化CHO-HCHO-CO₂共聚物，T_g在72～105℃之间，本征黏度[η]在5.69～11.1cm³/g之间，均低于线型聚环氧环己烷（T_g=113℃、[η]=16.37cm³/g）。此外，他们还利用两步法合成了线型CHO-HCHO-CO₂共聚物，在聚合物侧链保留了数量可调的羟基，实现了对聚合物结构的灵活调控。

Gnanou和Feng等[70]也报道了一种制备超支化CO₂共聚物的方法，他们使用BEt₃/PPNCl催化双功能的4-乙烯基-1-环己烯二环氧化物与CO₂共聚，生成碳酸酯单元含量80%～90%的碳酸酯核，再原位引发环氧乙烷的均聚产生PEG臂，从而生成一种两亲性超支化聚合物，有望在药物递送、表面涂层等方面得到应用。

二、其他拓扑结构的二氧化碳共聚物

Honda和Sugimoto等[71]报道了一种H形PPC的制备方法。他们首先通过卟啉钴/DMAP催化体系催化PO-CO₂共聚，合成了含两个端羟基的线型PPC，随后采用1,3,5-苯三甲酰氯进行链端官能化，经过水解得到两端各含有两个羧基的四官能线型PPC，再将该分子用作大分子链转移剂进一步引发PO-CO₂共聚，最终得到四臂H形PPC，其T_g约21℃，低于线型PPC。作者进一步合成了两个链端各有一个胸腺嘧啶基团的PPC和主链中心具有一个2,6-二氨基吡啶基团的PPC，并将两种PPC以1:2的比例混合进行自组装，所得产物T_g为24℃，表明这两种PPC通过氢键形成了H形结构，这种独特的拓扑结构有望拓展PPC在智能材料领域的应用。

吕小兵等[72]制备了一种具有聚碳酸酯主链和聚丙交酯侧链的可降解刷形聚合物。他们首先使用双功能Salen-Co^Ⅲ催化CHO、苄基缩水甘油醚（BGE）

与 CO_2 的三元共聚反应，然后将所得共聚物通过钯碳氢化，在侧链引入羟基，再将产物用作大分子链转移剂，在 1,8-二氮杂双环 [5.4.0] 十一碳-7-烯（DBU）催化下引发丙交酯的开环聚合，得到刷形共聚物。该共聚物的 T_g 为 58.5℃，广角 X 射线衍射（WAXD）表明其是一种典型的半结晶聚合物。这种刷形拓扑结构共聚物有望在生物医学领域得到应用。

Sugimoto 等[73]合成了一种主链为聚丙烯酸、侧链为 PPC 的刷形聚合物，如图 4-16 所示，首先以聚丙烯酸为大分子链转移剂，在卟啉钴/DMAP 催化下引发 PO/CO_2 的共聚反应，得到具有密集 PPC 侧链的刷形聚合物，数均分子量可达 309000（PDI=2.23）。通过原子力显微镜观察发现，单个刷形大分子呈数十纳米的椭圆形态，从而为环保纳米材料的合成提供了新的途径。

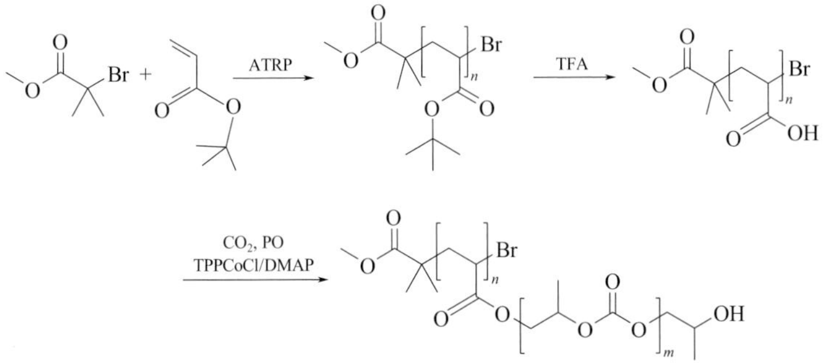

图4-16 聚丙烯酸为主链、PPC为侧链刷形聚合物的制备方法

总结与展望

本章系统总结了近些年来功能化二氧化碳共聚物的前沿工作。总体来讲，功能化二氧化碳共聚物的发展趋势是智能化、高性能化、多功能化和绿色化。多种多样的功能化策略不仅提升了二氧化碳共聚物的性能，还赋予了材料额外的物理或化学特性，有效拓展了材料的应用领域，对二氧化碳共聚物的研究具有重要的推动作用。随着催化剂方面的进展，适用单体种类进一步扩展，结合材料、医学等多学科交叉，功能化二氧化碳共聚物的研究热度必将再上一个新台阶。

参考文献

[1] Darensbourg D, Wilson S. Synthesis of poly(indene carbonate) from indene oxide and carbon dioxide—a polycarbonate with a rigid backbone[J]. Journal of the American Chemical Society, 2011, 133 (46): 18610-18613.

[2] Darensbourg D, Wilson S. Synthesis of CO_2-derived poly(indene carbonate) from indene oxide utilizing bifunctional cobalt(Ⅲ) catalyst[J]. Macromolecules, 2013, 46 (15): 5929-5934.

[3] Darensbourg D, Kyran S. Carbon dioxide copolymerization study with a sterically encumbering naphthalene-derived oxide[J]. ACS Catalysis, 2015, 5 (9): 5421-5430.

[4] Liu Y, Wang M, Ren W, et al. Crystalline hetero-stereocomplexed polycarbonates produced from amorphous opposite enantiomers having different chemical structures[J]. Angewandte Chemie International Edition, 2015, 54 (24): 7042-7046.

[5] Liu Y, Wang M, Ren W, et al. Stereospecific CO_2 copolymers from 3,5-dioxaepoxides: Crystallization and functionallization[J]. Macromolecules, 2014, 47 (4): 1269-1276.

[6] Liu Y, Ren W, He K, et al. Crystalline-gradient polycarbonates prepared from enantioselective terpolymerization of *meso*-epoxides with CO_2[J]. Nature Communications, 2014, 5 (1): 5687.

[7] Ihata O, Kayaki Y, Ikariya T. Synthesis of thermoresponsive polyurethane from 2-methylaziridine and supercritical carbon dioxide[J]. Angewandte Chemie International Edition, 2004, 43 (6): 717-719.

[8] Gu L, Gao Y, Qin Y, et al. Biodegradable poly(carbonate-ether)s with thermoresponsive feature at body temperature[J]. Journal of Polymer Science, Part A: Polymer Chemistry, 2013, 51 (2): 282-289.

[9] Darensbourg D, Yeung A, Wei S. Base initiated depolymerization of polycarbonates to epoxide and carbon dioxide co-monomers: a computational study[J]. Green Chemistry, 2013, 15 (6): 1578-1583.

[10] Darensbourg D, Wei S, Yeung A, et al. An efficient method of depolymerization of poly(cyclopentene carbonate) to its comonomers: Cyclopentene oxide and carbon dioxide[J]. Macromolecules, 2013, 46 (15): 5850-5855.

[11] Liu Y, Zhou H, Guo J,et al. Completely recyclable monomers and polycarbonate: Approach to sustainable polymers[J]. Angewandte Chemie International Edition, 2017, 56 (17): 4862-4866.

[12] Cyriac A, Lee S, Varghese J, et al. Immortal CO_2/propylene oxide copolymerization: Precise control of molecular weight and architecture of various block copolymers[J]. Macromolecules, 2010, 43 (18): 7398-7401.

[13] Hwang Y, Jung J, Ree M, et al. Terpolymerization of CO_2 with propylene oxide and epsilon-caprolactone using zinc glutarate catalyst[J]. Macromolecules, 2003, 36 (22): 8210-8212.

[14] Romain D, Williams C. Chemoselective polymerization control: from mixed-monomer feedstock to copolymers[J]. Angewandte Chemie International Edition, 2014, 53 (6): 1607-1610.

[15] Kember M, Copley J, Buchard A, et al. Triblock copolymers from lactide and telechelic poly(cyclohexene carbonate)[J]. Polymer Chemistry, 2012, 3: 1196-1201.

[16] Sulley G, Gregory G, Chen T, et al. Switchable catalysis improves the properties of CO_2-derived polymers: Poly(cyclohexene carbonate-b-ε-decalactone-b-cyclohexene carbonate) adhesives, elastomers, and toughened plastics[J]. Journal of the American Chemical Society, 2020, 142 (9): 4367-4378.

[17] Romain C, Zhu Y, Dingwall P, et al. Chemoselective polymerizations from mixtures of epoxide, lactone, anhydride, and carbon dioxide[J]. Journal of the American Chemical Society, 2016, 138 (12): 4120-4131.

[18] Darensbourg D, Wu G. A one-pot synthesis of a triblock copolymer from propylene oxide/carbon dioxide and lactide: Intermediacy of polyol initiators[J]. Angewandte Chemie International Edition, 2013, 125 (40): 10796-10800.

[19] Kernbichl S, Reiter M, Adams F, et al. CO_2-controlled one-pot synthesis of AB, ABA block, and statistical terpolymers from β-butyrolactone, epoxides, and CO_2[J]. Journal of the American Chemical Society, 2017, 139 (20): 6787-6790.

[20] Jeske R, Rowley J, Coates G. Pre-rate-determining selectivity in the terpolymerization of epoxides, cyclic anhydrides, and CO_2: a one-step route to diblock copolymers[J]. Angewandte Chemie International Edition, 2008, 47 (32): 6041-6044.

[21] Hilf J, Schulze P, Frey H. CO_2-based non-ionic surfactants: Solvent-free synthesis of poly(ethylene glycol)-block-poly(propylene carbonate) block copolymers[J]. Macromolecular Chemistry and Physics, 2013, 214 (24): 2848-2855.

[22] Wang Y, Zhao Y, Ye Y, et al. A one-step route to CO_2-based block copolymers by simultaneous ROCOP of CO_2/epoxides and RAFT polymerization of vinyl monomers[J]. Angewandte Chemie International Edition, 2018, 57 (14): 3593-3597.

[23] Zhao Y, Wang Y, Zhou X, et al. Oxygen-triggered switchable polymerization for the one-pot synthesis of CO_2-based block copolymers from monomer mixtures[J]. Angewandte Chemie International Edition, 2019, 58 (40): 14311-14318.

[24] Cowman C, Tan K, Hovden R, et al. Multicomponent nanomaterials with complex networked architectures from orthogonal degradation and binary metal backfilling in ABC triblock terpolymers[J]. Journal of the American Chemical Society, 2015, 137 (18): 6026-6033.

[25] Yang G, Wu G, Chen X, et al. Directed self-assembly of polystyrene-b-poly(propylene carbonate) on chemical patterns via thermal annealing for next generation lithography[J]. Nano Letters, 2017, 17 (2): 1233-1239.

[26] Midori T, Nomura Y, Yoshida Y, et al. Functional polycarbonate by copolymerization of carbon dioxide and epoxide: Synthesis and hydrolysis[J]. Die Makromolekulare Chemie, 1982, 183 (9): 2085-2092.

[27] Okada A, Kikuchi S, Yamada T. Alternating copolymerization of propylene oxide/alkylene oxide and carbon dioxide: Tuning thermal properties of polycarbonates[J]. Chemistry Letters, 2011, 40 (2): 209-211.

[28] Zhang X, Wei R, Zhang Y, et al. Carbon dioxide/epoxide copolymerization via a nanosized zinc–cobalt(III) double metal cyanide complex: substituent effects of epoxides on polycarbonate selectivity, regioselectivity and glass transition temperatures[J]. Macromolecules, 2015, 48(3): 536-544.

[29] Zhang Y, Wei R, Zhang X, et al. Efficient solvent-free alternating copolymerization of CO_2 with 1,2-epoxydodecane and terpolymerization with styrene oxide via heterogeneous catalysis[J]. Journal of Polymer Science, Part A: Polymer Chemistry, 2015, 53 (6): 737-744.

[30] Zhang Y, Zhang X, Wei R, et al. Synthesis of fully alternating polycarbonate with low T_g from carbon dioxide and bio-based fatty acid[J]. RSC Advances, 2014, 4 (68): 36183-36188.

[31] Wu G, Lu X, Darensbourg D. Alternating copolymerization of CO_2 and styrene oxide with Co(III)-based catalyst systems: differences between styrene oxide and propylene oxide[J]. Energy & Environmental Science, 2011, 4 (12): 5084-5092.

[32] Wu G, Ren W, Darensbourg D, et al. Highly selective synthesis of CO_2 copolymer from styrene oxide[J]. Macromolecules, 2010, 43 (21): 9202-9204.

[33] Wu G, Darensbourg D, Lu X. Tandem metal-coordination copolymerization and organocatalytic ring-opening polymerization via water to synthesize diblock copolymers of styrene oxide/CO_2 and lactide[J]. Journal of the American Chemical Society, 2012, 134 (42): 17739-17745.

[34] Shen Z, Chen X, Zhang Y. New catalytic systems for the fixation of carbon dioxide, 2. Synthesis of high

molecular weight epichlorohydrin/carbon dioxide copolymer with rare earth phosphonates/triisobutyl-aluminium systems[J]. Macromolecular Chemistry and Physics, 1994, 195 (6): 2003-2011.

[35] Wei R, Zhang X, Du B, et al. Selective production of poly(carbonate-*co*-ether) over cyclic carbonate for epichlorohydrin and CO_2 copolymerization via heterogeneous catalysis of Zn-Co (Ⅲ) double metal cyanide complex[J]. Polymer, 2013, 54 (23): 6357-6362.

[36] Sudakar P, Sivanesan D, Yoon S. Copolymerization of epichlorohydrin and CO_2 using zinc glutarate: an additional application of ZnGA in polycarbonate synthesis[J]. Macromolecular Rapid Communications, 2016, 37 (9): 788-793.

[37] Wu G, Lu X, Darensbourg D, et al. Perfectly alternating copolymerization of CO_2 and epichlorohydrin using cobalt(Ⅲ)-based catalyst systems[J]. Journal of the American Chemical Society, 2011, 133 (38): 15191-15199.

[38] Yang G, Xu C, Xie R, et al. Pinwheel-shaped tetranuclear organoboron catalysts for perfectly alternating copolymerization of CO_2 and epichlorohydrin[J]. Journal of the American Chemical Society, 2021, 143(9): 3455-3465.

[39] Zhang H, Grinstaff M. Synthesis of atactic and isotactic poly(1,2-glycerol carbonate)s: degradable polymers for biomedical and pharmaceutical applications[J]. Journal of the American Chemical Society, 2013, 135 (18): 6806-6809.

[40] Geschwind J, Frey H. Poly(1,2-glycerol carbonate): A fundamental polymer structure synthesized from CO_2 and glycidyl ethers[J]. Macromolecules, 2013, 46 (9): 3280-3287.

[41] Zhang H, Lin X, Chin S, et al. Synthesis and characterization of poly(glyceric acid carbonate): A degradable analogue of poly(acrylic acid)[J]. Journal of the American Chemical Society, 2015, 137 (39): 12660-12666.

[42] Tsai F, Wang Y, Darensbourg D. Environmentally benign CO_2-based copolymers: degradable polycarbonates derived from dihydroxybutyric acid and their platinum–polymer conjugates[J]. Journal of the American Chemical Society, 2016, 138 (13): 4626-4633.

[43] Gu L,Wang X, Wang F, et al. Hydrophilic CO_2-based biodegradable polycarbonates: Synthesis and rapid thermo-responsive behavior[J]. Journal of Polymer Science, Part A: Polymer Chemistry, 2013, 51 (13): 2834-2840.

[44] Zhou Q, Wang X, Wang F, et al. Biodegradable CO_2-based polycarbonates with rapid and reversible thermal response at body temperature[J]. Journal of Polymer Science, Part A: Polymer Chemistry, 2013, 51 (9): 1893-1898.

[45] Song P, Shang Y, Chong S, et al. Synthesis and characterization of amino-functionalized poly(propylene carbonate)[J]. RSC Advances, 2015, 5 (41): 32092-32095.

[46] Jansen J, Addink R, Mijs W. Synthesis and characterization of novel side-chain liquid crystalline polycarbonates[J]. Molecular Crystals and Liquid Crystals, 1995, 261 (1): 415-426.

[47] Jansen J, Addink R,Mijs W, et al. Synthesis and characterization of novel side-chain liquid crystalline polycarbonates, 4. Synthesis of side-chain liquid crystalline polycarbonates with mesogenic groups having tails of different lengths[J]. Macromolecular Chemistry and Physics, 1999, 200 (6): 1407-1420.

[48] Jansen J, Addink R, Mijs W. et al. Synthesis and characterization of novel side-chain liquid crystalline polycarbonates, 5. Mesophase characterization of side-chain liquid crystalline polycarbonates with tails of different lengths[J]. Macromolecular Chemistry and Physics, 1999, 200 (6): 1473-1484.

[49] Hauenstein O, Agarwal S, Greiner A. Bio-based polycarbonate as synthetic toolbox[J]. Nature Communications, 2016, 7: 11862.

[50] Martín C, Kleij A. Terpolymers derived from limonene oxide and carbon dioxide: Access to cross-linked polycarbonates with improved thermal properties[J]. Macromolecules, 2016, 49 (17): 6285-6295.

[51] Stößer T, Li C, Unruangsri J, et al. Bio-derived polymers for coating applications: comparing poly(limonene carbonate) and poly(cyclohexadiene carbonate)[J]. Polymer Chemistry, 2017, 8 (39): 6099-6105.

[52] Darensbourg D, Tsai F. Postpolymerization functionalization of copolymers produced from carbon dioxide and 2-vinyloxirane: Amphiphilic/water-soluble CO_2-based polycarbonates[J]. Macromolecules, 2014, 47 (12): 3806-3813.

[53] Wang Y, Fan J, Darensbourg D. Construction of versatile and functional nanostructures derived from CO_2-based polycarbonates[J]. Angewandte Chemie International Edition, 2015, 54 (35): 10206-10210.

[54] Zhang J, Ren W, Sun X, et al. Fully degradable and well-defined brush copolymers from combination of living CO_2/epoxide copolymerization, thiol–ene click reaction and ROP of ε-caprolactone[J]. Macromolecules, 2011, 44 (24): 9882-9886.

[55] Hilf J, Frey H. Propargyl-functional aliphatic polycarbonate obtained from carbon dioxide and glycidyl propargyl ether[J]. Macromolecular Rapid Communications, 2013, 34 (17): 1395-1400.

[56] Hu Y, Qiao L, Qin Y, et al. Synthesis and stabilization of novel aliphatic polycarbonate from renewable resource[J]. Macromolecules, 2009, 42 (23): 9251-9254.

[57] Hilf J, Scharfenberg M, Poon J, et al. Aliphatic polycarbonates based on carbon dioxide, furfuryl glycidyl ether, and glycidyl methyl ether: reversible functionalization and cross-linking[J]. Macromolecular Rapid Communications, 2015, 36 (2): 174-179.

[58] Cui X, Jin J, Cui J, et al. Preparation of chlorinated poly(propylene carbonate) and its distinguished properties[J]. Chinese Journal of Polymer Science, 2017, 35 (9): 1086-1096.

[59] Cui X, Jin J, Zhao G, et al. Preparation of chlorinated poly(propylene carbonate) and its effects on the mechanical properties of poly(propylene carbonate)/starch blends as a compatibilizer[J]. Polymer Bulletin, 2020, 77 (3): 1327-1342.

[60] Wang E, Liu S, Wang X, et al. Deciphering structure–functionality relationship of polycarbonate-based polyelectrolytes by AIE technology[J]. Macromolecules, 2020, 53 (14): 5839-5846.

[61] Wang M, Wang E, Cao H, et al. Construction of self-reporting biodegradable CO_2-based polycarbonates for the visualization of thermoresponsive behavior with aggregation-induced emission technology[J]. Chinese Journal of Chemistry, 2021, 39: 3037-3043.

[62] Wang E, Liu S, Wang X, et al. Chain-transfer-catalyst: strategy for construction of site-specific functional CO_2-based polycarbonates[J]. Science China Chemistry, 2021, 65(1): 162-169.

[63] Wang M, Liu S, Wang X, et al. Aldehyde end-capped CO_2-based polycarbonates: a green synthetic platform for site-specific functionalization[J]. Polymer Chemistry, 2022, 13: 1731-1738.

[64] Cyriac A, Lee S, Varghese J, et al. Preparation of flame-retarding poly(propylene carbonate)[J]. Green Chemistry, 2011, 13 (12): 3469-3475.

[65] Huang Z, Wang Y, Zhang N, et al. One-pot synthesis of ion-containing CO_2-based polycarbonates using protic ionic liquids as chain transfer agents[J]. Macromolecules, 2018, 51 (22): 9122-9130.

[66] Bhat G, Rashad A, Darensbourg D. Synthesis of terpyridine-containing polycarbonates with post polymerization providing water-soluble and micellar polymers and their metal complexes[J]. Polymer Chemistry, 2020, 11 (29): 4699-4705.

[67] Hilf J, Schulze P, Seiwert J, et al. Controlled synthesis of multi-arm star polyether-polycarbonate polyols

based on propylene oxide and CO_2[J]. Macromolecular Rapid Communications, 2014, 35 (2): 198-203.

[68] Scharfenberg M, Seiwert J, Scherger M, et al. Multiarm polycarbonate star polymers with a hyperbranched polyether core from CO_2 and common epoxides[J]. Macromolecules, 2017, 50 (17): 6577-6585.

[69] Scharfenberg M, Hofmann S, Preis J, et al. Rigid hyperbranched polycarbonate polyols from CO_2 and cyclohexene-based epoxides[J]. Macromolecules, 2017, 50 (16): 6088-6097.

[70] Augustine D, Hadjichristidis N, Gnanou Y, et al. Amphiphilic star block copolymers, and miktoarm stars with degradable polycarbonate cores[J]. Macromolecules, 2020, 53 (3): 895-904.

[71] Yoshida A, Honda S, Goto H, et al. Synthesis of H-shaped carbon-dioxide-derived poly(propylene carbonate) for topology-based reduction of the glass transition temperature[J]. Polymer Chemistry, 2014, 5 (6): 1883-1890.

[72] Liu J, Ren W, Lu X. Fully degradable brush polymers with polycarbonate backbones and polylactide side chains[J]. Science China Chemistry, 2015, 58 (6): 999-1004.

[73] Honda S, Sugimoto H. Carbon dioxide-derived immortal brush macromolecules with poly(propylene carbonate) side chains[J]. Macromolecules, 2016, 49 (18): 6810-6816.

第五章

二氧化碳基多元醇

二氧化碳基多元醇（CO_2-polyol），是典型的端羟基功能化的低分子量二氧化碳共聚物，主要通过二氧化碳与环氧化物在起始剂（又称链转移剂，一类含活泼氢多官能度化合物）存在下进行调聚反应所得，如图5-1所示。其反应机理为"不死"聚合，是指聚合反应过程中，聚合物增长活性链并不会被质子化合物"杀死"，链转移反应后所形成的新的聚合物拥有继续引发单体聚合的能力，从而使聚合反应表现出"不死"的特性。该反应机理由日本科学家井上祥平教授首次发现[1]。在"不死聚合"中，由于链转移速率远大于链增长速率，通过调控质子起始剂（starter-H）用量，可高效合成分子量可控、链结构可调的窄分布末端功能化聚合物。

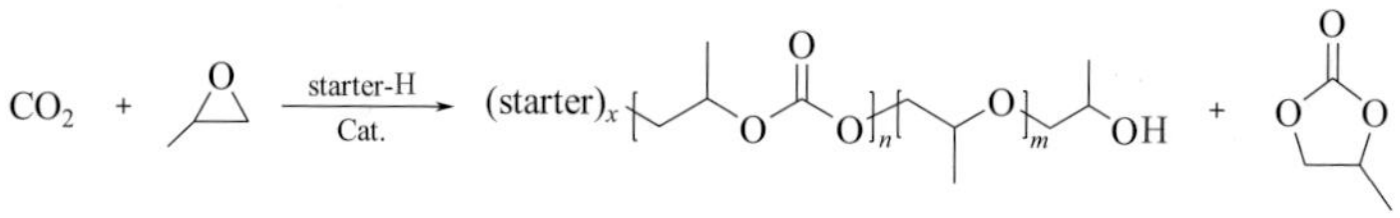

图5-1 二氧化碳/环氧化物的调聚反应合成二氧化碳基多元醇

根据主链结构的不同，二氧化碳基多元醇可以分为二氧化碳/环氧化物交替共聚得到的聚碳酸酯型多元醇，以及二氧化碳/环氧化物无规共聚得到的酯-醚结构共存的聚碳酸酯-醚多元醇。高交替结构的二氧化碳基多元醇由于玻璃化转变温度较高，一般在30℃以上，导致低温性能不佳而在聚氨酯领域的应用受限。酯-醚结构共存的聚碳酸酯-醚多元醇，由于主链结构中同时含有刚性的碳酸酯基团和柔顺的醚基团，在一个分子链上兼具聚酯和聚醚多元醇两者的优点，因此所制备的新结构聚氨酯同时具有优良的力学性能、耐水解性能和抗氧化性能，已经成功应用在泡沫材料、胶黏剂、涂料等领域中，受到了学术界和工业界的广泛关注。

在二氧化碳基多元醇的制备中，催化剂的性能直接影响了合成效率、产物选择性与结构性能调控，是最重要的决定要素。在目前已发展的催化剂中，非均相的双金属氰化物（double metal cyanide，DMC）催化剂对二氧化碳和环氧丙烷的调聚反应展现了较高的催化活性和一定的选择性，是目前最有希望用于二氧化碳基多元醇工业化生产的催化剂。另一方面，研究人员也基于均相催化剂如金属-Salen配合物[2]、有机硼等[3]发展了一些具有高选择性的二氧化碳/环氧化物的调聚反应体系。近期，王献红等[4-5]发展的高分子铝卟啉催化剂在二氧化碳基多元醇的合成中显示出极高的活性、选择性及与起始剂兼容性，在与 DMC 催化剂以及一系列均相催化剂的对比下均展现了突出的性能优势。

起始剂是指在调聚反应中具有链转移能力的含活泼氢化合物，对二氧化碳基多元醇的合成尤其是产物结构调控具有非常重要的影响。首先，其链转移能力决定了二氧化碳基多元醇的分子量分布，其用量决定了二氧化碳基多元醇的分子量。其次，多羟基起始剂可以进一步增加官能团数目，丰富二氧化碳基多元醇的拓扑结构。最后，去质子化后位于链中的结构片段还可以为功能化多元醇的制备提供一个可操控平台。常见的起始剂包括小分子醇、低聚多元醇（如PEG、PPG）、酚类、有机二元与多元羧酸等，而一些具有特殊应用性能的功能化起始剂也在近期的文献中出现。

本章将从催化体系、链转移剂、链结构调控和端羟基化学等方面对二氧化碳基多元醇进行系统介绍。

第一节
合成二氧化碳基多元醇的催化体系

到目前为止，无论在学术上还是工业上，二氧化碳与环氧化物共聚制备聚碳酸酯都取得了重要进展，但是通过调聚反应制备低分子量二氧化碳基多元醇的催化体系报道却并不多。主要原因在于在调聚反应过程中，醇、羧酸、胺等含活泼氢的起始剂易使催化剂活性中心大幅度降低活性，甚至失活。因此，用于合成二氧化碳基多元醇的催化体系必须有足够的质子耐受性，同时保持体系有较高的活性及聚合物选择性。正是由于这一苛刻条件，目前高性能二氧化碳基多元醇催化体系仅局限于双金属氰化物催化剂、Salen-Co 配合物催化剂、高分子铝卟啉催化剂及其非均相铝卟啉催化剂等。下面我们将按照其在聚合体系中的分散状态，主要分为非均相催化剂、均相催化剂以及均相催化剂的非均相化三部分分别进行介绍。

一、非均相催化剂

非均相催化剂具有制备简单、成本相对较低、对水氧不敏感等优势，是最具工业应用前景的催化体系。由于双金属氰化物（DMC）催化剂在二氧化碳/环氧化物共聚反应中具有较强的质子耐受性，因而表现出高活性，同时具有较高的多元醇选择性，是目前最具代表性的合成二氧化碳基多元醇催化体系，已成功用于工业化生产线。

鉴于 DMC 催化剂在制备二氧化碳基多元醇中的重要性，本节将重点介绍 DMC 催化剂的结构及其制备方式对催化性能的影响。

如图 5-2 所示，DMC 催化剂一般是由金属盐与过渡金属的氰化物盐在含配位剂的水溶液中反应，生成不溶的固体悬浊液，然后通过多次化浆洗涤与分离，最后干燥而得[6-7]。

$$M^{II}X_2 + M^I_3[M^{III}(CN)_6] + L/H_2O \longrightarrow M^{II}_3[M^{III}(CN)_6]_2 \cdot xM^{II}X_2 \cdot yL \cdot zH_2O$$

图5-2 DMC催化剂的制备路线

当金属盐 $M^{II}X_2$ 与过渡金属的氰化物盐 $M^I_3[M^{III}(CN)_6]$ 以 3:2 的摩尔比进行反应时，所得产物结构式为 $M^{II}_3[M^{III}(CN)_6]_2 \cdot 12\ H_2O$，X 射线衍射 (XRD) 分析表明这是一种具有三维立体网状结构的晶体，晶胞结构为立方面心。一般情况下，这种高结晶性的 DMC 对环氧丙烷的均聚活性很高，但对 CO_2 与环氧化合物的共聚反应的催化活性很低[8]。当金属盐 $M^{II}X_2$ 过量时，所得催化剂对 CO_2 和环氧化合物的共聚反应有较好的催化作用。一般认为反应时过量的金属盐和不同配位剂作用可导致催化剂晶体表面产生缺陷，这也是 DMC 催化剂具有活性的本质原因[9]。

1. 催化剂结构分析

由于 DMC 是非均相催化剂，不溶于普通溶剂，更难以制备单晶。因此目前的技术手段还很难直接、精确地表征其结构，只能根据一些实验数据，结合理论计算结果来解析双金属催化剂的结构。

基于元素分析结果，DMC 的一般经验式可表示为 $M^{II}_3[M^{III}(CN)_6]_2 \cdot x M^{II}X_2 \cdot yL \cdot zH_2O$。其中，$M^{II}$ 一般为二价金属离子，如 Zn^{2+}、Co^{2+}、Fe^{2+}、Ni^{2+} 等；M^{III} 一般为三价过渡金属离子，如 Fe^{3+}、Co^{3+} 等，有时也包括 Co^{2+}、Ni^{2+}、Fe^{2+} 等二价离子；X 一般为 F^-、Cl^-、Br^-、I^-、OH^-、CO_3^{2-}、NO_3^- 等离子；L 一般为含氧的有机配体，如小分子醇、低聚物醇、醛、酮、酯、环醚等；x、y、z 分别为催化剂中 $M^{II}X_2$、L 及 H_2O 的相对含量。

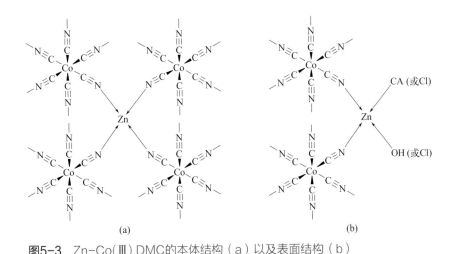

图5-3 Zn-Co(Ⅲ) DMC的本体结构（a）以及表面结构（b）

以经典的 Zn-Co(Ⅲ) 基 DMC 为例，其经验式一般为 $Zn_3[Co(CN)_6]_2 \cdot xZnCl_2 \cdot yL \cdot zH_2O$。图 5-3（a）即为推测的本体结构，其中二价 Zn^{2+} 与四个氰基配位形成四面体结构，而内部的三价 Co^{3+} 与六个氰基配位形成八面体结构，两者间通过氰基桥联，形成三维立体结构[10]。其表面结构一般如图 5-3（b）所示，由于表面缺陷的存在，锌原子倾向于同配位分子如含氧配位剂或水形成 Zn ← O 配位键，一般认为 Zn ← O 配位键是 DMC 催化剂的活性中心。这一构型既依据锌原子的配位性质，又考虑到了六氰基金属盐的稳定性，因而是文献上普遍接受的结构。

受碳酸酐酶中含有的 Zn ← OH 键能高活性催化 CO_2 的水合反应启发，张兴宏等[11-12]提出 Zn-Co(Ⅲ) DMC 催化剂中 Zn ← OH 配位键是催化 CO_2-环氧化物共聚的活性位点。他们在使用纳米薄层 DMC 催化 CO_2-PO 共聚时，特意加入了一定量的水。他们认为水分子作为链转移剂与催化剂的锌中心相互作用，产生了一个新的 Zn ← OH 键，可以引发新的聚合，并且一个锌中心可以产生多个引发位点，从而确保了催化剂的高活性。聚合物端基分析表明，该聚合物两端都为羟基，间接证明了聚合物中的一个羟基来自于催化剂。值得注意的是，$Zn_2[Co(CN)_6]OH$ 和 $Zn_2[Co(CN)_6]Cl$ 对 CO_2-环氧化合物的共聚反应没有活性，从侧面证明了该催化剂为 $Zn_2[Co(CN)_6](OH)_aCl_b$（$a+b=1$）结构[11]。

为了证明 DMC 催化剂的催化活性起源，Darensbourg 等[13]合成了一种结构明确的均相 Zn-Fe(Ⅱ)-DMC 催化剂，如图 5-4 所示，中心金属 Zn 呈四面体构型，该催化剂能催化 CO_2 与 CHO 反应生成环状碳酸酯，同时生成少量的低分子量聚碳酸酯，说明 CO_2-环氧化物共聚反应的活性中心来自四面体 Zn。

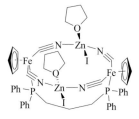

图5-4　结构明确的均相Zn-Fe(Ⅱ)-DMC催化剂

张兴宏等对 DMC 活性位点的研究是基于聚合结果反推，这主要是由于非均相催化剂没有明确的分子结构用于判定活性中心。文献上也采用 X 射线衍射（XRD）、傅里叶变换红外光谱（FT-IR）、X 射线光电子能谱（XPS）来研究催化剂的结构，同时结合催化性能的实验结果来进一步修正、解析催化剂结构。XRD 技术能够揭示催化剂晶体结构变化，结合催化活性的实验数据，能获得催化剂的制备方法、有机配体种类等对催化活性的影响规律。FT-IR 技术能够得到特定官能团，如氰基、Co—C 等的特征吸收峰，而 XPS 技术能够得到催化剂中锌的结合能位移值，不过需要选用无催化活性的 $Zn_3[Co(CN)_6]_2$ 作参照。Jablonska 等 [14] 采用 X 射线吸收光谱（XAS）来研究催化剂的活性中心，XAS 对目标元素周围原子具有很强的敏感性，而与周围环境的状态（结晶或无定形）无关。他们的研究结果表明，Zn-Co-DMC 呈簇状结构，Co 原子呈正八面体构型，原子簇内部的 Zn 原子呈四面体构型，这部分原子构成了催化剂的结晶域。原子簇表面的 Zn 原子一部分由氰基连接，一部分由一个或两个 Cl 原子连接但不是单纯的 $ZnCl_2$ 形式。这一模型恰好同张兴宏等推断出的模型 [11] 以及 Wojdel 等 [15] 理论计算出的模型吻合。

DMC 催化剂的催化活性还与比表面积、无定形相比例等因素有关。Lopez 等 [16] 利用密度泛函理论（DFT）研究了 DMC 催化剂的原子结构。他们认为催化剂的裸露表面含有两种活性中心：一种是短距离的 Zn 原子，一种是长距离（约 7Å）的 Zn 原子。催化活性依赖于 Zn 原子的配位环境，含氮配体形成的晶体场会与单体相互作用，降低活性；而含氧的配体却能提高活性。因此，要确保高催化活性，至少要有两个含氧基团与 Zn 配位。

尽管通过大量的研究，人们已经对 DMC 催化剂的结构有了初步的认识，但是其确切结构以及催化机理还需要更多的实验与理论数据来支撑。相信在不久的未来，采用更加先进的表征技术结合更加巧妙的实验设计，一定会揭开DMC催化剂的"庐山真面目"。

2. 催化剂结构与催化性能

DMC催化CO_2-PO共聚反应的催化性能（活性、产物选择性等）与中心金属种类、有机配体种类及制备方式有关，下面我们将从这三个方面逐一介绍。

（1）中心金属种类对DMC催化性能的影响

1985年，Kruper等[17]合成了Zn-Fe-DMC催化剂，催化CO_2-PO共聚反应时的催化活性仅有44g/g cat.。当将催化剂中的中心金属Fe换成Co时，制备出经典的Zn-Co-DMC催化剂，CO_2-PO共聚反应的催化活性提高到66g/g cat.，但所得聚合物中碳酸酯单元含量小于15%，且环状碳酸酯副产物含量高于20%（质量分数）。戚国荣[18]等认为Zn-Fe-DMC催化剂中Zn的配位状态与β-二亚胺催化剂中的锌类似，如图5-5所示，改变中心金属会显著影响配位氰基的电子云密度，从而影响Zn的配位状态。他们制备了Zn-Co-DMC催化剂，即便在链转移剂存在下，其催化活性高达1.0kg/g cat.，远远超过了其同系物Zn-Fe-DMC，不过所得聚合物的碳酸酯单元含量仅为15%～32%，副产物含量为12%～28%（质量分数）。陈上等[19]将Fe改变为Ni，得到了Zn-Ni-DMC催化剂，其催化CO_2-PO共聚活性为0.5kg/g cat.，聚合物的碳酸酯单元含量可达60%。Coates等[20]同时改变了传统DMC催化剂的内部金属（M^{III}）与外部金属（M^{II}），制备出具有二维平面构型的四氰基双金属氰化物[CoM[CN]$_4$, M = Ni, Pt, Co(II)]。尽管他们认为这一设计不但可以改变催化剂的电子环境，还能更有利于环氧单体接近催化剂的活性中心（相对于三维结构），不过实际用于二氧化碳/环氧化物共聚反应时，催化性能并不如意。戚国荣等[21]进一步系统研究了中心金属种类对CO_2-PO共聚反应的影响，采用Co(III)、Cr(II)、Mo(II)、Mn(II)、Fe(II)、Ni(II)及Cd(II)作为中心金属分别替代Zn-Fe-DMC中的Fe(III)，制成一系列Zn-M-DMC催化剂。结果发现，Zn-Co(III)-DMC催化剂具有最好的催化效果，80℃下催化活性为1.4kg/g cat.，共聚产物的碳酸酯单元含量为32%。

综上所述，双金属氰化物中心金属的变化对催化剂的催化活性有显著影响，外部金属为Zn(II)，内部金属为Co(III)的双金属氰化物催化剂，即Zn-

Co-DMC，对于 CO_2-PO 共聚反应具有最高的催化活性和聚合物选择性，因此 Zn-Co-DMC 成为 DMC 催化剂的代表。

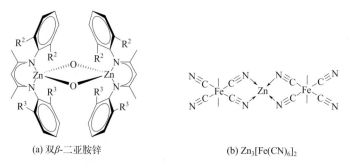

(a) 双 β-二亚胺锌   (b) $Zn_3[Fe(CN)_6]_2$

图5-5 双 β-二亚胺锌（a）和Zn-Fe-DMC（b）催化剂的结构

文献上有许多报道[22-24]，试图改变 Zn-Co-DMC 的中心金属电子环境，以进一步提高聚合反应的催化性能，如改变内部金属的配体、外部金属锌盐的种类［ZnX_2，X=F^-、Cl^-、Br^-、I^-；ZnO、$Zn(OH)_2$、$ZnCO_3$］，或掺杂其他金属离子等方式。2004 年 Kim 等[22]引入了另一种内部金属 Fe，合成出多金属氰化物催化剂 Zn-(Co, Fe)-DMC，同时他们引入了一种外部金属 Y，合成出多金属氰化物催化剂 (Zn, Y)-Co-DMC。他们试图通过金属间的电子效应，达到提高催化活性的目的。结果表明，在 80℃下，Zn-(Co, Fe)-DMC 催化 CO_2-CHO 共聚的催化活性为 102g/g，碳酸酯单元含量为 59%。而 (Zn, Y)-Co-DMC 在相同条件下的催化活性为 76g/g，碳酸酯单元含量为 54%，当时这两种催化剂的活性仍然较低。2006 年 Kim 等[23]利用不同的锌源（ZnX_2，X=F^-、Cl^-、Br^-、I^-），与 $K_3Co(CN)_6$ 反应制备相应的 Zn-Co-DMC 催化剂，以考察外部金属电子环境的变化对催化 CO_2/PO 共聚反应的影响。结果表明，F 取代的 DMC 对共聚反应无活性，而 Cl、Br、I 等取代的 DMC 对 CO_2-PO 共聚催化活性相当（约 510g/g Zn），但是 Br、I 取代的 DMC 所得聚合产物的碳酸酯单元含量（32%～36%）要比 Cl 取代的 DMC（22%）高。戚国荣等[24]采用非水溶性锌盐，如 ZnO、$Zn(OH)_2$、$ZnCO_3$ 等与 $K_3Co(CN)_6$ 反应制备出相应的 DMC 催化剂，结果发现该方法得到的催化剂催化 CO_2-PO 共聚的活性比溶液沉淀（使用水溶性锌盐）的方法高出 1 倍。为了对内部金属离子有更直接的调控，戚国荣等用其他离子取代了 $Co(CN)_6^{3-}$ 中的一个 CN^-，从而扭曲了 Co 的正八面体构型，制备出一系列 $Zn_3[Co(CN)_5X]_2$（X = Cl^-、Br^-、I^-、NO_2^-、N_3^-）。结果发现，无论是催化活性还是聚合物选择性都低于原先的 Zn-Co-DMC 催化剂。值得指出的是，2010 年，张兴宏等 [25] 报道了一种 $CaCl_2$ 掺杂的 Zn-Co-DMC 催化剂，其对催化 PO 均聚反应展现出极高催化活性，低温下（80～115℃）可达到 54kg/g，这一发现对双金属催化剂的发展至关重要。2011 年，王献红等 [26] 成功制备出稀土掺杂 Zn-Co-DMC 催化剂，其催化 CO_2-PO 共聚反应时展现出超高催化活性，90℃下可达到 60kg/g，进一步奠定了双金属催化剂在二氧化碳基高分子领域的应用基础。但是，我们必须正确地认识到，以上两例高催化活性催化剂的成功是由于使用了最合适的配位剂，同时改进了制备方法，说明配位剂对催化活性也有重大影响，下面我们将围绕配位剂和制备方法分别展开介绍。

（2）配位剂对 DMC 催化性能的影响

制备 DMC 催化剂时需要加入含有富电子基团如含 O、N、S 等的有机化合物作为配体，这些有机配体需要与金属中心有相互作用，且在水中有一定的溶解度。通常我们认为配位剂的引入会降低 DMC 催化剂的结晶性，提高无定形部分的比例，进而提高催化活性。常用的有机配体有醇、醛、酮、醚、聚醚、酯、聚酯、聚碳酸酯、脲、酰胺、硫化物等，20 世纪 70 年代出现了以乙二醇二甲醚为有机配体的双金属氰化物催化剂，显著提高了其对环氧丙烷均聚反应的催化效率 [27]。20 世纪 90 年代后，Arco 公司的 Le-Khac 等 [28-29] 报道了一种以叔丁醇（′BuOH）作为新型配位剂制备的 Zn-Co-DMC，其催化 PO 均聚反应时，基于 Co 中心计算的单体转换频率（TOF）能够提升到 $20h^{-1}$ 以上，极大地提高了催化剂的活性。这主要是因为就单个氧原子来说，叔丁醇上的氧原子电负性最强，由它制备的双金属氰化物催化剂具有很高的无定形态，因而活性很高。

韩国 Kim 和 Park 等详细地研究了配位剂对 DMC 催化活性的影响。2009 年 Kim 等 [6] 使用 ′BuOH 作为主配位剂，再分别加入另一种低聚物，如聚四氢呋喃二元醇（PTG）、聚环氧丙烷二元醇（PPG）、PEG、PPG-*b*-PEG-*b*-PPG（P123）及超支化缩水甘油（HBP）作为助配位剂。助配位剂一般起到两种作用：一是调节催化活性，二是作为一种保护剂调节催化剂颗粒尺寸。含有助配位剂的催化剂其颗粒尺寸（<300nm）明显小于不含有助配位剂的催化剂（>1500nm）。他们认为 DMC 催化剂在成核和增长过程中，助配位剂中的羟基与 Zn和 Co 离子弱配位，提供了空间稳定性。在催化 CO_2-CHO 共聚时，各催化剂活性次序如下：DMC-PEG（2621g/g Zn）＞DMC-′BuOH（2382g/g Zn）＞DMC-PPG（2255g/g Zn）＞DMC-P123（2035g/g Zn）＞DMC-PTG（1654g/g

Zn）＞DMC-HBP（962g/g Zn）；共聚产物中碳酸酯单元含量次序如下：DMC-HBP（63%）＞DMC-PEG（37%）＞DMC-P123（35%）＞DMC-'BuOH（18%）＞DMC-PPG（14%）。所以，选用 PEG 为助配位剂时所得催化剂具有最高的活性，选用 HBP 为助配位剂时所得共聚产物具有最高的碳酸酯单元含量。考虑到 'BuOH 有毒且用量很大（制备 10g DMC 催化剂需要用大约 410mL 'BuOH），2010 年，Kim 等 [7] 利用一系列小分子 β-烷氧基醇作助配位剂部分取代 'BuOH，研究了助配位剂对 DMC 催化 PO 均聚的活性和诱导期的影响。当仅用 'BuOH 作配位剂时，所得 DMC 催化 PO 均聚反应的诱导期很长，一旦聚合引发反应速率很快，易剧烈放热使反应失控。若在 DMC 制备过程中加入 2-丁氧基乙醇或 1-丁氧基-2-丙醇作助配位剂，则可以很好地解决反应失控问题。随后 Kim 等 [30] 利用一系列化学结构与 'BuOH 相似但无毒的乳酸酯，如乳酸甲酯（ML）、乳酸乙酯（EL）、乳酸异丙酯（PL）、乳酸丁酯（BL），取代 'BuOH 作为主配位剂，以 P123 和 PEG 为助配位剂，分别合成出一系列 DMC-乳酸酯催化剂。结果发现，当使用 P123 作助配位剂时，催化 PO 均聚活性次序为：DMC-PL1 ≈ DMC-BL1＞DMC-EL1 ≫ DMC-ML1；当使用 PEG 作助催化剂时，催化 PO 均聚活性次序为：DMC-PL2 ≫ DMC-BL2＞DMC-EL2＞DMC-ML2，其中 DMC-PL2 催化 PO 均聚的活性最高，能达到 3394g/(gcat·h)。Park 等 [31] 指出，当使用十六烷基三甲基溴化铵（CTAB）作助配位剂时，可将原先催化 CO_2 和环氧化合物共聚的催化剂转变成只催化 CO_2 和环氧化合物的耦合反应形成环状碳酸酯，进一步证实配位剂对 DMC 的催化性能有很大影响。

（3）制备方式对 DMC 催化性能的影响

DMC 是一种非均相催化剂，且只有在可溶性金属盐 $M^{II}X_2$ 过量时才会对 CO_2/环氧化合物的共聚反应有催化效果，因此 DMC 催化剂没有固定的结构式。大量的实验数据表明，即便使用相同的原料，若采用不同的加料方式（如二价金属盐与过渡金属氰化物盐的混合方式及用量、有机配体的添加方式及用量）、洗涤方式等，也会对 DMC 的催化活性造成很大的影响。为此，我们有必要介绍催化剂制备方式对 DMC 催化 CO_2/环氧化合物共聚反应的影响。

前面我们已经提到，金属盐 $M^{II}X_2$ 与过渡金属的氰化物盐 $M^I_3[M^{III}(CN)_6]$ 的用量比例会显著影响催化活性。只有当金属盐 $M^{II}X_2$ 过量时，所制备的

DMC 才会有较好的催化效果。因此，现有的 Zn-Co-DMC 催化剂都是在 $ZnCl_2$ 过量的前提下制备而成的。

在双金属氰化物催化剂发展过程中，最初是先将金属盐 $M^{II}X_2$ 与金属氰化物盐 $M_3^I[M^{III}(CN)_6]$ 的水溶液混合后发生置换反应而沉淀分离，再用乙二醇二甲醚等配位剂多次洗涤，干燥之后使用[32]。例如 Le-Khac 等[33] 先将 $ZnCl_2$ 水溶液和 $K_3Co(CN)_6$ 水溶液混合，然后再往混合体系中加入 ^tBuOH，并采用均化器制备出具有低结晶度、高催化活性的 Zn-Co-DMC 催化剂。他们还研究了配位剂的添加顺序对催化剂的结晶度及催化活性的影响，在 $ZnCl_2$、$K_3Co(CN)_6$ 或两者的水溶液中提前加入，经过多次化浆、洗涤、分离后就可制备出低结晶度、高催化活性的 Zn-Co-DMC 催化剂。实际上，这是目前文献普遍采用的方法，即先将两种盐溶于含有配位剂如 ^tBuOH 的水溶液中，再进行沉淀反应。

对于非均相催化剂来说，增加比表面积是提高催化活性的有效方法。张兴宏等[34] 采用溶胶-凝胶方法制备出二氧化硅杂化的 Zn-Co-DMC 催化剂（Si-DMC）。该 Si-DMC 催化剂具有特殊的纳米薄层结构（厚度为 40~60nm），在催化 CO_2/CHO 共聚时，催化活性高达 7.5kg/g cat.。Muller 等[35] 也报道了二氧化硅杂化的 Zn-Co-DMC 催化剂，他们发现在中等酸度条件下，杂化催化剂的活性最高，如催化 CO_2 和氧化苯乙烯共聚时，催化活性可高达 575g/g cat.。张兴宏等[12] 进一步制备出比表面积为 $653m^2/g$ 的 Zn-Co-DMC 催化剂，在较低温度下（60℃），催化活性高达 6.05kg/g Zn，且所得聚合物中碳酸酯单元含量也提高到 74.2%。

采用传统方法即 $ZnCl_2$ 和 $K_3Co(CN)_6$ 水溶液沉淀法制备的催化剂，由于钾离子对聚合不利，因此后续需要多次洗涤以去除残留钾离子，非常费时费力。Lee 等[36] 采用 $H_3Co(CN)_6$ 代替 $K_3Co(CN)_6$，通过 $H_3Co(CN)_6$ 与 $ZnCl_2$ 反应制备双金属催化剂，因为避免了残留钾离子的影响，可以大幅减少洗涤次数，该催化剂所合成的聚合物中碳酸酯单元含量达到 60%，而采用传统催化剂合成方法所得到的聚合物中碳酸酯单元含量仅 10%~40%。Lu 等[37] 报道了一种球磨法制备 DMC 催化剂的方法，通过机械化学取代溶剂使两种盐反应，大大减少了溶剂的使用。所得 Zn-Fe-DMC 催化剂对 CO_2/PO 共聚反应的活性能达到 773g/g Zn，产物选择性能达到 90% 以上。Park 等[38] 在 Zn-Co-DM 催化剂催化 CO_2/CHO 共聚反应时，引入微波辐射，可缩短诱导期，显著提高催化剂的初始反应活性。Srinivas 等[39]详细研究了 Zn-Co-DMC 催化剂的晶型对 CO_2 共聚反应的影响。他们采用不同的方法制备出具有不同晶型的 Zn-Co-DMC 催化剂，如纯立方晶型 DMC、立方和单斜混合晶型 DMC、单斜和菱形混合晶型 DMC（Zn-Co-M/R）等，他们发现催化剂结晶度与其催化活性及选择性无直接关系，但是与催化剂晶型有很大的关系，如纯立方晶型 DMC 对 CO_2/PO 或 CO_2/CHO 均无活性，立方和单斜混合晶型 DMC 对 CO_2/PO 和 CO_2/CHO 的催化活性分别 37.6g/g cat. 和 50g/g cat.，单斜和菱形混合晶型 DMC 的活性分别为 36.8g/g cat. 和 52.8g/g cat.。

综合上述影响因素，王献红等[26]总结出一种高活性 Zn-Co-DMC 催化剂的制备方法：将 $K_3Co(CN)_6$ 水溶液滴加到含过量 $ZnCl_2$ 的 'BuOH 和去离子水的混合溶液中，其中 $ZnCl_2$/$K_3Co(CN)_6$ 摩尔比为 21:1，然后经过连续 7 次洗涤化浆与离心分离制备出的催化剂对 CO_2/PO 共聚反应的催化活性高达 60.6kg/g cat.，这是目前所报道的最高值，展现出一定的工业化应用前景。

二、均相催化剂

均相催化剂分为金属配合物和无金属的有机催化剂两大类，其中金属配合物催化剂是由中心金属和配体构成的金属配合物，通过改变中心金属或配体骨架取代基及空间位阻可以调整催化剂的电子结构和空间结构，进而调控催化活性。经过 40 多年的发展，目前均相金属催化剂已经形成了种类繁多的品种，鉴于本章以二氧化碳基多元醇为主，本小节只介绍适合于二氧化碳与环氧化物的调聚反应合成二氧化碳基多元醇的高活性、高选择性催化体系。

在单核均相催化剂中，Salen-Co 配合物催化剂最具代表性。经过 2003～2008 年期间几个研究团队的不断优化，特别是 Lee 等[40]开发的带正电荷的单组元双功能 Salen-Co 催化剂，显著提高了共聚活性和选择性，并可精确控制二氧化碳基多元醇的数均分子量。在多核均相催化剂方面，Williams 等[41]报道了双核催化剂，实现了低分子量 CO_2-CHO 共聚物的高效、可控合成。王献红等[4]报道了一种低聚铝卟啉催化体系，作为一类多核均相催化剂，突破了质子耐受性的限制，可高活性、高选择性制备分子量仅为几百的超低分子量二氧化碳基多元醇。下面对均相金属配合物催化剂、均相有机催化剂分别展开介绍。

1. Salen-Co 催化剂

如图 5-6（a）所示，通常将四齿金属席夫碱配合物称为 Salen-金属催化剂。中心金属为钴的 Salen 配合物催化剂（Salen-CoX），是最具代表性的二氧化碳/环氧化物共聚催化剂。在由大位阻阳离子和弱离去能力阴离子组成的助催化剂存在下，Salen-CoX 可高效制备二氧化碳共聚物，并展示出一定的质子耐受性。Darensbourg 等[42-44]利用 Salen-CoX 催化剂，以水作为链转移剂，成功实现了 CO_2-PO 的调聚反应，制备出低分子量二氧化碳基二元醇。值得指出的是，水在不死聚合过程中不仅是链转移剂，同时作为水解剂水解聚合物链另一端的引发基团，以确保聚合物两端均是羟基。Wu 等[44]在系统研究反应机理后，指出水在整个 CO_2 与环氧化物共聚过程中不是直接作为链转移剂，而是先与环氧化物形成小分子二元醇，小分子二元醇在聚合过程中充当链转移剂。这种双羟基聚碳酸酯可作为大分子引发剂，制备出 ABA 三嵌段共聚物。后来 Frey 等[45]以超支化聚环氧丙烷聚醚多元醇为大分子链转移剂、Salen-CoX 为催化剂实现 CO_2 和环氧丙烷的不死共聚，制备了黏度较低的星状多元醇。其中，有 14 或 28 个聚碳酸酯支臂的星状聚合物多元醇，其分子量在 2700～8800 之间可调，分子量分布可控制在 1.23～1.61 之间，玻璃化转变温度则在 10℃以下，甚至可降低到 -8℃。

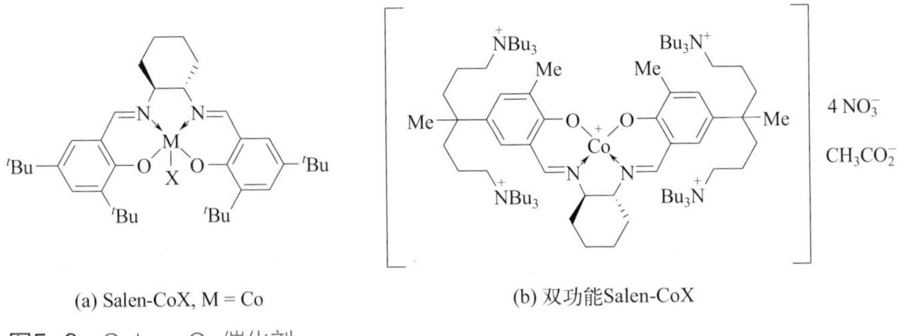

(a) Salen-CoX, M = Co　　　　(b) 双功能Salen-CoX

图5-6　Salen-Co催化剂

2010 年，Lee 等[2]直接将大位阻阳离子化学键接到 Salen-CoX 催化剂骨架上，制备出双功能 Salen-CoX 催化剂，如图 5-6(b)所示。不同于双组元体系，单组元双功能 Salen-CoX 在大量己二酸存在下仍然保持了优异的催化活性，即使在己二酸与催化剂的摩尔比高达 500:1 情况下，催化活性也超过 $11000h^{-1}$，与不加己二酸时类似。此外，他们进一步研究发现，链转移剂种类变化，如二元羧酸（对苯二甲酸和丁二酸）、二元醇（乙二醇、二甘醇和丙二醇）和羟基羧酸（4-羟基苯甲酸），对聚合反应活性的影响不大（TOF=9300～11500h^{-1}）。在2011年，Lee等[46]使用含膦的质子酸作为链转移剂，高效制备了具有阻燃性能的二氧化碳基多元醇，表明双功能Salen-CoX催化剂具有良好的质子耐受性。

2．双核金属配合物催化剂

CHO和CO_2的调聚反应如图5-7（a）所示。Williams等[47]报道了以大环辅助配体和三氟乙酸盐为共配体构成的双核锌催化剂［图5-7（b）］，合成的聚合物分子量低于10000，并且端基为羟基，这是由水的链转移与水解反应导致的，所制备的羟基封端聚合物可在丙交酯的开环聚合中作为大分子引发剂，合成出三嵌段共聚物。Williams等[41]还以双（三氟乙酸）二元镁为催化剂［图5-7（c）］，水为链转移剂，高选择性合成了PCHC多元醇。2020年Williams等[48]又报道了锌/镁大环双核催化剂［图5-7（d）］，可用于一锅法制备一系列ABA三嵌段聚合物。首先他们将催化剂与4倍物质的量的1,2-环己二醇、600倍物质的量的ε-癸内酯和700倍物质的量的CHO混合，通过ε-癸内酯的开环反应制备得到羟基封端的聚癸内酯，在20min内转化率高达90%。接下来，向反应釜中充入CO_2至20bar，以羟基封端的聚癸内酯为大分子链转移剂，继续反应20h，直到氧化环己烯转化率高于90%。最终形成ABA三嵌段聚合物，M_n约59100，分子量分布很窄（$Đ=1.10$）。Williams等[49]的研究还表明，这些催化剂不仅对水、氮气、二氧化硫、胺和十八硫醇等杂质具有高耐受性，而且对含活泼质子的杂质包括胺、硫醇和水具有高耐受性。如这些催化剂可以在高达400倍物质的量的水存在下进行有效的调聚反应，催化活性、转化率和选择性等均可保持。

Williams等[50]最近报道了一系列Cr-碱金属双核催化剂，如图5-7（e）所示，这类催化剂显示出高效制备二氧化碳基多元醇的特性，包括优异的活性、定量CO_2转化（＞99%）和二氧化碳基多元醇的高选择性（＞95%）。如活性最高的是Cr（Ⅲ）/钾（Ⅰ）配合物，即使在低催化剂负载时（摩尔分数为0.025%），在70℃和30bar CO_2下催化活性也高达800h^{-1}，该调聚反应产物是分子量可预测、分子量分布窄的羟基封端聚碳酸酯，表明该调聚反应具有可控性。Williams等还研究了该调聚反应的动力学，证明是存在链穿梭效应的双核聚合机制。

3．低聚铝卟啉催化剂

与二氧化碳和环氧环己烷共聚相比，二氧化碳与环氧丙烷的共聚反应更难实现。2019 年，王献红等[4]设计制备了低聚铝卟啉催化剂（oligoAl，如图 5-8 所示），该催化剂不仅实现了 CO_2 与 PO 共聚物的高活性、高选择性制备，而且突破了之前单核铝卟啉催化剂面临的温度、浓度、助催化剂等诸多反应条件的制约。

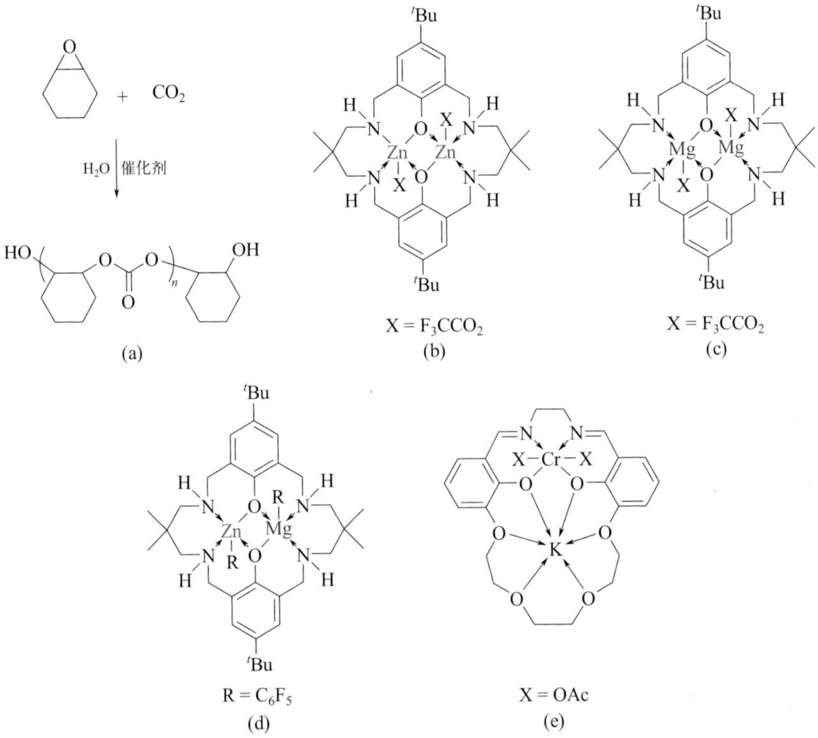

图5-7 典型双核金属配合物催化剂结构

低聚铝卟啉催化剂是中心金属环境友好型催化体系，不仅可以实现高活性、高选择性合成二氧化碳基多元醇，而且在产物专一性、二氧化碳基多元醇的结构精准调控等方面显示出明确的先进性[51]。在催化 PO 与 CO_2 的调聚反应中，其催化剂 TOF 值最高可达 17600h^{-1}，催化效率最高达到 8.6kg/g（oligoAl + PPNCl），催化效率与目前的双金属催化剂（DMC）相当，但二氧化碳基多元醇选择性超过 99%，远优于 DMC 催化剂。

低聚铝卟啉不仅具有突出的活泼氢耐受性，还具有起始剂承载量高、普适性广等优点，如对醇、酚、水、二元羧酸、多元羧酸等多种起始剂，其活性、选择性差别很小，并显示出极佳的产物结构可调性[52]，因此可用于合成多种新结构的 CO$_2$-polyols，包括低黏度、超低分子量二氧化碳基多元醇（M_n < 1000）、

双键功能化二氧化碳基多元醇等。

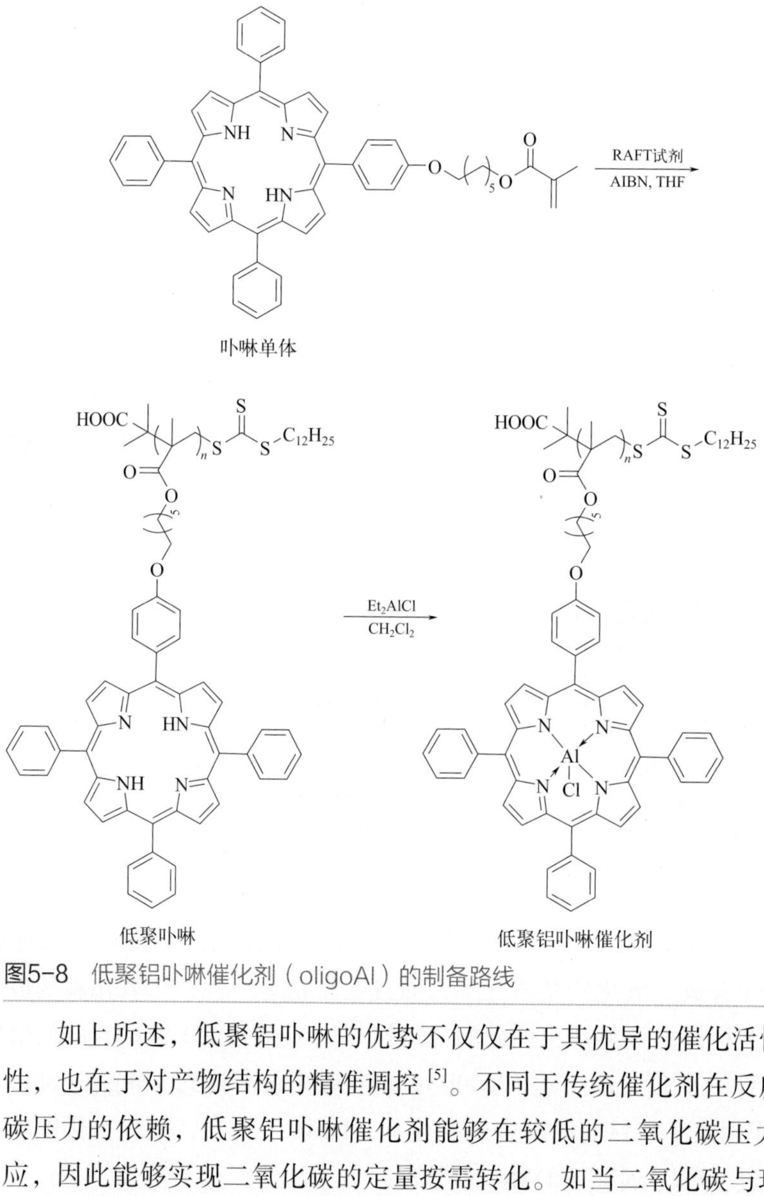

图5-8　低聚铝卟啉催化剂（oligoAl）的制备路线

　　如上所述，低聚铝卟啉的优势不仅仅在于其优异的催化活性与聚合物选择性，也在于对产物结构的精准调控[5]。不同于传统催化剂在反应中对高二氧化碳压力的依赖，低聚铝卟啉催化剂能够在较低的二氧化碳压力下催化聚合反应，因此能够实现二氧化碳的定量按需转化。如当二氧化碳与环氧丙烷的摩尔比由 0.07 逐渐提升至 0.39 的过程中，二氧化碳的转化率均能保持在 90% 以上，同时相应的二氧化碳基多元醇中的碳酸酯单元含量可从 6.9% 提升至 36.8%。作为对照，在相同条件下，单核铝卟啉催化剂在聚合后期较高二氧化碳转化率下，会生成大量环状碳酸酯，从而使多元醇中碳酸酯单元含量难以精准控制。

低聚铝卟啉催化剂由于对链转移剂具有高适应性，能够用于制备具有特殊结构的功能化二氧化碳基多元醇。王献红等[53]在二氧化碳与环氧丙烷的调聚反应中引入衣康酸为起始剂，成功地制备了双键功能化的二氧化碳基多元醇。低聚铝卟啉催化剂的多中心协同作用能够有效地控制衣康酸的酸性较强、双键较活泼等不利于PO-CO$_2$调聚反应的因素，最终实现了含碳碳双键的二氧化碳基多元醇的高效可控制备，且其链长和结构能够精准调控。所合成的具有活泼双键的不饱和多元醇为后续的各种功能化二氧化碳基聚氨酯的合成提供了方便可行的操控平台。同时生物来源的衣康酸进一步提高了聚合物结构中生物碳比例，使得该多元醇的合成路线更符合绿色可持续的理念。

4. 有机催化剂

Feng等[54]采用三乙基硼（TEB）为催化剂，不同官能度的四丁基铵羧酸盐［图5-9（a）］为链转移剂，成功实现CO$_2$与PO的共聚反应［图5-9（b）］，制备了带有1～4个末端羟基的二氧化碳基多元醇。在助催化剂中四丁基碳酸铵十分特殊，一方面四丁基碳酸铵可通过CO$_2$与四丁基氢氧化铵反应获得，

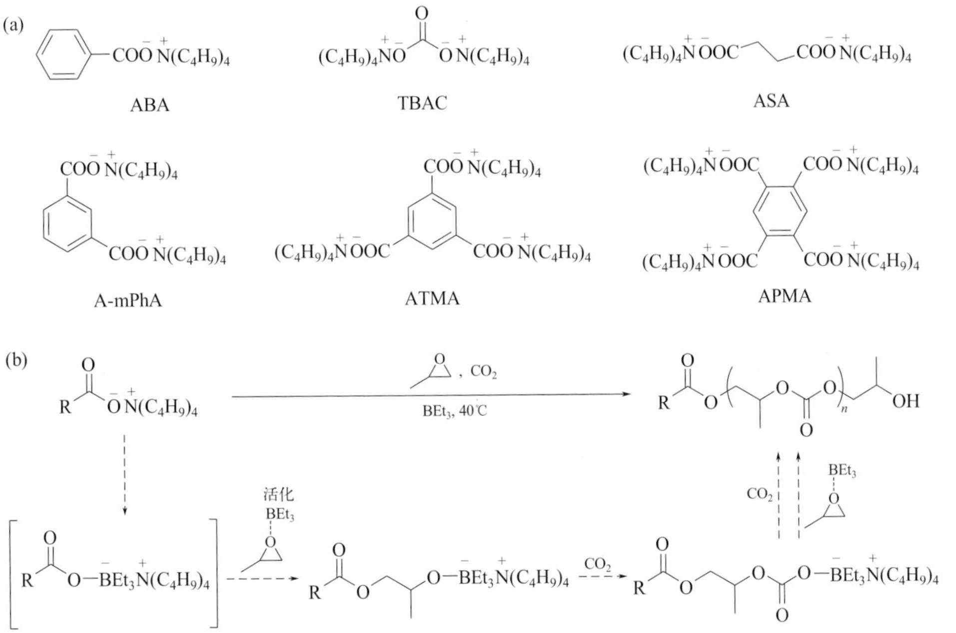

图5-9 不同官能度的四丁基铵的羧酸盐化学结构（a）和羧酸胺/三乙基硼（TEB）催化PO/CO$_2$共聚反应机理（b）

另一方面四丁基碳酸铵引发剂可以回收。改变聚合条件，使 TEB/四丁基碳酸铵体系所合成的二氧化碳基多元醇的分子量在 1000～10000 之间可调，碳酸酯单元含量则可在 50%～96% 之间可控。

三、均相催化剂的非均相化

经过漫长的发展，非均相催化剂与均相催化剂均在二氧化碳基多元醇的合成中取得了重大的进展。然而，这两类催化剂现阶段各自均存在一定的缺陷，非均相催化剂虽然能够在聚合后简单地去除，但其催化活性与聚合物选择性通常较低，且存在活泼氢耐受性不足的问题。均相催化剂能够实现高效制备二氧化碳基多元醇，但其均相的性质导致了催化剂易残留，难以制备无色的二氧化碳基多元醇。

Feng 等 [55] 最近制备了含有四丁基铵羧酸盐的大分子引发剂，实现了均相催化剂的非均相化，再以三乙基硼为催化剂，实现了 CO_2 与 PO 在非均相条件下的共聚反应。聚合产物不仅类似于在均相条件下获得的样品，并且催化剂与大分子引发剂均可通过简单的过滤回收，表明该催化体系可以通过定量回收和循环使用途径实现循环使用。

王献红等 [56] 以 Merrifield 树脂为基础，提出了一种将均相催化剂负载化构筑非均相催化剂策略，该催化剂（cat.）在链转移剂（CTA）存在下进行二氧化碳与环氧丙烷（PO）的调聚反应，由于催化剂的负载化，二氧化碳基多元醇产物很容易从体系中分离，制备出无色、窄分子量分布的超低分子量（ULMW）二氧化碳基多元醇，如图 5-10 所示。通过将铝卟啉负载在可溶胀的 Merrifield 树脂上，能够在维持催化剂分离性能的同时实现铝卟啉在负载催化剂上的多重协同作用。在该非均相化策略中，合适的活性中心至关重要。铝卟啉由于其大 π 共轭体系具有较强的分子间协同效应，已被证明是环氧丙烷与二氧化碳共聚的高活性催化剂。为了使催化剂的活性中心更加明确，他们采取了先将卟啉金属化再进行负载的合成路线。由于金属化试剂（$AlEt_2Cl$）对活泼性质子敏感，常用的羟基功能化卟啉无法得到铝卟啉配合物。尽管钴卟啉可以解决这一问题，但其较低的 PO-CO_2 共聚活性和选择性阻碍了高性能催化剂的进一步发展。基于以上因素，他们采用了氨基功能化铝卟啉进行非均相化。载体方面，他们采用了有溶胀性能的交联 Merrifield 树脂以确保单体与活性中心之间能够有效发生相互作用，并最终通过 Merrifield 树脂的氯苄基（Cl 含量：0.8～1.3mmol/g）与氨基功能化铝卟啉的反应构建了一系列负载催化剂。

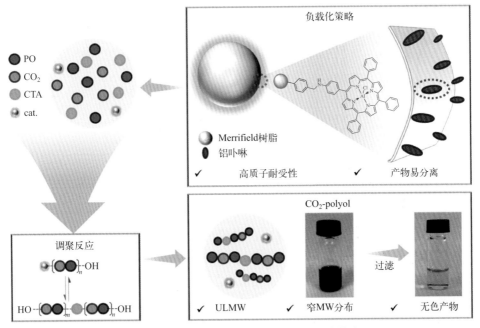

图5-10　均相催化剂的负载化策略及其在CO_2与PO调聚反应中的应用

上述负载铝卟啉催化剂的性能主要受活性中心的负载率（S-Al_x）影响，图 5-11 显示出活性中心负载量对催化性能的影响。随着铝卟啉的负载量从 4% 逐渐增加到 46%，PO 转化率分别可从 59% 提高到 84%。当卟啉负载量相对较低（4%）时，由于树脂的体积效应，得到的催化剂上的活性中心倾向于在树脂间形成协同作用。随着卟啉负载量从 4% 增加到 46%，多位点树脂内卟啉协同开始占据主导地位，催化活性从 140g 多元醇/gAl 提高到 410g 多元醇/gAl。值得指出的是，二氧化碳基多元醇的选择性均能维持在 70% 以上，最高可达 93%。通常随着活性中心负载率的提高，选择性有所改善。

他们进一步对负载铝卟啉催化剂进行优化，其中负载量为 38% 的负载催化剂可合成出超低分子量二氧化碳基多元醇，且在高活性（330g 多元醇/gAl）作用下实现了聚合物的优越选择性（93%）。他们还将剩余的部分苄氯基团与叔胺反应，设计制备了带有季铵盐的双功能负载催化剂，将其用于调聚反应，

PO 的转化率可以提升至 82%，不过聚合物选择性却由 93% 降低到了 82%。

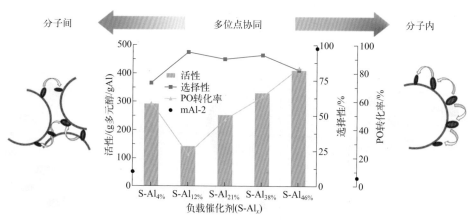

图5-11 活性中心负载量($S\text{-}Al_x$)对催化性能的影响
（$mAl\text{-}2$ 为未负载的铝卟啉配合物催化剂）

　　基于卟啉间的金属协同效应合成的负载催化剂能够在无需助催化剂的条件下实现极高的质子耐受性（$[CTA]:[Al] = 8000$），且能够以高聚合物选择性（$>99\%$）实现超低分子量（580）二氧化碳基二元醇的合成。此外，该负载催化剂具有广泛的质子普适性，能够通过加入不同的链转移剂制备出不同拓扑结构（三臂、四臂和六臂）超低分子量二氧化碳基多元醇。值得注意的是，得益于非均相的性质，在聚合后催化剂能够简单地从体系中分离，进而得到无色的产物。

　　综上所述，催化剂作为聚合反应的核心，始终推动着二氧化碳基多元醇制备方面的发展。其中 DMC 催化剂作为非均相催化剂的代表，已经用于二氧化碳基多元醇的工业化制备。然而，较低的聚合物选择性以及活泼氢耐受性制约了其进一步发展。以 Salen-Co、双核 BDI 锌配合物催化剂以及低铝聚卟啉为代表的均相催化剂，能够高效、高选择性制备二氧化碳基多元醇。其中低聚铝卟啉催化剂突破了质子耐受性以及助催化剂的限制，能够实现二氧化碳的定量按需转化并满足各种功能化多元醇的制备。尤其是利用 Merrifield 树脂将均相铝卟啉催化剂负载化，制备的负载催化剂能够兼具均相催化剂与非均相催化剂的优势，在无需助催化剂的情况下即可高效制备超低分子量的二氧化碳基多元醇，且催化剂能够被简单地分离，进而得到无色的二氧化碳基多元醇，有望成为高效可控合成二氧化碳基多元醇的最优选择。

第二节
合成二氧化碳基多元醇的链转移剂

链转移剂在二氧化碳与环氧化物的调聚反应中具有十分重要的作用，链转移剂用量决定了二氧化碳基多元醇的分子量，同时链转移剂还影响催化剂的催化活性，能改变二氧化碳基多元醇的分子结构。根据链转移剂官能团种类的不同，可将其分为醇类链转移剂与羧酸类链转移剂。常见的链转移剂包括小分子醇类、低聚物多元醇、有机二元羧酸与多元羧酸等，其结构如图 5-12 所示，以下将分别进行介绍。

一、多元醇链转移剂

1. 线型多元醇链转移剂

1992 年陈立班[57] 等采用 Fe-Co 基 DMC 为催化剂、含 1～10 个活泼氢原子的化合物作为起始剂，合成出二氧化碳基多元醇。其中所采用的含 1～10 个活泼氢原子的化合物包括：水、小分子醇类、酚类、硫醇类、羧酸类，含羟基、硫羟基或羧基的聚合物或低聚物。所制备的二氧化碳基多元醇的数均分子量可在 2000～20000 之间进行调节，碳酸酯单元含量在 30% 左右，然而催化体系的活性、选择性较低。2012 年王献红[58] 等采用 Zn-Co-DMC 为催化剂、低聚环氧丙烷二醇（PPGs）为起始剂合成出二氧化碳基多元醇。通过改变体系的温度以及二氧化碳压力，实现了碳酸酯单元含量在 15.3%～62.5% 之间的调节，二氧化碳基多元醇的碳酸酯单元含量（CU）以及分子量均显著影响催化活性，对分子量约 6400、CU 约 34.3% 的二氧化碳基二元醇，催化活性可达 10.0kg/g，而对分子量为 3700、CU 约 62% 的高碳酸酯单元含量二氧化碳基二元醇，则催化活性约为 2.0kg/g。去除起始剂 PPGs 中的烷基金属离子可以抑制聚合产物后期发生"回咬反应"，降低副产物环状碳酸酯的生成。2015 年，Müller 等[59] 采用 DMC 为催化剂、α,ω-二羟基聚环氧丙烷为起始剂，通过多组分共聚合的方式将 CO_2、PO、马来酸酐（MA）、烯丙基缩水甘油醚（AGE）作为共聚单体一锅法制备了多嵌段结构的不饱和聚碳酸酯醚二元醇，如图 5-13

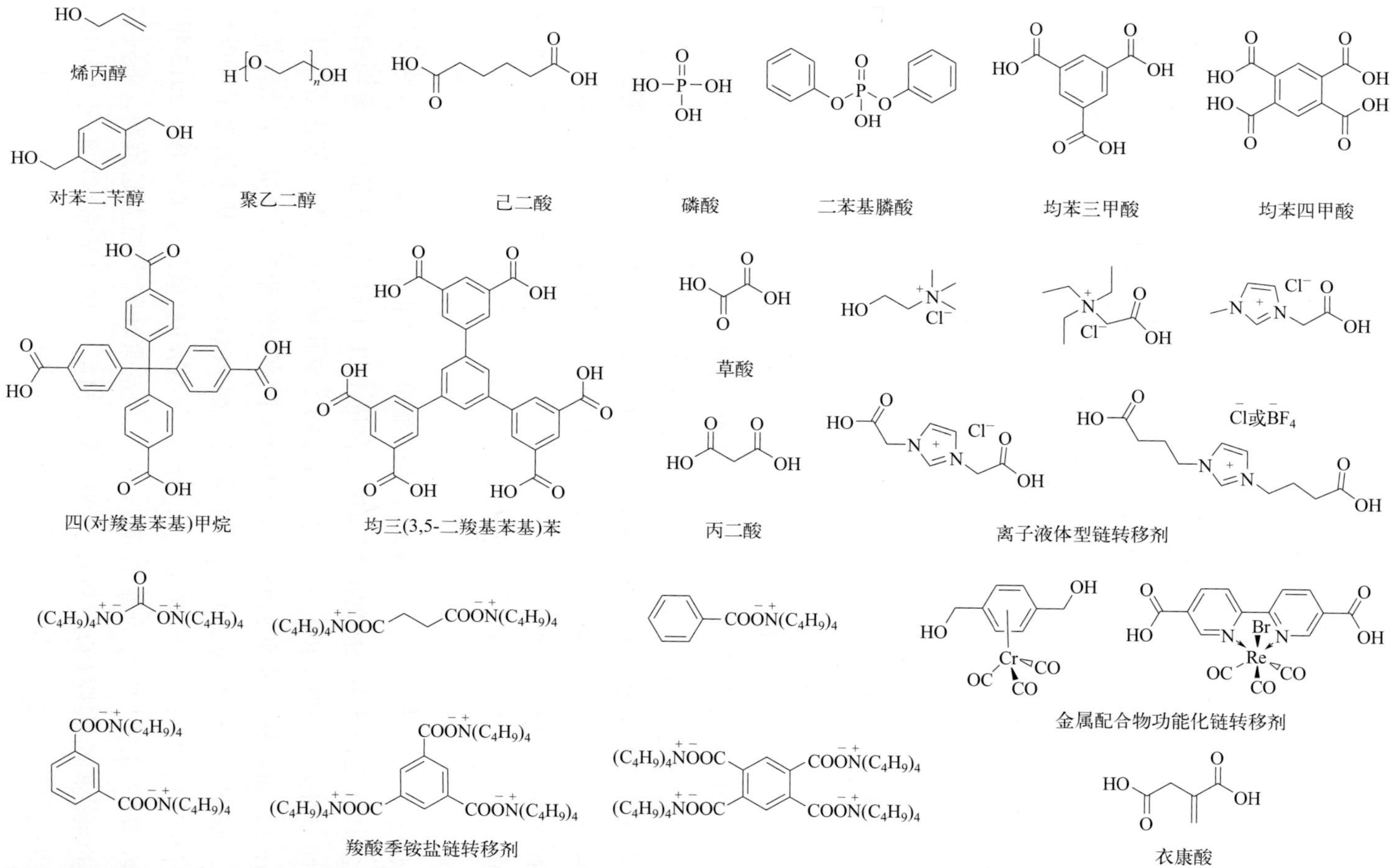

均苯四甲酸

均苯三甲酸

二苯基膦酸

磷酸

草酸

丙二酸

Cl^-或BF_4^-

离子液体型链转移剂

金属配合物功能化链转移剂

衣康酸

己二酸

均三(3,5-二羧基苯基)苯

聚乙二醇

对苯二苄醇

四(对羧基苯基)甲烷

烯丙醇

$COON(C_4H_9)_4$

$(C_4H_9)_4NOOC$

$(C_4H_9)_4NOOC$

$COON(C_4H_9)_4$

$COON(C_4H_9)_4$

$(C_4H_9)_4NO \overset{-}{O}N(C_4H_9)_4$

$COON(C_4H_9)_4$

羧酸季铵盐链转移剂

图5-12 文献上用于合成二氧化碳基多元醇的典型链转移剂

所示。其中末端羟基、主链上的不饱和双键以及侧链上的烯丙基提供了多种聚合物后修饰的可能，吸电子、给电子基团的结合使得其易于进行紫外或氧化还原引发的自由基固化，且具有很好的透明性，有望作为涂料应用。

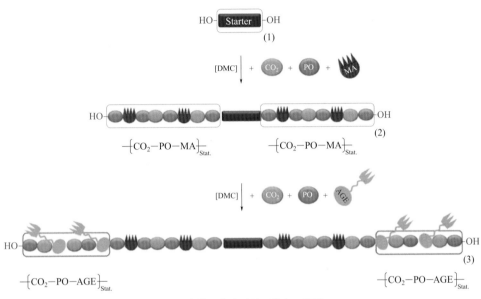

图5-13 序列加料法制备多嵌段结构的聚（碳酸酯-醚）二元醇
（Stat.说明几种结构单元在聚合物链上符合统计学规律）

2016年，Müller[60]将六氰钴酸钾、乙醇钛在过量氯化锌的微酸性条件下通过共沉淀方法制备了纳米二氧化钛负载的DMC催化剂（TiO$_2$-DMC），采用PPGs作为起始剂探究了不同负载方式制备的催化剂在催化性能上的差异。与二氧化硅负载的DMC催化剂（SiO$_2$-DMC）相比，TiO$_2$-DMC催化剂表现出更高的二氧化碳基多元醇选择性（约97.7%），而SiO$_2$-DMC催化剂在同等条件下二氧化碳基多元醇选择性仅为91.8%。通过元素分析（XPS）对比TiO$_2$-DMC与常规DMC，发现TiO$_2$-DMC中Zn元素含量高于普通DMC，进而推测催化剂表面的Zn原子才是催化的活性中心。此外通过负载的方式降低催化剂中Co元素的含量，以期通过TiO$_2$的引入降低催化剂整体Lewis酸性，在保持催化剂的高活性与高选择性的同时，实现了窄分布二氧化碳基多元醇的合成。

2. 支化多元醇链转移剂

2014年Müller等[61]采用Zn-Co-DMC为催化剂，多元醇为起始剂制备了官能度在 2～4 之间的低分子量二氧化碳基多元醇。通过调整醇类起始剂的尺寸以及官能度，可进行二氧化碳基多元醇的结构调控。对所有的二氧化碳基多元醇而言，通常碳酸酯单元含量越高，其黏度越大。官能度对二氧化碳基多元醇的黏度影响也很大，如图 5-14 所示，对双官能团（F=2）和三官能团二氧化碳基多元醇（F=3）而言，即使碳酸酯单元含量、分子量和分布相近，三官能度的二氧化碳基多元醇的黏度高于线型二氧化碳基多元醇。因此通过改变聚（碳酸酯-醚）多元醇的碳酸酯单元含量、分子量、官能度可调控聚氨酯的物化性能，实现二氧化碳基多元醇（聚（碳酸酯-醚）多元醇）在聚氨酯上的应用。

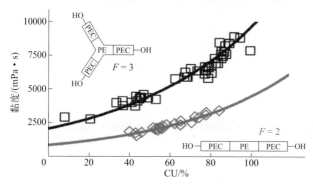

图5-14　二氧化碳基多元醇的官能度及碳酸酯单元含量（CU）对其黏度的影响

　　为制备更高支化度的二氧化碳基多元醇，王献红等[62]采用 Zn-Co-DMC 为催化剂、二季戊四醇（DPE）为起始剂，高效、高选择性地合成了具有支化结构的二氧化碳基六元醇（图 5-15），可用于制备更高交联密度、更高硬度的聚氨酯。通过调整 PO 与 DPE 的摩尔比实现了多元醇分子量的可控性（1500～8000），同时产物中碳酸酯单元含量可高达 60%，且副产物环状碳酸酯的含量可控制在 5.5% 以下。不过，由于起始剂 DPE 中的羟基和 PO 分别与催化剂的活性中心产生竞争配位作用，催化活性下降至 0.14kg 多元醇/g 催化剂。

　　2014 年 Frey 等[63]采用高度支化的聚环氧丙烷聚醚多元醇（hbPPO）作为链转移剂，salcyCoOBzF$_5$ 为催化剂，合成了以 PPC 为臂的 14/28 臂星形聚合物。由于聚醚内核的灵活性，所得星形多臂聚碳酸酯多元醇具有较低的玻璃化转变温度（T_g），该多臂聚碳酸酯多元醇可与异腈酸苯酯反应制备支化聚氨酯。2017 年，Frey 等[64]通过调节甘油的比例（8%～35%）制备了分子量为 800～389000 的 poly(EO-*co*-BO) 共聚物并将其作为大分子起始剂，采用 (*R*,*R*)-(salcy)-CoCl 作为催化剂，采取"先核后臂"的方式制备了分子量高达 812000 的多臂聚碳酸酯。高活性的大分子引发剂以及低活性的环氧单体适用于制备结构明确且碳酸酯单元含量达 88%（摩尔分数）的聚合物。伍广朋和 Darensbourg[65] 等采用 (BDI)ZnOAc 和 Salen-CoTFA/PPN-TFA 为催化剂，PPG、PEG 和 PS 作为大分子链转移剂（macro-CTA）制备出系列二氧化碳基嵌段共聚物。通过对二氧化碳基嵌段共聚物的 GPC 谱图进行"去卷积"的处理和分析，他们指出 macro-CTA 的体积和 macro-CTA/催化剂摩尔比对催化活性与嵌段效率有很大影响，而 PS/PPC 嵌段共聚物的自组装行为清晰表明了嵌段效率对于纳米自组装的影响，高的嵌段效率与反应活性有利于二氧化碳基嵌段共聚物的高值化。

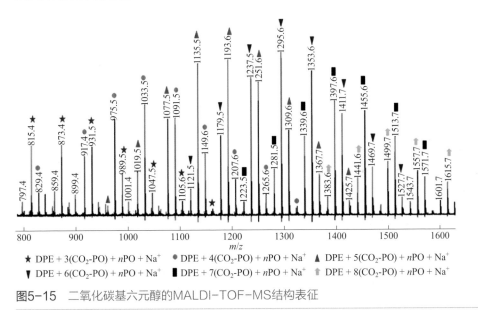

图5-15 二氧化碳基六元醇的MALDI-TOF-MS结构表征

二、多元酸链转移剂

2010 年 Lee 等 [2] 采用己二酸为起始剂，Salen-CoX 为催化剂，系统研究了己二酸对于 PO-CO_2 "不死"共聚的影响。核磁氢谱表明体系中所有己二酸均参与链增长过程，进一步通过 GPC 谱图发现当反应体系中己二酸/催化剂的摩尔比大于 50 时，以己二酸引发为主，聚合物呈单峰分布且分子量分布较窄，一旦己二酸/催化剂的摩尔比低于 50，GPC 谱图就呈双峰分布的特征，其中的高分子量区域由己二酸引发所得，低分子量区域则是催化剂上的轴向基团引发导致的。

基于醇类起始剂在二氧化碳基多元醇中的"链转移"作用，王献红等[58]提出了以下观点：①小分子醇类起始剂在 CO_2-PO "不死"共聚反应过程中主要起到增长活性种质子化，使其变为休眠种的作用；②小分子醇类起始剂的端基氧与活性中心配位，从而引发共聚反应；③小分子醇类起始剂与活性中心解离或被另一分子起始剂质子化而离开活性中心。但是醇类起始剂的质子化能力较弱，且醇氧基团离去能力较弱，这两种因素综合作用导致反应单体难以与催化剂的活性中心配位，从而延长反应诱导期，影响催化性能[66]。戚国荣等[67]的研究也表明链转移剂的质子转移能力在引发阶段非常重要。

基于以上思考，2012 年，王献红等[68]采用质子转移能力更强的有机羧酸替代醇类起始剂，高活性、高选择性地合成二氧化碳基多元醇。例如，以癸二酸（SA）作为起始剂，Zn-Co-DMC 为催化剂，可高效制备出分子量小于 2000、碳酸酯单元含量为 40%～75% 的聚（碳酸酯-醚）二元醇，产物的分子量可以通过调整 PO 与 SA 的摩尔比严格控制。由于体系中快速的链转移反应，以 SA 为起始剂时产物的 PDI 较窄（1.1～1.3），反应诱导期仅为 20min（而以聚醚为起始剂时则长达 425min），同时体系的副产物含量可控制在 2.0%（质量分数）以下，且保持催化活性大于 1.0kg/g cat.。相较于小分子醇类起始剂，癸二酸起始剂的质子更活泼，且与金属配位形成的"—OOCR"键相对于"—OR"键具有更强的离去能力，更有利于合成低分子量、高碳酸酯单元含量的聚（碳酸酯-醚）二元醇。

除了二氧化碳基二元醇，王献红等[69]还以均苯三甲酸（TMA）为起始剂，DMC 为催化剂，一锅法制备了聚（碳酸酯-醚）三元醇。所得聚（碳酸酯-醚）三元醇的分子量与 TMA 的用量呈现出很好的线性关系，分子量可以精确控制在 1400～3800 范围内，同时聚合物具有较窄的分子量分布（PDI=1.15～1.45）和较高的碳酸酯单元含量（20%～54%），催化活性在 0.3～1.0kg/g 范围内。为了进一步提高二氧化碳基多元醇的支化度，王献红等[70]以 1,2,4,5-均苯四甲酸（$btcH_4$）作起始剂，以 DMC 为催化剂催化二氧化碳/PO 共聚反应，制备出聚（碳酸酯-醚）四元醇，其数均分子量与 PO/$btcH_4$ 摩尔比具有良好的线性关系，从而可以进行精确控制。该体系存在快速的链转移反应，因此所得聚（碳酸酯-醚）四元醇具有很窄的分子量分布，当分子量为 1400 时，PDI 仅为 1.08。基于反应初期和后期所得多元醇结构的实时精确表征，他们提出了有机羧酸起始剂的酸度依赖性引发机理，如图 5-16 所示。当有机酸 $pK_{a1} > 4.43$ 时，羧酸起始剂仅作为链转移剂，直接参与共聚反应，而当 $pK_{a1} < 4.2$ 时，羧酸起始剂同时作为"链引发-转移剂"，先引发 PO 均聚成醚，而后该聚醚再作为链转移剂参与共聚。

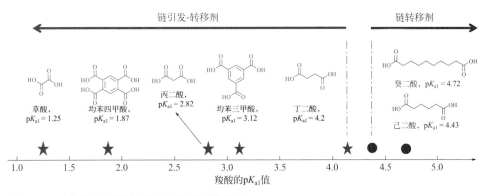

图5-16 有机羧酸起始剂酸度依赖性引发机理

为降低二氧化碳基多元醇的合成成本，王献红等[71]选用低成本的草酸为起始剂，DMC 为催化剂，合成出低成本二氧化碳基二元醇。研究表明，草酸的诱导期明显长于常见有机羧酸，通过 ESI MS、^{1}H-NMR、FTIR 等实验对反应中间体进行探究，发现体系中残存的羧基是导致草酸诱导期明显长于其他有机羧酸的真正原因。按照有机羧酸起始剂的酸度依赖性引发机理，草酸的 $pK_{a1} < 4.2$，因此其在体系中实际为"链引发-转移剂"。为此王献红等提出了"预反应"方法，即先采用 PO 与草酸进行预反应，将草酸全部转化为聚醚二元醇，而后加入催化剂进行聚合反应。通过预反应方法可成功将聚合反应时间从 255min 缩短至 150min，同时所得二氧化碳基二元醇的 5% 热分解温度达到了 190℃，显示出较好的热稳定性。由于在预反应过程中约有 4.75 个 PO 单体参与引发过程，因此随着多元醇分子量的降低，多元醇的 CU 值也较低。鉴于二氧化碳可来源于生物质发酵，具有再生资源属性，王献红等[72]采用生物基丙二酸为起始剂、DMC 为催化剂，合成了生物碳含量超过 30% 的二氧化碳基二元醇。通常丙二酸为起始剂下的聚合反应不可控，不仅反应时间长达 13h，

且副产物含量高达40%(质量分数)，同时产物分子量不可控。基于对"链引发-转移"的理解，作者通过"预反应"的方法将体系的酸性控制在 0.6mg KOH/g 左右，实现了聚合反应的可控，反应时间缩短为 3h，副产物含量控制在 9.4% (质量分数)，分子量提高至 3900。近期王献红等[73-74]还采用廉价的对苯二甲酸为起始剂，DMC 为催化剂，通过预反应制备了分子量为 2000，CU 分别为 36%、55% 和 65% 的二氧化碳基二元醇，并将其应用于水性阳离子二氧化碳基聚氨酯的合成中，进一步将水性阳离子二氧化碳基聚氨酯与水性导电聚苯胺共混[75-76]，展现出二氧化碳基多元醇在金属防腐领域的潜在应用。

2016 年，Sugimoto 等[77]采用 (TPP)CoCl、DMAP 为催化体系，多官能羧酸为起始剂实施 CO_2 与 PO 的调聚反应，制备出具有完全交替结构的支化聚碳酸酯多元醇。支化度更高的六臂星形聚合物 3-(PPC$_{50}$)$_6$ 的 T_g 比四臂星形聚合物 1-(PPC$_{90}$)$_4$ 和 1-(PPC$_{200}$)$_4$ 的更低，不过拓扑结构变化对聚合物的热分解温度影响很小。2019 年，Feng 等[78]采用三乙基硼为催化剂，四丁基羧酸铵为起始剂实施二氧化碳与环氧化物的不死共聚反应，合成了结构明确的聚碳酸酯二元醇以及多元醇。在该催化体系中，二氧化碳不仅作为共聚单体存在，也以碳酸盐的形式作为引发组分。基于此，Feng 等还合成了单/三/四功能化的羧酸铵起始剂以及其他的双官能化羧酸铵起始剂，用于合成结构明确的线形或星形 ω-羟基封端聚碳酸酯。所得遥爪、三臂、四臂星形聚合物的分子量可以在 1000~10000 之间调节，同时保持约 95% 的高碳酸酯单元含量。2020 年，Feng 等[55]采用三乙基硼及二叔丁基琥珀酸铵盐体系合成了二氧化碳基多元醇，通过将多元醇进行水处理实现了起始剂的回收利用。他们还制备了铵盐低聚物起始剂，相较于单分子铵盐起始剂，该低聚合物起始剂更易于通过简单的过滤实现回收利用。

三、功能化链转移剂

链转移剂除了对二氧化碳基多元醇（CO_2-polyol）的分子量及分布、支化拓扑结构等进行调控外，还可以在多元醇主链中引入功能化基团，获得结构和性能多样化的二氧化碳基多元醇。

2011 年，Lee 等[46]利用磷酸、苯基膦酸、二苯基膦酸等链转移剂合成了含磷聚碳酸酯二元醇，进而制备了阻燃型二氧化碳基聚氨酯，如图 5-17 所示。含磷有机酸与 Salen-Co 催化剂具有良好的兼容性，催化剂 TOF 值在 $10000\sim20000h^{-1}$ 之间。进一步添加适量的二异氰酸酯，可合成具有阻燃性能的热塑性聚氨酯，该聚氨酯燃烧时所排放的烟要明显少于聚苯乙烯等通用塑料[79]。刘宾元等[80]采用双酚 A 为链转移剂也可以为 CO_2-polyol 带来良好的阻燃效果，由于苯环具有更高的内聚能密度，双酚 A 基 CO_2 基聚氨酯具有更优异的热稳定性，热分解温度可提高 $50℃$。此外，Darensbourg 等在以 Salen-Co 为催化剂的"不死"聚合体系下，合成了主链带有离子液体[81]以及金属配合物功能化[82]的 CO_2-polyol，进一步丰富了 CO_2-polyol 的结构和性能。

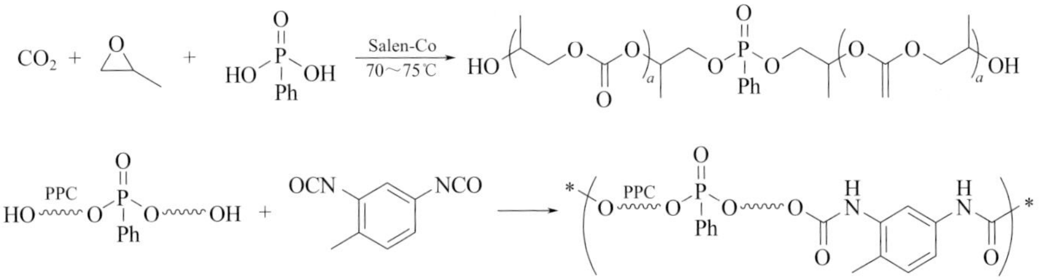

图5-17　含磷聚碳酸酯二元醇和相应含磷二氧化碳基聚氨酯的合成

　　王献红等[53]采用衣康酸为起始剂，合成了双键功能化的 CO_2-polyol。如图 5-18 所示，衣康酸是一种生物来源的不饱和二元羧酸，代替石化基起始剂将生物碳比例进一步提高了 $5\%\sim10\%$，使所合成的多元醇更符合可持续发展的理念。由于衣康酸的酸性较强，采用 DMC 作为催化剂时环状碳酸酯副产物的比例在 10%（质量分数）以上，同时所得 CO_2-polyol 的分子量分布在 $1.41\sim1.49$ 之间。为提高产物选择性和反应可控性，采用铝卟啉低聚物（oligoAl）作为催化剂，可高选择性（＞99%）合成分子量为 $1900\sim3800$、分布小于 1.10、碳酸酯单元含量在 $16\%\sim54\%$ 之间的衣康酸基 CO_2-polyol。同时铝卟啉低聚物/衣康酸体系可使 PO 的转化率接近 100%，TOF 最高可达到 $4060h^{-1}$。衣康酸衍生的双键具有良好的反应活性，不仅可以实现交联固化，还可以形成刷形超支化结构，或通过点击化学引入亲水型、抗菌型、阻燃型、光响应型官能团，为多种功能化二氧化碳基聚氨酯的合成提供了方便可行的操控平台。

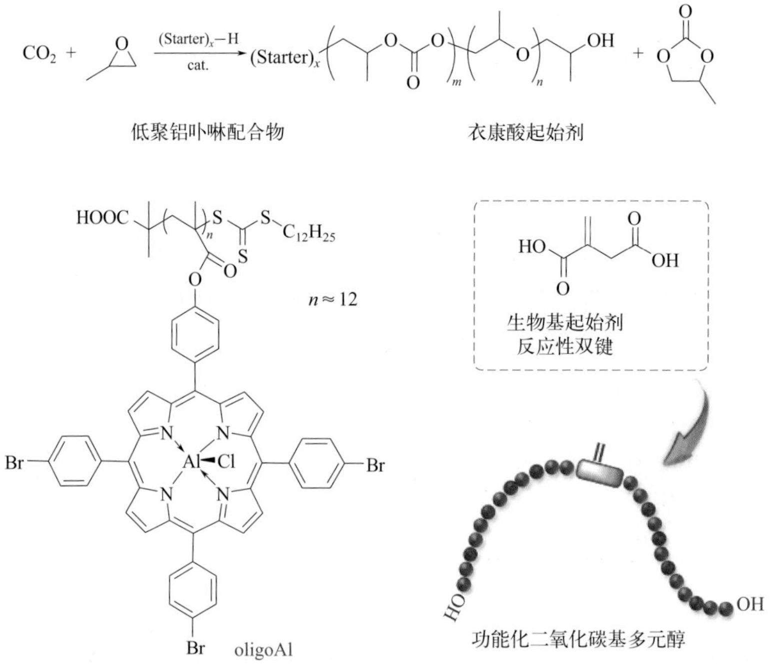

图5-18　衣康酸为新型起始剂合成功能化二氧化碳基多元醇

第三节
二氧化碳基多元醇的端羟基

一、二氧化碳基多元醇的羟值

聚合物多元醇是生产聚氨酯的主要原料之一，聚氨酯的性质很大程度上取决于所采用的聚合物多元醇的化学结构，而聚合物多元醇的羟值（OHV）是聚氨酯配方设计时的重要参数。羟值指的是与每克聚合物多元醇中羟基含量相当的氢氧化钾的质量（mg），其单位为 mgKOH/g。目前测定羟值的方法主要有以下几种：乙酸酐酰化法、邻苯二甲酸酐酰化法、甲酰化法、溴化法、高碘酸氧化法、偶联法、活性氢法等，对二氧化碳基多元醇而言，邻苯二甲酸酐-吡啶法和乙酸酐-吡啶法最为合适。其原理为：试样中的羟基在酸酐的吡啶溶液中回流被酯化，过量的酸酐用水水解，生成的酸用氢氧化钠标准溶液滴定。通过试样和空白滴定的差值计算羟值（OHV），如下：

$$OHV = \frac{(V_2 - V_1)cM}{m}$$

式中　V_1——滴定试料消耗的标准滴定溶液的体积，mL；

　　　V_2——滴定空白消耗的标准滴定溶液的体积，mL；

　　　c——氢氧化钠标准滴定溶液的浓度，mol/L；

　　　M——KOH 的摩尔质量，56.1g/mol；

　　　m——试料的质量，g。

　　样品中存在的酸（碱）性物质会对羟值的测定产生影响，因此需要进行校正，可以直接使用公式"校正羟值 = 测定羟值 + 酸值（或 - 碱值）"进行计算。

　　关于羟值的测定方法有详细的现行国家标准，GB/T 12008.3—2009《塑料 聚醚多元醇　第 3 部分：羟值的测定》推荐了两种多元醇羟基的测定方法——邻苯二甲酸酐法和近红外光谱法。GB/T 7383—2020《非离子表面活性剂　羟值的测定》适用于脂肪族和脂环族的聚烷氧基化合物的羟值测定，适用于羟值为 10～1000 的样品。

　　聚合物多元醇的羟值还可用于估算分子量[58]，这种方法不需要复杂的仪器和计算过程，且具有一定的准确性，可供工业生产过程中参考。羟值与分子量的换算公式如下：

$$分子量 = \frac{56.1 \times 1000 \times f}{羟值 + 酸值}$$

式中，56.1 为 KOH 的分子量；f 为官能度。

二、二氧化碳基多元醇的端羟基

　　可根据与端羟基相连的碳原子种类，聚合物多元醇的端羟基分为伯羟基和仲羟基。二氧化碳基多元醇是通过二氧化碳与环氧化物的共聚反应合成的，其中最重要的是环氧丙烷（PO）与 CO_2 的反应产物。通常反应过程中环氧丙烷以两种方式开环，如图 5-19 所示，α-断裂产生一个包含伯羟基的异构体，而 β-断裂则产生含有仲羟基的异构体。由于亚甲基碳的空间位阻较低，通常有利于发生 β-断裂，导致二氧化碳基多元醇的伯羟基含量低于 20%。

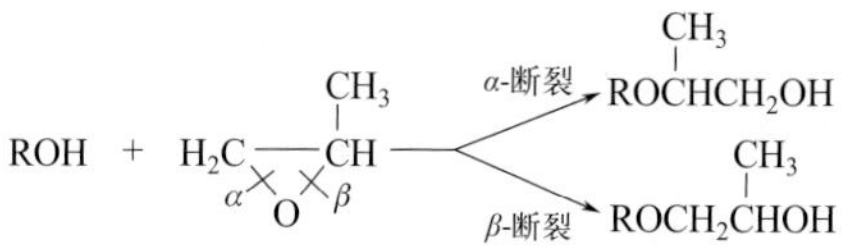

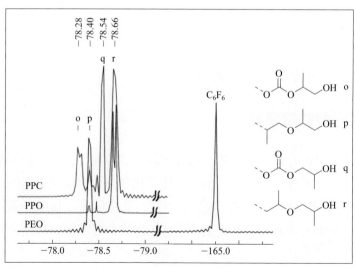

图5-19 环氧丙烷的两种开环方式

二氧化碳基多元醇的伯羟基含量可通过相应的 ^{19}F-NMR 谱图进行计算，其原理是多元醇末端伯羟基、仲羟基与三氟乙酸酐反应生成的三氟乙酸酯（TFA 酯）的 ^{19}F-NMR 谱核磁峰存在明显的化学位移差异[83]，由各特征峰的积分面积比例即可计算出伯羟基含量。具体操作如下[84]：在 1g 二氧化碳基多元醇中加入 5g 的三氟乙酸酐和 10mL 二氯甲烷，搅拌下进行酰化反应 1h，然后加入 30mL 饱和碳酸氢钠溶液以中和过量的三氟乙酸酐，洗涤 2 次后，将有机层在真空下干燥，以全氟苯为内标，在核磁共振波谱仪上记录 ^{19}F-NMR 谱图，并根据特征峰的积分面积计算伯羟基含量。如图 5-20 所示，^{19}F 核磁谱图中化学位移为 −165 处的峰是内标全氟苯的特征峰，聚环氧丙烷（PPO）多元醇三氟乙酰酯的 ^{19}F-NMR 谱中显示出强信号（r 峰），而 PPO 多元醇中的端羟基主要为仲羟基，因此认定仲羟基的特征峰位置为 −78.66。聚环氧乙烷多元醇三氟乙酰酯的 ^{19}F-NMR 谱在 −78.40 处显示出特征峰（p 峰），且聚环氧乙烷多元醇的端基全为伯羟基，因此可以认定伯羟基的特征峰化学位移值为 −78.40。

图5-20 不同聚合物多元醇三氟乙酰酯的 ^{19}F-NMR谱图

与上述两种聚醚多元醇不同，二氧化碳基多元醇在主链中同时含有醚键和碳酸酯键，因此，^{19}F-NMR谱图中预计会出现四种不同的峰（分别标记为 o、p、q、r），其中邻位连接着碳酸酯键的羟基信号峰向高场偏移，因此化学位移为 −78.28 (o) 的信号可归属为邻位连接着碳酸酯键的伯羟基三氟乙酰酯特征峰，而 δ=−78.40 (p) 的信号归属于邻位连接着醚键的伯羟基三氟乙酰酯特征峰。相应地，δ=−78.54 (q) 的信号归属于邻位连接着碳酸酯键的仲羟基三氟乙酰酯特征峰，而 δ=−78.66 (r) 的信号峰归属于邻位连接着醚键的仲羟基三氟乙酰酯特征峰。对各特征峰进行积分后可得：

$$\text{伯羟基占所有羟基的比值} = \frac{A_o + A_p}{A_o + A_p + A_q + A_r} \times 100\%$$

二氧化碳基多元醇最重要的用途是作为合成聚氨酯材料的软段[85-89]，它的结构特性如碳酸酯单元含量[68, 90]、分子量[53, 91]、羟基官能度、亲水性[74]和空间特性[92]等直接影响聚氨酯的化学结构，进而影响聚氨酯的物化性能[93-94]。聚合物多元醇的羟基含量以及它在分子中所处的位置，很大程度上决定了它的反应活性，其中伯羟基的反应活性大约是仲羟基的 3 倍。高伯羟基含量的多元醇，也被称为高活性多元醇，在高弹性聚氨酯泡沫中非常重要，占聚氨酯工业的 40% 以上。除此之外，二氧化碳基多元醇的端羟基差异也会导致聚氨酯泡沫性能的显著差异。例如，Miyajima 等[95]发现由高伯羟基含量的多元醇所制备的聚氨酯泡沫具有致癌物残留量低、不易黄化、耐久性佳等优点，因此如何提高二氧化碳基多元醇的伯羟基含量成为了一个研究热点。

目前，提高多元醇伯羟基含量的策略主要有以下两种：EO 封端和添加 Lewis 酸。对于环氧丙烷聚醚多元醇而言，通常采用环氧乙烷（EO）封端引入伯羟基的方法，工业上比较成熟的催化体系是 KOH/甘油。由于二氧化碳基多元醇在 KOH 的存在下会发生降解，因此 KOH 不适用于 EO 对二氧化碳基多元醇的封端，采用双金属氰化物（DMC）催化剂更为合适，如王献红等[96]利用 DMC 催化 EO 封端的方法制备得到了伯羟基含量为 41% 的聚（碳酸酯-醚）多元醇。尽管这一方法能在一定程度上提高二氧化碳基多元醇的伯羟基含量，但是也会使碳酸酯单元含量显著下降，这是由于 DMC 催化剂活性很高，在进行 EO 封端反应时，EO 的链增长速度大于链转移速度，导致二氧化碳基多元醇中 EO 分子链的长短分布不均匀，伯羟基含量提高不明显。因此，EO 封端法仅适用于制备碳酸酯单元含量相对较低的二氧化碳基多元醇。

为此，王献红等[96]提出采用 EO 和 CO_2 共聚封端以及 PO、EO、CO_2 三元调聚封端等方法来制备高伯羟基含量的二氧化碳基多元醇。他们的研究结果表明，EO 和 CO_2 共聚封端可以制备伯羟基含量 72% 的二氧化碳基多元醇，且碳酸酯单元含量只有少许下降，但由于需要在聚合反应后期补加 DMC，工艺上较为复杂。而采用三元调聚封端方法可制备出伯羟基含量 62% 的二氧化碳基多元醇，且碳酸酯单元含量几乎不受影响，工艺上更容易实现。然而，由于引入的 EO 链段具有亲水性，会提高聚氨酯的吸湿率，降低聚氨酯的耐湿性。为此他们提出另一种策略，即添加 Lewis 酸，很好地解决了 EO 引入所带来的问题。一般来说，PO 开环的区域选择性，即产物中伯仲羟基的比例，在很大程度上取决于催化剂类型和聚合机制。在传统的碱催化开环下，β-断裂的位阻较小，占据主要优势，例如 KOH 催化 PO 开环，产物中仲羟基含量高达 95%以上。而另一方面，常用的 Lewis 酸催化剂可以促进 α-断裂，如 BF_3 可以得到几乎相同比例的伯、仲羟基。因此，设计合适结构的 Lewis 酸可以作为促进 PO 进行 α-断裂的催化剂[97]。王献红等[84]采用强 Lewis 酸三（五氟苯基）硼烷（FAB）介导的 PO 封端路线，合成了伯羟基含量 60% 的二氧化碳基多元醇，该方法是目前合成高伯羟基含量二氧化碳基多元醇的首选方案。

总结与展望

聚合物多元醇是合成聚氨酯的两个核心原料之一，占聚氨酯原料总量的 60%～80%。目前主要的聚合物多元醇品种为聚醚多元醇，原料以环氧丙烷为主，严重依赖化石资源。从可持续发展的角度考虑，利用可再生资源制备聚合物多元醇是一个重要方案。二氧化碳是自然界取之不尽和工业上不断产生的一种丰富的碳氧资源。二氧化碳基多元醇是通过二氧化碳和环氧丙烷在催化剂及起始剂作用下发生调聚反应制备而得，可得到分子量、碳酸酯单元含量可控且主链同时含聚碳酸酯和聚醚的新结构多元醇。其反应不经过高耗能的还原反应，二氧化碳利用率高。基于高碳酸酯单元含量二氧化碳基多元醇制备的聚氨酯，不仅成本较传统聚醚型聚氨酯低 10%～20%，还显示出独特的耐水解和耐氧化性能，有望制备出性能独特的聚氨酯材料。

参考文献

[1] Inoue S. Immortal polymerization: The outset, development, and application[J]. Journal of Polymer Science, Part A: Polymer Chemistry, 2000, 38 (16): 2861-2871.

[2] Cyriac A, Lee S, Varghese J, et al. Immortal CO_2/propylene oxide copolymerization: Precise control of molecular weight and architecture of various block copolymers[J]. Macromolecules, 2010, 43 (18): 7398-7401.

[3] Chen C, Gnanou Y, Feng X. Ultra-productive upcycling CO_2 into polycarbonate polyols via borinane-based bifunctional organocatalysts[J]. Macromolecules, 2023, 56 (3): 892-898.

[4] Cao H, Wang X, Wang F, et al. Homogeneous metallic oligomer catalyst with multisite intramolecular cooperativity for the synthesis of CO_2-based polymers[J]. Acs Catalysis, 2019, 9 (9): 8669-8676.

[5] Cao H, Liu S, Tao Y, et al. On-demand transformation of carbon dioxide into polymers enabled by a comb-shaped metallic oligomer catalyst[J]. ACS Catalysis, 2022, 12 (1): 481-490.

[6] Lee I, Ha J, Cao C, et al. Effect of complexing agents of double metal cyanide catalyst on the copolymerizations of cyclohexene oxide and carbon dioxide[J]. Catalysis Today, 2009, 148 (3-4): 389-397.

[7] Lee S, Lee I, Ha J, et al. Tuning of the activity and induction period of the polymerization of propylene oxide catalyzed by double metal cyanide complexes bearing beta-alkoxy alcohols as complexing agents[J]. Industrial & Engineering Chemistry Research, 2010, 49 (9): 4107-4116.

[8] Byun S, Seo H, Lee S, et al. Zn(II)-Co(III)-Fe(III) multi-metal cyanide complexes as highly active catalysts for ring-opening polymerization of propylene oxide[J]. Macromolecular Research, 2007, 15 (5): 393-395.

[9] Zhang X, Hua Z, Chen S, et al. Role of zinc chloride and complexing agents in highly active double metal cyanide catalysts for ring-opening polymerization of propylene oxide[J]. Applied Catalysis A: General, 2007, 325 (1): 91-98.

[10] Wei R, Zhang X, Du B, et al. Highly regioselective and alternating copolymerization of racemic styrene oxide and carbon dioxide via heterogeneous double metal cyanide complex catalyst[J]. Macromolecules, 2013, 46 (9): 3693-3697.

[11] Luo M, Li Y, Zhang Y, et al. Using carbon dioxide and its sulfur analogues as monomers in polymer synthesis[J]. Polymer, 2016, 82: 406-431.

[12] Zhang X, Wei R, Sun X, et al. Selective copolymerization of carbon dioxide with propylene oxide catalyzed by a nanolamellar double metal cyanide complex catalyst at low polymerization temperatures[J]. Polymer, 2011, 52 (24): 5494-5502.

[13] Darensbourg D, Adams M, Yarbrough J. Toward the design of double metal cyanides for the copolymerization of CO_2 and epoxides[J]. Inorganic Chemistry, 2001, 40 (26): 6543-6544.

[14] Dynowska E, Lisowski W, Sobczak J, et al. Structural properties and chemical bonds in double metal cyanide catalysts[J]. X-Ray Spectrometry, 2015, 44 (5): 330-338.

[15] Wojdel J, Bromley S, Illas F, et al. Development of realistic models for Double Metal Cyanide catalyst active sites[J]. Journal of Molecular Modeling, 2007, 13 (6-7): 751-756.

[16] Pogodin S, Bellarosa L, Lopez N, et al. Structure, activity, and deactivation mechanisms in double metal cyanide catalysts for the production of polyols[J]. Chemcatchem, 2015, 7 (6): 928-935.

[17] William J, Kruper Jr, Daniel J, et al. Carbon dioxide oxirane copolymers prepared using double metal cyanide complexes: US4500704[P]. 1985-02-19.

[18] Chen S, Hua Z, Fang Z, et al. Copolymerization of carbon dioxide and propylene oxide with highly

effective zinc hexacyanocobaltate(Ⅲ)-based coordination catalyst[J]. Polymer, 2004, 45 (19): 6519-6524.

[19] Chen S, Ma M, Xiao Z, et al. Zn-Ni double metal cyanide complex: A novel effective catalyst for copolymerization of propylene oxide and carbon dioxide[J]. Transactions of Nonferrous Metals Society of China, 2006, 16: S293-S298.

[20] Robertson N, Qin Z, Dallinger G, et al. Two-dimensional double metal cyanide complexes: highly active catalysts for the homopolymerization of propylene oxide and copolymerization of propylene oxide and carbon dioxide[J]. Dalton Transactions, 2006(45): 5390-5395.

[21] Zhang X, Chen S, Wu X, et al. Highly active double metal cyanide complexes: Effect of central metal and ligand on reaction of epoxide/CO_2[J]. Chinese Chemical Letters, 2007, 18 (7): 887-890.

[22] Yi M, Byun S, Ha C, et al. Copolymerization of cyclohexene oxide with carbon dioxide over nano-sized multi-metal cyanide catalysts[J]. Solid State Ionics, 2004, 172 (1-4): 139-144.

[23] Kim I, Yi M, Lee K, et al. Aliphatic polycarbonate synthesis by copolymerization of carbon dioxide with epoxides over double metal cyanide catalysts prepared by using ZnX_2 (X = F, Cl, Br, I)[J]. Catalysis Today, 2006, 111 (3-4): 292-296.

[24] Chen S, Zhang X, Lin F, et al. Preparation of double metal cyanide complexes from water-insoluble zinc compounds and their catalytic performance for copolymerization of epoxide and CO_2[J]. Reaction Kinetics, Mechanisms and Catalysis, 2007, 91 (1): 69-75.

[25] Huang Y, Zhang X, Hua Z, et al. Ring-opening polymerization of propylene oxide catalyzed by a calcium-chloride-modified zinc-cobalt double metal-cyanide complex[J]. Macromolecular Chemistry and Physics, 2010, 211 (11): 1229-1237.

[26] Li Z, Qin Y, Zhao X, et al. Synthesis and stabilization of high-molecular-weight poly(propylene carbonate) from Zn-Co-based double metal cyanide catalyst[J]. European Polymer Journal, 2011, 47 (11): 2152-2157.

[27] Jack M. Double metal cyanide complex compounds: US3427256[P]. 1969-02-11.

[28] Le-khac B. Highly active double metal cyanide catalysts: US5627120[P]. 1996-04-19.

[29] Le-khac B. Highly active double metal cyanide catalysts: US5482908[P]. 1996-04-09.

[30] Yoon J, Lee I, Choi H, et al. Double metal cyanide catalysts bearing lactate esters as eco-friendly complexing agents for the synthesis of highly pure polyols[J]. Green Chemistry, 2011, 13 (3): 631-639.

[31] Tharun J, Dharman M, Hwang Y, et al. Tuning double metal cyanide catalysts with complexing agents for the selective production of cyclic carbonates over polycarbonates[J]. Applied Catalysis A: General, 2012, 419: 178-184.

[32] Kuyper J, Lednor P, Pogany G, et al. Process for the preparation of polycarbonates: US4826887[P]. 1987-05-20.

[33] Le-khac B, Bowman P, Hinney H. Highly active double metal cyanide complex catalysts: US5712216[P]. 1998-01-27.

[34] Sun X, Zhang X, Liu F, et al. Alternating copolymerization of carbon dioxide and cyclohexene oxide catalyzed by silicon dioxide/Zn-Co-Ⅲ double metal cyanide complex hybrid catalysts with a nanolamellar structure[J]. Journal of Polymer Science, Part A: Polymer Chemistry, 2008, 46 (9): 3128-3139.

[35] Dienes Y, Leitner W, Muller M, et al. Hybrid sol-gel double metal cyanide catalysts for the copolymerisation of styrene oxide and CO_2[J]. Green Chemistry, 2012, 14 (4): 1168-1177.

[36] Varghese J, Park D, Jeon J, et al. Double metal cyanide catalyst prepared using $H_3Co(CN)_6$ for high carbonate fraction and molecular weight control in carbon dioxide/propylene oxide copolymerization[J]. Journal

第六章
水性二氧化碳基聚氨酯

自 1937 年德国 Otto Bayer 首次成功合成聚氨酯（polyurethane，PU）[1] 以来，因为其优异的热力学性能，目前已广泛应用在涂料、胶黏剂、弹性体、泡沫和纤维等领域[2]。2021 年中国聚氨酯的年消费量接近 1600 万吨，超过全球总产量的 60%，聚氨酯也因此成为最大的热固性树脂品种，也是第六大高分子材料品种，且未来市场需求不断增长[3]。尽管聚氨酯应用广泛，但是该领域 80% 以上是挥发性有机物（VOC）排放十分严重的溶剂型聚氨酯体系，随着人们环保及健康意识的日益增强，水性聚氨酯取代传统溶剂型聚氨酯成为趋势。另一方面，聚氨酯原料中来自化石资源的聚合物多元醇占比超过 60%，以可再生资源为聚氨酯工业的原料也是一个重要发展方向。更重要的是，从聚氨酯的性能来分析，来自聚酯多元醇的聚氨酯存在耐水解性能差的问题，而来自聚醚多元醇的聚氨酯存在耐氧化性能差、机械强度低等问题，亟需设计新结构聚合物多元醇，从多元醇的基础物化性能上寻找答案。

作为一种储量丰富、可再生的碳一资源，以二氧化碳为原料合成聚合物多元醇，不仅可以减少对化石资源的依赖，还可以降低多元醇乃至聚氨酯的成本。本书第五章已经介绍了一种新型聚合物多元醇，即聚碳酸酯-醚多元醇，可通过二氧化碳和环氧丙烷的调节聚合制备。这种聚碳酸酯-醚多元醇与普通的聚酯或聚醚型多元醇相比，其主链结构中同时存在碳酸酯及醚链段，有望使相应的二氧化碳基聚氨酯兼具耐水解、抗氧化等性能。此外，二氧化碳基多元醇中碳酸酯与醚基团比例的可调节性，将赋予聚氨酯在结构-性能调控上更广阔的空间。全生命周期评估表明，利用 CO_2 含量为 20%（质量分数）的二氧化碳基多元醇替代传统聚醚多元醇合成聚氨酯时，可以减少 11%～19% 的温室气体释放，节约 13%～16% 的化石资源[4]；当使用二氧化碳基聚氨酯弹性体替代传统氢化丁腈橡胶时能进一步减少 34% 的温室气体排放，并节约 33% 的化石资源消耗[4-5]。本章将基于二氧化碳基多元醇原料合成水性二氧化碳基聚氨酯[6-9]，并通过分析其结构性能探讨其潜在的应用。

第一节
二氧化碳基聚氨酯的合成方法

一、二氧化碳基聚氨酯的概念

聚氨酯是指分子链中含有重复氨基甲酸酯基团（—NH—COO—）的一类有机高分子材料，一般由多元醇和多异氰酸酯缩聚得到，由该方法得到的聚氨酯称为异氰酸酯路线聚氨酯，相应地，无异氰酸酯参与的合成途径得到的聚氨酯称为非异氰酸酯路线聚氨酯。当二氧化碳作为一种重要原料直接或间接参与聚氨酯合成时得到的聚氨酯，我们可以称之为二氧化碳基聚氨酯，如图 6-1 所示，Grignard 等[10]综述了从 CO_2 出发合成二氧化碳基聚氨酯的所有路线。其中，异氰酸酯路线是目前最成熟的方法，且已实现了工业化，其他方法仍处于研究阶段。

二、异氰酸酯路线聚氨酯

自 Otto Bayer 首次制备以来，经过 80 多年的发展，异氰酸酯路线聚氨酯的生产已十分成熟，在聚氨酯市场上占据绝对优势地位。异氰酸酯路线聚氨酯的原料主要包括多异氰酸酯、低聚物多元醇及小分子多元醇或多元胺，另外常常根据需要添加溶剂、催化剂、交联剂、发泡剂、阻燃剂等各种助剂以改善加工性能及材料性能。

1. 多异氰酸酯

多异氰酸酯指具有两个及以上异氰酸酯基团的化合物，如图 6-2 所示，按照化学结构主要可以分为芳香族异氰酸酯、脂环族异氰酸酯和脂肪族异氰酸酯。按照功能特点分类，又可以分为通用型、非黄变型、"无机"元素型、屏蔽型等。其中通用型异氰酸酯是指在聚氨酯化工中广泛使用的异氰酸酯，包括二苯甲烷二异氰酸酯（MDI）、甲苯二异氰酸酯（TDI）和多苯基甲烷异氰酸酯（PAPI）等，这类芳香族异氰酸酯由于结构中刚性苯环的存在，得到的聚氨酯制品往往具有较好的力学强度，但在紫外光照下易被氧化而生成醌式发色

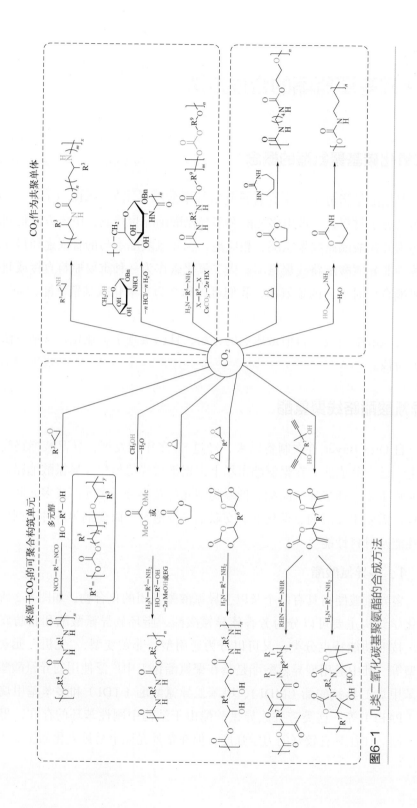

图6-1 几类二氧化碳基聚氨酯的合成方法

团，导致材料黄变，影响美观。非黄变型异氰酸酯主要包括脂肪族的六亚甲基二异氰酸酯（HDI），以及脂环族的二环己基亚甲基二异氰酸酯（氢化 MDI）、异佛尔酮二异氰酸酯（IPDI）。由这类异氰酸酯合成的聚氨酯链结构中不含芳香基团，使用过程中不会产生发色团，一般不会出现黄变现象，因此广泛应用于对色泽要求较高的涂料、纤维等产品。随着聚氨酯产品应用领域的不断扩大，为了满足耐高温、耐化学品、阻燃等特殊性能要求，除添加功能性助剂外，也会引入硅、硼、卤素、磷等元素合成元素型异氰酸酯，以提高某些特殊的性能。屏蔽型异氰酸酯是为了满足异氰酸酯长期储存的要求，利用某些化合物将活泼的—NCO 基团转化为常温下稳定的酰胺基或氨酯基，在一定条件下被屏蔽的基团会解封，并重新释放得到—NCO 基团，以便用于合成相应聚氨酯。

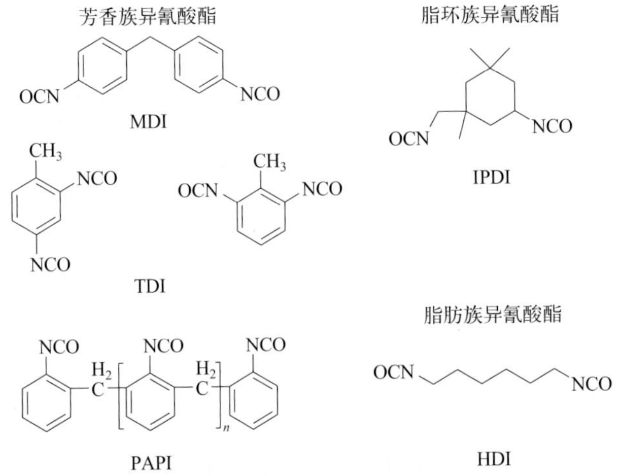

图6-2　典型异氰酸酯的化学结构

2. 聚合物多元醇

聚合物多元醇是聚氨酯合成的另一重要原料，占聚氨酯质量的 60% 以上，图 6-3 列出了几种常见聚合物多元醇的化学结构，目前市场上使用最多的是聚醚多元醇和聚酯多元醇。聚醚多元醇结构中富含醚键，由于醚键内聚能较低且易于旋转，因此所得的聚氨酯材料耐低温、柔顺性好，耐水解性能优异。聚醚多元醇的黏度较低，加工方便，且产品主要来自于石油裂解产物，价格低廉，因此市场占有率较高。常见的聚醚多元醇包括聚环氧丙烷多元醇（PPG）和聚四氢呋喃多元醇（PTMG）。以聚酯多元醇为原料制备的聚氨酯由于具有极性的酯键，因此通常具有较好的力学性能，耐油、耐磨，但耐水解性较差。聚酯多元醇的内聚能较大，室温下多为蜡状固体，加热熔融后黏度较大，而且价格相对较高，因此主要应用于高性能的聚氨酯橡胶、合成革、胶黏剂及一些特种聚氨酯产品。

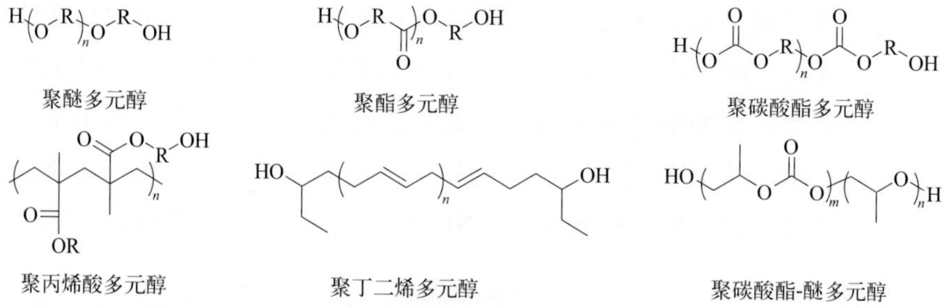

图6-3 常见聚合物多元醇的化学结构

聚碳酸酯多元醇（PCDL）指分子链中含有重复碳酸酯基团且链末端为羟基的低聚物。使用 PCDL 制备的聚氨酯材料具有较高的模量和力学强度，具有耐氧化、耐磨、耐热、耐水解等优点。PCDL 的合成方法主要包括光气法、环状碳酸酯开环聚合法、酯交换法和二氧化碳环氧化物共聚法。光气法聚碳酸酯多元醇需要使用剧毒的光气，带来严重的污染隐患，属于不鼓励的路线。环状碳酸酯开环聚合法和酯交换法是目前制备聚碳酸酯多元醇较为认可的两种工业化方法。相较于前述几种聚合物多元醇，二氧化碳与环氧化物调聚反应制备的聚碳酸酯-醚多元醇具有突出的成本优势，且这种含碳酸酯和醚段结构的新结构多元醇还可能带来新性能，极具发展前景，本书前面章节已对此进行了详细介绍。通过对催化剂结构和反应条件的优化，目前不仅可以调控碳酸酯/醚键比例，还能对官能度和分子量进行精确调控[6, 9, 11-16]。

除上述三种较为常见的多元醇外，还有聚烯烃类多元醇，包括端羟基聚丁二烯及丁二烯与苯乙烯的端羟基共聚物，这类多元醇不含极性的酯基或醚键，因此产品的水解稳定性和电绝缘性能优异。聚丙烯酸酯类多元醇是十分重要的紫外光固化树脂原料，这类多元醇使用含羟基的丙烯酸酯单体与其他单体包括甲基丙烯酸甲酯（MMA）、甲基丙烯酸丁酯（BMA）、丙烯酸丁酯（BA）、丙烯酸羟乙酯（HEA）、丙烯酸羟丙酯（HPA）共聚得到，其光固化性能使其具有低能耗环保涂料特征，所制备的聚氨酯涂层除了耐磨、耐油外，还具有高光泽、高硬度等特点。

3. 异氰酸酯路线合成聚氨酯的化学原理

聚氨酯实际上是各种不同类型的异氰酸酯与含活泼氢化合物缩聚而成的聚合物，因此，聚氨酯化学的基础是异氰酸酯的反应原理[17]，如图 6-4 所示，异氰酸酯基团从化学结构上看是具有 N≡C 和 C≡O 两个累积双键的线型结构。其反应性是源于氮和氧原子的高电负性引起的分子极化，这使得氮和氧原子显负电性，而碳原子显正电性。一般来说，如果忽略空间因素，含吸电子基团的异氰酸酯，如芳香族异氰酸酯，会增加碳原子正电性，使其更容易与亲核试剂发生反应，从而提高与活泼氢化合物的反应性。同样，由亲核反应机理可知，含活泼氢化合物的亲核能力越强，与异氰酸酯的反应活性越高。

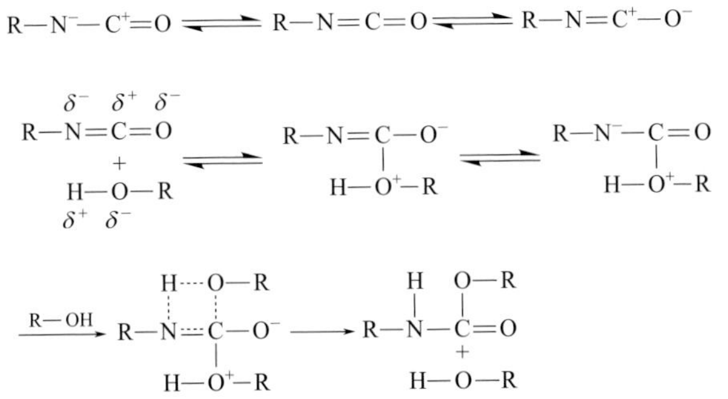

$$R{-}N^-{-}C^+{=}O \rightleftharpoons R{-}N{=}C{=}O \rightleftharpoons R{-}N{=}C^+{-}O^-$$

图6-4 异氰酸酯的化学结构及其与含活泼氢化合物（R—OH）的反应机理

异氰酸酯与常见含活泼氢化合物的典型反应如图 6-5 所示。反应速度由高到低分别为脂肪族氨基、芳香族氨基、伯羟基、水、仲羟基、酚羟基、羧基、脲、酰胺和氨基甲酸酯。异氰酸酯能与含羟基化合物反应生成氨基甲酸酯，这是合成聚氨酯的基本反应。羟基化合物的空间位阻对反应影响很大，异氰酸酯与伯羟基反应十分迅速，比仲羟基快 3 倍，比叔羟基快 200 倍，异氰酸酯与酚的反应要比羟基慢，使用叔胺或氯化铝可加快反应速率。

异氰酸酯与水反应首先生成不稳定的氨基甲酸，然后分解成二氧化碳和伯胺；如果异氰酸酯过量，生成的伯胺可继续与异氰酸酯反应生成脲。另外，异氰酸酯与胺基化合物反应生成脲，由于伯胺的反应活性太大，在聚氨酯胶黏剂中常用活性较小的芳香二胺作为异氰酸酯封端预聚体的固化剂。异氰酸酯与羧基的反应活性远低于伯羟基与水，通常先生成酸酐，然后再分解成酰胺和二氧化碳。异氰酸酯与脲反应生成缩二脲。异氰酸酯与酰胺的反应活性很低，仅在100℃时才有一定的反应速度，并且生成酰基脲。

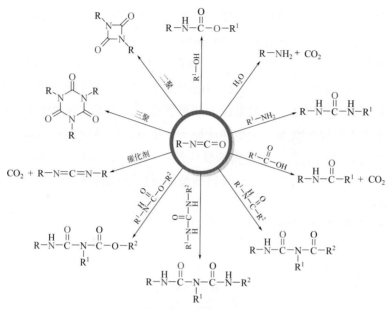

图6-5 异氰酸酯与含活泼氢化合物的典型反应

异氰酸酯与氨基甲酸酯的反应活性比异氰酸酯与脲的低，只有在120~140℃或者在有选择性催化剂作用下才有足够的反应速率，并经聚合反应生成脲基甲酸酯。

异氰酸酯的一个重要特性是其本身可以发生二聚和三聚反应，芳香族异氰酸酯可聚合生成二聚体，二聚体反应是一个可逆反应，在高温下可解聚成原来的异氰酸酯。利用这个反应可制成室温稳定而高温固化的聚氨酯胶黏剂。MDI和TDI在室温下如果没有催化剂，很难生成二聚体，采用三烷基膦和叔胺可以催化该反应。另一方面，异氰酸酯在三乙胺、醋酸钙及某些金属化合物催化剂存在下可发生环化反应，生成稳定的异氰酸酯三聚体。该反应是不可逆的，在150~200℃下仍有很好的稳定性，因此可以用利用异氰酸酯的三聚反应引入支链和环形结构，提高聚氨酯的耐热性和耐化学性。

原理上聚氨酯是基于异氰酸酯与多元醇的缩聚反应所制备的，但是为了迅速增大聚氨酯的分子量，需要采用小分子扩链剂和交联剂等助剂。扩链剂是指含2个活泼氢官能团的化合物，如二元醇、胺以及醇胺化合物等，它们通过与异氰酸酯基团反应使预聚体呈线型扩链。交联剂是指含三个及以上的活泼氢官能团化合物，如三元醇、四元醇、三元胺等，它们通过与异氰酸酯基团反应生成交联点，使聚氨酯产生交联网络结构。小分子扩链剂和交联剂虽然在聚氨酯配方中占比很小，但能够在聚氨酯制备后期实现快速反应（扩链或者交联），按照需要合成相应的聚氨酯树脂。

　　催化剂在聚氨酯制备过程中起到至关重要的作用，不仅能缩短反应时间，提高生产效率，还能选择性地促进正反应，抑制副反应的发生。常用的催化剂是有机金属化合物和有机碱，此外，强酸和超强有机酸已被证实能够催化异氰酸酯和羟基的反应。催化剂的作用一般是活化异氰酸酯或羟基基团。如图 6-6（a）所示，在无催化剂条件下，羟基亲核进攻异氰酸酯基团的碳原子，经质子转移反应形成氨基甲酸酯。有机碱作为催化剂时，通过活化羟基，加速其与异氰酸酯的反应，催化机理上具有亲核活化特征［图 6-6（b）］。当以有机酸作为催化剂时，其主要作用为活化异氰酸酯，具有亲电活化特征［图 6-6（c）］。

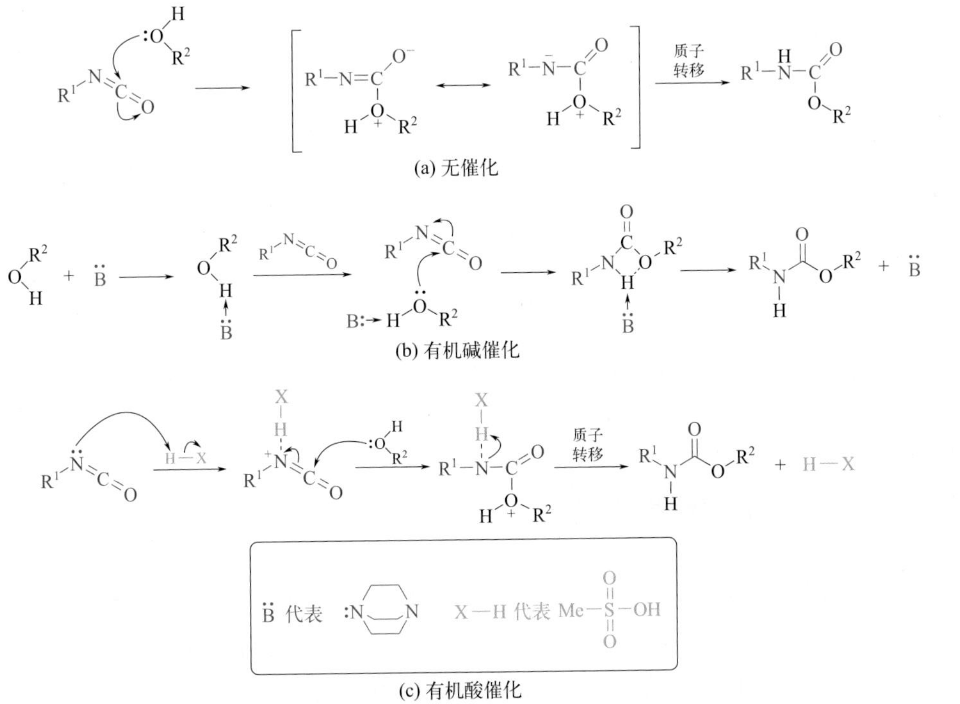

(a) 无催化

(b) 有机碱催化

(c) 有机酸催化

图6-6　异氰酸酯基团与羟基的反应机理

有机金属化合物是应用最广泛的一类催化剂，其中以有机锡类最为常见。作为路易斯酸催化剂，如图 6-7 所示，锡先与异氰酸酯基团中的氮原子配位活化异氰酸酯基团，然后发生羟基亲核进攻和质子化反应，分别生成氨基甲酸酯基团和锡醇盐，锡醇盐可以继续活化异氰酸酯基团，如此重复即可得到聚氨酯。

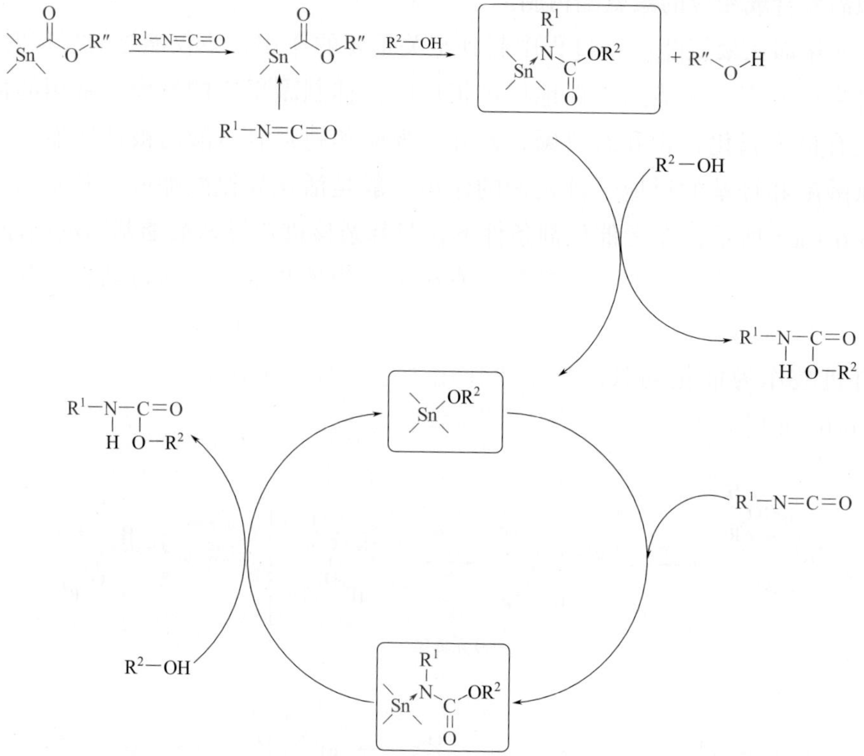

图6-7 有机锡催化羟基与异氰酸酯的反应

　　随着聚氨酯行业的不断发展，各种原料及助剂种类繁多，聚氨酯在结构-性能调控方面显示出极为丰富的内涵。

三、非异氰酸酯路线聚氨酯

　　异氰酸酯作为聚氨酯产业链中重要的原材料，通常由有机胺和光气反应制得，同时生成副产物盐酸。光气是一种高反应活性且剧毒的无色气体，长时间接触会导致人体呼吸系统、眼睛及皮肤受到严重损伤，甚至致人死亡，同时对环境造成严重污染。异氰酸酯本身也具有毒性，长期接触同样会造成呼吸道疾病及皮肤疾病，因此开发非异氰酸酯路线制备聚氨酯对可持续发展及化工生产安全具有重要意义[18-20]。

非异氰酸酯路线合成二氧化碳基聚氨酯已有较多报道[10, 21-26]，如图6-8所示，主要通过双环状碳酸酯与二元胺的加聚反应得到聚羟基氨酯（PHU），该路线曾被认为是最有希望替代异氰酸酯路线合成聚氨酯[27]的。不同于传统结构的聚氨酯，PHU分子链中还存在大量的羟基，能与氨基甲酸酯基团形成更多的分子内及分子间氢键，使聚氨酯具有更强的耐溶剂性和更好的气体阻隔性能，但聚羟基氨酯存在亲水性过强、热稳定性不足等问题，影响了其商业化应用[28]。

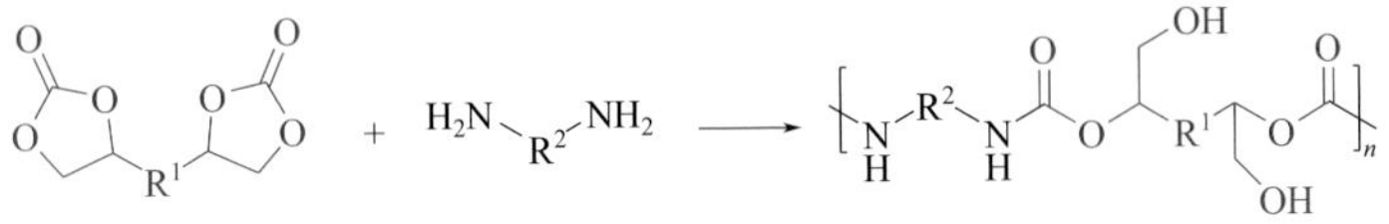

图6-8 非异氰酸酯路线合成二氧化碳基聚氨酯

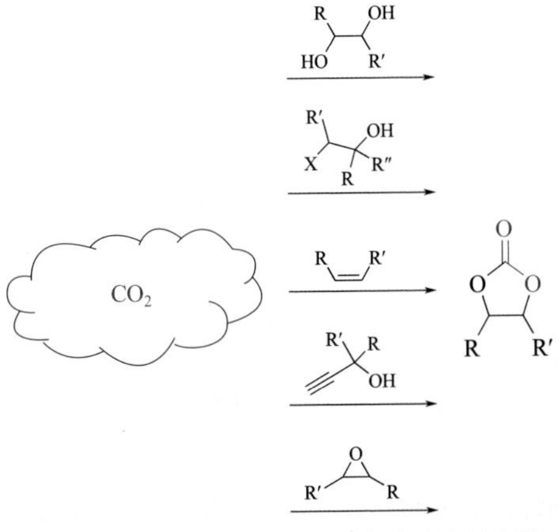

图6-9 二氧化碳基五元环状碳酸酯的制备方法

非异氰酸酯路线的一个重要原料是双环状碳酸酯，可由二氧化碳与相应单体的加成反应制备。这类二氧化碳基环状碳酸酯的制备方法如图6-9所示[29-37]，其中利用二氧化碳与双环氧化合物加成或偶联反应制备双五元环状碳酸酯的反应十分高效，成为学术界、工业界关注的焦点。此外，将单官能环状碳酸酯进行偶联反应也是制备双五元环状碳酸酯的有效方法。如图6-10所示，可以通过巯基与双键点击反应[38]、Grubbs试剂催化[39]、叠氮与炔基点击反应[40]等方式制备双官能或多官能环状碳酸酯，用于构筑相应的聚氨酯。

另一重要原料多元胺一般为小分子胺类，例如乙二胺、己二胺、二亚乙基三胺、三亚乙基四胺等，均为成熟的商品化产品，在此不再赘述。

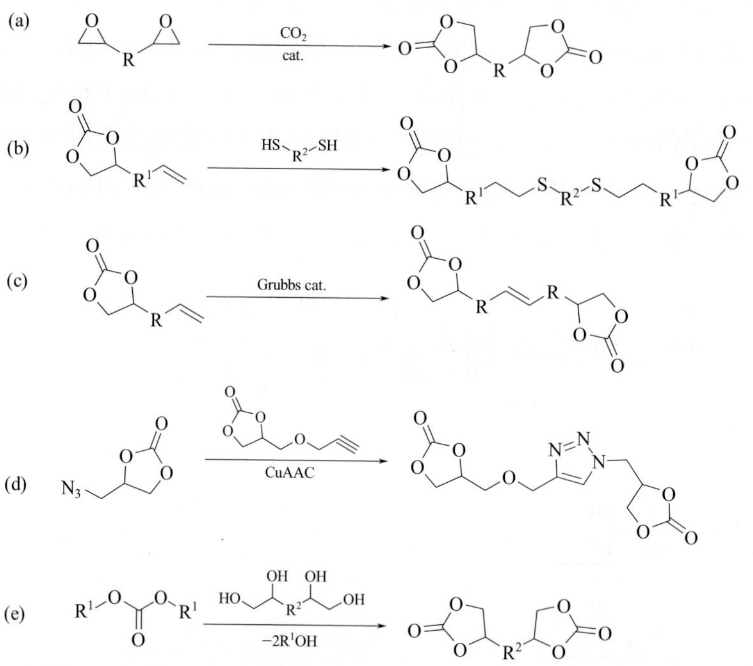

图6-10 双官能环状碳酸酯的制备方法

生物质资源具有可持续发展的特征，已成为高分子材料领域的研究热点。目前已报道的用于聚氨酯合成的生物基原料主要包括木质素[41]、植物油[42]、单宁酸[43]、柠檬烯[44]、植物基多元醇[45]等，如图6-11所示，含有不饱和烯烃双键、环氧基团、酚羟基的生物基原料可以通过一步或多步反应制备得到生物基五元环状碳酸酯化合物，再通过与多元胺反应即可制得PHU。由于生物基原料的多样性，所制备的聚氨酯性能也丰富多彩。

四、二氧化碳基聚氨酯的物理性能

聚氨酯的性能主要由其化学结构决定，对二氧化碳基聚氨酯而言，影响因素主要包括二氧化碳基聚醚多元醇结构、异氰酸酯结构、聚氨酯的分子量和交联度等。聚氨酯突出的物理力学性能主要来自于软硬链段形成的微相分离结构，其中低聚物多元醇一般为柔性长链，充当软段，提供柔性，异氰酸酯和小

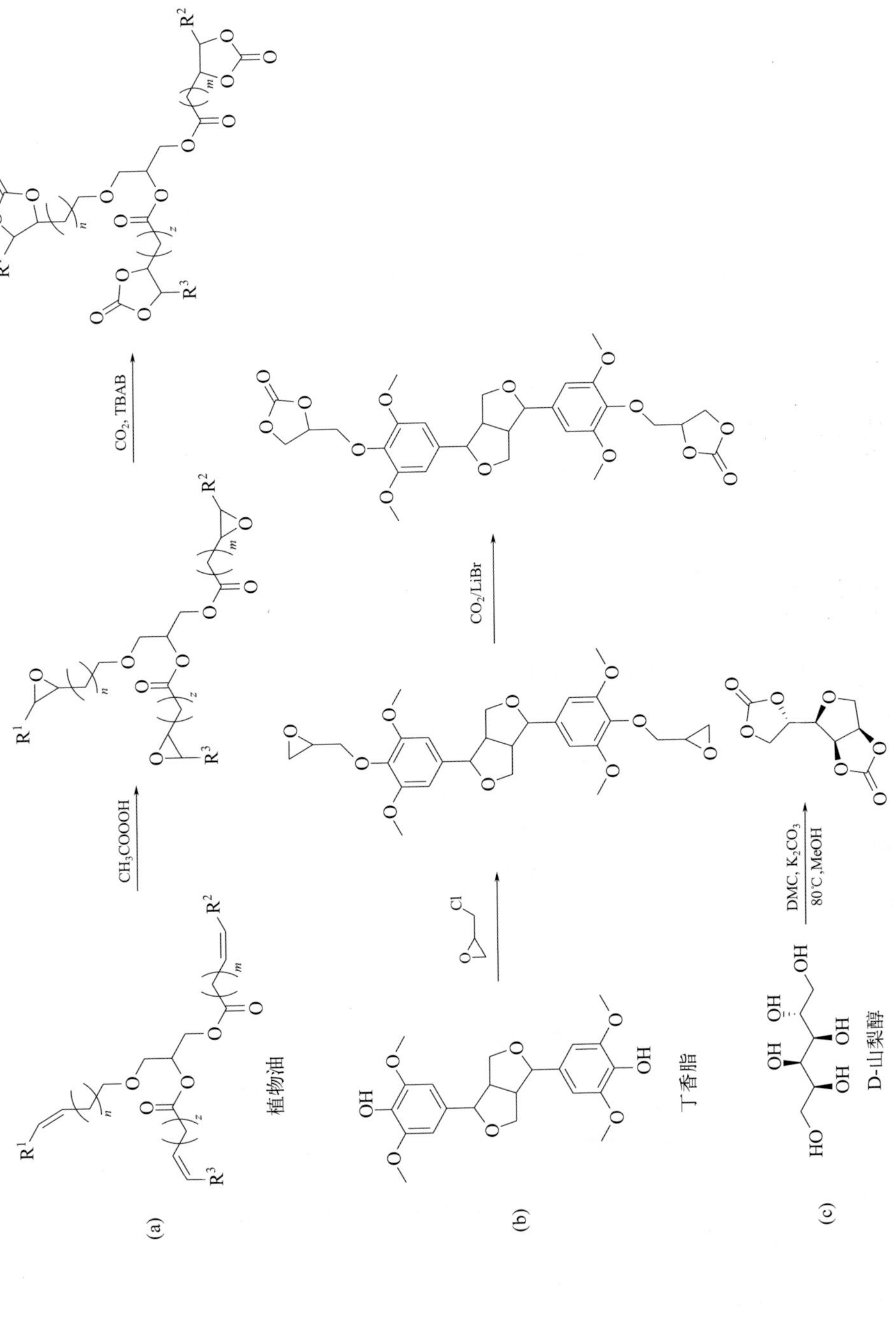

图6-11 几类生物基五元环状碳酸酯化合物的制备方法

分子扩链剂形成的氨基甲酸酯基团由于较强的氢键作用易发生聚集，一般充当硬段，提供强度。由于软硬链段区域在热力学上不相容会产生微观相分离，使得聚氨酯同时具有较好的韧性和强度。改变软硬链段的种类及比例，可以实现对聚氨酯性能的调整，如玻璃化转变温度、熔点、强度、模量等。本小节将主要从二氧化碳基聚醚多元醇的化学结构、分子量、碳酸酯链段含量及功能化等方面对二氧化碳基聚氨酯的物理性能进行介绍。

为了探究二氧化碳基聚醚多元醇（CO_2-polyol）的独特性，王献红等[21]以商业化的聚酯（聚己二酸丁二醇酯，PBA）和聚醚（聚环氧丙烷二元醇，PPG）多元醇为参照，研究其对聚氨酯性能的影响。首先将这三种多元醇分别与MDI、二羟甲基丙酸（DMPA）、三乙胺反应制得几类水性聚氨酯，分别标记为 PBA-WPU、PPG-WPU 及 CO_2-WPU。综合图 6-12 和表 6-1 的数据，CO_2-WPU 断裂强度达到 52.20MPa，远高于 PPG-WPU（20.30MPa），并且伸

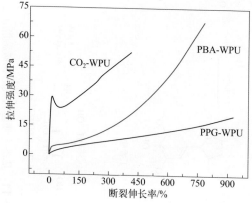

图6-12 CO_2-WPU、PBA-WPU、PPG-WPU的拉伸应力和应变曲线

长率 100% 时的拉伸强度为 25.98MPa，高于 PBA-WPU（5.63MPa），虽然断裂伸长率相对较低（410%），但拉伸模量远高于 PBA-WPU 及 PPG-WPU，这说明以 CO_2-polyol 为原料制备的水性聚氨酯具有聚酯和聚醚型聚氨酯难以比拟的独特力学性能[21]。CO_2-polyol 特殊的化学结构是 CO_2-WPU 机械强度较高的原因，相较于 PBA 中的酯基和 PPG 中的醚键，CO_2-polyol 分子主链中同时含有刚性的碳酸酯基团以及柔性的聚醚基团，且两者比例可调，赋予水性聚氨酯优异的耐水解性、抗氧化性，可以满足不同应用领域的需求。

表6-1 CO_2-WPU、PBA-WPU、PPG-WPU 的力学性能

多元醇类型	断裂拉伸强度 σ_m/MPa	断裂伸长率 ε_b/%	拉伸模量 E/MPa	伸长率 100% 时的拉伸强度 σ_{100}/MPa
CO_2-polyol	52.20	410.00	579.00	25.98
PBA	68.18	780.00	57.76	5.63
PPG	20.30	930.00	7.96	3.64

CO_2-polyol 的分子量直接影响聚氨酯软段的比例，进而影响聚氨酯的物理性能。如图 6-13（a）所示，当 CO_2-polyol 的分子量由 1500 增加至 3400 时，在相同碳酸酯单元含量下，相当于聚氨酯中软段含量增加，柔性增强，因此 CO_2-WPU 的 T_g 由 18℃降低至 2.4℃。与此同时，如图 6-13（b）所示，随着 CO_2-polyol 的分子量增加，所得 CO_2-WPU 的断裂拉伸强度下降，断裂伸长率增加，这与聚酯型及聚醚型聚氨酯结果是相似的。

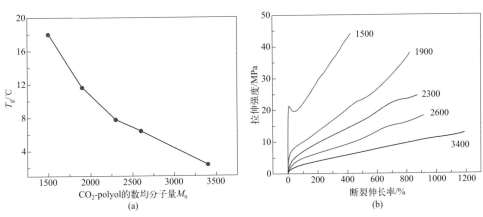

图6-13 CO_2-polyol 的分子量对 CO_2-WPU 的玻璃化转变温度（a）及力学性能（b）的影响

除了分子量，由于 CO_2-polyol 存在醚酯共存结构，碳酸酯单元含量（CU）也是 CO_2-polyol 的一个重要结构特征。王献红等合成了 5 种分子量相近但 CU

不同的 CO_2-polyol，当 CU 从 30% 逐渐增加至 66% 时，所得聚氨酯的 T_g 由 -8℃增加至 16℃ [图 6-14（a）（b）]，同时断裂拉伸强度由 36MPa 增至 52MPa，而断裂伸长率从 630% 降低至 410%，尽管聚氨酯的热塑性弹性体特征依然存在，但是其塑性特征得以增强 [图 6-14（c）（d）]。这主要是由于碳酸酯链段相较于聚醚链段极性更强，使得作为"软段"单元的分子间作用力增大，塑性特征增强。

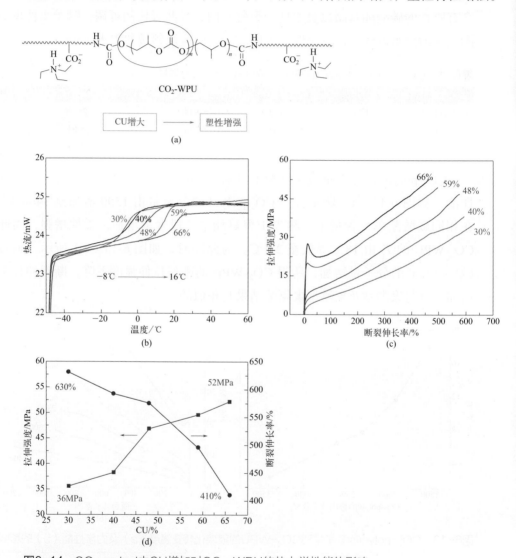

图6-14 CO_2-polyol中CU增加对CO_2-WPU的热力学性能的影响
（a）增大CU使CO_2-WPU的塑性增强；（b）增大CU提高CO_2-WPU的玻璃化转变温度；（c）（d）增大CU对CO_2-WPU拉伸性能的影响

链转移剂是合成 CO_2-polyol 中的重要原料，约占 CO_2-polyol 质量的 10%，不仅起到调控产物分子量及拓扑结构的作用，也可以用于 CO_2-polyol 的功能化改性，进而合成功能化聚氨酯。Lee 等[46] 使用磷酸、苯基膦酸和二苯基膦酸作为链转移剂，采用季铵盐功能化的 Salen-Co(Ⅲ) 催化 CO_2 与 PO 的调聚反应制备得到含磷 CO_2-polyol（图 6-15），与 MDI 反应得到了具有阻燃性的 CO_2-PU。测试发现，该聚氨酯点燃后会很快熄灭，燃烧表面覆盖有一层黑色物质。一般认为含磷聚合物燃烧时，磷元素会被氧化为磷酸，之后磷酸与脱氢的聚合物发生酯化反应形成一种黑色的碳化保护层。他们进一步采用锥形量热仪测定了含磷二氧化碳基多元醇、含磷聚氨酯和聚苯乙烯（PS）的燃烧试验参数，他们发现含磷二氧化碳基多元醇及 TPU 燃烧释放总烟量为 PS 的 1/10，平均消光面积约为 PS 燃烧时的 1.7%，说明含磷 PPC 和 TPU 具有一定的"阻燃"效果。刘宾元等[47] 使用双酚 A 作为链转移时合成的 CO_2-PU 同样具有阻燃效果。

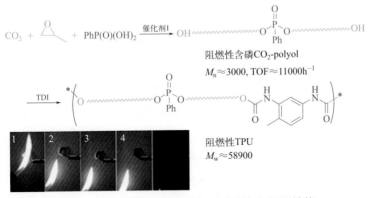

图6-15 含磷二氧化碳基多元醇及聚氨酯的制备和阻燃性能

王献红等[48] 使用生物基来源的衣康酸作为链转移剂，低聚铝卟啉为催化剂，实现了 CO_2/PO 的调聚反应，制备出数均分子量为 1900～3800 的 CO_2-polyol，并将其与 MDI 反应合成了含碳碳双键的 CO_2-PU，含碳碳双键的 CO_2-PU 经紫外光固化后，其拉伸强度可由 3.7MPa 提高至 12.5MPa，显示出一定的应用潜力。

第二节
阴离子水性二氧化碳基聚氨酯

水性聚氨酯（WPU）是指用水代替有机溶剂作为分散介质，将聚氨酯预聚物乳滴分散在水中形成的胶体体系。水性聚氨酯于 20 世纪 60 年代末进入市场，并于 70 年代成为一种重要的环保产品。WPU 的黏度不依赖于聚合物分子量，而且使用水替代有机溶剂，减少了有机溶剂的使用，因此相较于溶剂型聚氨酯，具有低毒、低污染、不燃等优点，主要应用于纺织、纸张、涂料、胶黏剂等领域[49-50]。21 世纪以来，人们对环保和健康问题愈发重视，加速了水性聚氨酯的发展。

早期水性聚氨酯主要采用外乳化方法合成，即在外加乳化剂作用下借助强剪切力作用而将聚氨酯分散于水中。不过通过这种外乳化方式得到的乳液难以长期稳定储存，因此在水分散前对聚氨酯进行亲水改性十分必要，由此诞生的内乳化法是通过向聚合物链段中引入离子基团或亲水链段实现[51]，这种内乳化法往往能取得较好的乳化效果。亲水基团一般分布在乳胶粒表面并朝向外围水相，粒子界面上离子结合体的分离形成双电层，通过化学键连接在聚氨酯骨架上的离子保留固定在粒子表面，而反离子则迁移至粒子周围的水相中，从而形成稳定的水性分散体。按照亲水基团的性质，内乳化型水性聚氨酯可以分为阴离子型、阳离子型和非离子型三种。其中阴离子型水性聚氨酯主要包括磺酸盐型和羧酸盐型，它们一般以含羧基或磺酸盐的小分子多元醇或多元胺作为扩链剂。羧酸型亲水扩链剂的代表有二羟甲基丙酸（DMPA）及二羟甲基丁酸（DMBA），磺酸盐型亲水扩链剂代表主要是乙二氨基乙磺酸钠（AASNa）。为了实现亲水性目的，还需要添加对应的碱，与羧酸或磺酸中和成盐，常用的成盐剂有三乙胺、氨水和氢氧化钠等。阳离子型水性聚氨酯一般是指主链或侧链含有铵离子或锍离子的水性聚氨酯，大多数情况下是以含叔胺基团的扩链剂引入并经过中和得到的季铵阳离子。非离子型聚氨酯则一般通过引入亲水性的聚环氧乙烷（PEG）链段得到。

一、溶剂法水性二氧化碳基聚氨酯的合成

目前制备水性聚氨酯的典型过程主要为两步法，其中第一步是多元醇与过

量异氰酸酯反应得到末端为异氰酸酯基团的低分子量预聚物，第二步则是在高活性的小分子多元醇或多元胺扩链剂下扩链，得到高分子量聚氨酯同时引入亲水基团。常见的制备方法主要有丙酮法及预聚体分散法[52]，两种方法均须经过第一步预聚过程，只是第二步预聚物的扩链方法有所不同。

丙酮法最早用于制备内乳化型水性聚氨酯，属于溶剂法，指以有机溶剂稀释或溶解聚氨酯后再进行乳化的方法[53]。之所以选用丙酮，是因为丙酮在整个过程中呈现化学惰性、可抑制副反应、沸点低、易除去等优点，因此一直沿用至今。除了丙酮外，四氢呋喃（THF）、二甲基甲酰胺（DMF）等都可以作为溶剂，用于降低反应体系的黏度。丙酮法的操作流程如图 6-16 所示，首先，将二氧化碳基多元醇与异氰酸酯反应得到异氰酸酯封端的聚氨酯预聚物，反应过程中加入适量丙酮降低反应体系的黏度，防止黏度过大造成搅拌不均，影响传质与传热；然后，加入具有高反应活性的小分子多元醇或多元胺，此时会发生快速的扩链反应，聚合物分子量迅速增加，并伴随着体系黏度的迅速升高，这时需要加入大量有机溶剂保证扩链过程的顺利进行；最后，在机械搅拌下将中和后的水性聚氨酯分散于水中，并脱除有机溶剂得到最终的水性聚氨酯乳液[21]。丙酮法的优点在于体系均一且黏度较低，所制备的聚氨酯分子量较高，操作方便，而且乳化后分散体稳定，重复性好[52]。

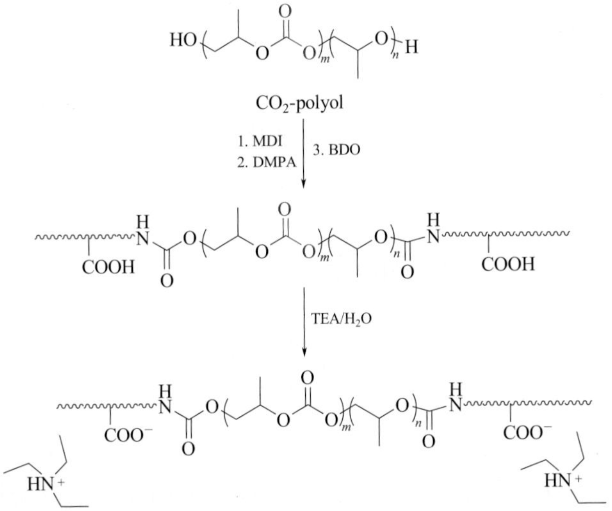

图6-16　丙酮法合成CO_2-WPU的示意图

作为一种有别于丙酮法的水性聚氨酯合成方法，预聚体法第一步将得到的含亲水基团的异氰酸酯封端的预聚体直接分散于水中，形成乳液；第二步是向预聚体乳液中加入扩链剂完成扩链反应。由于预聚体在胶体粒子中完成扩链，避免了扩链过程中体系黏度的快速上升，因此该方法极大地节省了有机溶剂的使用量，甚至可以实现无溶剂制备水性聚氨酯[54]。但使用该方法进行扩链时存在异氰酸酯与水之间的副反应，因此高反应活性的芳香族异氰酸酯并不适用，而且预聚体需要在较低温度下进行水分散。与丙酮法相比，预聚体法得到的聚合物中存在大量脲基，乳液成膜后薄膜较硬，强度较高，但韧性较差。此外，得到乳胶粒径较大，稳定性和重复性较差。

Wicks 等[52]系统研究了丙酮法与预聚体法之间的差别，发现丙酮法可在低浓度的内乳化剂下［2%（质量分数），下同］得到稳定分散的乳液，而预聚体法至少需要 4% 的内乳化剂才能得到相似组成的稳定乳液。王献红等[55]探究了亲水基团在聚氨酯主链、侧链及端基时的乳化能力，发现位于链末端的亲水基团具有更强的乳化能力，并利用末端亲水基团诱导分散的策略，在 1% 内乳化剂下即可得到稳定的聚氨酯乳液。刘保华等[56]利用预聚体分散法在低温水相中用异佛尔酮二胺（IPDA）对二氧化碳基聚氨酯预聚体进行扩链，发现在相同亲水基团含量（3.55% DMPA）下，随着扩链温度由 40℃ 增加至 60℃，固含量会从 51% 下降至 40%，同时黏度从 901.5mPa·s 下降至 236.5mPa·s，胶体粒径从 58.8nm 下降至 54.1nm，表明过高的扩链温度会生成更多的极性基团，导致固含量下降。在相同固含量（35%）时，通过增加 DMPA 的含量（由 3.08% 至 5.03%），胶体粒径会下降，而体系黏度会由 21.5mPa·s 增加至 79.5mPa·s，这主要是胶体的表面电荷密度及水化层厚度的变化共同作用所致。

二、无溶剂法阴离子二氧化碳基聚氨酯的合成

虽然水性聚氨酯相较于溶剂型聚氨酯具有低挥发性有机物（VOC）的优点，满足绿色环保的要求，但无论是丙酮法还是预聚体分散法，在实际生产过程中都不可避免地需要添加有机溶剂以降低反应体系的黏度。有机溶剂的加入不仅会增加生产过程中的 VOC 排放或泄漏可能性，且在后期需要高真空脱除有机溶剂延长生产时间，增加能耗[57]。因此，无溶剂路线制备水性聚氨酯无

论是从环保角度还是从生产角度考虑都具有重要研究价值。

Lei 等[58]通过在预聚过程中引入 PEG 增加亲水性，并且调节 NCO/OH 比例，获得了低黏度的水性阴离子聚氨酯预聚体，加水乳化后，向体系内加入亲水扩链剂 2,4-二氨基苯磺酸钠，在 25℃下 10min 内即可完成后扩链，不过由此得到的水性聚氨酯的黏度依然很大，而且水性聚氨酯上存在过多的亲水基团会降低最终产品的耐水性。Pang 等[59]使用带有羧基和磺酸基团的亲水扩链剂实现了水性聚氨酯的无溶剂制备，但由于反应体系黏度过大，制得的水性聚氨酯粒径较大且分布较宽。考虑到羧酸盐型离子基团的亲水性较差，刘保华等[56]采用乙二氨基乙磺酸钠在 25~30℃下对 CO_2-polyol 基聚氨酯预聚物进行扩链，并添加三乙胺中和后直接分散在 5℃的水中，并在 80℃反应 1h 得到 46% 固含量的 WPU，尽管避免了使用有机溶剂，但是制得的水性聚氨酯粒径仍然较大。这也是无溶剂法制备水性聚氨酯所面临的共性问题之一。

王献红等[54]详细探究了预聚体分散法中温度、时间、异氰酸酯种类等条件对异氰酸酯保留率的影响。以 CU 为 30%、分子量为 1350 的 CO_2-polyol 为例，CO_2-polyol-IPDI-DMPA 预聚物在 55℃下完成水分散时，NCO 的保留率达到 95.7%，而当分散温度为 95℃时，NCO 保留率降低至 85.9%。总体而言，高温会直接导致 NCO 的消耗加剧，因此分散温度保持在 86℃以下可以保证 NCO 保留率维持在 90% 以上［图 6-17（a）］。另外，不同异氰酸酯（HDI、IPDI、HMDI）为原料制备得到的预聚物在 80℃水中分散时，HMDI 基预聚物表现出较高的 NCO 保留率，其对应的 10% NCO 消耗的时间为 4.9min，而 HDI 及 IPDI 基预聚物中 NCO 分别在 0.6min 及 1.4min 时 NCO 已消耗 10% ［图 6-17（b）］。进一步监测发现 HMDI 基预聚物在 80℃水中分散 4.9min 后仍有 90% 以上 NCO 保留，并且此时反应体系黏度在 20000mPa·s 以下，容易在水中分散。与 80℃下分散的 NCO 消耗相比，NCO 在室温下的消耗则要缓慢很多，在搅拌 6.9min 后，IPDI 基预聚物的 NCO 保留率可维持在 90% ［图 6-17（c）］。借此提出了一个高温预分散策略无溶剂制备 CO_2-WPU，所制备的 CO_2-WPU 粒径在 45~70nm 之间，3000r/min 离心 30min 乳液仍保持稳定。

为了解决高碳酸酯单元含量下 CO_2-WPU 低温脆性的问题，如图 6-18 所示，王献红等[60]引入聚丙烯酸丁酯（PBA）作为软段形成微相分离结构增韧 CO_2-WPU，实现了韧性 CO_2-WPU 的无溶剂制备。该方法使用丙烯酸丁酯单体充当有机溶剂，达到降低反应体系黏度的目的，在得到含丙烯酸丁酯的CO_2-WPU乳液后，通过加入AIBN并在80℃下引发丙烯酸丁酯自由基聚合，最终可以得到PBA/CO_2-WPU复合乳液。得益于PBA软段相与CO_2-WPU硬段相间的微相分离，复合65%（质量分数）PBA的CO_2-WPU在-10℃时断裂伸长率达到368%，是CO_2-WPU的65倍。由该方法得到的涂膜相较于PBA/CO_2-WPU共混膜，室温条件下的拉伸强度与断裂伸长率都更高。

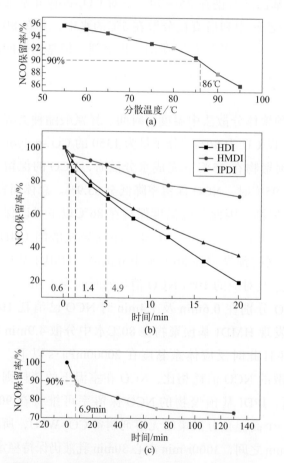

图6-17　IPDI基预聚物NCO保留率随分散温度的变化关系（a）、HDI、HMDI、IPDI基预聚物NCO保留率随在80℃下分散时间的变化关系（b）和IPDI基预聚物NCO保留率随室温分散时间的变化关系（c）

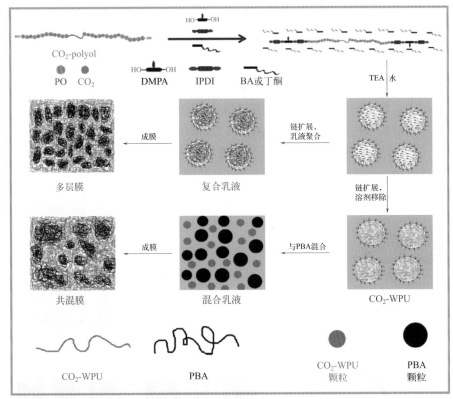

图6-18 微相分离策略增韧CO$_2$-WPU的示意图

第三节
阴离子水性二氧化碳基聚氨酯的应用

一、水性胶黏剂

　　二氧化碳基聚氨酯水性胶黏剂的分子链中同时富含有弱极性的碳酸酯基团、强极性氨基甲酸酯基团，因此有不同表面张力的表面均可实现高强度粘接，适用于金属、玻璃、橡胶、塑料、陶瓷、纸张和木材等天然高分子材料表面的同质或异质粘接。

　　王献红等[21]以CO$_2$基多元醇为软段，与MDI、DMPA、BDO反应制备

得到 CO_2-WPU（图 6-19），相较于 PBA-WPU 和 PPG-WPU，CO_2-WPU 具有出色的力学性能和耐氧化/水解能力。当碳酸酯单元含量从 30% 提高到 60% 时，所得 CO_2-WPU 涂膜的拉伸强度从 35.6MPa 升高至 52.2MPa。目前该 CO_2-WPU 已经作为双组分胶黏剂的两个核心组分之一，应用于汽车门护板的粘接，还实现了高表面能的阻燃木地板、低表面能氯丁橡胶、低表面能光滑铝合金的同时高强度粘接，充分发挥了 CO_2-WPU 初粘力强、耐高温湿热老化的特点，从 2018 年开始在和谐号、京张高铁等车厢内广泛使用。CO_2-WPU 的制备及其力学、耐水解、抗氧化等综合性能见图 6-19。

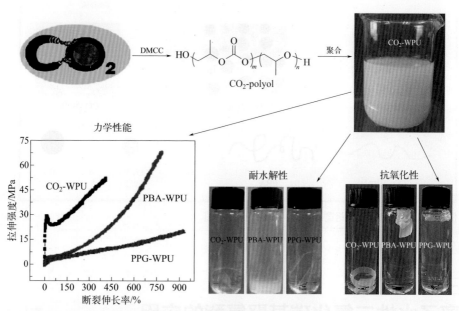

图6-19 CO_2-WPU的制备及其力学、耐水解、抗氧化等综合性能
DMCC指Zn-Co双金属配合催化剂

另一方面，通过添加重质碳酸钙、气相白炭黑等添加剂，王献红等[61]使用柠檬酸基 CO_2 低聚四元醇与二异氰酸酯、离子扩链剂、小分子醇扩链剂反应制备得到二氧化碳基水性聚氨酯压敏胶，该压敏胶的初粘性与 12～17 号钢球水平，持粘性为 26.5～32h，180° 剥离强度为（32.5～42.5）N/20mm，具有较好的粘接效果。利用高温预分散策略，王献红等[54, 62] 使用 CO_2-polyol 作为软段、醋酸盐型或磺酸盐型二元醇或二元胺为扩链剂，与脂肪族二异氰酸酯反应制备得到阴离子型聚氨酯-脲，通过添加水性增稠剂、水性流平剂等添加剂

后得到的胶黏剂，粘接强度可达到 26～35N。王献红等[63] 还以富马酸为链转移剂，合成了主链含不饱和双键的 CO_2-polyol，利用巯基-双键点击反应接枝得到含氟侧基的多元醇，并与二异氰酸酯和 2,4-二氨基苯磺酸钠反应制备得到含氟侧基的阴离子水性聚氨酯，在经受 4 次高低温循环冲击及湿热耐候性测试后，胶膜没有任何翘边或开胶，具有较好的耐候性。

蔡志华等[64] 向 CO_2-WPU 中添加硅烷偶联剂、铝酸酯类偶联剂及表面活性剂等结合力促进剂，进一步提升了其与粉体或纤维的界面结合力，适用于常温常压下粉体的黏结，显示出比常规水性聚氨酯更好的黏结效果。

二、水性涂料

聚氨酯涂层具有良好的力学性能、粘接性能、耐磨性和耐腐蚀性，而溶剂型聚氨酯因为有机溶剂易挥发等缺点，其应用正受到严格限制，水性二氧化碳基聚氨酯除了力学性能突出，还具有优良的耐水解性和耐氧化性，有替代传统水性聚氨酯的潜力。

王献红等[65] 采用 CO_2-polyol 与二异氰酸酯、DMPA、小分子二元醇扩链剂合成了阴离子型水性聚氨酯，拉伸强度为 12～65MPa，断裂伸长率为 590%～1300%，玻璃化转变温度在 $-30～0℃$ 间可控，硬度在 2B 和 F 之间，该水性涂料解决了现有聚碳酸酯-醚型水性聚氨酯涂料的玻璃化转变温度过高导致低温脆性和涂膜偏硬等问题。王献红等[62] 利用高温预分散策略制备的水性二氧化碳基聚氨酯用作涂料使用时，涂膜的拉伸强度和断裂伸长率分别在 16～63MPa 和 650%～1640% 之间可控。

为了进一步提高水性聚氨酯的耐水解能力，王献红等[66] 在原有阴离子水性聚氨酯基础上使用季戊四醇三丙烯酸酯（PETA）或 2-丙烯酸羟乙酯（HEA）封端，在聚氨酯末端引入烯烃双键，涂膜经干燥及紫外固化后，显示出优良的耐碱解性能（图 6-20）。通过控制双键含量由 0.93mmol/g 增加至 2.4mmol/g，凝胶含量可由 66.5% 增加至 88.1%，同时拉伸强度由 29MPa 增加至 67MPa，吸水膨胀率由 26.7% 降低至 14.5%。

刘保华等[67] 通过向二氧化碳基阴离子型水性聚氨酯中加入硅烷偶联剂类掩蔽极性的氨基甲酸酯基团和脲基，与疏水性的 CO_2-polyol 链段协同增加材料的耐水性能，可以将吸水率降低至 3.5%，有望用于防水涂层材料。

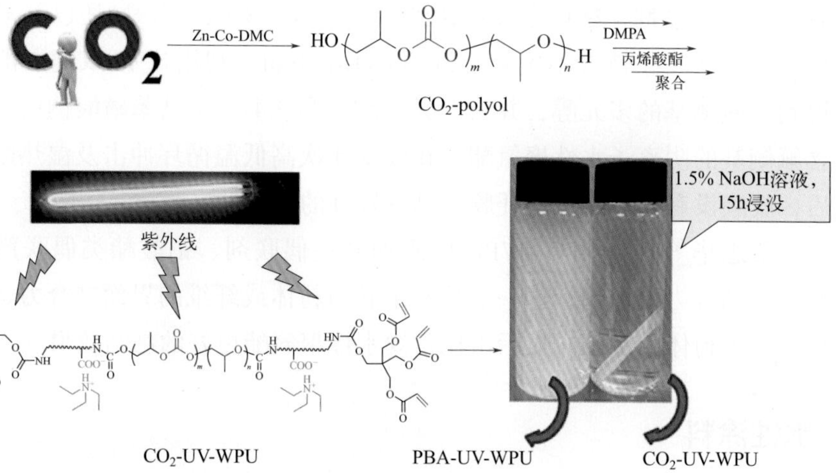

图6-20 紫外光固化CO₂-WPU的制备及其耐碱解性能

三、水性皮革浆料

皮革制品是日常生活中广泛使用的大宗商品，天然皮革往往具有手感丰满、高透气的优点，但存在着资源短缺、价格昂贵且破坏生态环境等问题。聚氨酯合成革具有天然皮革的特性，而且以聚氨酯皮革浆料作为面层的皮革具有聚氨酯优秀的耐磨性、耐溶剂性等，因此广泛应用于高档服饰、室内装饰、汽车内饰及座椅等。

刘宝华等[68]探究了CO₂-polyol在水性皮革材料的应用，发现采用NCO欠量法得到的CO₂-polyol/MDI/BDO聚氨酯皮革具有更好的综合性能，拉伸强度及耐热性能相较于聚己二酸丁二醇酯（PBA）型及聚四氢呋喃（PTMG）型聚氨酯更好，耐碱解性与PTMG型聚氨酯皮革树脂相当，而且经三羟甲基丙烷（TMP）交联修饰的皮革涂饰剂的硬度、抗粘性能明显提升。

第四节
阳离子水性二氧化碳基聚氨酯

一、阳离子水性二氧化碳基聚氨酯的合成方法

相较于阴离子型水性聚氨酯（AWPU），阳离子型水性聚氨酯（CWPU）

性能上的差异主要来自于内乳化剂结构的不同，CWPU 一般使用季铵盐乳化，但它们的乳化能力往往较差，需要添加过量的内乳化剂以满足其长期稳定储存的要求，这使得聚氨酯的耐水性能下降，限制了其在多数情况下的使用。尽管已有诸多文献报道了许多具有不同结构的叔胺类亲水扩链剂，包括叔胺基团在聚氨酯主链上的内乳化剂[69-73]和叔胺基团在聚氨酯侧链上的内乳化剂[74-80]，但与阴离子型亲水扩链剂相比[81-82]，上述阳离子型内乳化剂的用量依然很大，通常在 5%（质量分数）以上。大量的内乳化剂在 CWPU 的使用过程中产生诸多危害，例如 CWPU 薄膜存在较高的吸水率和较差的耐水性[83-84]。此外，叔胺基团也容易被氧化产生相应的氮氧化物[85-86]。因此，如何提高阳离子亲水基团的乳化效率来降低其用量是制备高耐水性 CWPU 的主要难题。

与制备新结构的亲水扩链剂不同，如果能够提高聚氨酯链上叔胺基团与酸之间的中和效果，将有可能提高亲水基团的亲水能力和乳化效率。通过改变叔胺在聚氨酯链上的位置，如在聚合物链的主链、侧链和端基引入叔胺，来优化小分子酸和叔胺基团之间的反应性是一种简单有效的办法。基于此，王献红等[55]以 CO_2-polyol 为原料，分别使用 N-甲基二乙醇胺（MDEA）和 3-二甲氨基-1,2-丙二醇（DMAD），合成了在主链、侧链和端基引入叔胺型亲水基团的 CO_2-CWPU，研究了亲水基团位置对 CO_2-CWPU 稳定分散所需的最低亲水扩链剂用量的影响。如图 6-21 所示，当亲水基团位于端基时，其乳化

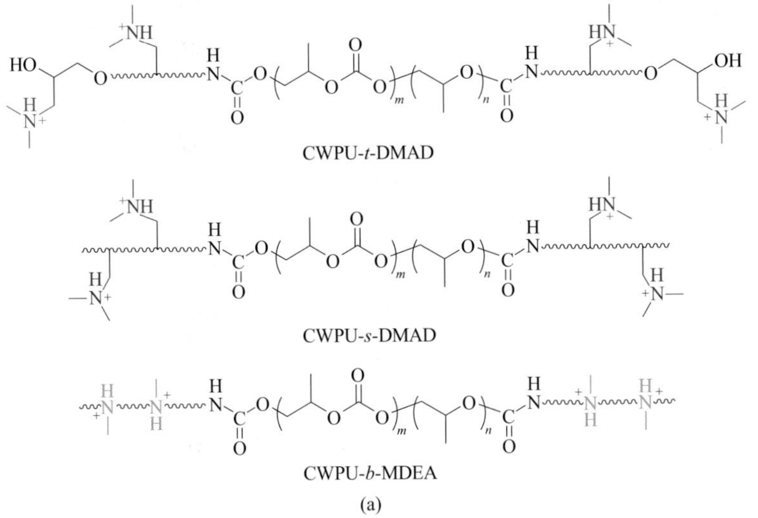

CWPU-*t*-DMAD

CWPU-*s*-DMAD

CWPU-*b*-MDEA

(a)

图6-21

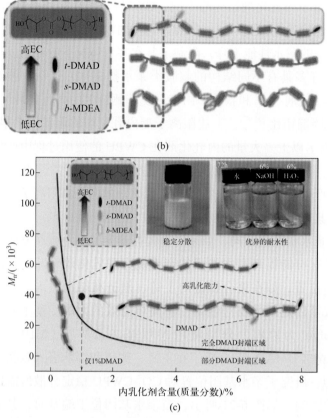

图6-21 内乳化剂在不同位置的CO_2-CWPU（a）、内乳化剂在CO_2-CWPU位置的示意图（b）和内乳化剂理论含量与实际含量的关系（c）

端基型：CWPU-*t*-DMAD；侧链型：CWPU-*s*-DMAD；主链型：CWPU-*b*-MDEA；MDEA:*N*-甲基二乙醇胺

能力是侧链亲水基团的 3.5 倍、主链亲水基团的 4.4 倍。因此，采用末端亲水基团诱导分散策略制备乳液稳定的 CWPU 时，亲水扩链剂用量可显著降低至仅 1.0%（质量分数）。该分散策略不仅适用于以不同碳酸酯单元含量的CO_2-polyol 为原料制备 CWPU，对于广泛使用的聚酯、聚醚型多元醇同样有效。得益于CO_2-polyol 中碳酸酯单元和醚键共存的特殊结构，CO_2-CWPU 也表现出优异的耐水解和耐氧化性能，具有突出的应用潜力。

二、近中性阳离子水性二氧化碳基聚氨酯

聚苯胺是由醌二亚胺和苯二胺两种结构单元组成的共轭高分子，由于其自

身独特的氧化还原可逆性，具有广谱金属防腐性能，同时聚苯胺防腐涂层中不含有任何重金属，因此聚苯胺被认为是新一代金属防腐环保材料[87-89]。然而，由于纯聚苯胺涂层对水、氧、氯离子等腐蚀性介质的阻隔性能差，对金属基底的附着力也较弱，极大限制了其在防腐领域的大规模应用[90]。从长期防腐的角度出发，为了提高聚苯胺涂层的防腐性能，最常见的方法是用树脂作基体树脂，聚苯胺自身作填充剂，共混形成复合防腐涂料。目前，具有良好防腐性能的聚苯胺防腐涂料大多是溶剂型的[91]，这是由于掺杂态聚苯胺在二甲苯等有机溶剂中具有一定的分散性，易于加工[92-94]。

为了满足环境友好和可持续发展的要求，制备水性导电聚苯胺分散液（cPANI）是十分必要的。水性聚苯胺通常可以分为水溶性和水分散性导电聚苯胺两种[95]，但由于缺少合适的水性基体树脂，大多数水性聚苯胺涂层的防腐性能都较差[96-98]。目前最常用的水性基体树脂是水性环氧树脂，但其本身阻隔腐蚀介质的能力较弱，且与水性聚苯胺之间的相容性较差，导致防腐性能很差[96]。2013 年，Gurunathan 等[99] 的研究结果表明阳离子水性聚氨酯与水分散导电聚苯胺之间具有良好的相容性，但阳离子水性聚氨酯乳液的酸性致金属表面闪锈和腐蚀加速等问题经常被忽略。

水性阳离子二氧化碳基聚氨酯通常由含有叔胺的内乳化剂制备而成，主链中叔胺离子结构对其性能具有重要影响。一般使用 N-甲基二乙醇胺（MDEA）作为内乳化剂引入叔胺基团，通过与酸中和得到亲水的季铵盐从而达到在水中分散的目的。但等物质的量的醋酸与 MDEA 直接中和可以得到完全中性的溶液，表明所有的醋酸都被消耗，然而，当 MDEA 作为内乳化剂接入聚合物主链时，乳化后叔胺基团会被包覆在颗粒内部，导致中和无法完全进行，体系内剩余大量游离酸，对金属表面造成腐蚀。为了解决水性阳离子二氧化碳基聚氨酯偏酸性的问题，王献红等[100-101] 设计了两种支链型内乳化剂 BDE 及 TDTD（图 6-22）。由于 BDE 的叔胺基团位于聚合物侧链，空间位阻较小，因此中和反应能消耗更多的酸，得到的乳液 pH 接近中性。在相同条件下制得的 PPC-BDE 的 pH 为 4.69，比主链型铵盐型的 PPC-MDEA-4（pH 为 4.15）更接近中性，通过增加 BDE 的含量得到 PPC-BDE，乳液 pH 增大到 5.20，更加接近中性，但过量的亲水基团同时会降低聚氨酯的耐水性，仍然不适用于长期防腐[100]。

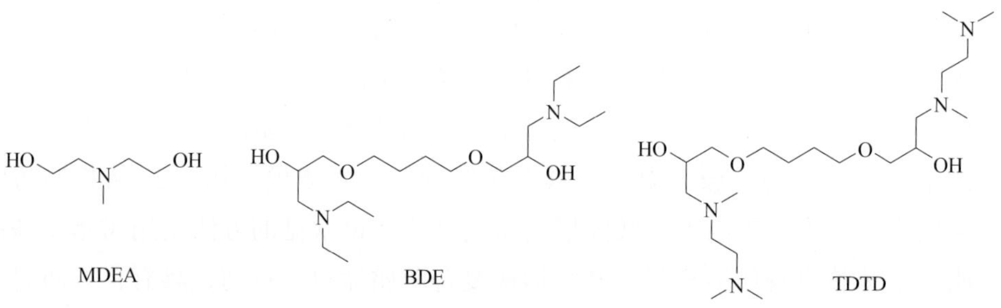

图6-22 几种阳离子内乳化剂的化学结构

三、中性阳离子水性二氧化碳基聚氨酯

如前所述，王献红等[101]采用 BDE 作为内乳化剂，已经能制备出近中性的阳离子聚氨酯乳液。当以侧基位阻更小的 TDTD 作内乳化剂时，如图 6-22 所示，理论上聚合物链能够释放出更多的氮与酸中和，由此制得的 PPC-TDTD 的 pH 为 5.63，接近中性；减少醋酸用量到与叔胺基团等摩尔比时，得到乳液的pH 为 6.32（去离子水 pH 为 6.53），这是迄今为止报道的最接近中性的水性阳离子聚氨酯。

为了进一步提高树脂的屏蔽性能，王献红等以 TDTD 作内乳化剂制备的完全中性的阳离子聚氨酯乳液，采用价格低廉的柠檬酸作为离子型交联剂，在室温下水相中构建内部交联的具有三维网状结构的水性聚氨酯。差示扫描量热法（DSC）的结果表明交联后树脂的玻璃化转变温度升高了 7.23℃，表明加入柠檬酸形成的三维网络结构限制了聚合物分子链的移动。此外，加入柠檬酸后，聚合物薄膜的力学性能得到了增强，杨氏模量也明显增加。更重要的是，交联后的聚氨酯水性分散液的 pH 值仅为 6.05，仅比未加入柠檬酸交联前的 pH 值略低，这主要归因于 TDTD 独特的支链型结构使其具有足够的"能力"消耗柠檬酸。

第五节
水性阳离子二氧化碳基聚氨酯的应用

一、水性抗菌涂料

阳离子抗菌材料，包括季铵盐类[102]，可与带有负电荷的细菌细胞膜相互作用，使细菌细胞膜破裂或克制特定膜蛋白活性，从而杀死细菌[103]。这类抗菌材料抗菌效率高，与天然抗菌材料相比，制备工艺成熟，价格相对便宜，因而受到广泛重视。Larock 等 [69] 使用五种不同的阳离子亲水扩链剂制备了大豆油基 CWPU，均表现出良好的抗菌性能，同时对于其他类型的微生物，如酵母、霉菌和病毒等，同样表现出良好的抑制作用。增加阳离子的含量，抗菌性能会进一步提升 [104-105]。类似地，Supaphol 等 [106] 使用双 (2-羟乙基) 二甲基氯化铵作为亲水扩链剂制备了 CWPU，对金黄色葡萄球菌和大肠杆菌有优异的抗菌效果，且抗菌效果随着铵盐含量的增加而提升。Dong 等 [107] 使用烷基化的 3-二甲氨基-1,2-丙二醇为亲水基团制备了一系列 CWPU，其薄膜表现出优异的抗菌性能。Liu 等 [79] 制备了可紫外光固化的 CWPU，得益于体系中聚氨酯侧链的铵盐和 1%（质量分数）的胍基乙酸，薄膜显示出 94.77% 的杀菌效率，经过 12 次洗涤后，抗菌效率仅降低 6.82%，在抗菌涂层材料方面有巨大的潜力。Tan 等 [108] 制备了含季铵盐的交联型 CWPU，对革兰氏阳性金黄色葡萄球菌和革兰氏阴性大肠杆菌均具有长期的抗菌效果，可用作植入物和生物医学设备的抗菌涂层。

抗菌材料能够在有害微生物成为威胁之前消除或者中和它们，在预防和组织细菌感染方面起到重要作用。特别是涂层材料可以在不影响材料整体性能的情况下赋予表面抗菌功能，是一个非常活跃的研究领域。

二、水性阳离子胶黏剂

CWPU 链上带有阳离子（正电荷），对于皮革、玻璃等阴离子表面具有优异的黏附力。Radhakrishnan 等 [109] 使用聚乙烯吡啶作为阳离子亲水基团制备了 CWPU 乳液，对皮革表面表现出良好的黏附力。Pilard 和 Saetung 等 [110] 使用 MDEA 为阳离子亲水扩链剂制备了基于天然橡胶的 CWPU 乳液，含有 10% 环氧基团的 CWPU 对皮革的黏附力是所测试的商业化胶黏剂中最高黏附力的 6 倍多。王献红等 [55] 基于末端亲水基团诱导分散策略合成了 CWPU，阳离子亲水基团仅为 1.0%（质量分数），可用于无纺布和玻璃之间粘接的胶黏剂，附着力为 1709N/m，比相应阴离子胶黏剂提高了 77%，表明末端亲水基团诱导分散的 CWPU 在胶黏剂领域具有很大的应用潜力。

总结与展望

聚氨酯领域已经形成一个拥有 2000 万吨规模的成熟产业，但也面临着可持续发展所带来的环保和原料来源多样化等典型问题。发展二氧化碳基水性聚氨酯不仅可实现二氧化碳的高值化利用，还能够减少聚氨酯工业对化石燃料的依赖。另一方面，基于无溶剂法制备水性聚氨酯还能减少有机溶剂的使用，能有效解决聚氨酯发展过程中存在的高污染、高能耗的缺点。随着二氧化碳基水性聚氨酯在防腐涂层、胶黏剂、皮革浆料等领域的研发及应用，相信在不久的将来会成为聚氨酯领域又一大宗商品。另外，非异氰酸酯路线制备聚氨酯也表现出相当的研究热度，但相较于成熟的异氰酸酯基聚氨酯仍有相当长的路要走。

参考文献

[1] Bayer O. Das Di-isocyanat-polyadditionsverfahren (polyurethane)[J]. Angewandte Chemie International Edition, 1947, 59(9): 257-272.

[2] Krol P. Synthesis methods chemical structures and phase structures of linear polyurethanes. Properties and applications of linear polyurethanes in polyurethane elastomers copolymers and ionomers[J]. Progress in Materials Science, 2007, 52 (6): 915-1015.

[3] Mannari V, Rufe P. From concept to market: Rewards and challenges in commercialization of "green" sustainable polyurethane technology[A]. Abstracts Of Papers of the American Chemical Society, 2014, 248: 25-SCHB.

[4] von der Assen N, Bardow A. Life cycle assessment of polyols for polyurethane production using CO_2 as feedstock: insights from an industrial case study[J]. Green Chemistry, 2014, 16 (6): 3272-3280.

[5] Meys R, Kätelhön A, Bardow A. Towards sustainable elastomers from CO_2: life cycle assessment of carbon capture and utilization for rubbers[J]. Green Chemistry, 2019, 21(12): 3334-3342.

[6] Cao H, Wang X, Wang F, et al. Homogeneous metallic oligomer catalyst with multisite intramolecular cooperativity for the synthesis of CO_2 -based polymers[J]. ACS Catalysis, 2019, 9(9): 8669-8676.

[7] Cao H, Wang X, Wang F, et al. Precise synthesis of functional carbon dioxide-polyols[J]. Acta Polymerica Sinica, 2021, 52(8): 1006-1014.

[8] Fu S, Wang X, Wang F, et al. Synthesis of high primary hydroxyl content poly(carbonate-ether) polyol[J]. Acta Polymerica Sinica, 2019, 50(4): 338-343.

[9] Cyriac A, Park J, Lee B, et al. Immortal CO_2/propylene oxide copolymerization: Precise control of molecular weight and architecture of various block copolymers[J]. Macromolecules, 2010, 43(18): 7398-7401.

[10] Grignard B, Kleij A, Detrembleur C, et al. Advances in the use of CO_2 as a renewable feedstock for the synthesis of polymers[J]. Chemical Society Reviews, 2019, 48(16): 4466-4514.

[11] Liu S, Wang X, Wang F, et al. One-pot controllable synthesis of oligo(carbonate-ether) triol using a Zn-Co-DMC catalyst: the special role of trimesic acid as an initiation-transfer agent[J]. Polymer Chemistry, 2014, 5(21): 6171-6179.

[12] Liu S, Chen X, Wang F, et al. Controllable synthesis of a narrow polydispersity CO_2-based oligo(carbonate-ether) tetraol[J]. Polymer Chemistry, 2015, 6(43): 7580-7585.

[13] Liu S, Wang X, Wang F, et al. Controlled synthesis of CO_2-diol from renewable starter by reducing acid value through preactivation approach[J]. Science China Chemistry, 2016, 59(11): 1369-1375.

[14] Fu S, Wang X, Wang F, et al. Propylene oxide end-capping route to primary hydroxyl group dominated CO_2-polyol[J]. Polymer, 2018, 153: 167-172.

[15] Gao Y, Wang X, Wang F, et al. Dicarboxylic acid promoted immortal copolymerization for controllable synthesis of low-molecular weight oligo(carbonate-ether) diols with tunable carbonate unit content[J]. Journal of Polymer Science, Part A: Polymer Chemistry, 2012, 50(24): 5177-5184.

[16] Liu S, Wang X, Wang F, et al. Bulk CO_2-based amorphous triols used for designing biocompatible shape-memory polyurethanes[J]. Journal of Renewable Materials, 2015, 12: 101-112.

[17] Kreye O, Mutlu H, Meier M, et al. Sustainable routes to polyurethane precursors[J]. Green Chemistry, 2013, 15(6): 1431-1455.

[18] Cotarca L, Eckert H. Phosgenations-a handbook[M]. Germany: Wiley-VCH, 2003.

[19] Krone C, Klingner T, Rando R, et al. Isocyanates in flexible polyurethane foams[J]. Bulletin of Environmental Contamination and Toxicology, 2003, 70(2): 328-335.

[20] Allport D C, Gilbert D S, Outterside S M. MDI and TDI: A safety health and the environment: A source book and practical[M]. New York: John Wiley & Sons Ltd, 2003.

[21] Wang J, Wang X, Wang F, et al. Waterborne polyurethanes from CO_2 based polyols with comprehensive hydrolysis/oxidation resistance[J]. Green Chemistry, 2016, 18(2): 524-530.

[22] Sharma B, Loontjens T, van Benthem R, et al. Microstructure and properties of poly(amide urethane)s: comparison of the reactivity of α-hydroxy-ω-O-phenyl urethanes and α-hydroxy-ω-O-hydroxyethyl urethanes[J]. Macromolecular Chemistry And Physics, 2004, 205(11): 1536-1546.

[23] Ihata O, Kayaki Y, Ikariya T. Aliphatic poly(urethane-amine)s synthesized by copolymerization of aziridines and supercritical carbon dioxide[J]. Macromolecules, 2005, 38(15): 6429-6434.

[24] Sheng X, Wang X, Wang F, et al. Quantitative synthesis of bis(cyclic carbonate)s by iron catalyst for non-isocyanate polyurethane synthesis[J]. Green Chemistryistry, 2015, 17(1): 373-379.

[25] Gu L, Zhao X, Wang F, et al. Thermal and pH responsive high molecular weight poly(urethane-amine) with high urethane content[J]. Journal of Polymer Science, Part A: Polymer Chemistry, 2011, 49(24): 5162-5168.

[26] Ren G, Wang X, Wang F, et al. Toughening of poly(propylene carbonate) using rubbery non-isocyanate polyurethane: Transition from brittle to marginally tough[J]. Polymer, 2014, 55(21): 5460-5468.

[27] Maisonneuve L, Grau E, Cramail H, et al. Isocyanate-free routes to polyurethanes and poly(hydroxy urethane)s[J]. Chemical Reviews, 2015, 115(22): 12407-12439.

[28] Cornille A, Boutevin B, Caillol S, et al. A perspective approach to sustainable routes for non-isocyanate polyurethanes[J]. European Polymer Journal, 2017, 87: 535-552.

[29] Huang S, Wei W, Sun Y, et al. Synthesis of cyclic carbonate from carbon dioxide and diols over metal

acetates[J]. J. Journal of Fuel Chemistry and Technology, 2007, 35(6): 701-705.

[30] Reithofer M, Sum Y, Zhang Y. Synthesis of cyclic carbonates with carbon dioxide and cesium carbonate[J]. Green Chemistry, 2013, 15 (8): 2086-2090 .

[31] Ca N, Zanetta T, Costa M, et al. Effective guanidine-catalyzed synthesis of carbonate and carbamate derivatives from propargyl alcohols in supercritical carbon dioxide[J]. Advanced Synthesis & Catalysis, 2011, 353(1): 133-146.

[32] Bruneau C, Dixneuf P. Catalytic incorporation of CO_2 into organic substrates: Synthesis of unsaturated carbamates carbonates and ureas[J]. Journal of Molecular Catalysis, 1992, 74(1-3): 97-107.

[33] Schmidt S, Bruchmann B, Mülhaupt R, et al. Erythritol dicarbonate as intermediate for solvent- and isocyanate-free tailoring of bio-based polyhydroxyurethane thermoplastics and thermoplastic elastomers[J]. Macromolecules, 2017, 50(6): 2296-2303.

[34] Cornille A, Boutevin B, Caillol S, et al. Room temperature flexible isocyanate-free polyurethane foams[J]. European Polymer Journal, 2016, 84: 873-888.

[35] Peng J, Deng Y. Cycloaddition of carbon dioxide to propylene oxide catalyzed by ionic liquids[J]. New Journal of Chemistry, 2001, 25(4): 639-641.

[36] Yasuda H, He L, Sakakura T. Cyclic carbonate synthesis from supercritical carbon dioxide and epoxide over lanthanide oxychloride[J]. Journal of Catalysis, 2002, 209(2): 547-550.

[37] Tian D, Li H, Darensbourg D, et al. Formation of cyclic carbonates from carbon dioxide and epoxides coupling reactions efficiently catalyzed by robust recyclable one-component aluminum-salen complexes[J]. ACS Catalysis, 2012, 2(9): 2029-2035.

[38] Besse V, Caillol S, Boutevin B, et al. Access to nonisocyanate poly(thio)urethanes: A comparative study[J]. Journal of Polymer Science, Part A: Polymer Chemistry, 2013, 51(15): 3284-3296.

[39] Lamarzelle O, Grau E, Cramail H, et al. Activated lipidic cyclic carbonates for non-isocyanate polyurethane synthesis[J]. Polymer Chemistry, 2016, 7(7): 1439-1451.

[40] Aoyagi N, Furusho Y, Endo T. Mild incorporation of CO_2 into epoxides: Application to nonisocyanate synthesis of poly(hydroxyurethane) containing triazole segment by polyaddition of novel bifunctional five-membered cyclic carbonate and diamines[J]. Journal of Polymer Science, Part A: Polymer Chemistry, 2018, 56(9): 986-993.

[41] Chen Q, Zhao Z, Bao M, et al. Preparation of lignin/glycerol-based bis(cyclic carbonate) for the synthesis of polyurethanes[J]. Green Chemistry, 2015, 17(9): 4546-4551.

[42] Bähr M, Mülhaupt R. Linseed and soybean oil-based polyurethanes prepared via the non-isocyanate route and catalytic carbon dioxide conversion[J]. Green Chemistry, 2012, 14(2): 483-489.

[43] Esmaeili N, Vafayan M, Meyer W, et al. Tannic acid derived non-isocyanate polyurethane networks: Synthesis curing kinetics antioxidizing activity and cell viability[J]. Thermochimica Acta, 2018, 664: 64-72.

[44] Bähr M, Bitto A, Mülhaupt R. Cyclic limonene dicarbonate as a new monomer for non-isocyanate oligo- and polyurethanes (NIPU) based upon terpenes[J]. Green Chemistry, 2012, 14(5): 1447-1454.

[45] Mazurek-Budzyńska M, Guńka P, Zachara J, et al. Bis(cyclic carbonate) based on d-mannitol d-sorbitol and di(trimethylolpropane) in the synthesis of non-isocyanate poly(carbonate-urethane)s[J]. European Polymer Journal, 2016, 84: 799-811.

[46] Lee S, Jeon J, Lee B, et al. Preparation of thermoplastic polyurethanes using in situ generated poly(propylene carbonate)-diols[J]. Polymer Chemistry, 2012, 3(5): 1215-1220.

[47] Ma K, Zhang L, Liu B, et al. Synthesis of flame-retarding oligo(carbonate-ether) diols via double metal cyanide complex-catalyzed copolymerization of PO and CO_2 using bisphenol A as a chain transfer agent[J]. RSC Advances, 2016, 6(54): 48405-48410.

[48] Cao H, Gong R, Zhou Z. Precise synthesis of functional carbon dioxide-polyols[J]. Acta Polymerica Sinica, 2021, 52(8): 1006-1014.

[49] Meng Q, Nah C, Lee Y, et al. Preparation of waterborne polyurethanes using an amphiphilic diol for breathable waterproof textile coatings[J]. Progress in Organic Coatings, 2009, 66(4): 382-386.

[50] Zhang S, Chen M, Liu X, et al. Facile synthesis of waterborne UV-curable polyurethane/silica nanocomposites and morphology physical properties of its nanostructured films[J]. Progress in Organic Coatings, 2011, 70(1): 1-8.

[51] Dieterich D. Aqueous emulsions dispersions and solutions of polyurethanes; synthesis and properties[J]. Progress in Organic Coatings, 1981, 9(3): 281-340.

[52] Nanda A, Wicks D. The influence of the ionic concentration concentration of the polymer degree of neutralization and chain extension on aqueous polyurethane dispersions prepared by the acetone process[J]. Polymer, 2006, 47(6): 1805-1811.

[53] Bai C, Dai J, Li W, et al. A new UV curable waterborne polyurethane: Effect of CC content on the film properties[J]. Progress in Organic Coatings, 2006, 55(3): 291-295.

[54] Wang J, Qiao L, Wang X, et al. A whole-procedure solvent-free route to CO_2-based waterborne polyurethane by an elevated-temperature dispersing strategy[J]. Green Chemistry, 2017, 19(9): 2194-2200.

[55] Gong R, Wang F, Wang X, et al. Terminal hydrophilicity-induced dispersion of cationic waterborne polyurethane from CO_2-based polyol[J]. Macromolecules, 2020, 53(15): 6322-6330.

[56] Ma L, Fan L, Liu B, et al. Synthesis and characterization of poly(propylene carbonate) glycol-based waterborne polyurethane with a high solid content[J]. Progress in Organic Coatings, 2018, 122: 38-44.

[57] Kim B K. Aqueous polyurethane dispersions[J]. Colloid and Polymer Science, 1996, 274(7): 599-611.

[58] Xiao Y, Jiang L, Lei J, et al. Preparation of waterborne polyurethanes based on the organic solvent-free process[J]. Green Chemistry, 2016, 18(2): 412-416.

[59] Yong Q, Wang L, Pang H, et al. Synthesis and characterization of solvent-free waterborne polyurethane dispersion with both sulfonic and carboxylic hydrophilic chain-extending agents for matt coating applications[J]. RSC Advances, 2015, 5(130): 107413-107420.

[60] 汪金, 张红明, 王献红, 等. 二氧化碳基水性聚氨酯-聚丙烯酸酯复合乳液及其复合涂料和它们的制备方法: CN 106366249 B[P]. 2016.

[61] 张红明, 赵强, 王献红, 等. 二氧化碳基水性聚氨酯分散体、制备方法及二氧化碳基水性聚氨酯压敏胶: CN 108314770 B[P]. 2018.

[62] 汪金, 张红明, 王献红, 等. 二氧化碳基水性聚氨酯-聚脲、制备方法及涂料/粘结剂: CN 1065892818[P]. 2016.

[63] 张红明, 董艳磊, 付双滨, 等. 一种水性聚氨酯、制备方法及水性聚氨酯胶粘剂: CN 105732939 A[P]. 2016.

[64] 贾国梁, 牛艳丽, 陈伟彬, 等. 水性聚氨酯粉体粘合剂、弹性材料及其制备方法: CN 111793352 A[P]. 2020.

[65] 汪金, 张红明, 王献红, 等. 二氧化碳基水性聚氨酯、二氧化碳基水性聚氨酯涂料及其制备方法: CN 105315425 B[P]. 2015.

[66] Wang J, Wang X, Wang F, et al. UV-curable waterborne polyurethane from CO_2-polyol with high hydrolysis resistance[J]. Polymer, 2016, 100: 219-226.

[67] 牛艳丽，贾国梁，陈嘉凤，等．一种聚碳酸亚丙酯多元醇型水性聚氨酯防水乳液及其制备方法与应用: CN 112778493 A[P]. 2020.

[68] 李悌永. PPC 型革用聚氨酯的合成及新多元醇的开发 [D]. 广东: 广东工业大学，2016.

[69] Xia Y, Brehm-Stecher B, Larock R, et al. Antibacterial soybean-oil-based cationic polyurethane coatings prepared from different amino polyols[J]. ChemSusChem, 2012, 5(11): 2221-2227.

[70] Krol P, Pielichowska K, Pikus S, et al. Comparison of phase structures and surface free energy values for the coatings synthesised from linear polyurethanes and from waterborne polyurethane cationomers[J]. Colloid and Polymer Science, 2011, 289(15-16): 1757-1767.

[71] Król P, Stagraczyński R, Skrzypiec K, et al. Waterborne cationomer polyurethane coatings with improved hydrophobic properties[J]. Journal of Applied Polymer Science, 2013, 127(4): 2508-2519.

[72] Bossion A, Taton D, Sardon H, et al. Synthesis of self-healable waterborne isocyanate-free poly(hydroxyurethane)-based supramolecular networks by ionic interactions[J]. Polymer Chemistry, 2019, 10(21): 2723-2733.

[73] Yuen A, Yang Y, Sardon H, et al. Room temperature synthesis of non-isocyanate polyurethanes (NIPUs) using highly reactive N-substituted 8-membered cyclic carbonates[J]. Polymer Chemistry, 2016, 7(11): 2105-2111.

[74] Ma C, Wu B, Zhang G, et al. Preparation of polyurethane with zwitterionic side chains and their protein resistance[J]. ACS Applied Materials & Interfaces, 2011, 3(2): 455-461.

[75] Zhu Y, Sun D. Preparation of silicon dioxide/polyurethane nanocomposites by a sol-gel process[J]. Journal of Applied Polymer Science, 2004, 92(3): 2013-2016.

[76] Wang C, Mu C, Lin W. A novel approach for synthesis of zwitterionic polyurethane coating with protein resistance[J]. Langmuir, 2014, 30(43): 12860-12867.

[77] Ding M, Fu Q, Gu Q, et al. Toward the next-generation nanomedicines: design of multifunctional multiblock polyurethanes for effective cancer treatment[J]. ACS Nano, 2013, 7(3): 1918-1928.

[78] Ding M, Fu Q, Gu Q, et al. Cellular uptake of polyurethane nanocarriers mediated by gemini quaternary ammonium[J]. Biomaterials, 2011, 32(35): 9515-9524.

[79] Du S, Fu Y, Liu Y, et al. Self-antibacterial UV-curable waterborne polyurethane with pendant amine and modified by guanidinoacetic acid[J]. Journal of Materials Science, 2017, 53(1): 215-229.

[80] Chattopadhyay D, Raju K. Structural engineering of polyurethane coatings for high performance applications[J]. Progress in Polymer Science, 2007, 32(3): 352-418.

[81] Lee S, Kim B. High solid and high stability waterborne polyurethanes via ionic groups in soft segments and chain termini[J]. Journal of Colloid and Interface Science, 2009, 336(1): 208-214.

[82] Madbouly S, Otaigbe J. Recent advances in synthesis characterization and rheological properties of polyurethanes and POSS/polyurethane nanocomposites dispersions and films[J]. Progress in Polymer Science, 2009, 34(12): 1283-1332.

[83] Baukh V, Huinink H, Adan O, et al. Water–polymer interaction during water uptake[J]. Macromolecules, 2011, 44(12): 4863-4871.

[84] Chaffin K, Hillmyer M, Bates F, et al. Influence of water on the structure and properties of PDMS-containing multiblock polyurethanes[J]. Macromolecules, 2012, 45(22): 9110-9120.

[85] Colladon M, Scarso A, Strukul G. Mild catalytic oxidation of secondary and tertiary amines to nitrones

and *N*-oxides with H_2O_2 mediated by Pt(II) catalysts[J]. Green Chemistry, 2008, 10 (7): 793-798.

[86] Weems A, Gaharwar A, Maitland D, et al. Improving the oxidative stability of shape memory polyurethanes containing tertiary amines by the presence of isocyanurate triols[J]. Macromolecules, 2018, 51(22): 9078-9087.

[87] DeBerry D. Modification of the electrochemical and corrosion behavior of stainless steels with an electroactive coating[J]. Journal of the Electrochemical Society, 1985, 132(5): 1022.

[88] Wessling B. Passivation of metals by coating with polyaniline: Corrosion potential shift and morphological changes[J]. Advanced Materials, 1994, 6(3): 226-228.

[89] Vimalanandan A, Landfester K, Crespy D, et al. Redox-responsive self-healing for corrosion protection[J]. Advanced Materials, 2013, 25(48): 6980-6984.

[90] Santos J, Mattoso L, Motheo A. Investigation of corrosion protection of steel by polyaniline films[J]. Electrochim Acta, 1998, 43(3): 309-313.

[91] Lindeboom W, Durr C, Williams C, et al. Heterodinuclear Zn(II), Mg(II) or Co(III) with Na(I) catalysts for carbon dioxide and cyclohexene oxide ring opening copolymerizations[J]. Chemistry, 2021, 27 (47): 12224-12231.

[92] Maria P, SmirnovIgor A, Kasatkin I, et al. Interaction of polyaniline with surface of carbon steel[J]. International Journal of Polymer Science, 2017, 2017: 1687-9430.

[93] Chen Y, Lu J, Wang F, et al. Long-term anticorrosion behaviour of polyaniline on mild Steel[J]. Corrosion Science, 2007, 49(7): 3052-3063.

[94] Li Y, Li J, Wang F, et al. Growth kinetics of oxide films at the polyaniline/mild steel interface[J]. Corrosion Science, 2011, 53(12): 4044-4049.

[95] Yue J, Epstein A. Synthesis of self-doped conducting polyaniline[J]. Journal of the American Chemical Society, 1990, 112(7): 2800-2801.

[96] Chen F, Liu P. Conducting polyaniline nanoparticles and their dispersion for waterborne corrosion protection coatings[J]. ACS Applied Materials & Interfaces, 2011, 3(7): 2694-2702.

[97] Syed J, Lu H, Meng X, et al. Water-soluble polyaniline–polyacrylic acid composites as efficient corrosion inhibitors for 316SS[J]. Industrial & Engineering Chemistry Research, 2015, 54(11): 2950-2959.

[98] Qiu S, Zhao H, Wang L, et al. Corrosion protection performance of waterborne epoxy coatings containing self-doped polyaniline nanofiber[J]. Applied Surface Science, 2017, 407: 213-222.

[99] Gurunathan T, Narayan R, Raju K, et al. Synthesis characterization and corrosion evaluation on new cationomeric polyurethane water dispersions and their polyaniline composites[J]. Progress In Organic Coatings, 2013, 76(4): 639-647.

[100] Zou C, Wang X, Wang F, et al. Near neutral waterborne cationic polyurethane from CO_2-polyol a compatible binder to aqueous conducting polyaniline for eco-friendly anti-corrosion purposes[J]. Green Chemistry, 2020, 22(22): 7823-7831.

[101] Zou C, Zhang H, Wang F, et al. Cationic polyurethane from CO_2-polyol as an effective barrier binder for polyaniline-based metal anti-corrosion materials[J]. Polymer Chemistry, 2021, 12(13): 1950-1956.

[102] Kenawy E. Biologically active polymers: synthesis and antimicrobial activity of modified glycidyl methacrylate polymers having a quaternary ammonium and phosphonium groups[J]. Journal of Controlled Release, 1998, 50(1-3): 145-152.

[103] Muñoz-Bonilla A, Fernández-García M. Polymeric materials with antimicrobial activity[J]. Progress in Polymer Science, 2012, 37(2): 281-339.

[104] Liang H, Chen M, Zhang C, et al. Castor oil-based cationic waterborne polyurethane dispersions: Storage stability thermo-physical properties and antibacterial properties[J]. Industrial Crops and Products, 2018, 117: 169-178.

[105] Garrison T, Larock R, Kessler M, et al. Thermo-mechanical and antibacterial properties of soybean oil-based cationic polyurethane coatings: Effects of amine ratio and degree of crosslinking[J]. Macromolecular Materials and Engineering, 2014, 299(9): 1042-1051.

[106] Phunphoem S, Saravari O, Supaphol P. Synthesis of cationic waterborne polyurethanes from waste frying oil as antibacterial film coatings[J]. International Journal of Polymer Science, 2019, 2019: 1-11.

[107] Wang Y, Chen M, Dong W, et al. Antimicrobial waterborne polyurethanes based on quaternary ammonium compounds[J]. Industrial & Engineering Chemistry Research, 2019, 59(1): 458-463.

[108] Zhang Y, Li J, Tan H, et al. Antibacterial and biocompatible cross-linked waterborne polyurethanes containing gemini quaternary ammonium salts[J]. Biomacromolecules, 2018, 19(2): 279-287.

[109] Sundar S, Rajaram R, Radhakrishnan G, et al. Aqueous dispersions of polyurethane–polyvinyl pyridine cationomers and their application as binder in base coat for leather finishing[J]. Progress in Organic Coatings, 2006, 56(2-3): 178-184.

[110] Sukhawipat N, Bistac S, Saetung A, et al. A novel high adhesion cationic waterborne polyurethane for green coating applications[J]. Progress in Organic Coatings, 2020, 148: 105854.

第七章

二氧化碳基聚氨酯泡沫

聚氨酯科技发展十分迅速，目前可以通过需求来对分子结构和聚集态结构进行设计，赋予其耐高温或低温、导电、阻燃等性质，使聚氨酯成为建筑、家居、交通等领域广泛应用的大宗聚合物品种[1-3]。如图7-1所示，2014年以来我国的聚氨酯生产和消费均保持快速增长，目前已成为世界上最大的聚氨酯生产国，也是最大的聚氨酯消费国[4]。

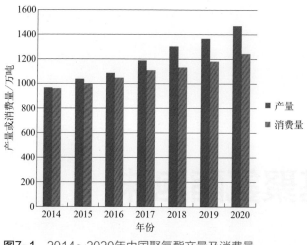

图7-1 2014~2020年中国聚氨酯产量及消费量

聚氨酯泡沫是一种多孔材料，具有泡孔结构，内部包含空气和树脂基体组成的经络，因而具备质量轻、强度高、热导率低等一系列优异的物理性能。加之结构和性能易于调整，能够满足不同行业的个性化需求，因此自20世纪50年代实现工业化生产以来，聚氨酯泡沫已成为增长最快的聚氨酯制品之一，也是聚氨酯产品中占比超过50%的最大品种。

聚氨酯泡沫材料是以异氰酸酯和聚合物多元醇为主要原料，在发泡剂、催化剂、阻燃剂等多种助剂的作用下，通过聚合发泡而成的轻质多孔材料。根据所用的原料和制备工艺的不同，聚氨酯泡沫可分为硬质和软质两种。聚氨酯硬泡材料是指具有一定刚度，在较小负荷下泡沫不发生明显形变，但负荷过大时形变不具有回复性的聚氨酯泡沫材料。聚氨酯硬泡材料多为闭孔结构，具有热导率低、压缩强度高、相对密度低、强度/重量比高和低透湿性等特点，通常用于具有一定强度要求的领域，例如家电制冷领域用绝热层、冷链物流领域的保温隔热、建筑保温、储罐及管道保温等[5-14]。一般说来，凡硬质泡沫所采用的多元醇大多是官能度高、羟值高、分子量较小的多元醇。其羟基官能度数为3～8，平均分子量在400～800之间。因而聚氨酯硬泡分子链中交联点间的平均分子量为100～150。

聚氨酯软质泡沫的泡孔多为开孔结构，孔结构之间是互相贯通的，因而具有极佳的弹性、柔软性、吸声和保温等特性。此外，软质聚氨酯泡沫的可加工性强，粘接性好，可以作为缓冲材料。按照制品的性能，可以将软质聚氨酯泡沫塑料分为高回弹软质泡沫塑料、超柔软泡沫塑料、亲水性软质泡沫塑料、阻燃性软质泡沫塑料和抗静电软质泡沫塑料等。由于软质聚氨酯泡沫种类繁多，使其在各种垫材、缓冲材料、过滤材料及包装材料等领域被广泛应用[15-23]。鉴于聚氨酯软泡需具有良好的柔软性和弹性，因而需要其交联度小、交联点间的平均分子量大。合成软泡所采用的多元醇一般为二或三官能度。

我国聚氨酯泡沫塑料的生产始于20世纪50年代，主要产品是软质泡沫塑料。60年代中期，我国开始生产硬质聚氨酯泡沫塑料。如图7-2所示，2020年聚氨酯硬泡消费量为206万吨，占聚氨酯泡沫总消费量的44.1%；聚氨酯软泡消费量为261万吨，占聚氨酯泡沫总消费量的55.9%。

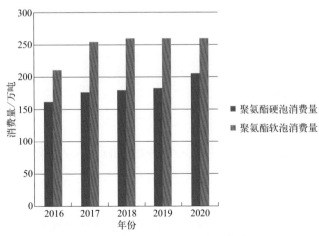

图7-2 2016～2020年中国聚氨酯泡沫消费情况

第一节
聚氨酯泡沫的制备

一、反应原理

与合成普通聚氨酯材料类似，合成聚氨酯泡沫材料的主要原料也以异氰酸酯和多元醇为主，但需要加入一定量的发泡剂。如以水为发泡剂，利用异氰酸酯与水反应生成的二氧化碳气体可制备出由二氧化碳发泡的聚氨酯泡沫材料。下面以水发泡剂制备聚氨酯泡沫材料为例，介绍三种主要反应类型，即链增长反应、发泡反应及交联反应，如图 7-3 所示。

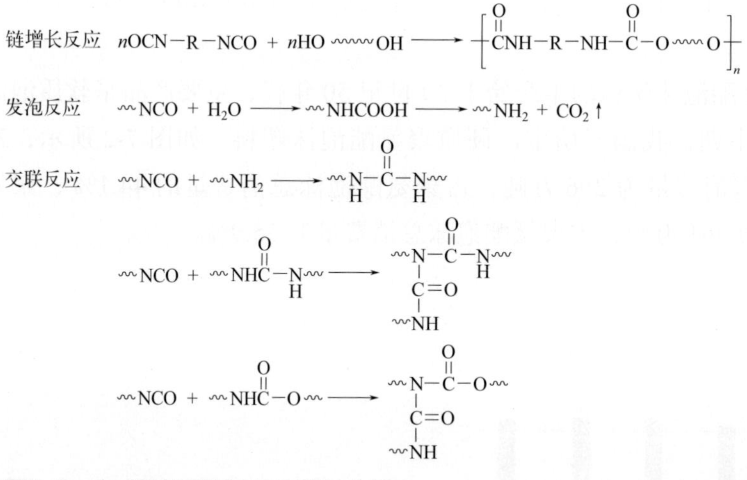

图7-3　合成聚氨酯泡沫的三种基本反应

（1）链增长反应

链增长反应主要为异氰酸酯和低聚物多元醇发生扩链反应，生成线型氨基甲酸酯大分子。

（2）发泡反应

异氰酸酯基团与水反应，先生成不稳定的氨基甲酸，然后脱羧生成伯胺和二氧化碳。二氧化碳可作为发泡剂。

（3）交联反应

发泡反应产生的伯胺与异氰酸酯反应生成含有脲基聚合物，脲基中 NH—基团继续与异氰酸酯反应形成缩二脲。此外，氨基甲酸酯中的 NH—基团也可继续与异氰酸酯反应形成脲基甲酸酯。正是由于上述交联反应的发生，聚氨酯最终形成体型结构。

聚氨酯泡沫的反应体系中可同时进行着上述几个化学反应，但对最终泡沫结构和性能影响最大的反应主要是产生二氧化碳的反应和凝胶反应。通常需要加入有机锡类催化剂来控制凝胶反应速率，一旦反应过快，体系会迅速固化，影响泡孔生长，致使泡沫塑料密度过高。而且若发泡速率过快，最终泡孔不均匀且孔径偏大，会导致力学性能下降。此时胺类催化剂也可配合使用，以控制二氧化碳气体的产生速率。只有控制反应体系中所有的化学反应处于一个平衡状态，才能得到性能理想的聚氨酯泡沫。

二、制备方法

聚氨酯泡沫材料的制备方法主要有三种：预聚法、半预聚法和一步法。

1．预聚法

预聚法是将全部的异氰酸酯和多元醇反应，生成异氰酸酯封端的预聚体。在催化剂作用下，预聚体与水（发泡剂）反应，在发泡的同时进行链增长，形成高分子化合物（有时部分交联）。所得泡沫塑料的硬度取决于异氰酸酯基团的含量和发泡剂的用量。预聚法中预聚体的生成使得体系具有一定黏度，设计的反应比较简单，发泡过程易于控制。

2．半预聚法

该方法是将一部分聚合物多元醇和全部的异氰酸酯反应，形成末端带有异氰酸酯的低聚物和大量未反应的游离异氰酸酯混合物，再加入余下的多元醇与助剂进行发泡反应。半预聚体法可以调节体系的黏度，从而控制泡沫产物的性能，早期以 MDI 为原料生产硬质聚氨酯泡沫塑料时便采用这种方法。

3．一步法

将聚合物多元醇、异氰酸酯、水及助剂等一次性加入反应体系进行发泡的方法即为一步法。该方法的特点是工艺较简单，链增长、气体产生及交联等反应在短时间内几乎同时进行，可得到具有一定交联密度的泡沫制品。

三、聚氨酯泡沫用主要原材料

合成聚氨酯泡沫的主要原料见表7-1，除了常规的异氰酸酯和聚合物多元醇外（这两个原料在前面章节已做详细介绍，在此不再赘述），还需要催化剂、发泡剂、表面活性剂等。

表7-1　聚氨酯泡沫主要原料及作用

原料名称	主要作用
异氰酸酯	主要原料1
聚合物多元醇	主要原料2
胺类催化剂	主催化剂之一，控制CO_2产生速率
有机锡类催化剂	主催化剂之一，控制凝胶反应
水	发泡剂，能与原料1反应生成CO_2
阻燃剂	提高阻燃性能
泡沫稳定剂	使泡孔大小更加均匀，结构更加稳定
交联剂	对泡沫起交联作用

催化剂：聚氨酯泡沫的合成过程中存在多种不同的化学反应，其中，异氰酸酯与多元醇、水的反应为主反应。多元醇与多异氰酸酯的反应为凝胶反应，凝胶反应会使体系黏度急剧增大直至固化。水与多异氰酸酯的反应为产气反应，产生的二氧化碳是泡沫材料中泡孔的主要气体。在泡沫塑料的制备过程中，必须平衡这两个反应。若凝胶反应速率远大于产气反应速率，则体系黏度短时间内迅速增大，进而凝胶固化，导致泡孔分布不均匀，密度偏大，无法满足实际应用。若产气反应过快，则会导致体系黏度较低，有大量气体生成，致使气体并泡甚至逃逸，进而导致泡孔坍塌。因此，需要选择合适的催化体系能同时平衡链增长反应（异氰酸酯-多元醇反应）和发泡反应（异氰酸酯和水反应），使聚合物的形成和气体的发生速率相互协调，在气泡生成的同时，泡沫壁（即聚合物）有足够的强度将气体有效地包囊在泡沫体中。目前最常用的催化剂是有机锡类和叔胺类化合物。有机锡类催化剂主要是促进凝胶反应，最常用的有二月桂酸二丁基锡和辛酸亚锡；叔胺类催化剂对产气反应的催化效果更为明显，可分为芳香胺、脂肪胺和脂肪环胺等。

发泡剂：相对于热塑性聚氨酯弹性体，聚氨酯泡沫材料的合成需要额外加入发泡剂，以形成泡孔结构。发泡剂分为物理发泡剂和化学发泡剂两种。水是最具代表性的化学发泡剂，水与异氰酸酯反应生成二氧化碳气体。而物理发泡剂并不参与化学反应，主要是靠反应过程中体系产生的热量汽化，而达到产气的作用。最开始使用的发泡剂为氟里昂类物质，例如 CFC-11，但由于其对臭氧层破坏严重，已于 2002 年全面禁用。氟氯烃类发泡剂，例如 HCFC-141b，虽然其破坏臭氧层能力没有 CFC-11 严重，但仍具有一定的破坏力，其臭氧消耗潜值（ODP）不为零，同时全球变暖潜值（GWP）较高，已进入淘汰进程。目前，新型物理发泡剂主要集中于以下几类：氢氟烯烃类（HFOs）、氢氟烃类（HFCs）、脂肪烃类（丁烷、环戊烷等）以及液态二氧化碳 [24-25]。目前的聚氨酯泡沫工业中，脂肪烃类（丁烷、环戊烷等）发泡剂最为常用。

泡沫稳定剂：聚氨酯泡沫材料的合成离不开泡沫稳定剂，它在泡沫生成过程中起多重作用。首先是增加各原料组分或反应生成物的互溶性，控制泡孔大小及均匀性，防止泡沫崩塌等 [26]。泡沫稳定剂属于表面活性剂范畴，主要分为有机硅烷类和非硅系两种。现阶段使用的泡沫稳定剂大多为有机硅烷类表面活性剂，主要结构为聚二甲基硅氧烷-聚醚嵌段共聚物，由于其同时含有非极性链段和极性链段，可以将各组分更好地混合，使之成为均相体系。

其他助剂：聚氨酯配方体系中除上述主要原料外，还会根据应用要求使用各类添加剂，如阻燃剂、颜料或填料等。不同添加剂会赋予泡沫材料所需的各种特性，满足其在不同领域中的应用。例如聚氨酯材料的耐燃性较差，燃烧时会产生有毒气体 HCN 和 CO，增加火场危险性。另外，聚氨酯泡沫塑料密度小、比表面积大、不易自熄。为提高聚氨酯泡沫的阻燃性，经常在配方中添加阻燃剂，以延缓燃烧反应的进行，提高阻燃性能。此外，有些特殊添加剂的加入还可以改善发泡过程中的成核性，控制反应速率，获得高性能泡沫材料 [27]。

四、聚氨酯泡沫的结构

聚氨酯泡沫是一种三维网络结构，可以看成是由高聚物固体孔壁和泡沫内气体两相组成的。泡孔是聚氨酯泡沫的基本单元，聚氨酯泡沫的泡孔结构通常分为闭孔和开孔结构。下面分别进行介绍。

1．闭孔结构

在闭孔结构泡沫中，泡孔与泡孔之间完全被泡壁所隔离，泡孔周围被其他泡孔所环绕，泡孔在聚合物内部呈分散状态，而聚合物基体则是以连续相形式存在。泡孔在泡沫材料的三维结构中随机取向，展现出各向同性[28]。由于闭孔结构内包含发泡剂、空气及其混合组分，这些气体在泡孔变形过程中会被压缩，进而导致泡沫材料硬化[29]。同时，在泡沫材料的压缩变形过程中，泡孔内部被压缩的气体有助于泡孔材料的恢复。此外，在基体黏弹性的作用下，闭孔泡沫在形变过程中表现出速度依赖性，应力与弹性模量等都随着应变速度的增加而增大[30]。

除上述提到的压缩气体外，闭孔结构泡沫材料的变形还涉及泡棱的弯曲、泡壁的拉伸以及泡孔的形貌变化。例如，聚氯乙烯泡沫的应力应变曲线包括前期的弹性区、屈服后的平台区以及最终的脆性断裂[31]。平台区是由于泡棱与泡壁屈服引起的泡孔结构破裂，形变继续增加可使泡壁相互接触形成致密结构，最终造成应变硬化现象。泡孔大小是发泡材料形貌的另一种形式。延长发泡时间，可促使泡孔聚并，得到大尺寸泡孔结构[32]。而提高聚合物基体的分子量，可以获得小孔形貌的发泡材料[33]。调整泡孔大小，可以调节闭孔材料的阻隔性能[34]。

2．开孔结构

不同于闭孔结构泡沫，开孔结构泡沫材料的孔结构之间通过泡壁上的孔洞形成贯通结构。开孔泡沫在变形过程中不存在气体压缩情况，相对于闭孔材料展现出更好的变形能力。但是，开孔率不能太高，否则会削弱材料的强度和变形能力[35]，具有一定开孔率的泡沫材料具有优异的噪声吸收能力。

3．泡孔形成过程

泡孔形成过程一般分为以下几个阶段，首先由异氰酸酯和水反应生成的二氧化碳或外发泡剂受反应热而突然汽化，从而使反应物中气体浓度很快增加，当气体浓度增加到超过平衡饱和浓度后，体系中即开始形成微细的气泡，这个过程通常为核化过程。这种形成第二分散相的现象正如结晶过程中产生晶核一样，形成不同的相表面。气体刚产生时，它呈圆球状分散在黏稠的液相中。随着反应的进行，新的气泡不断增加，新产生的气体从液相扩散到已生成的气泡中去，致使泡沫体积不断增大，物料的液相变得更薄。随着液相变薄，气泡逐渐失去其圆球形，变成由液态聚合物薄膜所组成的多面体，这样在气泡中气体压力不断增长的情况下，由于膜壁黏度较大，无法流动，同时弹性还没有达到最大值，无法承受膜壁的拉伸，从而造成气泡破裂，气体逸出，形成开孔结构泡沫。而当链增长速度大于生成气体速度时，膜壁在生成气体达到最大值之前就已经达到设定的强度，那么泡沫会形成闭孔。

泡沫塑料的性能，如力学性能、声学性能、隔热性能等都不同程度地与泡孔结构有关。制品开孔性较好时，大部分聚合物均匀分布在自然开孔的泡沫经络中，制品的回弹性较高。因完整的气孔壁比开孔泡沫具有更高的不可压缩性，一旦制品开孔率减小，制品回弹性势必下降。极端情况下当制品开孔率很低，甚至完全闭孔后，制品被压缩时，制品的气垫效应占主导地位，回弹性最低。

第二节
软质聚氨酯泡沫

一、软质聚氨酯泡沫概述

软质聚氨酯泡沫塑料（简称聚氨酯软泡）是指具有一定弹性的一类柔软性聚氨酯泡沫塑料，占聚氨酯泡沫制品的一半以上。聚氨酯软泡的泡孔结构多为开孔型，其内部的孔结构之间是互相贯通的，其结构如图7-4所示[36]。泡孔与泡孔之间通过泡壁上的孔洞形成贯通结构，因此材料内部在变形过程中不存在压缩气体的情况。相对于闭孔结构泡沫材料，开孔型聚氨酯软泡通常表现出很好的变形能力。但是，一旦这类材料的开孔率太高，将导致材料的强度以及材料的变形能力显著降低[35]。开孔泡沫材料一般具有密度低、弹性回复好、透气、保温等性能，主要用作家具垫材、交通工具座椅垫材、各种软性衬垫层压复合材料，起到防震材料、包装材料及隔热保温材料的效果。开孔率不太高的泡沫材料能够在声音通过时增加它的损耗，原因是开孔泡沫材料增加了空气在材料内部的流动阻力以及声波与泡棱的碰撞，进而增加了吸收噪声的能力[37]，因此也广泛用作隔声材料、过滤材料等[38-45]。

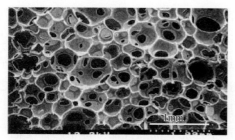

图7-4 具有开孔结构的聚氨酯软泡材料的扫描电子显微镜图

反应发泡是制备开孔结构聚氨酯材料的常用方法。随着气泡的形成，薄泡壁发生拉伸以及应力集中行为，形成开孔结构。多种因素可以影响开孔结构，以低分子量聚氨酯在异氰酸酯和水反应发泡为例，有利于聚合物在发泡过程中流动的因素均可提高开孔结构的比例。高剂量的水发泡剂同样有利于提高开孔结构的比例，主要是由于所形成的脲基团具有更强的双重氢键，更有利于脲链段的结晶，从而刺破泡孔[46]。此外，基团的反应活性对开孔结构的形成同样重要。Schmidt等[47]利用活性更低的三元仲醇交联剂制备聚氨酯软泡时，形成了更多的开孔结构，主要是由于其有效地推迟了反应过程中的凝胶化阶段。

二、二氧化碳基聚氨酯软泡

常见的聚氨酯软泡是由聚合物多元醇和异氰酸酯制备而成，聚合物多元醇的结构会显著影响所得聚氨酯的最终性能。因此，以二氧化碳基多元醇（二氧化碳基聚碳酸酯-醚多元醇）为原料制备新型聚氨酯泡沫受到了国内外研究人员的广泛关注。目前，利用二氧化碳基多元醇制备聚氨酯泡沫主要有两种形式：一种是二氧化碳基多元醇与石油基多元醇混合使用，即部分取代石油基产品；另一种是二氧化碳基多元醇单独使用，即全部取代石油基产品。下面分别展开介绍。

1. 二氧化碳基多元醇部分取代石油基产品制备聚氨酯软泡

2014年，德国Wolf等[48]首次利用二氧化碳基多元醇制备出聚氨酯软泡材料，并研究了其物理化学性质。他们以3官能度二氧化碳基聚碳酸酯-醚三元醇［10.5%（质量分数）CO_2，3000g/mol］与甲苯二异氰酸酯（TDI）为原料，通过经典发泡工艺，即可得到二氧化碳基软质聚氨酯泡沫塑料（图7-5）。与传统聚氨酯泡沫相比，相同密度的两种泡沫塑料的抗张强度和断裂伸长率十分接近（表7-2）。例如，在相同密度条件下，两种材料的拉伸强度和断裂伸长率分别约为100kPa和170%。值得指出的是，二氧化碳基软质聚氨酯泡沫材料的初始热分解温度为230℃，与传统聚氨酯泡沫的热稳定性相同，原因来自二氧化碳基聚碳酸酯-醚的优异耐热性，其初始热分解温度为332℃。

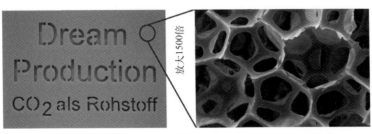

图7-5　二氧化碳基软质聚氨酯泡沫塑料的实物及电子显微镜图

表7-2　二氧化碳基软质聚氨酯泡沫塑料与传统聚醚基泡沫材料的性能对比

性质	聚氨酯材料			
	CO$_2$基		传统	
密度/（kg/m³）	23.1	37.3	23.4	38.6
拉伸强度/kPa	102	92	111	74
断裂伸长率/%	165	178	215	151

为探究二氧化碳基软质聚氨酯泡沫能否用于汽车座椅，DeBolt等[49]在聚氨酯泡沫配方中用二氧化碳基多元醇部分取代石油基多元醇。他们制备出两种多元醇：251-20（20% CO_2，2000g/mol，2官能度）和351-30（20% CO_2，3000g/mol，3官能度），分别与石油基多元醇混合使用（质量比分别为10%、20%、30%和50%），在异氰酸酯、催化剂、交联剂、表面活性剂及发泡剂（水）存在下，一步法合成聚氨酯软泡，并与石油基多元醇聚氨酯体系在密度、湿压缩永久变形、压缩强度、拉伸强度和抗撕裂性等方面进行详细的性能对比，数据列于表7-3中。还在动态热机械分析、热重分析等方面进行了研究。

① 密度　密度是聚氨酯软泡的一个关键参数，相同的密度下才能进行其他泡沫性能比较，如舒适性、支撑性和耐久性的比较。坐垫和背垫的密度在20～95kg/m³范围内。如表7-3所示，随着二氧化碳基多元醇用量的增加，

表7-3 不同含量二氧化碳基多元醇的聚氨酯软泡的基本物理性能

样品编号	密度/(kg/m³)	湿压缩永久变形/%	压缩模量/MPa	25%应变压缩应力/MPa	50%应变压缩应力/MPa	65%应变压缩应力/MPa	SAG因子 65%/25%	SAG因子 50%/25%	最大拉伸强度/kPa	最大载荷下的伸长率/mm	杨氏模量/kPa	撕裂强度/(N/m)
0% 251-20	44.6 (1.1)	13.6 (2.5)	0.032 (0.005)	0.0031 (0.0001)	0.0048 (0.0002)	0.0077 (0.0004)	2.5 (0.1)	1.54 (0.04)	67.9 (6.9)	80.6 (7.1)	110.7 (8.3)	334.2 (23.5)
10% 251-20	43.2 (0.9)	15.5 (2.5)	0.035 (0.005)	0.0032 (0.0004)	0.0049 (0.0006)	0.0080 (0.0008)	2.5 (0.1)	1.54 (0.04)	83.7 (2.9)	91.1 (3.4)	123.9 (8.7)	357.7 (23.5)
20% 251-20	43.6 (1.3)	22.7 (3.9)	0.036 (0.003)	0.0034 (0.0004)	0.0051 (0.0004)	0.0083 (0.0004)	2.5 (0.2)	1.54 (0.07)	87.2 (5.3)	88.9 (6.6)	142.9 (11.9)	419.5 (24.9)
30% 251-20	45.1 (1.8)	30.6 (5.7)	0.052 (0.008)	0.0043 (0.0003)	0.0067 (0.0004)	0.0110 (0.0009)	2.6 (0.3)	1.56 (0.08)	103.4 (4.0)	99.5 (4.0)	171.3 (18.7)	515.2 (44.0)
50% 251-20	44.3 (2.9)	42.1 (2.4)	0.061 (0.006)	0.0049 (0.0003)	0.0073 (0.0003)	0.0125 (0.0005)	2.6 (0.2)	1.50 (0.09)	108.8 (7.1)	100.9 (7.5)	206.9 (22.5)	563.4 (43.4)
0% 351-30	44.2 (1.0)	14.3 (3.5)	0.036 (0.004)	0.0033 (0.0003)	0.0051 (0.0004)	0.0081 (0.0005)	2.5 (0.1)	1.55 (0.04)	81.4 (4.5)	88.5 (6.3)	131.4 (7.0)	361.8 (29.1)
10% 351-30	43.3 (1.8)	17.2 (3.4)	0.043 (0.010)	0.0035 (0.0002)	0.0056 (0.0004)	0.0092 (0.0012)	2.6 (0.3)	1.60 (0.10)	78.6 (7.4)	82.2 (5.8)	143.8 (6.6)	390.1 (32.4)
20% 351-30	42.3 (0.6)	19.8 (3.0)	0.048 (0.005)	0.0046 (0.0003)	0.0070 (0.0004)	0.0094 (0.0041)	2.4 (0.1)	1.52 (0.04)	88.5 (6.7)	91.0 (8.9)	150.0 (12.4)	387.4 (12.4)
30% 351-30	44.9 (1.3)	28.3 (2.8)	0.067 (0.008)	0.0055 (0.0005)	0.0085 (0.0006)	0.0142 (0.0011)	2.6 (0.3)	1.53 (0.07)	99.5 (6.7)	82.7 (4.6)	232.4 (23.2)	484.6 (27.5)
50% 351-30	45.5 (3.3)	42.9 (2.0)	0.121 (0.018)	0.0108 (0.0006)	0.0164 (0.0010)	0.0268 (0.0020)	2.5 (0.2)	1.52 (0.08)	116.8 (11.4)	85.7 (8.8)	301.3 (17.59)	574.9 (48.2)

注：括号内的数据为标准偏差。

与 100% 石油基样品相比，密度基本保持不变（43.2～44.3kg/m³）。总体而言，100% 石油基样品和不同二氧化碳基多元醇样品之间的差异小于 5%。同样，二氧化碳基多元醇 251-20 和 351-30 制成的泡沫密度之间的差异也很小（43～45kg/m³）。密度差异可以用黏度差异来解释。与石油基多元醇相比，二氧化碳基多元醇 251-20 泡沫和 351-30 泡沫的密度分别提高了 4 倍和 7 倍。类似的结果也出现在了添加棕榈油基多元醇体系中[18]。含有 50% 二氧化碳基多元醇的泡沫具有较大的标准差。因此二氧化碳基多元醇制备的聚氨酯软泡在车辆座椅领域处于可接受的范围。此外，Seo 等[50] 和 Thirumal 等[51] 发现水在决定泡沫密度、力学性能、玻璃化转变温度和形态方面起到重要作用。聚氨酯软泡的密度随水用量的增加而降低。未来二氧化碳基聚氨酯软泡的密度可以通过水含量进行调节，以满足汽车领域其他应用对密度的要求。

② 湿压缩永久变形　压缩性能对于汽车行业的座椅和扶手等应用至关重要，因为即使在高温和高湿条件下，泡沫也必须在变形后反弹到原来的形状，并且泡沫需具有所需的柔软性。DeBolt 等[49] 用不同的方法测量压缩特性，湿压缩永久变形是测量泡沫被压缩后的永久形变，较低的数值即表明材料能够反弹到更接近其原始形状的位置。汽车的座椅或扶手（涉及长时间负荷），需要较低的湿压缩永久变形，因为该值越低，泡沫越容易反弹到原来的形状。座椅应用(靠垫和靠背)和车身下隔热和/或吸声绝缘体的湿压缩永久变形应分别在 5%～30% 和 5%～50% 的范围内。如表 7-3 所示，湿压缩永久变形值随二氧化碳基多元醇含量的增加而增加。二氧化碳基二元醇 251-20 的湿压缩永久变形值从 13.6% 提高到 42.1%，而二氧化碳基三元醇 351-30 则从 14.3% 提高到 42.9%。当泡沫含有 50% 二氧化碳基多元醇时，其湿压缩永久变形值（约 42%）比纯石油基泡沫（约 14%）高出 2 倍。湿压缩永久变形值的增加可以用泡沫中更小的平均泡孔尺寸来解释：由于二氧化碳基多元醇黏度较大，降低了泡孔初始形成阶段的重力排水[52-53]。所得聚氨酯软泡的泡孔尺寸如图 7-6 所示。含有 100% 石油基多元醇泡沫的泡孔尺寸在 350～700μm 之间，而含有 50% 二氧化碳基多元醇泡沫的泡孔尺寸小于 300μm。二氧化碳基聚氨酯软泡也产生了均匀大小的泡孔，因为二氧化碳基多元醇可以作为额外的表面活性剂。此外，固化泡沫的尺寸稳定性由开孔结构比例决定，对于二氧化碳基聚氨酯软泡，封闭孔中的气体也会抵抗压缩，从而降低最终泡沫产品的缓冲质量[54]。

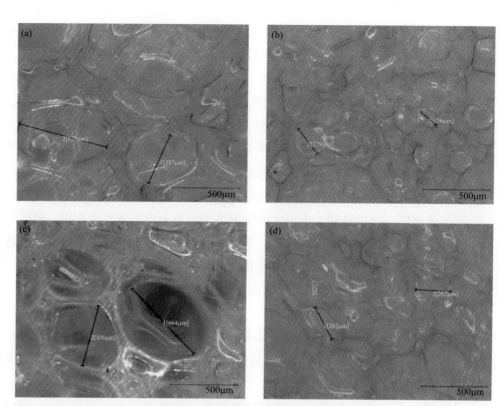

图7-6 不同二氧化碳基多元醇含量的聚氨酯软泡的光学照片和泡孔尺寸

（a）100%石油基二元醇泡沫，0% 251-20；（b）50%二氧化碳基二元醇和50%石油基二元醇泡沫，50% 251-20；（c）100%石油基三元醇泡沫，0% 351-30；（d）50%二氧化碳基三元醇和50%石油基三元醇泡沫，50% 351-30

③ 压缩强度　压缩模量是衡量泡沫的刚度，因此，提供了泡沫在载荷下挠曲的信息。具有较高压缩模量的泡沫在加载时更硬，挠度更低。表 7-3 列出了两种二氧化碳基多元醇在不同含量下的压缩模量。含有 50% 二氧化碳基二元醇的 251-20 泡沫的压缩模量比含有 100% 石油基多元醇聚氨酯软泡的压缩模量高 91%，而含有 50% 二氧化碳基三元醇的 351-30 泡沫的压缩模量比含有 100% 石油基多元醇样品的压缩模量高 236%。这两种二氧化碳基多元醇的压缩模量差异可能是由于 351-30 比 D 251-20 具有更高的分子量和黏度。除了压缩模量，压缩应力（拉伸强度）也可以在不同的应变水平下测量，这为泡沫在不同外力下的性质反馈提供指示。在汽车应用中，这适用于确定不同体重的人坐在座椅上时所用泡沫的性能。除二氧化碳基三元醇浓度最高的 351-30 多元醇的压缩应力急剧增加外，25% 应变、50% 应变和 65% 应变下的压缩应力均

随二氧化碳基多元醇浓度的增加而缓慢增加。与100%石油基样品相比，50%用量的251-20多元醇在每个应变值上高出60%左右的压缩应力，而351-30多元醇则在每个应变值上高出220%左右的压缩应力。通常压缩性能与密度、交联密度和泡沫结构有关，并且随着交联密度和泡沫密度的增加而增加[55-56]。由于与100%石油基样品相比，密度保持相对恒定，因此压缩应力的增加可以通过二氧化碳基泡沫的不同交联密度来解释。此外，与251-20泡沫相比，351-30泡沫具有更高的分子量和支链网络，这可能是泡沫塑料承载性能提高的原因。化学成分和变量（异氰酸酯含量、异氰酸酯官能度等）会影响聚氨酯软泡的承载性能。聚氨酯泡沫承载性能的提升主要原因是加入了二氧化碳基多元醇。舒适因子（SAG因子）是表征泡沫缓冲质量的另一个参数。高数值表明材料抵抗"触底"，这在汽车领域很重要，因为高舒适性要求泡沫能够支持人体，且不会感受到支撑结构。SAG因子是两个不同应变下压缩应力的比值。DeBolt等研究了两种不同的SAG因子，分别为65%和25%应变下及50%和25%应变下压缩应力的比值，如表7-3所示。在各个不同的二氧化碳基多元醇浓度下，SAG因子保持不变，分别为2.5（65%/25%应变）和1.5（50%/25%应变）。高度一致的SAG因子表明增加二氧化碳基多元醇含量可以改善泡沫材料的舒适度。

④ 拉伸强度和抗撕裂性　二氧化碳基聚氨酯软泡的最大拉伸强度数据如表7-3所示，聚氨酯软泡的抗张强度随二氧化碳基多元醇用量的增加而增加。与单独的石油基多元醇相比，添加50% 251-20多元醇的泡沫材料的最大拉伸强度增加了60%，添加50%351-30多元醇的泡沫材料的最大拉伸强度增加了43%。最大载荷下的伸长率是衡量泡沫在破裂前可以拉伸到何种程度的指标，其结果见表7-3。聚氨酯软泡的最大载荷伸长率大致是随251-20多元醇用量的增加而增大，含有50% 251-20多元醇的最大载荷伸长率（100.9%）比石油基多元醇（80.6%）高25%。而351-30多元醇泡沫的最大载荷伸长率相对于石油基多元醇泡沫变化不明显。聚氨酯软泡的杨氏模量也随二氧化碳基多元醇用量的增加而增加。含有50%251-20多元醇的聚氨酯软泡模量（206.9kPa）比100%石油基样品（110.7kPa）高87%。含50%351-30多元醇的聚氨酯软泡模量（301.3kPa）比单独的石油基多元醇（131.4kPa）高129%。

另一方面，抗撕裂性对于泡沫材料能否从模具中完整取出非常重要。座椅应用（坐垫和靠背）和车身隔热和/或吸声绝缘体的抗撕裂能力应分别在200～350和200～250N/m范围内。如表7-3所示，二氧化碳基多元醇浓度的增加导致抗撕裂性的增加。当二氧化碳基多元醇 251-20 和 351-30 用量分别为 50% 时，其抗撕裂性分别比 100% 石油基多元醇泡沫提高 69%（563.4N/m）和 59%（574.9N/m）。

⑤ 动态热机械分析 汽车中的泡沫材料可能暴露在沙漠高温或北极低温下，因此获得泡沫材料在高低温下力学性能的变化十分有价值。含有不同浓度二氧化碳基多元醇的聚氨酯泡沫的动态热机械分析数据如图 7-7 所示。聚氨酯泡沫的储能模量和损耗模量呈现出两个平台区，-50～0℃对应于玻璃化转变区域，0～150℃对应于泡沫的橡胶态[57]。可以看出，从高温一直到 0℃，泡沫的储能模量和损耗模量快速下降，然后曲线趋于平缓。含有 50% 二氧化碳基多元醇的泡沫也表现出类似的特性，但与石油基多元醇相比，在整个温度范围内模量更高。表明 50% 二氧化碳基泡沫比石油基泡沫具有更好的吸能性能[58]。必须指出的是，泡沫的储能模量值高于损耗模量，另外由于泡沫的多孔特征，很难得到可靠的模量值，所以图 7-7 中的数据较为相似。

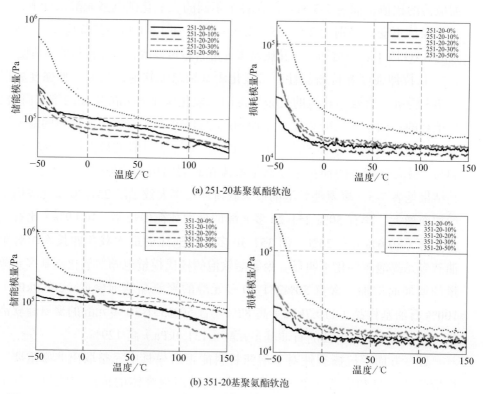

(a) 251-20基聚氨酯软泡

(b) 351-20基聚氨酯软泡

图7-7 不同二氧化碳基多元醇含量的聚氨酯软泡的动态热机械分析

二氧化碳基高分子材料

⑥ 热重分析　不同二氧化碳基聚氨酯软泡的热重分析数据如表7-4所示。含50%二氧化碳基多元醇251-20或351-30在10%质量损失时的温度比纯石油基聚氨酯泡沫低45℃左右。随着二氧化碳基多元醇用量的增加，50%质量损失的温度逐渐降低：对于251-20泡沫体系，温度从378.6℃降至367.2℃；对于351-30泡沫体系，温度从377.1℃降至369.5℃。对聚氨酯泡沫的热失重曲线微分分析可得，热降解主要分为两个过程。第一步是脲基团和氨基甲酸酯键的降解，石油基泡沫和50%二氧化碳基泡沫的脲基团和氨基甲酸酯键最大降解率分别在280℃和265℃左右[59]。第二步是多元醇降解，石油基泡沫和50%二氧化碳基泡沫的最大降解温度分别在385℃和380℃左右[60]。对于二氧化碳基泡沫，残余质量差可以忽略不计，如30%多元醇251-20和351-30泡沫的最大值残留值分别为9.7%和10.3%。

表7-4　从室温至600℃下不同二氧化碳基多元醇的聚氨酯泡沫的热重分析结果

样品编号	剩余质量/%	质量损失为10%时的温度/℃	质量损失为50%时的温度/℃
251-20-0%	8.8 (1.0)	305.4 (4.5)	378.6 (1.2)
251-20-10%	8.9 (0.9)	285.2 (2.8)	378.3 (4.9)
251-20-20%	9.4 (0.9)	272.6 (4.9)	371.4 (2.7)
251-20-30%	9.7 (0.4)	272.7 (3.7)	373.2 (2.7)
251-20-50%	9.6 (0.3)	260.9 (1.3)	367.2 (1.1)
351-30-0%	9.3 (0.3)	306.4 (2.9)	377.1 (0.9)
351-30-10%	7.8 (1.6)	295.2 (4.9)	389.4 (0.2)
351-30-20%	10.1 (0.3)	287.3 (2.6)	377.8 (2.1)
351-30-30%	10.3 (0.2)	275.0 (3.7)	375.1 (1.9)
351-30-50%	9.7 (0.5)	262.6 (4.0)	369.5 (1.1)

注：括号内的数据表示标准偏差。

如前所述，含高达50%二氧化碳基多元醇泡沫的密度与100%石油基样品一致。虽然湿压缩永久变形随着两种二氧化碳基多元醇加入量的增加而急剧增加，但含有30%二氧化碳基多元醇的泡沫，其湿压缩永久变形值约为30%，能够满足汽车座椅和椅背应用的要求。在25%、50%和65%应变下，压缩模量和压缩应力都随着两种二氧化碳基多元醇浓度的增加而增加。最重要的是，含有50%多元醇351-30的聚氨酯软泡在25%、50%和65%应变下的压缩模量和压缩应力值比100%石油基样品高200%以上。与100%石油基样品相比，含有二氧化碳基多元醇的聚氨酯泡沫，最大载荷下的拉伸强度分别提高了60%

和 43%，杨氏模量分别提高了 87% 和 129%，抗撕裂性分别提高了 69% 和 59%。动态热机械分析结果表明，在低温下，随着二氧化碳基多元醇浓度的增加，储能模量增加。热重分析表明，随着二氧化碳基多元醇浓度的增加，泡沫材料的热稳定性降低，但在 200℃ 以上仍保持稳定。因此二氧化碳基多元醇有望在汽车领域大规模应用，推动汽车用高分子材料的环保化进程。

2. 二氧化碳基多元醇全部取代石油基产品制备聚氨酯软泡

二氧化碳基多元醇与石油基多元醇混合使用的主要原因是前者黏度大，可加工性差。因此，亟须研究加工性能更佳的二氧化碳基多元醇，在目前工业条件下制备聚氨酯泡沫材料。

Hong 等[61] 通过改变二氧化碳压力，利用二氧化碳和环氧丙烷的调聚反应制备了五种不同碳酸酯单元含量的聚醚碳酸酯多元醇，在室温下展现出低黏度特征。五种二氧化碳基聚醚碳酸酯多元醇的具体信息如表 7-5 所示，并命名为 PEC polyol-n，其中 n 是指多元醇中碳酸酯单元的质量分数。上述二氧化碳基多元醇可通过两步法合成策略制备出不同的聚氨酯泡沫。首先将多元醇、锡催化剂、胺催化剂、硅表面活性剂以及水发泡剂混合并搅拌均匀（2000r/min，3min），然后加入 TDI，控制异氰酸酯指数为 1.1，在 2000r/min 转速下搅拌 10s，反应混合物快速转移至开口模具中以自然发泡。待发泡结束后，在 110℃ 烘箱中老化 5min，最后将发泡材料置于室温 24h，使其进一步稳定。

表7-5　二氧化碳基聚醚碳酸酯多元醇的制备及性能①

多元醇名称	W_c②/%	F_c③/%	$M_{n,\text{Maldi}}$④	$M_{n,\text{SEC}}$⑤	PDI⑥	羟值⑦/(mgKOH/g)	平均羟基官能度⑧	黏度⑨/(mPa·s)
PEC polyol-0			2117	3370	1.11	73	2.75	582
PEC polyol-9	9.39	5.56	2060	3110	1.12	68	2.50	974
PEC polyol-16	16.03	9.79	1932	2970	1.19	70	2.41	1840
PEC polyol-20	19.51	12.12	1624	2740	1.24	79	2.29	2856
PEC polyol-24	24.29	15.43	1388	2570	1.21	85	2.10	3082

①二氧化碳基聚醚碳酸酯多元醇的制备条件：PO，77.31g；DMC，0.225g；氧丙基甘油醚，30mL；温度，115℃；时间，2h。
②CO_2 基聚醚碳酸酯多元醇中碳酸酯基团的质量分数（W_c）。
③CO_2 基聚醚碳酸酯多元醇中碳酸酯的摩尔分数（F_c）。
④通过基质辅助激光解吸电离飞行时间质谱（MALDI-TOF MS）测定的数均分子量。
⑤通过尺寸排阻色谱（SEC）测定的数均分子量。
⑥通过尺寸排阻色谱（SEC）测定的聚合物分布指数（PDI）。
⑦根据 ASTM D1957-86 方法，滴定测定。
⑧平均羟基官能度 =（羟值 ×$M_{n,\text{Maldi}}$）/56100。
⑨25℃ 下的黏度。

图 7-8 列出了二氧化碳基聚氨酯软泡的基础物理数据，首先将二氧化碳基聚氨酯软泡命名为 PUF-n，其中 n 是指二氧化碳基多元醇中碳酸酯单元的质量分数。为便于比较其性能，制备了密度相近（37～39kg/m³）的聚氨酯软泡。值得指出的是，所制备的泡沫密度标准偏差值很低，说明该材料具有很高的加工工艺可重复性。聚氨酯软泡（PUF-0 到 PUF-24）的红外光谱如图 7-9 所示，其中，3390cm⁻¹ 归属于—NH 信号，1720～1700cm⁻¹ 归属于—C═O，1530cm⁻¹ 归属于—NH—CO，1080cm⁻¹ 归属于 C—O 信号[62]，清晰地表明氨基甲酸酯基团的存在。此外，2270cm⁻¹ 特征峰归属于—N═C═O 基团，这是由于存在过量的异氰酸酯[63]。如图 7-9（b）（—C═O，1720～1700cm⁻¹）和图 7-9（c）（—CO—O—，1260cm⁻¹）所示，从 PUF-0 到 PUF-24 的红外谱图可以看出，随着碳酸酯单元含量的增加（表 7-5 中的 W_c 值），碳酸酯键的特征峰强度增加。

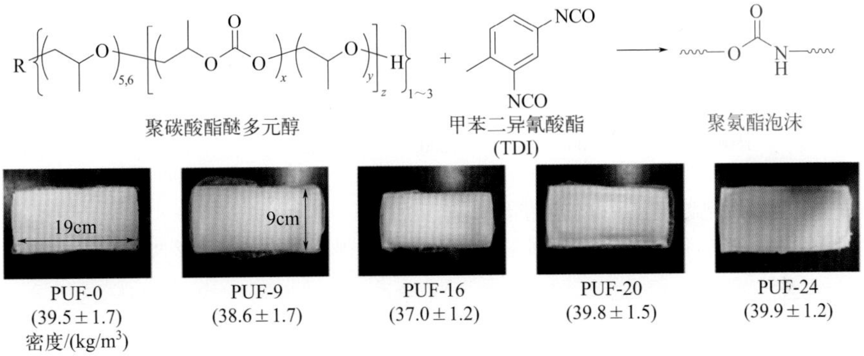

图7-8　不同二氧化碳基聚醚碳酸酯多元醇制备的聚氨酯软泡（PUF-n）

不同碳酸酯单元含量的二氧化碳基聚氨酯泡沫的力学性能如图 7-10 所示。其拉伸应力-应变曲线呈现典型聚氨酯软泡特征：断裂伸长率较高［图 7-10（a）（b）］。由石油基聚环氧丙烷多元醇制备的 PUF-0 断裂伸长率为 199%，模量为 82kPa。随着碳酸酯单元含量从 0% 增加至 24%，二氧化碳基聚氨酯泡沫的断裂伸长率从 199% 逐渐降低至 135%，拉伸模量从 82kPa 逐渐增加至 110kPa，而拉伸强度（145～150kPa）和 100% 定伸模量（约 100kPa）变化不明显［图 7-10（c）（d）］。原因在于碳酸酯单元结构较为刚性[49]，导致二氧化碳基聚氨酯软泡的硬度随碳酸酯单元含量的增加而增加。

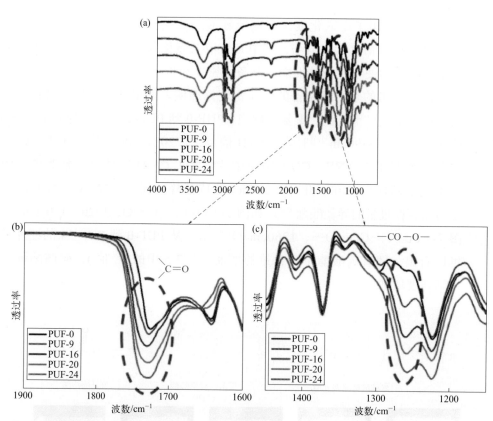

图7-9 典型二氧化碳基聚氨酯软泡的红外光谱图

（a）650～400cm⁻¹全图；（b）羰基特征区间（1600～1900cm⁻¹）放大图；（c）特征区间（1150～1450cm⁻¹）放大图

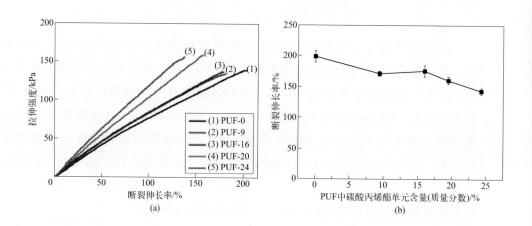

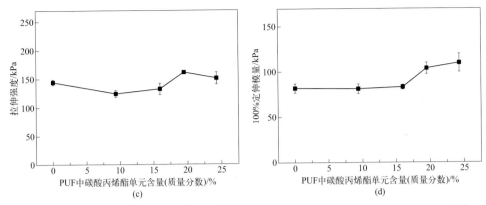

(c)   (d)

图7-10 不同碳酸酯单元含量的二氧化碳基聚氨酯泡沫（PUF-0到PUF-24）的力学性能
（a）拉伸强度-断裂伸长率曲线；（b）断裂伸长率；（c）拉伸强度；（d）100%定伸模量

二氧化碳基聚氨酯泡沫的热学性能如图 7-11 所示。不同碳酸酯单元含量的二氧化碳基聚氨酯泡沫表现出两步热降解行为［图 7-11（a）］，其导数曲线在 300℃和 400℃处有两个降解速率峰［图 7-11（b）］。其中 300℃的初始降解对应于泡沫的氨基甲酸酯分解，400℃的热降解源于多元醇的降解。碳酸酯单元含量对 PUF 热稳定性的影响不显著。有趣的是，碳酸酯单元含量较高的泡沫表现出相对较低的灰渣量。随着碳酸酯单元含量的增加，灰渣含量从 PUF-0 的 3.95% 下降到 PUF-24 的 1.60%。这一结果可能源于碳酸酯单元的清洁燃烧特性，如前所述，碳酸酯单元在热降解过程中可能反向产生二氧化碳，降低了灰分[64]。

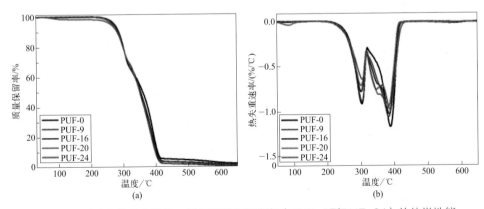

(a)   (b)

图7-11 不同碳酸酯单元含量的二氧化碳基聚氨酯泡（PUF-0到PUF-24）的热学性能
（a）热失重曲线；（b）热失重导数曲线

聚氨酯软泡的最大应用领域之一是汽车零部件。近年来，随着人们对环境和人体健康的关注日益增加，汽车内饰中的挥发性有机物（VOC）已成为一个主要关切的问题。其中乙醛（AA）释放量是 VOC 中的一个重要指标[65]。不同碳酸酯单元含量的二氧化碳基聚氨酯泡沫的乙醛释放量如图 7-12 所示。PUF-0 的乙醛释放量（7.66×10^{-6}）同 PPG 基聚氨酯泡沫类似（7.17×10^{-6}），主要原因是两者都是由聚醚多元醇制备而得。二氧化碳基 PUF 产生的乙醛量随着多元醇中碳酸酯单元含量的增加而减少（PUF-9、PUF-16、PUF-20 和 PUF-24 的含量分别为 7.78×10^{-6}、6.31×10^{-6}、4.66×10^{-6} 和 2.80×10^{-6}）。这些结果表明，在热氧化降解过程中，多元醇中的碳酸酯单元对乙醛的耐化学性有所提高。总而言之，含有二氧化碳基多元醇的聚氨酯泡沫是一种有前途的绿色低 VOC 产品，有望在汽车内饰领域获得应用。

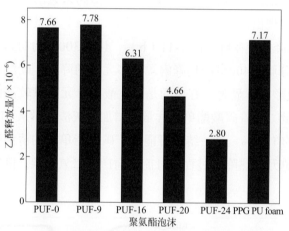

图7-12　不同碳酸酯单元含量的二氧化碳基聚氨酯泡沫的乙醛释放量

第三节
硬质聚氨酯泡沫

一、硬质聚氨酯泡沫概述

硬质聚氨酯泡沫（简称聚氨酯硬泡）多为闭孔结构，在闭孔结构泡沫材料内部，泡孔与泡孔之间完全被泡壁所孤立且不连通，泡孔周围被其他泡孔所环绕，泡孔在聚合物内部呈分散状态，而聚合物基体则是以连续相形式存在，闭孔结构泡孔形貌如图7-13所示[66]。由于闭孔结构具有低渗透性，所以闭孔材料常表现出很好的阻隔性能。因此，聚氨酯硬泡具有绝热效果好、重量轻、比强度大、施工方便等优良特性，同时还具有隔声、防震、电绝缘、耐热、耐寒、耐溶剂等特点，广泛用于冰箱、冰柜的箱体绝热层，冷库、冷藏车等绝热材料，建筑物、储罐及管道保温材料，也有用于非绝热场合，如仿木材料、包装材料等[67-74]。一般而言，较低密度的聚氨酯硬泡主要用作隔热（保温）材料，较高密度的聚氨酯硬泡可用作结构材料（仿木材）。但在实际应用中，合成出的泡沫塑料内部会同时存在闭孔型和开孔型结构，也就是闭孔型泡沫塑料体中存在开孔结构，开孔型泡沫塑料体中存在一定量的闭孔结构。一般当泡沫塑料的开孔率小于5%时，我们称之为闭孔型泡沫塑料，否则称之为开孔型泡沫塑料。

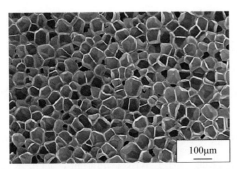

100μm

图7-13 闭孔结构聚氨酯泡孔的结构示意图

二、大孔与微孔聚氨酯泡沫

聚合物发泡材料的制备始于20世纪30年代，当时主要产品是泡孔尺寸大于100μm的大孔聚合物泡沫。自20世纪80年代初美国麻省理工学院研究人员Martini等[75]首次提出微泡增韧塑料概念以来，人们开始研制微孔泡沫结构塑料，称为微孔泡沫（microcellular foam，MCF）。微孔泡沫塑料的最大特点是泡孔小而密，泡孔直径1～10μm，泡孔密度在10^9～10^{12}个/cm^3之间。当一般泡沫塑料的泡孔较大时，泡沫密度较低，泡体受力时，泡孔通常成为泡体裂纹的发源地，导致泡沫材料的力学强度较低。因此，一般泡沫塑料的力学强度随着发泡倍数的增加而降低。与之不同的是，微孔泡沫塑料泡孔非常小且均匀分布，数量非常大，因此能保持一般泡沫塑料的优点，即质轻、能吸收冲击载荷、隔热隔声、比强度高等，此处，泡孔尺寸小于材料内部原有的缺陷，因此泡孔的存在不会降低材料的强度，反而会使材料中原有的裂纹尖端钝化，有利于阻止裂纹在应力作用下的扩展，从而改善了泡沫塑料的力学性能[76]。此外，微孔发泡塑料主要采用氮气、二氧化碳等惰性气体作为发泡剂，不用碳氢化合物及氯氟烃化合物等，发泡成本低，环境友好[77]。

鉴于微孔泡沫塑料的上述优势，微孔发泡材料一经问世，便受到人们的普遍关注，如今已广泛地应用到人们的日常生活中，如家具坐垫、鞋材、包装材料、热绝缘材料、电极材料、隔声材料以及电磁屏蔽材料等。

三、二氧化碳基聚氨酯硬泡

由于密度低、热导率低且具有优异的力学性能，硬质聚氨酯泡沫（RPUF）被公认为最重要的聚氨酯材料，在建筑、家具、交通运输行业提供各种各样的绝缘泡沫材料[78-79]。尤其是建筑行业，其能源使用占世界总能源消耗的很大一部分，因此刚性聚氨酯泡沫保温材料被视为一种绿色建筑材料，备受重视[80]。

聚合物多元醇是制备聚氨酯泡沫塑料（PUF）的重要原料。PUF 的特性在很大程度上取决于多元醇软段的类型和性能。对于 RPUF 的制备，通常采用石油基聚醚或聚酯多元醇，这部分削弱了该材料作为绿色技术的意义。因此，人们迫切希望寻找石油基多元醇的绿色替代品[65, 81-82]。二氧化碳基多元醇是最有希望取代石油基多元醇的候选者之一。

二氧化碳基多元醇主要是由二氧化碳和环氧化物在双金属催化剂（DMC）和起始剂的存在下进行调聚反应所制备的[83-86]，它比石油基聚酯和聚醚多元醇具有更好的抗氧化和抗水解性能[87]。此外，与蜡状固体聚碳酸酯多元醇不同，柔性醚段的存在使二氧化碳基多元醇呈现液态，可以通过常规工艺制备 PUF[84, 88]。

由于 DMC 催化剂的活泼氢耐受性较差，难以制备低分子量（M_n 低于1000）二氧化碳基多元醇，因此目前大多数二氧化碳基多元醇分子量均较高（约2000），不适合制备硬泡材料。Kim 等[89]在牺牲活性的前提下采用 DMC催化剂制备出分子量相对较低的二氧化碳基多元醇（1300），也成功制备出

RPUF。为解决 DMC 催化剂的活泼氢耐受性较差的问题，王献红等[90] 开发出高质子耐受性负载铝卟啉催化体系，成功得到超低分子量二氧化碳基多元醇[91]，十分有希望在 RPUF 领域获得规模应用。下面详细介绍二氧化碳基 RPUF 的相关性能。

通常采用两步法合成策略制备二氧化碳基RPUF，典型配方如表7-6所示[89]。首先将多元醇、胺类催化剂、表面活性剂、发泡剂、扩链剂一起在 2000r/min 转速下搅拌 60s，搅拌均匀后加入异氰酸酯（NCO/OH = 1.1），2000r/min 转速下搅拌 15s，转移至开口模具中进行发泡。泡沫材料在室温下老化 48h，使其充分固化，制备出一系列以 P3059（低分子量多官能度聚丙二醇，羟值436mg KOH/g，分子量 455，羟基官能度 3.5）和 P3059/二氧化碳基多元醇不同摩尔比（[P3059]:[PEC 多元醇] = 10:1、5:1 和 4:1）为软段的 RPUF，分别为 RPUF-PPG、RPUF-PEC23、RPUF-PEC37 和 RPUF-PEC43。

表7-6　RPUF 的配方及相应RPUF 的密度

试剂	用途	RPUF-PPG	RPUF-PEC23	RPUF-PEC37	RPUF-PEC43
P3059	多元醇	100	77.0	62.6	57.3
PEC polyol	多元醇	—	23.0	37.4	42.7
M-200	异氰酸酯	215.5	193.5	179.8	174.6
DEG	扩链剂	6.0	6.0	6.0	6.0
Polycat 8	胺类催化剂	2.0	2.0	2.0	2.0
Niax L-5420	硅类表面活性剂	1.5	1.5	1.5	1.5
水	起泡剂	5.0	5.0	5.0	5.0
RPUFs的密度/（kg/m³）		32.74±0.63	29.66±0.38	28.16±1.07	29.10±0.37

注：单位为所对应的多元醇的质量分数。RPUF 以双多元醇混合物中 PEC 多元醇的含量命名，异氰酸酯指数（[NCO]/[OH]×100）为 110。

上述所得二氧化碳基聚氨酯硬泡的密度均较为接近，约为 30kg/m³，表明 RPUF 具有良好的工艺可重复性。图 7-14 展示了 RPUF 的红外光谱，在红外光谱中观察到与氨基甲酸酯键相对应的吸收振动峰，如 N—H 在 3305cm⁻¹ 处的拉伸振动峰、N—H 在 1513cm⁻¹ 处的弯曲振动峰、C=O 在 1705cm⁻¹ 处的拉伸振动峰、C(O)—O 在 1223cm⁻¹ 处的拉伸振动峰和 C—O 在 1072cm⁻¹ 处的拉伸振动峰，表明发泡过程中氨基甲酸酯键的形成。此外，在 2200～2300cm⁻¹ 处没有观察到异氰酸酯基团 (—N=C=O) 的特征峰，说明所有异氰酸酯均发生了交联反应[92]。

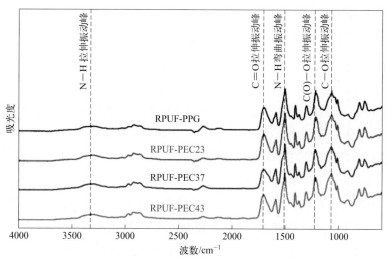

图7-14　几类二氧化碳基聚氨酯硬泡的红外光谱（650~4000cm^{-1}）

RPUF 通常需要形成一个封闭的泡孔结构，以确保绝缘性能和力学性能。图 7-15 的扫描电子显微镜图像显示，所有二氧化碳基聚氨酯硬泡都呈现明显的闭合泡孔结构。随着二氧化碳基多元醇用量的增加，泡孔尺寸从 331μm 增加至 422μm，泡孔尺寸的增大主要是由于二氧化碳基多元醇羟基官能度 (约1.8) 较 P3059(约 3.5) 低，形成了交联密度较低的 RPUF。由于 P3059 的高羟基官能度，RPUF-PPG 为气泡壁提供了足够高的交联密度和弹性，以防止泡沫在形成过程中坍塌，获得更小尺寸的泡孔结构[93]。

图7-15 不同种类二氧化碳基聚氨酯硬泡的扫描电子显微镜图
（a）RPUF-PPG；（b）RPUF-PEC23；（c）RPUF-PEC37；（d）RPUF-PEC43

对 RPUF 来说，一般最小压缩强度为 $10N/cm^2$。如图 7-16 所示，所有 RPUFs 的压缩强度值均高于要求值 ($10N/cm^2$)，保障了双多元醇混合物制备的 RPUF 具有足够大的尺寸稳定性和刚性。随着多元醇混合物中二氧化碳基多元醇含量的增加，RPUFs 的压缩强度值降低 [图 7-16（a）]，这也是由于目前采用的二氧化碳基多元醇的羟基官能团相对较低，按照这个官能值，RPUF 中二氧化碳基多元醇的最大添加量约为 43%。

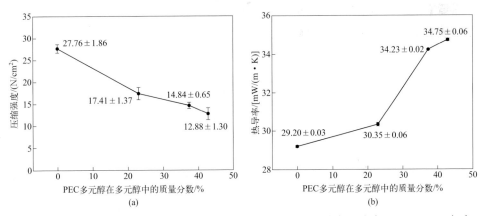

图7-16 不同种类二氧化碳基聚氨酯硬泡随二氧化碳聚醚碳酸酯多元醇（PEC-polyol）含量变化的性能
（a）压缩强度；（b）热导率

由于 RPUF 主要用作绝缘材料，因此 RPUF 的热导率是决定二氧化碳基聚氨酯硬泡材料是否能够应用的重要标准。如图7-16（b）所示，二氧化碳基RPUF的热导率在29.2～34.75mK/（m·W）之间。用热盘法测定的热导率通常比用稳态法测定的值高10%（ASTM C-518）[94]。因此，二氧化碳基RPUF展现出足够低的热导率值，可以用作绝缘材料。

　　RPUF的总热导率值一般由固相热导率（λ_s）、气相热导率（λ_g）、对流热导率（λ_c）和辐射热导率（λ_r）组成[95]。热导率计算公式如下：

$$热导率 = \lambda_s + \lambda_g + \lambda_c + \lambda_r$$

　　由于二氧化碳基RPUF具有相似的密度及相同的发泡剂，λ_s和λ_g的影响可以忽略。因此，RPUF热导率的不同主要源于λ_c和λ_r值的不同，而这两者又是由泡孔尺寸决定的。一般情况下，λ_c和λ_r随着泡沫泡孔尺寸的增大而增大，导致热导率值增大。如图7-16（b）所示，二氧化碳基多元醇含量越高，RPUF的热导率越高，这是由RPUFs的泡孔尺寸增大导致的。

　　如图7-17所示，二氧化碳基RPUF表现出两步热降解行为，其中280℃左右的第一次失重源于聚氨酯链的降解，360℃左右的第二次失重源于多元醇的降解[96-97]。虽然已知聚碳酸酯热稳定性较低[98]，但是没有观察到RPUF之间的具体差异［图7-17（a）］。只在350～450℃范围内观察到RPUF之间微小的降解差异，如图7-17（b）的放大曲线所示，表明碳酸丙烯酯单元对热降解的影响较低。总的来说，使用含有二氧化碳基多元醇的双多元醇混合物，可以制备性能优良的RPUF，在绝缘材料领域具有广泛的应用前景。

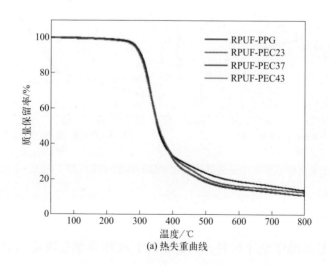

(a) 热失重曲线

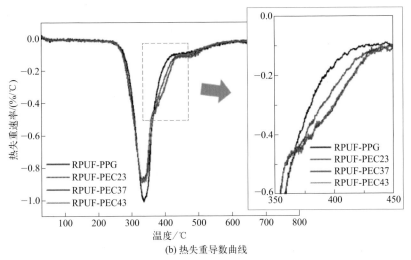

(b) 热失重导数曲线

图7-17　不同二氧化碳基聚醚碳酸酯多元醇含量下二氧化碳基聚氨酯硬泡性能

第四节
慢回弹聚氨酯泡沫

　　慢回弹泡沫又称记忆泡沫（memory foam），是具有慢回弹特性的聚氨酯泡沫材料，最初由美国国家航空航天局艾姆斯研究中心为减轻航天员在航天器的宇宙加速度过程中所承担的巨大压力而设计的，随后慢回弹泡沫进入民用领域，首先是在医学上，后来进入家庭用品。用手按一下一块平整的慢回弹泡沫表面会出现一个手印，然后缓慢消失，这种慢回弹现象是十分独特的材料特征。慢回弹泡沫在吸收冲击力和减少震动、降低反弹力释放等方面的力学性能使其成为太空舱着落时保护宇航员身体的缓冲材料，更为重要的是，慢回弹泡沫材料通过应力松弛来适应外来压迫的表面形状，让最高点的压强降到最低，从而能避免有微循环压迫的部位，温和维护外来物的形体，因此慢回弹泡沫材料是运动医学器材如姿势垫不可或缺的材料。我们从2018年开始研究二氧化碳基慢回弹聚氨酯泡沫的制备方法，起因是我们在制备二氧化碳基聚氨酯软泡和硬泡中发现一个现象：采用混合多元醇制备聚氨酯泡沫时，二氧化碳基聚醚碳酸酯多元醇的含量越高，所制备的聚氨酯泡沫的回复性越差，更确切地说，是回复越慢，而二氧化碳基聚氨酯回复慢的缺陷恰恰是慢回弹泡沫所必需的。

值得指出的是，由于二氧化碳基三元醇的黏度较大，当与聚环氧丙烷三元醇混合后，二氧化碳基三元醇在总聚醚多元醇的含量占总多元醇的 60% 以上，导致混料时物料黏度高，搅拌混合难度大，通常需要将物料温度升高到 50～70℃ 进行混合。实际上，混合多元醇中重量占比 60% 的二氧化碳基三元醇（碳酸酯单元含量约 45%，数均分子量 4500）的黏度在 50℃ 时已经在 2000mPa·s 以下，与 PPG 三元醇/乙烯基聚合物接枝聚醚多元醇（POP）组合料在室温下的黏度相近，已可以达到发泡机中计量泵的使用要求。因此我们将组合料与计算当量的多异氰酸酯（MDI）混合后进行发泡，发泡温度控制在 50～60℃，发泡模具温度控制在 65℃，8～10min 后开模，即可获得慢回弹泡沫。图 7-18 为所制备慢回弹泡沫的实物照片，所采用的混合多元醇含 60%（质量分数）的二氧化碳基三元醇（数均分子量 4500）与 40%（质量分数）的聚环氧丙烷三元醇（数均分子量 6000），所有的聚氨酯原料中 MDI 的含量约 30%（质量分数）。

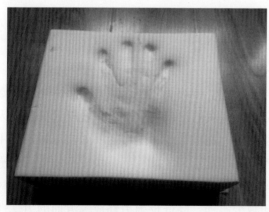

图7-18 二氧化碳基慢回弹泡沫的实物照片

所制备的二氧化碳基慢回弹泡沫，其压缩强度最高在 10kPa 以上，回弹时间可控制在 8～15s，拉伸强度随硬度变化，可在 60～180kPa 之间调控（随硬度降低而降低），断裂伸长率在 80%～120% 之间调整。表 7-7 列出了典型二氧化碳基慢回弹泡沫的力学性能，同时列出了我国慢回弹泡沫的国标，可见二氧化碳基慢回弹泡沫的物理力学性能是可以达到国标要求的。

表7-7　典型二氧化碳基慢回弹泡沫的物理力学性能

项目	拉伸强度/kPa	断裂伸长率/%	撕裂强度/(N/cm)	回弹时间/s	压陷比
慢回弹泡沫性能（国标）	50	90	1.3	3~5	1.8
二氧化碳基慢回弹泡沫	144	100	>2.5	8~15	>4.0

由于聚醚型聚氨酯慢回弹泡沫采用大量的聚环氧丙烷聚醚多元醇为原料，其中含有叔碳氢而容易导致醚键氧化断链，产生各种醛，因此醛排放一直是该领域的一个问题。我们选择了分子量约4500的二氧化碳基三元醇（碳酸酯单元含量45%）和数均分子量为6000的聚环氧丙烷三元醇，在混合多元醇中二氧化碳基三元醇质量分数分别为50%和60%的情况下，跟踪了不同储存时间下醛排放量，数据列于表7-8。可见典型二氧化碳基慢回弹泡沫均能满足一汽大众慢回弹泡沫的醛排放标准，表明二氧化碳基三元醇优异的抗氧化性能可以为慢回弹泡沫的制备提供环保安全的原料。

表7-8　二氧化碳基慢回弹泡沫在不同储存时间下的醛排放

项目		不同储存时间下的醛排放量			一汽大众慢回弹泡沫醛排放控制标准
		24h	168h	336h	
含二氧化碳基三元醇50%	甲醛/(μg/m³)	195.7	106.7	77.9	<150
	乙醛/(μg/m³)	97.2	50.1	64.2	<120
	丙烯醛/(μg/m³)	ND	27.6	ND	<30
含二氧化碳基三元醇60%	甲醛/(μg/m³)	178.1	94.3	105.2	<150
	乙醛/(μg/m³)	41.9	207.6	45.5	<120
	丙烯醛/(μg/m³)	ND	31.3	ND	<30

注：ND——未检出。

总结与展望

作为一种新型泡沫材料，二氧化碳基聚氨酯泡沫塑料相对于传统石油基多元醇聚氨酯材料展现出独特的优点，在很多领域都有应用潜力。如二氧化碳基聚氨酯软泡可满足汽车座椅材料使用的基本要求，二氧化碳基聚氨酯硬泡材料则可用作隔热材料。特别值得注意的是，得益于碳酸酯结构的存在，二氧化碳基聚氨酯泡沫材料在使用过程中可明显降低 VOC 含量。将二氧化碳基多元醇引入聚氨酯泡沫中，有望为可持续聚氨酯泡沫材料工业提供一个新的选择。尽管二氧化碳基聚氨酯泡沫材料的创制和应用取得了一定的进步，但必须清楚地认识到，二氧化碳基聚氨酯泡沫塑料仍处于初步发展阶段。期望未来在实现二氧化碳基多元醇稳定供应的前提下，进一步改善聚氨酯泡沫的热力学性能，同时发展不同分子量、窄分布的二氧化碳基多元醇的合成方法，挖掘二氧化碳基多元醇在制备低 VOC、慢回弹等新性能泡沫方面的应用领域。

参考文献

[1] Zhang H, Han G, Cheng W, et al. Incorporation of CO_2-polyols into ester-based waterborne polyurethane: An effective strategy to improve overall performance[J]. Journal of Applied Polymer Science, 2022, 139(30): e52661.

[2] 马天信，姜波. 聚氨酯材料在航空工业方舱中的应用 [J]. 聚氨酯工业，2003, 18(1): 32-34.

[3] 杨宏军，张晔，常贺，等. 自抛光水性聚氨酯防污涂料的制备及性能 [J]. 高分子材料科学与工程，2020, 36 (12): 63-68.

[4] 沈坚，张骥红. 中国聚氨酯泡沫塑料行业状况及"十三五"发展建议 [J]. 聚氨酯工业，2015, 30(4): 1-4.

[5] Rastegar N, Ershad-Langroudi A, Parsimehr H, et al. Sound-absorbing porous materials: a review on polyurethane-based foams[J]. Iranian Polymer Journal, 2022, 31(1): 83-105.

[6] Li Y, Tian H, Zhang J, et al. Fabrication and properties of rigid polyurethane nanocomposite foams with functional isocyanate modified graphene oxide[J]. Polymer Composites, 2020, 41(12): 5126-5134.

[7] Akdogan E, Erdem M, Ureyen M, et al. Synergistic effects of expandable graphite and ammonium pentaborate octahydrate on the flame-retardant, thermal insulation, and mechanical properties of rigid polyurethane foam[J]. Polymer Composites, 2020, 41(5): 1749-1762.

[8] Li P, Xiao Z, Chang C, et al. Efficient synthesis of biobased glycerol levulinate ketal and its application for rigid polyurethane foam production[J]. Industrial & Engineering Chemistry Research, 2020, 59(39): 17520-17528.

[9] Paciorek-Sadowska J, Borowicz M, Czupryński B, et al. Oenothera biennis seed oil as an alternative raw material for production of bio-polyol for rigid polyurethane-polyisocyanurate foams[J]. Industrial Crops and Products, 2018, 126(15): 208-217.

[10] Tu Y, Kiatsimkul P, Suppes G, et al. Physical properties of water-blown rigid polyurethane foams from vegetable oil-based polyols[J]. Journal of Applied Polymer Science, 2007, 105(2): 453-459.

[11] Zieleniewska M, Leszczyński M, Kurańska M, et al. Preparation and characterisation of rigid polyurethane foams using a rapeseed oil-based polyol[J]. Industrial Crops and Products, 2015, 74(15): 887-897.

[12] Zhang L, Zhang M, Hu L, et al. Synthesis of rigid polyurethane foams with castor oil-based flame retardant polyols[J]. Industrial Crops and Products, 2014, 52: 380-388.

[13] Jiang D, Wang Y, Li B, et al. Environmentally friendly alternative to polyester polyol by corn straw on preparation of rigid polyurethane composite[J]. Composites Communications, 2020, 17: 109-114.

[14] Mahmood N, Yuan Z, Schmidt J, et al. Depolymerization of lignins and their applications for the preparation of polyols and rigid polyurethane foams: A review[J]. Renewable and Sustainable Energy Reviews, 2016, 60: 317-329.

[15] Lefebvre J, Bastin B, Le Bras M, et al. Thermal stability and fire properties of conventional flexible polyurethane foam formulations[J]. Polymer Degradation and Stability, 2005, 88(1): 28-34.

[16] Singh H, Jain A. Ignition, combustion, toxicity, and fire retardancy of polyurethane foams: A comprehensive review[J]. Journal of Applied Polymer Science, 2009, 111(2): 1115-1143.

[17] Bashirzadeh R, Gharehbaghi A. An Investigation on reactivity, mechanical and fire properties of Pu flexible foam[J]. Journal of Cellular Plastics, 2009, 46(2): 129-158.

[18] Pawlik H, Prociak A. Influence of palm oil-based polyol on the properties of flexible polyurethane foams[J]. Journal of Polymers and the Environment, 2012, 20(2): 438-445.

[19] Cinelli P, Anguillesi I, Lazzeri A. Green synthesis of flexible polyurethane foams from liquefied lignin[J]. European Polymer Journal, 2013, 49(6): 1174-1184.

[20] Pan Y, Zhan J, Pan H, et al. Effect of fully biobased coatings constructed via layer-by-layer assembly of chitosan and lignosulfonate on the thermal, flame retardant, and mechanical properties of flexible polyurethane foam[J]. ACS Sustainable Chemistry & Engineering, 2016, 4(3): 1431-1438.

[21] Chen M, Chen C, Tan Y, et al. Inherently flame-retardant flexible polyurethane foam with low content of phosphorus-containing cross-linking agent[J]. Industrial & Engineering Chemistry Research, 2014, 53 (3): 1160-1171.

[22] Abdollahi Baghban S, Khorasani M, Mir Mohamad Sadeghi G. Soundproofing flexible polyurethane foams: Effect of chemical structure of chain extenders on micro-phase separation and acoustic damping[J]. Journal of Cellular Plastics, 2019, 56(2): 167-185.

[23] Lei Y, Zhou S, Zou H, et al. Effect of crosslinking density on resilient performance of low-resilience flexible polyurethane foams[J]. Polymer Engineering and Science, 2015, 55(2): 308-315.

[24] Molina M, Rowland F. Stratospheric sink for chlorofluoromethanes: chlorine atom-catalysed destruction of ozone[J]. Nature, 1974, 249(5460): 810-812.

[25] 李宇宸，罗振扬. 聚氨酯硬质泡沫用发泡剂的发展现状与 HCFC-141b 替代面临的挑战 [J]. 聚氨酯工业, 2014, 29(5): 1-4.

[26] Krupers M, Bartelink C, Grünhauer H, et al. Formation of rigid polyurethane foams with semi-fluorinated diblock copolymeric surfactants[J]. Polymer, 1998, 39(10): 2049-2053.

[27] Kausar A. Polyurethane composite foams in high-performance applications: A review[J]. Polymer-Plastics Technology and Engineering, 2018, 57(4): 346-369.

[28] Bezazi A, Scarpa F. Mechanical behaviour of conventional and negative Poisson's ratio thermoplastic polyurethane foams under compressive cyclic loading[J]. International Journal of Fatigue, 2007, 29(5): 922-930.

[29] Ouellet S, Cronin D, Worswick M. Compressive response of polymeric foams under quasi-static, medium and high strain rate conditions[J]. Polymer Testing, 2006, 25(6): 731-743.

[30] Mae H, Omiya M, Kishimoto K. Effects of strain rate and density on tensile behavior of polypropylene syntactic foam with polymer microballoons[J]. Materials Science and Engineering: A, 2008, 477(1): 168-178.

[31] Kanny K, Mahfuz H, Carlsson L, et al. Dynamic mechanical analyses and flexural fatigue of PVC foams[J]. Composite Structures, 2002, 58(2): 175-183.

[32] Zhai W, Wang H, Yu J, et al. Cell coalescence suppressed by crosslinking structure in polypropylene microcellular foaming[J]. Polymer Engineering and Science, 2008, 48(7): 1312-1321.

[33] Zhang Y, Rodrigue D, Ait-Kadi A. High density polyethylene foams. Ⅲ. Tensile properties[J]. Journal of Applied Polymer Science, 2003, 90(8): 2130-2138.

[34] Lee L, Zeng C, Cao X, et al. Polymer nanocomposite foams[J]. Composites Science and Technology, 2005, 65(15): 2344-2363.

[35] Zou J, Lei Y, Liang M, et al. Effect of nano-montmorillonite as cell opener on cell morphology and resilient performance of slow-resilience flexible polyurethane foams[J]. Journal of Polymer Research, 2015, 22 (10): 201.

[36] Ramsteiner F, Fell N, Forster S. Testing the deformation behaviour of polymer foams[J]. Polymer Testing, 2001, 20(6): 661-670.

[37] Sung G, Kim S, Kim J, et al. Effect of isocyanate molecular structures in fabricating flexible polyurethane foams on sound absorption behavior[J]. Polymer Testing, 2016, 53: 156-164.

[38] Dounis D, Wilkes G. Structure-property relationships of flexible polyurethane foams[J]. Polymer, 1997, 38(11): 2819-2828.

[39] Ugarte L, Saralegi A, Fernández R, et al. Flexible polyurethane foams based on 100% renewably sourced polyols[J]. Industrial Crops and Products, 2014, 62: 545-551.

[40] Grdadolnik M, Drinčić A, Oreški A, et al. Insight into chemical recycling of flexible polyurethane foams by acidolysis[J]. ACS Sustainable Chemistry & Engineering, 2022, 10(3): 1323-1332.

[41] Cho J, Vasagar V, Shanmuganathan K, et al. Bioinspired catecholic flame retardant nanocoating for flexible polyurethane foams[J]. Chemistry of Materials, 2015, 27(19): 6784-6790.

[42] Yang H, Yu B, Song P, et al. Surface-coating engineering for flame retardant flexible polyurethane foams: A critical review[J]. Composites Part B: Engineering, 2019, 176: 107185.

[43] Wong E, Fan K, Lei L, et al. Fire-resistant flexible polyurethane foams via nature-inspired chitosan-expandable graphite coatings[J]. ACS Applied Polymer Materials, 2021, 3(8): 4079-4087.

[44] Vanbergen T, Verlent I, De Geeter J, et al. Recycling of flexible polyurethane foam by split-phase alcoholysis: Identification of additives and alcoholyzing agents to reach higher efficiencies[J]. ChemSusChem, 2020, 13(15): 3835-3843.

[45] Gurgel D, Bresolin D, Sayer C, et al. Flexible polyurethane foams produced from industrial residues and castor oil[J]. Industrial Crops and Products, 2021, 164: 113377.

[46] Madkour T, Azzam R. Use of blowing catalysts for integral skin polyurethane applications in a controlled molecular architectural environment: Synthesis and impact on ultimate physical properties[J]. Journal of Polymer Science, Part A: Polymer Chemistry, 2002, 40(14): 2526-2536.

[47] Lan Z, Daga R, Whitehouse R, et al. Structure–properties relations in flexible polyurethane foams containing a novel bio-based crosslinker[J]. Polymer, 2014, 55(11): 2635-2644.

[48] Langanke J, Wolf A, Hofmann J, et al. Carbon dioxide (CO_2) as sustainable feedstock for polyurethane production[J]. Green Chemistry, 2014, 16(4): 1865-1870.

[49] DeBolt M, Kiziltas A, Mielewski D, et al. Flexible polyurethane foams formulated with polyols derived from waste carbon dioxide[J]. Journal of Applied Polymer Science, 2016, 133(45):44086.

[50] Seo W, Jung H, Hyun J, et al. Mechanical, morphological, and thermal properties of rigid polyurethane foams blown by distilled water[J]. Journal of Applied Polymer Science, 2003, 90(1): 12-21.

[51] Thirumal M, Khastgir D, Singha N, et al. Effect of foam density on the properties of water blown rigid polyurethane foam[J]. Journal of Applied Polymer Science, 2008, 108(3): 1810-1817.

[52] Tan S, Abraham T, Ference D, et al. Rigid polyurethane foams from a soybean oil-based polyol[J]. Polymer, 2011, 52(13): 2840-2846.

[53] Sonjui T, Jiratumnukul N. Physical properties of bio-based polyurethane foams from bio-based succinate polyols[J]. Cellular Polymers, 2015, 34(6): 353-366.

[54] Harikrishnan G, Patro T, Khakhar D. Polyurethane foam–clay nanocomposites: Nanoclays as cell openers[J]. Industrial & Engineering Chemistry Research, 2006, 45(21): 7126-7134.

[55] Gama N, Soares B, Freire C, et al. Bio-based polyurethane foams toward applications beyond thermal insulation[J]. Materials and Design, 2015, 76: 77-85.

[56] Bernardini J, Cinelli P, Anguillesi I, et al. Flexible polyurethane foams green production employing lignin or oxypropylated lignin[J]. European Polymer Journal, 2015, 64: 147-156.

[57] Sonnenschein M, Wendt B. Design and formulation of soybean oil derived flexible polyurethane foams and their underlying polymer structure/property relationships[J]. Polymer, 2013, 54(10): 2511-2520.

[58] Wolska A, Goździkiewicz M, Ryszkowska J. Thermal and mechanical behaviour of flexible polyurethane foams modified with graphite and phosphorous fillers[J]. Journal of Materials Science, 2012, 47(15): 5627-5634.

[59] Ravey M, Pearce E. Flexible polyurethane foam. I. Thermal decomposition of a polyether-based, water-blown commercial type of flexible polyurethane foam[J]. Journal of Applied Polymer Science, 1997, 63(1): 47-74.

[60] Trovati G, Sanches E, Neto S, et al. Characterization of polyurethane resins by FTIR, TGA, and XRD[J]. Journal of Applied Polymer Science, 2010, 115(1): 263-268.

[61] Jang J, Ha J, Kim I, et al. Facile room-temperature preparation of flexible polyurethane foams from carbon dioxide based poly(ether carbonate) polyols with a reduced generation of acetaldehyde[J]. ACS Omega, 2019, 4(5): 7944-7952.

[62] Li Y, Ren H, Ragauskas A. Rigid polyurethane foam reinforced with cellulose whiskers: Synthesis and characterization[J]. Nano-Micro Letters, 2010, 2(2): 89-94.

[63] Pillai P, Li S, Bouzidi L, et al. Solvent-free synthesis of polyols from 1-butene metathesized palm oil for use in polyurethane foams[J]. Journal of Applied Polymer Science, 2016, 133(23) : 43509.

[64] Cyriac A, Lee S, Varghese J, et al. Preparation of flame-retarding poly(propylene carbonate) [J]. Green Chemistry, 2011, 13(12): 3469-3475.

[65] Choi Y, Alagi P, Jang J, et al. Compositional elements of thermoplastic polyurethanes for reducing the generation of acetaldehyde during thermo-oxidative degradation[J]. Polymer Testing, 2018, 68: 279-286.

[66] Ge C, Ren Q, Wang S, et al. Steam-chest molding of expanded thermoplastic polyurethane bead foams and their mechanical properties[J]. Chemical Engineering Science, 2017, 174: 337-346.

[67] Zhu M, Ma Z, Liu L, et al. Recent advances in fire-retardant rigid polyurethane foam[J]. Journal of Materials Science and Technology, 2022, 112: 315-328.

[68] Jiang K, Chen W, Liu X, et al. Effect of bio-based polyols and chain extender on the microphase separation structure, mechanical properties and morphology of rigid polyurethane foams[J]. European Polymer Journal, 2022, 179: 111572.

[69] Barczewski M, Kurańska M, Sałasińska K, et al. Rigid polyurethane foams modified with thermoset polyester-glass fiber composite waste[J]. Polymer Testing, 2020, 81: 106190.

[70] Zhang X, Kim Y, Elsayed I, et al. Rigid polyurethane foams containing lignin oxyalkylated with ethylene carbonate and polyethylene glycol[J]. Industrial Crops and Products, 2019, 141: 111797.

[71] Wang S, Wang X, Wang X, et al. Surface coated rigid polyurethane foam with durable flame retardancy

and improved mechanical property[J]. Chemical Engineering Journal, 2020, 385: 123755.

[72] Członka S, Strąkowska A, Kairytė A. Effect of walnut shells and silanized walnut shells on the mechanical and thermal properties of rigid polyurethane foams[J]. Polymer Testing, 2020, 87: 106534.

[73] Wang J, Xu B, Wang X, et al. A phosphorous-based bi-functional flame retardant for rigid polyurethane foam[J]. Polymer Degradation and Stability, 2021, 186: 109516.

[74] Haridevan H, Evans D, Ragauskas A, et al. Valorisation of technical lignin in rigid polyurethane foam: a critical evaluation on trends, guidelines and future perspectives[J]. Green Chemistry, 2021, 23(22): 8725-8753.

[75] Martini J. The production and analysis of microcellular foam[D]. Cambridge: Massachusetts Institute of Technology, 1981.

[76] 吴舜英, 滕建新, 李及珠, 等. 微孔发泡塑料动态成核机理的研究 [J]. 中国塑料, 2001, 15(2): 43.

[77] Dai X, Liu Z, Wang Y, et al. High damping property of microcellular polymer prepared by friendly environmental approach[J]. Journal of Supercritical Fluids, 2005, 33(3): 259-267.

[78] Silva M, Takahashi J, Chaussy D, et al. Composites of rigid polyurethane foam and cellulose fiber residue[J]. Journal of Applied Polymer Science, 2010, 117(6): 3665-3672.

[79] Mahmood N, Yuan Z, Schmidt J, et al. Hydrolytic liquefaction of hydrolysis lignin for the preparation of bio-based rigid polyurethane foam[J]. Green Chemistry, 2016, 18(8): 2385-2398.

[80] Wang S, Zhao H, Rao W, et al. Inherently flame-retardant rigid polyurethane foams with excellent thermal insulation and mechanical properties[J]. Polymer, 2018, 153: 616-625.

[81] Cho S, So J, Jung J, et al. Polymerization kinetics and physical properties of polyurethanes synthesized by bio-based monomers[J]. Macromolecular Research, 2019, 27(2): 153-163.

[82] Alagi P, Choi Y, Hong S. Preparation of vegetable oil-based polyols with controlled hydroxyl functionalities for thermoplastic polyurethane[J]. European Polymer Journal, 2016, 78: 46-60.

[83] Liu S, Qin Y, Chen X, et al. One-pot controllable synthesis of oligo(carbonate-ether) triol using a Zn-Co-DMC catalyst: the special role of trimesic acid as an initiation-transfer agent[J]. Polymer Chemistry, 2014, 5(21): 6171-6179.

[84] Liu S, Miao Y, Qiao L, et al. Controllable synthesis of a narrow polydispersity CO_2-based oligo(carbonate-ether) tetraol[J]. Polymer Chemistry, 2015, 6(43): 7580-7585.

[85] Qin Y, Sheng X, Liu S, et al. Recent advances in carbon dioxide based copolymers[J]. Journal of CO_2 Utilization, 2015, 11: 3-9.

[86] Liu S, Qin Y, Guo H, et al. Controlled synthesis of CO_2-diol from renewable starter by reducing acid value through preactivation approach[J]. Science China Chemistry, 2016, 59(11): 1369-1375.

[87] Wang J, Zhang H, Miao Y, et al. Waterborne polyurethanes from CO_2 based polyols with comprehensive hydrolysis/oxidation resistance[J]. Green Chemistry, 2016, 18(2): 524-530.

[88] Park J, Kim W, Hwang D, et al. Thermally stable bio-based aliphatic polycarbonates with quadra-cyclic diol from renewable sources[J]. Macromolecular Research, 2018, 26(3): 246-253.

[89] Lee D, Ha J, Kim I, et al. Carbon dioxide based poly(ether carbonate) polyol in Bi-polyol mixtures for rigid polyurethane foams[J]. Journal of Polymers and the Environment, 2020, 28(4): 1160-1168.

[90] Kuang Q, Zhang R, Zhou Z, et al. A supported catalyst that enables the synthesis of colorless CO_2-polyols with ultra-low molecular weight[J]. Angewandte Chemie International Edition, 2023, 62(35): e202305186.

[91] 卓春伟, 曹瀚, 周振震, 等. 高分子铝卟啉体系: 二氧化碳基多元醇的高效可控合成 [J]. 高分子学报, 2023, 54(5): 601-611.

[92] Dounis D, Wilkes G. Effect of toluene diisocyanate index on morphology and physical properties of flexible slabstock polyurethane foams[J]. Journal of Applied Polymer Science, 1997, 66(13): 2395-2408.

[93] Lim H, Kim S, Kim B. Effects of the functionality of polyol in rigid polyurethane foams[J]. Journal of Applied Polymer Science, 2008, 110(1): 49-54.

[94] Zhang H, Fang W, Li Y, et al. Experimental study of the thermal conductivity of polyurethane foams[J]. Applied Thermal Engineering, 2017, 115: 528-538.

[95] Paruzel A, Michałowski S, Hodan J, et al. Rigid polyurethane foam fabrication using medium chain glycerides of coconut oil and plastics from end-of-life vehicles[J]. ACS Sustainable Chemistry & Engineering, 2017, 5(7): 6237-6246.

[96] Guo A, Javni I, Petrovic Z. Rigid polyurethane foams based on soybean oil[J]. Journal of Applied Polymer Science, 2000, 77(2): 467-473.

[97] Septevani A, Evans D, Chaleat C, et al. A systematic study substituting polyether polyol with palm kernel oil based polyester polyol in rigid polyurethane foam[J]. Industrial Crops and Products, 2015, 66: 16-26.

[98] Peng S, An Y, Chen C, et al. Thermal degradation kinetics of uncapped and end-capped poly(propylene carbonate) [J]. Polymer Degradation and Stability, 2003, 80(1): 141-147.

第八章
热塑性二氧化碳基
聚氨酯弹性体

289

高分子弹性体材料是一类具有较高可逆变形的材料，其分子链具有柔顺性，分子间相互作用力较弱，但含有少量阻止邻近分子链滑移导致塑性形变的交联点，该材料在室温下受到外力作用时，外形和尺寸可以发生较大变化，当外力撤去后，则能恢复原状[1-5]。根据是否能塑化进行分类，弹性体可分为热固性弹性体和热塑性弹性体两大类。其中热固性弹性体（thermoset elastomer）就是我们俗称的橡胶[6-9]，经过硫化加工发生化学反应，毗邻的分子之间形成了交联网络状结构，这些化学交联点阻止了相关分子链的滑动，也阻碍了加热时的塑性流动。这类材料即使被拉伸到原始长度的十倍甚至数十倍，外力除去后，也会像弹簧对外力做出的反应一样，迅速地恢复到其原始尺寸，没有残留和不可恢复的形变。热塑性弹性体（thermoplastic elastomer, TPE）则是指在常温或者低温下具有与硫化橡胶一样的弹性，而在高温下表现出与塑料类似的可塑化成型特征，被称为"第三代合成橡胶"，简称TPE[10-16]。因此，TPE是介于橡胶与塑料之间的一种新型高分子材料，具有橡胶与塑料的双重性能。热塑性弹性体与热固性弹性体相比，热塑性弹性体的边角料以及废料可以多次加工和回收利用，减少环境污染，具有可持续发展性。

　　热塑性弹性体具有橡胶弹性和塑料塑性这两种性能，均是由其本身的分子链结构决定的。室温下热塑性弹性体结构中的高分子链段组成的橡胶软相，赋予了材料柔顺性和弹性，塑性硬相则是具有"物理交联点"的刚性，上述热力学上不相容或不完全相容的两相体系，通常由接枝或者嵌段模式通过化学键连接在一起。硬相在结构中起着高分子链段之间的物理交联作用，类似于热固性弹性体中硫化橡胶的交联点，室温下拉伸时能阻碍高分子链之间产生大的滑移，赋予了热塑性弹性体模量和强度。

　　使用温度对热塑性弹性体至关重要，热塑性弹性体很好地保持了软相结构以及硬相结构的特性，包括软相结构中的低玻璃化转变温度（T_g）、硬相结构中的高T_g或结晶熔融温度（T_m）。当在低于热塑性弹性体软相的玻璃化转变温度下使用时，则材料硬而脆，失去弹性体特征。一旦温度高于硬相的T_g或T_m时，硬相便开始软化或者熔融，材料成为黏性流动的液体，失去了力学性能，也无法使用。因而，热塑性弹性体合适的使用温度区间是介于软相的T_g与硬相的T_g或T_m之间的。

第一节
热塑性聚氨酯弹性体（TPU）

  热塑性弹性体的发展历史可追溯到 20 世纪 20 年代，美国 Goodrich 公司发明了聚氯乙烯塑化技术，开发了聚氯乙烯/丁二烯-丙烯腈橡胶共混物，该材料具有类似橡胶的外观和手感，是最早的有热塑性弹性体特征的聚合物[17]。杜邦公司 20 世纪 50 年代通过两种熔融共聚物之间的熔体-酯交换反应制备了一种弹性线型共聚酯，这种合成弹性体的强度比硫化橡胶还要高，通过熔融挤出或者溶液纺丝制造出的纤维，则被认为是第一个热塑性弹性体[18]。不过随后热塑性弹性体经历了十余年的沉寂，还是受益于聚氨酯纤维的发展，到 20 世纪 60 年代才真正发展起来，成为一类重要的高分子材料品种。

  聚氨酯纤维的发现得益于 1937 年拜尔公司的 Otto Bayer[19]，他通过异氰酸酯和多元醇的缩聚反应合成了具有一定弹性的聚氨酯，不过当时杜邦公司和英国帝国化学工业集团发现该材料弹性性能稳定性差，无法获得实际应用。1954年，杜邦公司通过聚乙二醇和甲苯二异氰酸酯（TDI）反应制备了拉伸强度为 13.8MPa 和断裂伸长率高达 500% 的聚氨酯弹性体纤维，1958 年又通过聚醚二元醇和 4,4'-二苯基甲烷二异氰酸酯（MDI）成功合成了一种命名为 Fiber K 的聚醚型聚氨酯弹性体，这是世界上最早的热塑性聚氨酯弹性体产品。随后，美国 B.F. Goodrich Mobay 化学公司相继开发了"Estan""Texin"高弹性、高耐磨性的热塑性聚氨酯弹性体（thermoplastic polyurethane，TPU）产品，热塑性聚氨酯弹性体从此得到了材料领域的广泛关注，而且也是第一个可以热塑性加工的弹性体，同时也是目前发展速度最快和应用最广的一种热塑性弹性体。

  我国的热塑性聚氨酯弹性体产业发展较晚，1973 年山西省化工研究所开始研究 TPU，随后，天津聚氨酯塑料制品厂、黎明化工研究院、烟台万华公司也相继引入多条 TPU 生产线或利用自主研发的设备成功生产出 TPU 产品。TPU 主要生产厂商比较集中，主要包括德国巴斯夫、美国路博润、德国科思创以及美国亨斯曼为代表的国外公司，万华集团、华峰集团以及美瑞新材为代表的国内公司，其中华峰集团和万华集团占据我国市场份额的 50% 以上（见图 8-1）。TPU 的优异性能使其市场需求量逐年攀升，2023 年全球 TPU 市场规模达 155.41 亿元，其中我国 TPU 市场规模达 50.96 亿元人民币，据贝哲斯咨询预测，到 2029 年，全球 TPU 市场规模将达 215.78 亿元，复合年增长率为 6.86%。2023 年我国 TPU 产能达到了 170 万吨，然而实际产量为 65.5 万吨，出现产能严重过剩现象，而且产品相对集中在中低端市场，高端市场被美国路博润、亨斯曼以及德国巴斯夫等国外公司所垄断，随着我国在该领域的持续研发投入，近年来在高端市场也逐渐得到了更多的应用。

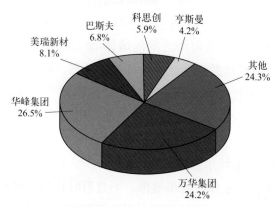

图8-1　2023年中国TPU市场分布

TPU 是由二异氰酸酯、聚合物多元醇与小分子扩链剂反应所生成的嵌段共聚物[20-25]。TPU 中聚合物多元醇软段和氨基甲酸酯硬段的溶解度参数不同，能自发发生微相分离，使其具有热塑性弹性体特征。TPU 分子可设计性强，可设计制备集高强、高耐寒、高耐磨、强黏结力等众多优点于一身的特种材料，广泛应用于国计民生的各个领域。图 8-2 为目前 TPU 的主要应用领域，涵盖了管材、薄膜、合成革、鞋材、工业滑轮、胶黏剂及电线电缆等领域。其中鞋

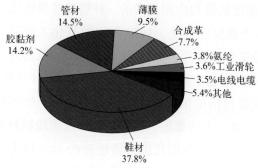

图8-2　2023年中国TPU应用领域分布

材是 TPU 行业最主要的消费市场，占比为 37.8%，涉及大底、气垫和鞋面等部位，其次是胶黏剂和管材，占比分别为 14.2% 和 14.5%，而且随着电子行业的迅速增长，大大推动了 TPU 在电线电缆中的应用。

一、热塑性聚氨酯弹性体的结构

热塑性聚氨酯、热塑性聚氨酯脲统称为热塑性聚氨酯弹性体，该类结构的弹性体结构如图 8-3 所示，均为线型结构，没有化学交联。其中低聚物二醇构成了弹性体的软段结构，异氰酸酯与扩链剂构成的链段，形成了 TPU 的硬段结构。

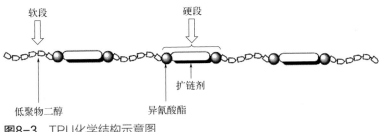

图8-3 TPU化学结构示意图

TPU 的软硬段分子结构和聚集态结构决定着 TPU 的性能 [26-27]。TPU 分子结构中存在多种不同的基团，包括构成软段的柔性链段组分的亚甲基、酯基、醚基等基团，以及构成硬段组分的刚性链段的芳香基、氨基甲酸酯基、脲基等强极性基团。而这些软段相以及硬段相结构中的基团会部分结晶形成晶区或者非晶区，在 TPU 结构中各自聚集在一起形成各自的相区，产生相分离，正由于这种典型的相分离结构，赋予了 TPU 更多的其他弹性体无法达到的性能 [28]。而且，随着软段含量的大幅度增加，硬段可以逐渐进入软段相中，软段起到内增塑剂作用，降低了微相分离程度，也可以通过改变硬段基团极性以及含量，增大微相分离程度，这些都可以对 TPU 的性能进行适当的调控。总体而言，TPU 的结构以及性能与下面的各项参数密切相关。

1. 软段和硬段结构

如前所述，热塑性聚氨酯弹性体是一类由软段和硬段组成的嵌段聚合物材料，从含量上看，低聚物二醇软段是构成 TPU 的主要组成部分，占其总质量的 60%～80%，其结构中的内聚能大小决定了 TPU 产品的应用领域。根据低聚物二元醇软段结构不同，可以将 TPU 分为聚酯型和聚醚型两大类[29-35]。尽管聚醚型 TPU 的结构中柔性的聚醚链段结构赋予了弹性体较低的 T_g 和相对密度以及较弱的力学性能，然而聚醚链段具有优异的抗水解稳定性，使得聚醚型弹性体耐水解性能和抗冲击性能优异，多用于面料、皮革制品等领域。而聚酯型 TPU 的分子结构中具有高内聚能密度的聚酯链段，显示出比聚醚性 TPU 更高的力学强度，同时具有更佳的耐热、耐溶剂性能和优异的耐磨性能，多用于轴承、支撑材料等制品领域。

异氰酸酯与扩链剂构成了 TPU 的硬段部分，尽管硬段在 TPU 中的质量占比仅为 20%～30%，但对 TPU 的高模量、高强度、耐热性等性能有很大影响。根据异氰酸酯种类的不同，可以分为芳香族 TPU 或者脂肪族 TPU。脂肪族 TPU 的耐环境老化性能好，不易黄变，但是价格较高。芳香族 TPU 容易发生光氧化，导致制品在使用过程中易发生黄变，但是价格相对较低。

扩链剂通常为小分子二元醇或二元胺，分别生成氨基甲酸酯型 TPU 和脲基型 TPU，相比于氨基甲酸酯型 TPU，脲基型 TPU 具有更高的内聚能，因而具有更加优异的耐热性能，同时具有更高的拉伸强度，且耐化学品、耐磨性能优异。

2. 氢键作用

氢键是一种存在于电负性较强的氧原子、氮原子、卤素原子与氢原子之间形成的一种作用力[36-37]。TPU 分子结构中的强极性的氨基甲酸酯（—NH—COO—）或者脲（—NH—CO—NH—）基团中的亚氨基（—NH—）可以作为氢的给体，而同时该氨基甲酸酯或脲基中的羰基（$>$C$=$O）以及软段结构中的羰基（$>$C$=$O）或醚基（—O—）可以作为氢的受体，两者相互作用形成氢键[38-41]。因此硬段与硬段或硬段与软段之间均可以产生氢键作用，硬段之间的氢键会导致硬段的聚集，促进微相分离的发生，而硬段与软段之间的氢键作用则可以增强硬段与软段之间的相互作用，但不利于发生微相分离。因此若氢键主要存在于硬段之间，则会促使硬段的取向更加有序排列，有利于微相分离，而硬段和软段之间的氢键则会使硬段嵌入软段之中，对微相分离不利。

3. 微相分离

TPU 的软、硬段两部分的热力学不相容性，自然形成了软、硬两个相区，因此 TPU 的聚集态特征是存在微相分离结构[42-45]。构成 TPU 的软段的低聚物二元醇属于柔性链段，为无规卷曲状态，而二异氰酸酯和扩链剂构成的硬段组分，则刚性较强，难以卷曲，呈现的是棒状，其结构中的脲基、芳香基、氨基甲酸酯基极性强，相互间作用力大，非常容易聚集在一起，形成许多微区分布在软段相中，形成微相分离。这种微观相分离使得硬段在软段中形成了多个分散的小微区，不同的小微区之间形成了物理交联点，保证了TPU材料具有高强度、高耐磨等性能。一旦这种物理交联遇到加热温度高于硬段的熔点时，这种微区开始熔融，使TPU可以进行熔融加工，呈现出线型材料的热塑性能。

二、热塑性聚氨酯弹性体的合成方法

热塑性聚氨酯的分子结构，包括结构规整度、分子量及其分布等决定了TPU的热力学性能。热塑性聚氨酯的合成按照加料方式可以分为"一锅法"和预聚体法；若按照是否需要有机溶剂，又可以分为溶液法和本体法两类。

1."一锅法"和预聚体法

（1）TPU的"一锅法"合成

TPU的"一锅法"合成又称为一步法合成，在一定的反应温度下，将已经除过水的聚合物二元醇、二异氰酸酯、扩链剂、催化剂以及抗氧剂和稳定剂等助剂分别加入反应釜中，反应结束后，再统一进行熟化。采用该方法得到的TPU分子主链结构上的软、硬段为无规分布，分子量分布较宽，分子量较小，因此综合性能较差，批次稳定性也存在不足。

（2）TPU的预聚体法合成

TPU的预聚体法合成又称为两步法，首先是将除过水的聚合物二元醇、二异氰酸酯以及催化剂等助剂加入反应釜中，在一定反应温度下进行预聚反应，得到黏度较低的端基为NCO的预聚体。然后在预聚体中加入扩链剂以及抗氧剂、稳定剂等助剂，进行扩链反应，这个阶段通常以熔融状态在双螺杆挤出机中进行，也可以在溶液中进行，最后对所制备的TPU进行熟化。

与"一锅法"合成相比，预聚法在扩链过程中，预聚体分子与小分子扩链剂形成了规整的嵌段结构，分子链增长导致硬段间形成了强氢键作用，最大限度地保证了TPU的分子结构明确可控，可制备结构规整、分子量较高、分布较窄的TPU，具有合成比较容易控制、批次稳定性好的优点，综合性能优异，缺点是步骤比较繁琐。

2. 溶剂法和本体法

（1）TPU 的溶液法合成

TPU 的溶液法合成是在反应体系中加入有机溶剂，通常为不含活泼氢的惰性极性有机溶剂，包括二甲基甲酰胺、二甲基乙酰胺、四氢呋喃、二甲基亚砜、甲苯等。溶剂不参与反应，但可大幅度降低反应体系黏度，且可作为传热介质使反应体系易于传热，避免局部过热导致的副产物生成，大幅度减少凝胶效应风险，确保产品间批次稳定性。该方法的主要缺点是单体浓度较低，降低了设备利用率，且由于聚合速率较慢、存在溶剂链转移，导致所制备 TPU 的分子量较小，另外使用有机溶剂增加了成本，给环境造成了污染，加上有机溶剂回收费用高，聚合物中残留的有机溶剂很难完全除去，影响 TPU 产品的 VOC 指标，因此工业上主要采用本体法合成 TPU。

（2）TPU 的本体法合成

本体法合成 TPU 在聚合过程中不添加溶剂和分散介质，是目前工业上合成 TPU 的主要方法。根据工艺不同，本体法合成 TPU 又分为间歇式和连续本体法两种方法，其中间歇式本体聚合是将聚合物二元醇、二异氰酸酯以及扩链剂等组分先在一个反应釜中完成，然后，经过后熟化工艺使 TPU 分子量进一步增大，最后再进行造粒。该方法具有投资小、操作简单、便于小规模化生产等优点，但是存在质量不稳定、批次间重复性差、生产效率低等缺点。连续本体法合成是指在浇注机、双螺杆反应挤出机以及最后经过切粒机连续不断地进行，该方法适合大批量的生产，具有生产效率高、质量稳定的优点，但是相对于间歇式方法而言，投资高、操作相对复杂。

对比一步法和两步法所合成的聚氨酯弹性体的力学性能，两步法合成旳 TPU 比一步法合成的 TPU 的综合力学性能更好。二氧化碳基二元醇由于伯羟基含量较低，因而，反应活性较差，通常采用两步法，反应分步进行，预聚体制备过程中，PPC 二元醇有足够的浓度和时间与体系中的 NCO 进行反应，可以保证反应比较完全，得到的预聚体再与小分子扩链剂进行反应，合成的弹性体结构均匀，有利于硬链段间形成氢键，使弹性体具有较好的微相分离结构，具有较好的力学性能。如果采用一步法合成，则活性较强的小分子二元醇扩链剂先与体系中的 NCO 反应，仅有少量的 PPC 二元醇参与反应，这样会导致分子链结构规整度差，分子量分布变宽，而且由于大量小分子扩链剂与体系中的

NCO 形成了一定长度的预聚体后，与弱反应活性的 PPC 二元醇的反应会异常缓慢，而且难以反应完全，导致整体性能较差。

第二节
热塑性二氧化碳基聚氨酯弹性体的合成与性能

热塑性聚氨酯弹性体是一类主链结构由聚合物二元醇软段、氨基甲酸酯基或者脲基硬段构成的线型嵌段高分子材料。其中，聚合物二元醇是 TPU 的两个核心组分之一，其用量占 TPU 的 65% 以上，聚合物二元醇对 TPU 的物理化学性能，如耐低温性、阻尼性能以及耐磨等性能起决定作用。聚酯或聚碳酸酯类聚合物二元醇，具有更多的极性基团，具有较高的内聚能、结晶性强、分子结构链规整度高，可以在 TPU 结构中形成更多的氢键，所制备的 TPU 具有较高的机械强度、硬度以及耐磨性。聚四氢呋喃、聚丙二醇类聚醚型聚合物二元醇，其分子链结构为含有较低的内聚能、结晶性差的醚键，分子链柔顺性好，因而得到的 TPU 的力学性能较差，但耐水解性能突出。二氧化碳基二元醇作为一种新结构的二元醇，其结构中含有较高极性以及内聚能的碳酸酯键，同时还有侧链甲基取代基的醚键结构，破坏了分子链段的结晶性，属于非晶结构的聚合物二元醇，因此可以制备出非晶结构的热塑性聚氨酯弹性体。

一、非晶结构二氧化碳基TPU的合成

以二氧化碳基二元醇为软段制备的热塑性聚氨酯弹性体，其主链结构中既有刚性碳酸酯基团又有柔性醚基团，有望兼具聚酯型和聚醚型 TPU 的各自优点[46]。二氧化碳基 TPU 的合成路线如图 8-4 所示，首先是 4,4′-亚甲基双（环己基异氰酸酯）（HMDI）和二氧化碳基二元醇（CO_2-based polyol）在二甲基甲酰胺（DMF）溶液中完成预聚反应制备预聚体（prepolymer），然后加入 1,4-丁二醇（1,4-BDO）进行扩链，在二月桂酸二丁基锡（DBTDL）的催化下制备出二氧化碳基热塑性聚氨酯弹性体 (CO_2-based polycarbonate TPU)[47]。该 TPU 的红外光谱在 3330cm^{-1}（N—H）和 1670～1700cm^{-1}(C=O)、1500～1530cm^{-1}

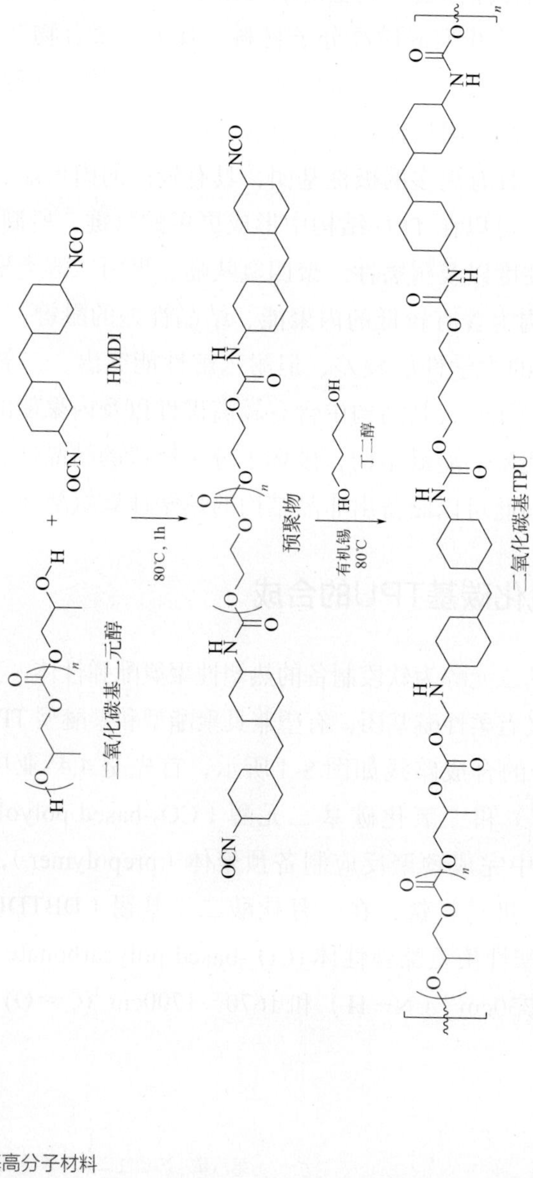

图8-4 二氧化碳基TPU的合成

（NH—CO）、1220～1230cm^{-1}（C—O）、1040～1115cm^{-1}（O—CO）的位置出现吸收峰，证明了 TPU 的生成，尤其是在 1745cm^{-1}（C＝O）位置出现了二氧化碳基二元醇的碳酸酯基谱峰，表明该 TPU 属于二氧化碳基聚氨酯弹性体[48]。

表 8-1 列出了上述二氧化碳基热塑性聚氨酯的力学性能。单一的二氧化碳基二元醇制备的热塑性聚氨酯弹性体的杨氏模量较高，约 290MPa±15.0MPa，同时断裂伸长率较低，仅 118%±20%，表现出硬塑料特性，这是因为二氧化碳基二元醇结构中强极性碳酸酯结构具有较高的内聚能，降低了主链的柔顺性，导致所制备的 TPU 具有更高的塑性特征。当二氧化碳基二元醇与等比例的聚四氢呋喃二元醇（PTMEG）混合形成混合二元醇体系时，借此制备的 TPU，其杨氏模量和断裂伸长率可同时提高，分别达到 346MPa±16.0MPa 和 349%±24%，表明了 PTMEG 类聚醚二元醇的加入，可显著改善 TPU 的弹性行为。随着 PTMEG 的继续增加，杨氏模量开始逐渐下降，断裂伸长率却没有明显的变化。值得指出的是，单一的 PTMEG 醇基 TPU 表现出非常软的弹性体特征，杨氏模量仅仅为 7MPa±2.0MPa，断裂伸长率高达 850%±25%，这是因为没有二氧化碳基二元醇中极性碳酸酯基团的束缚，聚醚链段可以自由移动，导致了整个弹性体的力学强度大幅度下降。

表8-1 二氧化碳基热塑性聚氨酯弹性体力学性能

样品	摩尔比				杨氏模量/MPa	断裂伸长率/%	永久形变/%
	二氧化碳基二元醇	PTMEG	HMDI	1,4-BDO			
TPU-N-1	1.0	—	3.0	2.0	290±15.0	118±20	28.5±2.0
TPU-NP-2	1.0	1.0	6.0	4.0	340±16.0	349±24	19.3±1.2
TPU-NP-3	1.0	2.0	9.0	6.0	95±4.0	358±14	13.8±1.1
TPU-NP-4	1.0	3.0	12.0	8.0	65±8.0	337±31	13.1±1.1
TPU-P-5	—	1.0	3.0	2.0	7±2.0	850±25	6.3±0.7

TPU 的弹性性能也可以通过张力设定值来评估，采用单一的二氧化碳基二元醇所制备的 TPU，其张力设定值为 28.5%±2.0%，随着 PTMEG 类聚醚二元醇的加入，张力设定值逐渐降低，因此可以通过改变不同聚合物二元醇的比例，调节二氧化碳基 TPU 的弹性行为。

二、二氧化碳基TPU的结构控制

合成二氧化碳基 TPU 的主要原料包括二氧化碳基二元醇、二异氰酸酯和小分子扩链剂，这三种物质对所合成 TPU 的物理化学性能有着非常重要的影响，通过调整这三种物质间的比例以及种类，可以制备出不同结构和性能的二氧化碳基 TPU。

下面就软段对 TPU 的性能影响做简单介绍。

（1）软段种类对 TPU 性能影响

聚合物二元醇作为 TPU 的软段部分，对 TPU 的低温性能、韧性有着非常重要的影响。作为对比，分别以聚己二酸-1,4-丁二醇酯二元醇（PBA）和聚环氧丙烷二元醇（PPG）为软段制备出聚酯型 PBA-TPU 和聚醚型 PPG-TPU，三类 TPU 的基本性能列于表 8-2。相对于 PBA-TPU 和 PPG-TPU，CO_2-TPU 具有更好的硬度、拉伸强度以及定伸模量。这是因为二氧化碳基二元醇的分子结构中含有大量的碳酸酯基，它可以和氨基甲酸酯的亚氨基（—NH—）形成氢键，增强分子链间作用力，而且碳酸酯本身具有较高的内聚能，使得该 TPU 具有较高的力学强度。聚酯型 PBA 具有高度对称结构，具有较好的结晶性，所得 PBA-TPU 也有较高的力学强度。因此，PBA-TPU、CO_2-TPU 的力学强度高于 PPG-TPU。这是由于碳酸酯和羧酸酯基团相对于醚基团极性和内聚能均较大，此外，极性基团与氨基甲酸酯基团可以形成更多的氢键，起到了聚氨酯弹性体中物理交联点的作用，使得硬段相能够更均匀地分布于软段中，也提高了力学强度。而 PPG 低聚物二元醇不仅含有低内聚能的醚基，而且侧链含有甲基，增大了链段之间的距离，使得到的 PPG-TPU 更加柔顺，力学强度更低。

表8-2　不同聚合物二元醇对TPU性能影响

测试项目	CO_2-TPU	PBA-TPU	PPG-TPU
邵氏硬度（邵A）	85	78	69
拉伸强度/MPa	32.5	31.8	20.3
断裂伸长率/%	580	650	810
100%定伸模量/MPa	15.2	4.5	6.7
300%定伸模量/MPa	22.1	10.9	13.5

二氧化碳基多元醇相对于聚酯或聚醚多元醇的一个优势是其具有可调节的碳酸酯-醚结构，通常聚醚多元醇和聚酯多元醇、聚碳酸酯多元醇之间是不相容的，醚、酯间均匀共混十分困难，而二氧化碳基多元醇则可以通过控制二氧化碳的插入量很容易制备醚酯含量精确可控的多元醇。不过二氧化碳基多元醇也有一个缺点，即黏度随着二氧化碳插入量的增加而迅速提高，导致工业上

的操作难度加大。只有低二氧化碳插入量时二氧化碳基多元醇的黏度才较低，而低二氧化碳插入量又导致所得 CO_2-TPU 力学性能较差。因此，如何平衡二氧化碳基多元醇的黏度与 CO_2-TPU 的力学性能是一个亟须解决的问题。刘宾元等[49] 将 $FeCl_3$ 和二羟甲基丁酸（DMBA）等引入 CO_2-TPU 合成过程中，原位形成的 Fe-OOC 配合物显著提高了 CO_2-TPU 的力学性能。例如，当 $FeCl_3$/DMBA 摩尔比为 4/18 时，所得 CO_2-TPU 的拉伸模量相对于未添加 $FeCl_3$ 体系，由 14MPa 增加至 93MPa，且仍保持 535% 的断裂伸长率。

（2）软段分子量对二氧化碳基 TPU 性能影响

多元醇作为软段，其分子量对 TPU 的力学性能有较大影响。一般来说，在 TPU 分子量相同的前提下，当软段为聚酯二元醇时，TPU 的强度随聚酯二元醇分子量的增加而提高；若软段为聚醚，则 TPU 的强度随聚醚二元醇分子量的增加而降低，而断裂伸长率则相应上升。这是因为聚酯型软段本身极性就强，分子量大则结构规整性高，对改善强度有利。而聚醚软段极性较弱，分子量增大则导致硬段含量降低，强度下降。

二氧化碳基多元醇的链结构中既有碳酸酯基团又有醚基团，为研究其分子量对 TPU 的影响，王献红等分别采用数均分子量为 1800、2600 和 3000 的三种二氧化碳基二元醇（碳酸酯单元含量约 40%）作为软段，制备了分子量相近的 CO_2-TPU，其性能如表 8-3 所示。从表中可以看出，随着二氧化碳基二元醇分子量的增加，TPU 的力学性能升高，这是因为随着二氧化碳基二元醇软段分子量的升高，其结构中的极性碳酸酯键也增加了，从而增强了软段与硬段之间的氢键相互作用。因而，随着二氧化碳基二元醇分子量的升高，弹性体的拉伸强度、定伸模量以及断裂伸长率都在上升，该现象不同于传统的聚酯以及聚醚类的 TPU，表明二氧化碳基 TPU 是一种弹性体性能优良的新型 TPU。

表8-3　二氧化碳基二元醇的分子量对 TPU 性能影响

项目	不同软段分子量下的性能值		
	1800	2600	3000
邵氏硬度（邵A）	66	63	62
拉伸强度/MPa	13.98	18.76	21.14
断裂伸长率/%	490.29	674.15	775.51
100%定伸模量/MPa	5.21	6.98	8.51
300%定伸模量/MPa	8.46	10.36	11.98

（3）硬段含量对二氧化碳基 TPU 性能的影响

提高 TPU 结构中硬段含量通常使其硬度增加、弹性降低，而且硬段还会影响 TPU 软化熔融温度和高温性能。异氰酸酯的结构影响硬段的刚性，从而对聚氨酯材料性能产生很大影响。芳香族异氰酸酯分子中存在刚性芳环，赋予 TPU 较强的内聚力。对称型二异氰酸酯使 TPU 分子结构规整有序，易形成氢键，故对称的 MDI 比不对称的 TDI 所制备的 TPU 的内聚力大，模量和撕裂强度等力学性能也更高。芳香族异氰酸酯制备的 TPU 由于硬段含刚性苯环，其力学强度一般比脂肪族异氰酸酯型 TPU 的大。

刘保华等[50]以二氧化碳基二元醇为软段，与 MDI 反应，制备了二氧化碳基 TPU，硬段含量对二氧化碳基 TPU 性能的影响见表 8-4。随着硬段含量从 33% 提高至 43%，拉伸强度从 10MPa 提高至 22MPa，100% 定伸模量从 3MPa 提高到 18MPa，与此相应地，300% 定伸模量从 9MPa 提高到 23MPa，而硬度从 80（邵 A）提高到 94（邵 A），断裂伸长率降低则从 550% 下降到 460%。原因在于随着硬段含量的增长，硬段之间的氢键作用力增强，大幅度改善了 TPU 的力学强度。

表8-4　不同硬段含量对二氧化碳基 TPU 性能的影响

硬段含量(质量分数)/%	拉伸强度 /MPa	断裂伸长率/%	100%定伸模量/MPa	300%定伸模量/MPa	邵氏硬度(邵A)
33	10±0.8	550±5	3	9	80
36	13±1.0	540±5	6	11	83
38	17±1.5	520±4	11	17	87
41	20±1.6	480±4	16	21	91
43	22±1.8	460±3	18	23	94

（4）异氰酸酯指数对二氧化碳基 TPU 性能的影响

异氰酸酯指数（R）是指二异氰酸酯物质的量与活泼氢物质的量之比，即 $R=[NCO]/[OH]$。

R 值决定了所合成 TPU 的分子量以及端基结构[51-52]。当 $0<R<1$ 时，分子扩链，端基为—OH；一旦 $R=1$，则分子无限扩链，端基为—NCO 及—OH；当 $1<R<2$ 时，分子不扩链，端基为—NCO。因此在合成 TPU 时，为了避免化学交联，实现反应的可控性和可重复性，要严格控制 R 值等于 1。从理论上讲，在 TPU 合成过程中，R 值越接近 1，越有利于弹性体分子量的增长。—NCO 过量时将导致共价交联而生成脲基甲酸酯或缩二脲（当有水存在

下），而—OH过量则反应不完全。在TPU实际合成过程中，由于反应体系中微量水的存在，以及异氰酸酯间的相互反应，导致异氰酸酯产生一定损失，因此工业上通常采用异氰酸酯稍过量的方案，即R值略大于1。

R值对二氧化碳基TPU性能的影响列于表8-5，随着R值从0.9逐步增加至1.2，TPU的邵氏硬度从87（邵A）逐步增加至93（邵A）。拉伸强度、100%定伸模量和300%定伸模量均随R值的增加表现出先增加后降低的趋势，当R值为1.0时达到最优值，分别为34.63MPa、15.44%和24.20%。断裂伸长率则随着R值的增大由570.91%逐渐降低至336.69%。原因是异氰酸酯指数R较小时（$R<1$），预聚体反应体系中的—OH过量，反应不完全，多余的扩链剂在体系中起到了内增塑的作用，使弹性体力学强度整体降低。当R值从0.9升高到1.0时，分子量增大，TPU分子结构中一端是—NCO、一端是—OH。此外，空气中水的存在，会生成一定含量的脲键，机械强度会进一步提高。随着R值继续增高，当$R>1$时，—NCO基团会过量，过量的—NCO基团导致共价交联而生成脲基甲酸酯或缩二脲（来自异氰酸酯与空气中水分的反应），该化学交联结构限制了分子链段的自由旋转，使得韧性变差，断裂伸长率降低。

表8-5　不同异氰酸酯指数R对二氧化碳基TPU性能影响

项目	不同异氰酸酯指数下的性能值			
	0.9	1.0	1.1	1.2
邵氏硬度（邵A）	87	90	91	93
拉伸强度/MPa	25.48	34.63	29.87	29.59
断裂伸长率/%	570.91	528.55	373.04	336.69
100%定伸模量/MPa	11.87	15.44	15.22	14.37
300%定伸模量/MPa	17.47	24.20	23.06	20.27

（5）扩链剂种类对CO_2-TPU性能的影响

扩链剂又称链增长剂，能与线型聚合物链上的官能团反应而使TPU的分子链扩展而增大分子量，大幅度提升TPU的力学性能[53-55]。常见的聚氨酯扩链剂是指含有活泼氢的双官能度的小分子化合物，包括二元醇、二元胺以及二元醇胺等，这些扩链剂分子结构中的活泼氢与聚合体系中的—NCO进行反应，使TPU分子链进一步延伸，生成分子量更大的线型高分子。另一方面，扩链剂与NCO反应生成的刚性硬段组分在柔性的软段间起到连接作用，形成了多种氢键结构，提高了TPU的力学强度。

以二氧化碳基二元醇为软段，MDI为硬段，分别以乙二醇（EG）、丁二醇

（BDO）和一缩二乙二醇（DEG）为扩链剂，制备了几种 CO_2-TPU，其力学性能列于表 8-6。使用 EG 作为扩链剂时，所得 CO_2-TPU 的硬度、拉伸强度和撕裂强度最大，然后是 BDO，其次是 DEG。这是因为随着扩链剂柔性烷基链长度的增长，弹性体硬链段的密度变小，硬段相与软段相的相容性变好，即微相分离效果变差。此外，三种 CO_2-TPU 的断裂伸长率随扩链剂碳链长度的增加，由 614.33% 增加至 775.51% 乃至 1093.99%，而拉伸强度则由 22.10MPa 逐渐降低到 21.14MPa 及 19.37MPa，导致了弹性体综合强度下降。

表8-6　不同扩链剂对TPU力学性能影响

扩链剂	硬度 （邵A）	断裂拉伸强度/MPa	撕裂强度/(kN/m)	断裂伸长率/%	100%定伸模量/MPa	300%定伸模量/MPa
EG	76	22.10	113.40	614.33	9.34	13.17
DEG	59	19.37	55.33	1093.99	8.27	11.34
BDO	62	21.14	78.95	775.51	8.51	11.98

三、二氧化碳基TPU的热力学性能

二氧化碳基 TPU 兼具聚酯型和聚醚型聚氨酯弹性体的优点，除强度高、韧性好、耐磨、耐油等优异综合性能之外，还具有耐水解、抗氧化等性质，应用领域广泛。二氧化碳基聚氨酯弹性体与其他聚氨酯的主要区别在于二氧化碳基多元醇软段，阐明二氧化碳基多元醇软段对二氧化碳基聚氨酯弹性体的热力学性能至关重要。二氧化碳基聚氨酯弹性体的耐热性大致可由其本身的软化温度和热分解温度来衡量。

二氧化碳基聚氨酯弹性体同许多高分子聚合物一样，高温下软化，由弹性态转化为黏流态，机械强度迅速下降[56]。从化学角度分析，弹性体的软化温度主要取决于本身的化学组成、分子量和交联密度等。一般来说，增大分子量、提高硬段刚性、增加硬段含量、增大交联密度等，均有利于提高其软化温度。从物理角度分析，弹性体软化温度取决于微相分离程度。例如，不发生微相分离的弹性体软化温度很低，其加工温度只有 70℃左右，而发生微相分离的弹性体则可达 150℃。通过改变链段分布、硬段含量可提高弹性体的微相分离程度，从而提高耐热性。脂肪族异氰酸酯形成的氨酯硬段与二氧化碳基多元醇软段有较好的相容性，因而有更多的硬段溶解在软段中，使得微相分离程度降低，而芳香族异氰酸酯形成的氨酯硬段与软段相容性较差，微相分离程度则较高。

Calpena 等[57] 利用二氧化碳基多元醇逐步取代聚己二酸丁二醇酯二元醇，研究了二氧化碳基多元醇在混合二元醇中的含量对所得 TPU 热稳定性的影响，如图 8-5 所示。二氧化碳基二元醇的加入使 TPU 的热分解温度降低了，主要是由于纯二氧化碳基二元醇的热分解温度为 225℃，而聚己二酸丁二醇酯二元醇的热分解温度高达 422℃。幸运的是，所有的 CO_2-TPU 均可满足使用温度要求，特别适合用作鞋类胶黏剂。

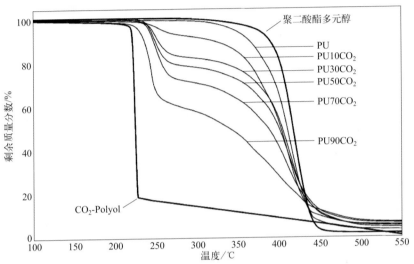

图8-5　二氧化碳基多元醇在混合二元醇中的含量对TPU热稳定性的影响

Hong 等[47] 研究发现 4,4′- 亚甲基双（环己基异氰酸酯）（HMDI）和二氧化碳基二元醇经过 1,4-丁二醇扩链后，所制备的 CO_2-TPU 的 T_g 为 37℃，随着聚四氢呋喃二醇的加入，T_g 逐渐降低，二氧化碳基二元醇和聚四氢呋喃二醇比例加大到 1∶3 时，T_g 降低到 29℃，当全部为聚四氢呋喃二醇时，得到的 TPU 的 T_g 为 11℃。从 TGA 的曲线［图 8-6（a）］可以看出，单一的二氧化碳基二醇得到的 CO_2-TPU（TPU-N-1）出现了两步降解过程：第一步降解过程发生在 210～250℃，属于碳酸酯单元的分解；第二步降解过程发生在 270～340℃，主要是氨基甲酸酯键的分解。相比之下，单一的聚四氢呋喃二元醇基 TPU 呈现两步分解过程：第一步分解过程的温度为 270～340℃，属于氨基甲酸酯键的分解；第二步分解过程的温度为 400～450℃，主要是为聚四氢呋喃二元醇的分解。软段中加入一定比例的聚四氢呋喃二元醇，所得到的 TPU（TPU-NP-2～4）热分解曲线上有三个阶段，分别对应二氧化碳基二元醇中碳酸酯单元、聚氨酯中氨基甲酸酯单元以及聚四氢呋喃二元醇单元的分解。有趣的是二氧化碳基二元醇得到的TPU产生的灰分材料量仅仅为0.34%，远低于聚四氢呋喃二元醇基TPU的1.45%，表明二氧化碳基二元醇基TPU不会产生有毒物质，且灰分残渣大幅度下降，这与二氧化碳基二元醇热分解会产生大量二氧化碳的机理是一致的。

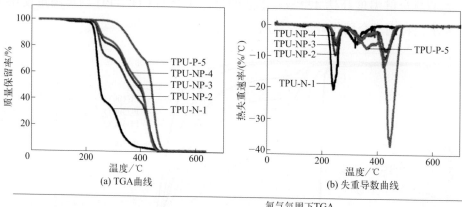

(a) TGA曲线　　　　　(b) 失重导数曲线

TPU名称	氮气氛围下TGA		
	$T_{10\%}$[①]/℃	$T_{50\%}$[②]/℃	500℃下质量保留率/%
TPU-N-1	230	252	0.34
TPU-NP-2	243	361	0.46
TPU-NP-3	251	390	0.62
TPU-NP-4	254	401	1.10
TPU-P-5	341	436	1.45

① TGA曲线中质量损失为10%时的温度。
② TGA曲线中质量损失为50%时的温度。

(c) 不同热失重温度

图8-6　二氧化碳基二元醇和聚四氢呋喃二元醇制备的TPU的热学性能

第三节
热塑性二氧化碳基聚氨酯弹性体的应用

一、阻尼材料

阻尼材料是一种基于形变时将机械能转化为热能或其他能量损失的一种策

略，具有降低振幅、吸收噪声的功能。近年来阻尼材料已经广泛应用于汽车工业、建筑工程、机械工业、兵器工业、现代航天、航空工业以及舰船等领域，而且在印刷电路板、电子仪器安装板中也得到了广泛的应用[58-61]。TPU是近年来发展速度最快的新型高分子阻尼减震材料[62-67]。其阻尼机理与TPU本身的自身黏弹性密切相关，TPU链段在交变应力作用下运动时，分子链之间会产生摩擦，从而将机械振动能转变为热能，在温度低于TPU的玻璃化转变温度T_g时，由于内摩擦力很大，分子几乎不能运动，此时可将能量作为位能储存。在温度高于TPU的T_g时，链段受到的摩擦力很小，分子极易运动，应力随时间衰减很快，不能吸收足够的机械能。只有环境温度与TPU的T_g相同或相近时，TPU的分子链段才能充分运动，此时应变跟不上应力的变化，应变严重滞后于应力，从而呈现出显著的阻尼特性。优异的TPU阻尼材料必须要满足在玻璃化转变温度区域内具有较高的阻尼容量，即较高的损耗因子，同时阻尼TPU应具有较宽的阻尼温域，并且阻尼温域的范围与材料的实际使用温度范围尽量相近，将损耗因子$\tan\delta$的峰值对应的温度区间作为评价阻尼TPU性能好坏的标准，通常将损耗因子$\tan\delta \geqslant 0.3$的材料称之为阻尼材料，若有效阻尼的温度区间大于40℃，则该材料可以用作阻尼材料使用[68]。

聚氨酯弹性体的阻尼性能与聚合物二元醇的软段结构有密切关系，数均分子量为2000的二氧化碳基二元醇所制备的TPU，其损耗因子峰值为0.88，低于相同分子量的聚己内酯二醇TPU的损耗因子0.93，但高于聚四氢呋喃醚二醇（PTMEG）基TPU的0.78[69]。这是因为聚酯型TPU的分子链中含有大量的强极性酯基，硬段与软段之间以及软段分子链之间都形成了较强的氢键，使得分子链之间的相互作用力较大，链段在运动时受到的阻力变大，摩擦生热较大，因此阻尼性能较好。对于PTMEG基TPU而言，其分子结构中大量的非极性的醚键具有很好的柔顺性，使得链段在运动时摩擦阻力变小，摩擦生热也低，因此阻尼性能较差。

二氧化碳基二元醇分子中含有更高极性的碳酸酯基团，增大了软段分子链之间的作用力，分子链段在受到外力作用时，摩擦生热较大，因而其阻尼性能大于PTMEG基TPU。另一方面，二氧化碳基二元醇结构中还含有大量的醚基，保留了分子链之间的柔顺性，同时，分子链上含有侧甲基，导致了分子链之间的间距变大，分子链之间的作用力变弱，使得链段在运动时受到的摩擦阻力变小，滞后损失变小，这些因素降低了阻尼性能。因而，其阻尼性能比聚酯类 TPU 要低。二氧化碳基二元醇的分子量对 TPU 阻尼性能也有较大影响，随着二氧化碳基二元醇分子量的增加，损耗因子降低，这是因为尽管二氧化碳基二元醇侧链含有甲基，阻碍了分子链段的扭转和运动，但是侧链甲基同时增加了分子链之间的距离，使得分子链之间的相互作用减弱，而且，随着多元醇分子量的增加，软段长度增加，链段运动受到的阻力减小，所以损耗因子降低，阻尼性能下降。

二、耐磨材料

聚氨酯弹性体是分子主链由柔性链段（软段）和刚性链段（硬段）交替组成的嵌段共聚物，软段提供弹性体的韧性和弹性，硬段则提供弹性体的刚性和强度。聚氨酯分子主链中除含有氨基甲酸酯基团外，还含有醚、酯或脲基等极性基团。由于这些极性基团的大量存在，聚氨酯分子内及分子间可形成氢键。加上软段和硬段热力学上不相容，产生微相分离，即使是线型聚氨酯也可以通过氢键而形成物理交联。这些结构特点使聚氨酯弹性体具有高强度、抗撕裂和优异的耐磨性等优点，因此聚氨酯弹性体又以"耐磨橡胶"著称[70-71]。刘保华等[72]采用预聚体法，以 MDI 为二异氰酸酯、1,4-丁二醇为扩链剂制备了耐磨性二氧化碳基聚氨酯弹性体，其耐磨性与聚酯 PBA 和聚醚 PTMEG 相当，优于 PPG 类 TPU（见表 8-7）。二氧化碳基二元醇制备的 TPU 的 Akron 磨耗最小，这是由于二氧化碳基 TPU 的分子内存在较多的强极性碳酸酯基团，分子内聚能高，耐磨性能远高于 PPG 聚醚类 TPU，与同样具有极性基团的聚酯类 PBA 耐磨性相当。值得指出的是，PTMEG 型 TPU 分子链结构规整，主链上无侧基，因而，耐磨性也较好。

表8-7　不同软段TPU的耐磨性

项目	CO_2-polyol	PBA	PTMEG	PPG
Akron磨耗/mm^3	13	15	14	24
拉伸强度/MPa	29	30	24	18
断裂伸长率/%	574	643	585	486
100%定伸模量/MPa	16	8	7	5
300%定伸模量/MPa	25	13	11	8

二氧化碳基二元醇的分子量对耐磨性也有一定的影响，在相同的硬段含量下，随着分子量从 2000 增大到 4000，Akron 磨耗从 20mm³ 降低到 13mm³，弹性体的耐磨性变好，这是由于二氧化碳基二元醇使用聚醚作为链起始剂，随着分子量的增加，聚醚链段相对含量降低，碳酸酯单元含量增加，而碳酸酯键极性较大，容易形成分子内氢键，分子间作用力增强。另外，随着分子量增加，分子链柔顺性变好，在受到摩擦时缓冲作用加强，因此，弹性体的耐磨性能随着软段分子量增加而提高。

三、热熔胶

热熔胶加热到一定温度就熔融成黏稠液体，冷却至室温后又变成固体，具有很强的黏接作用，因此人们把它称为热熔型胶黏剂，简称热熔胶[73-76]。在欧美等发达国家和地区，热熔胶产量已占胶黏剂总产量的 20% 以上，而我国还不到 10%，因此热熔胶在我国仍有较大的发展空间。聚氨酯热熔胶是以聚氨酯树脂或预聚物为主体材料，配以各种助剂（如催化剂、抗氧剂、增黏剂及填料等）而制得的一类热熔胶[77-80]。聚氨酯热熔胶具有粘接强度高、无溶剂、环境友好、耐低温性优异等优点，已经广泛应用于手机、家装、包装等各个领域，是热熔胶领域的重点发展方向。聚氨酯热熔胶主要包括热塑性聚氨酯热熔胶和反应型聚氨酯热熔胶两大类。热塑性聚氨酯热熔胶，因其结构中含有极性很强、化学活性很高的异氰酸酯（—NCO）和氨酯（—NHCOO—）基团，与大部分基体材料都有优良的化学粘接力[81]。此外，聚氨酯与被粘接材料之间产生的氢键作用会使内聚力增加，从而使粘接更加牢固。反应型聚氨酯热熔胶利用其端基的—NCO 与待粘接材料表面的羟基基团、水分子以及空气中的二氧化碳、水分子交联形成不可逆的氨基甲酸酯以及脲基化学键等交联固化结构，形成的胶层耐久、稳定，即便是低温条件下也具有良好的剥离强度，因此其耐低温效果良好[82-83]。

Calpena 等[46] 以二氧化碳基二元醇（数均分子量为 900）为软段，在 70℃下与 MDI 反应生成预聚物，然后用 1,4-丁二醇进行扩链，制备了热塑性二氧化碳基聚氨酯热熔胶，无论在初始粘接强度、最终强度以及高温/高湿、水解测试方面均与常规鞋类胶黏剂相差无几，完全可以满足制鞋业对胶黏剂的要求。鉴于硫原子可以提高粘接性能，Rogulska 等[84] 以二苯基硫醚二元醇为扩链剂，脂肪族聚碳酸酯二元醇为软段，与 HDI 反应，制备了含有硫原子的热塑性聚氨酯，其对铜片的搭接剪切强度甚至比不含硫原子的聚氨酯高 2 倍以上。

反应型二氧化碳基聚氨酯热熔胶，主要指湿气固化反应型聚氨酯热熔胶，主要成分是端异氰酸酯聚氨酯预聚体[85]。Calpena 等[83] 使用二氧化碳基二元醇和不同比例的聚己二酸丁二醇酯（PBA）作为软段，与 MDI（NCO/OH = 1.5）在 90℃下反应，得到反应型聚氨酯热熔胶。即使二氧化碳基二元醇占混合二元醇的比例在宽广区间变化（10%～90%），所制备的反应型聚氨酯热熔胶也可满足鞋类粘接要求。特别值得指出的是，初始剥离强度（5min 后）大于 1N/mm，低应力粘接部分（室内、时尚鞋）的最终粘接强度大于 2.5N/mm，高应力粘接部分（登山鞋）的最终粘接强度大于 5N/mm。游正伟等[85] 通过等物质的量比的二氧化碳基二元醇和聚四氢呋喃二醇作为软段，加入 60% 含量的 MDI，在 90～120℃反应后得到二氧化碳基聚氨酯热熔胶，其拉伸强度高达 14MPa，断裂伸长率为 151%，100% 定伸强度为 12.86MPa。该热熔胶分别对 PC、PMMA 和 ABS 塑料件以及铝和钢铁金属件表现出了优异的粘接性能，粘接强度优于大部分商业化的热熔胶。游正伟等[86] 还发现，随二氧化碳基多元醇中碳酸酯单元含量增加，反应型二氧化碳基聚氨酯热熔胶对铁、钢、铝等金属件的初始和最终粘接性能也大幅度提高。

四、密封材料

许多机械的液压或气压系统都离不开密封件，橡胶类密封件由于硬度和强度不足，通常采用金属或纤维等材料增强其性能，但是也很难在苛刻的环境中长期使用。而聚氨酯弹性体的杨氏模量可以达到 100MPa，远高于橡胶的弹性模量（0.2～10MPa），而且聚氨酯弹性体的硬度范围很宽，即使不用加入骨架材料增强，也可以作为高压密封材料使用[87-89]。以二氧化碳基二元醇为软段，MDI 和 3,3′-二甲基联苯基-4,4′-二异氰酸酯为混合二异氰酸酯，1,4-环己二醇和 1,4-丁二醇为扩链剂制备了二氧化碳基 TPU，10% 的压缩模量可以达到 48.5MPa，20% 的压缩模量可以达到 54.8MPa，显示出优异的承压性能。此外，二氧化碳基 TPU 还显示出优异的耐疲劳性能，有割口 TPU 可以达到 300 万次，无割口 TPU 可以超过 1300 万次，有望作为一种高模量密封新材料。

五、耐油材料

刘德富等[90]指出，将脂肪族二元醇（8个以下碳原子）、聚醚多元醇和有机碳酸酯进行酯交换反应，制备了含有聚（碳酸酯-醚）结构的聚合物二元醇，然后与二异氰酸酯等反应制备的聚氨酯弹性体具有优异的耐油、耐低温性能。

六、生物降解材料

聚氨酯因成型加工简便且力学性能优异，被广泛应用于各个工业领域，但大部分聚氨酯在自然条件下不可降解，对环境造成了难以忽略的负面影响，发展生物可降解的聚氨酯材料是解决上述问题的有效途径。

生物可降解聚氨酯一般由可降解的聚合物二元醇和脂肪族二异氰酸酯制备而成，该聚氨酯在生物环境下可以被细菌降解成能被自然界或生物体吸收代谢的无公害小分子[91-98]。二氧化碳基多元醇本身具备一定的生物降解性，与脂肪族六亚甲基二异氰酸酯反应，有望制备具有一定生物可降解性能的二氧化碳基聚氨酯。何建雄等[99]以聚碳酸亚丙酯多元醇和聚四氢呋喃二醇的混合物作为聚合物多元醇与脂肪族六亚甲基二异氰酸酯进行反应，添加了单宁改性丙烯酸羟乙酯，制备了可生物降解的热塑性二氧化碳基聚氨酯弹性体，并展现出良好的力学性能。钟荣栋等[100]以聚碳酸亚丙酯多元醇和聚己内酯二醇为聚合物二元醇，以对苯二甲醇为扩链剂制备了二氧化碳基TPU，提高了力学性能。通过加入纳米材料提高对光的吸收进而实现光降解，这样通过光降解以及生物降解双重降解模式，进一步提升了弹性体的可降解性。王献红等[101]将含磺酸盐的二羟基化合物引到了二氧化碳基TPU中，同时采用二氧化碳基二元醇（碳酸酯单元含量为40%、数均分子量3000）与脂肪族异佛尔酮二异氰酸酯反应制备出生物降解的二氧化碳基TPU，如图8-7所示。该二氧化碳基TPU的数均分子量超过80000，拉伸强度超过16MPa，断裂伸长率超过2000%。

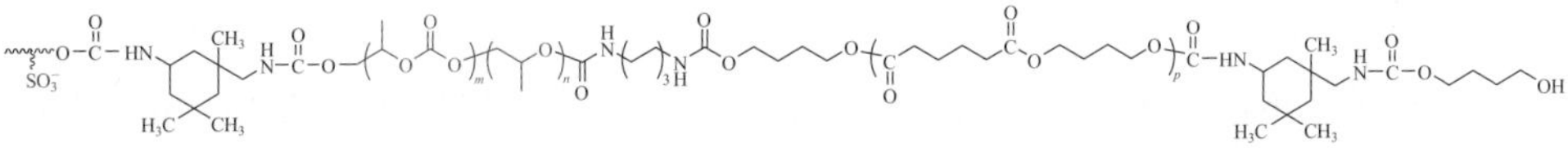

图8-7 生物降解二氧化碳基TPU的结构式

引入强亲水基团的磺酸盐大大改善了聚氨酯弹性体材料的亲水性，使其水解性增强，也大大提高了生物降解性能，如图8-8所示，二氧化碳基聚氨酯弹性体材料45天降解64.7%，86天后降解率超过74.3%。90天内能够达到纤维素降解率的91%，表明二氧化碳基TPU是一种生物降解性能优良的环保材料。

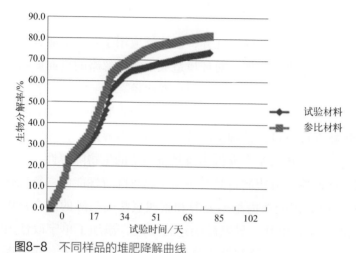

图8-8　不同样品的堆肥降解曲线
试验材料为二氧化碳基TPU，参比材料为纤维素；堆肥条件：60℃，90%湿度，有氧堆肥降解

最近，王献红等[102]将二氧化碳基多元醇和含有磺酸钠二元酸（酯）以及其他种类的二元羧酸进行酯化反应制备了含有磺酸基的二氧化碳聚酯多元醇，进而合成了二氧化碳基TPU，由于磺酸基的引入，进一步提高了TPU的生物降解性能。

生物降解二氧化碳基TPU（BTPU）的一个主要用途是作为二氧化碳基塑料（如PPC）的环保增韧材料。由于PPC的聚碳酸酯结构，直角撕裂强度很低（低于0.3N），不利于制备高强度、抗撕裂薄膜，王献红等的研究结果表明BTPU是极少数可实现PPC高效增韧的助剂之一。图8-9为不同BTPU含量下PPC的直角撕裂强度变化，可见加入2.5%（质量分数）的BTPU，共混复合物的直角撕裂强度超过1.0N，实现了生物降解PPC薄膜在高性能农用地膜、快递袋、缠绕膜领域的大规模应用。

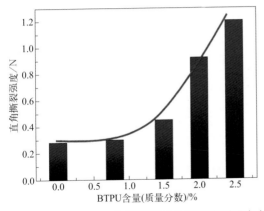

图8-9　不同BTPU含量下PPC的直角撕裂强度变化

七、基于二氧化碳基聚氨酯的纤维材料

1. 高熔体强度二氧化碳基聚氨酯的合成

高分子熔体强度也称为熔体弹性，是指聚合物在熔融状态下支持自身质量的能力，熔体在一定的条件下受到力（如牵引或拉伸力）的作用而断裂，这个力即为聚合物的熔体强度，是吹塑、挤塑、热成型和发泡等熔体加工过程中的重要参数。高熔体强度膜泡不会破裂，可以大幅度提高吹膜过程中的成膜稳定性。最近王献红等将含有长烷基侧链的二元醇单硬脂酸甘油酯、单月桂酸甘油酯作为扩链剂开展二氧化碳基 TPU 的制备，得到了高达 58000 的高分子量、熔融指数小于 2 的高熔体强度的二氧化碳基 TPU，而且熔体强度随着长侧链烷基二元醇的增加而增大。将三羟基丙烷、季戊四醇、双季戊四醇多羟基单体以及多元胺作为内交联组分加到了 TPU 组分中，制备了熔融指数低于 1 的高熔体强度二氧化碳基 TPU。这些高熔体强度的 TPU 有望在聚氨酯纤维领域有所应用。

2. 二氧化碳基 TPU 纤维材料

德国科思创公司与德国亚琛工业大学纺织技术研究所以及纺织制造商合作，利用二氧化碳基多元醇生产了二氧化碳基热塑性聚氨酯合成纤维产品，该纤维运用熔融纺丝技术，应用于纺织行业。其生产工序是将二氧化碳基 TPU 熔化，加压制成非常细的纤维，最后加工制成纱线。与传统生产合成弹性纤维的干纺不同，熔融纺丝不需要使用对环境有害的有机溶剂，更加环保。该纤维可以用于长袜和医疗用纺织品，甚至可以取代以原有聚酯为基材的传统纤维。该 TPU 纤维已经加工制成了纱线、袜子、压缩管和胶带产品。

总结与展望

二氧化碳基热塑性弹性体的热力学性能取决于其分子量、拓扑结构、氢键等的合理控制。二氧化碳基热塑性弹性体中碳酸酯基以及醚基在单一主链上共存的结构特征，使其具有聚醚、聚酯、聚碳酸酯基 TPU 所无法比拟的高强度和耐高温湿热老化性能，为热熔胶领域带来难得的发展机遇。目前二氧化碳基热塑性弹性体研究主要以线型高分子为主，支化、交联型聚合物研究较少，对聚合物侧链接枝改性研究也不多，通过对二氧化碳基 TPU 进行侧链改性、引入网状结构以及提高氢键等方法，有望进一步提高其热学以及力学性能，拓展其在纤维等领域的应用。

参考文献

[1] Mohite A S, Rajpurkar Y D. Bridging the gap between rubbers and plastics: a review on thermoplastic polyolefin elastomers[J]. Polymer Bulletin, 2022, 79 (2): 1309-1343.

[2] Tang S, Li J, Wang R, et al. Current trends in bio-based elastomer materials[J]. SusMat, 2022, 2 (1): 2-33.

[3] Jaafar M F, Mustapha F, Mustapha M. Review of current research progress related to magnetorheological elastomer material. Journal of Materials Research and Technology[J]. Journal of Materials Research and Technology, 2021, 15: 5010-5045.

[4] Schlögl S, Kramer R, Lenko D, et al. Fluorination of elastomer materials. European Polymer Journal[J]. 2011, 47 (12): 2321-2330.

[5] Qamar S Z, Al-Hiddabi S A, Pervez T, et al. Mechanical testing and characterization of a swelling elastomer[J]. Journal of Elastomers & Plastics, 2009, 41 (5): 415-431.

[6] Karger-Kocsis J, Mészáros L, Bárány T,et al. Ground tyre rubber (GTR) in thermoplastics, thermosets, and rubbers[J]. Journal of Materials Science, 2013, 48 (1): 1-38.

[7] Vázquez A, Rojas A J, Adabbo H E, et al. Rubber-modified thermosets: Prediction of the particle size distribution of dispersed domains[J]. Polymer, 1987, 28 (7): 1156-1164.

[8] Bont M, Barry C, Johnston S. A review of liquid silicone rubber injection molding: Process variables and

process modeling[J]. Polymer Engineering and Science, 2021, 61 (2): 331-347.

[9] Mark J E. Thermoset elastomers[M] //Myer K. Applied Plastics Engineering Handbook, 2017: 109-125.

[10] Zanchin G, Leone G. Polyolefin thermoplastic elastomers from polymerization catalysis: Advantages, pitfalls and future challenges[J]. Progress in Polymer Science, 2021, 113: 101342.

[11] Awasthi P, Banerjee S S. Fused deposition modeling of thermoplastic elastomeric materials: Challenges and opportunities[J]. Additive Manufacturing, 2021, 46: 102177.

[12] Wang W, Lu W, Goodwin A, et al. Recent advances in thermoplastic elastomers from living polymerizations: Macromolecular architectures and supramolecular chemistry[J]. Progress in Polymer Science, 2019, 95: 1-31.

[13] Steube M, Johann T, Barent R D, et al. Rational design of tapered multiblock copolymers for thermoplastic elastomers[J]. Progress in Polymer Science, 2022, 124: 101488.

[14] Jia M, Zhang D, de Kort G W, et al. All-polycarbonate thermoplastic elastomers based on triblock copolymers derived from triethylborane-mediated sequential copolymerization of CO_2 with various epoxides[J]. Macromolecules, 2020, 53 (13): 5297-5307.

[15] Spontak R J, Patel N P. Thermoplastic elastomers: fundamentals and applications[J]. Current Opinion in Colloid & Interface Science, 2000, 5 (5-6): 333-340.

[16] Holden G. Thermoplastic elastomers[M] //Myer K. Applied Plastics Engineering Handbook, 2017: 77-91.

[17] Semon, W. Synthetic rubber-like composition and method of making same: US 1929453-A[P]. 1933-10-10.

[18] Snyder M. Production of isooctanes from cyclopropane and isobutane: US 2632031-A[P]. 1953-03-17.

[19] Bayer O. Das di-isocyanat-polyadditionsverfahren (polyurethane)[J]. Angewandte Chemie International Edition, 1947, 59 (9), 257-272.

[20] Yao Y, Xiao M, Liu W. A short review on self-healing thermoplastic polyurethanes[J]. Macromolecular Chemistry and Physics, 2021, 222 (8): 2100002.

[21] Wan L, Deng C, Chen H, et al. Flame-retarded thermoplastic polyurethane elastomer: From organic materials to nanocomposites and new prospects[J]. Chemical Engineering Journal, 2021, 417: 129314.

[22] Parcheta P, Głowińska E, Datta J. Effect of bio-based components on the chemical structure, thermal stability and mechanical properties of green thermoplastic polyurethane elastomers[J]. European Polymer Journal, 2020, 123: 109422.

[23] Kojio K, Nozaki S, Takahara A, et al. Influence of chemical structure of hard segments on physical properties of polyurethane elastomers: a review[J]. Journal of Polymer Research, 2020, 27 (6): 140.

[24] Król P. Synthesis methods, chemical structures and phase structures of linear polyurethanes. Properties and applications of linear polyurethanes in polyurethane elastomers, copolymers and ionomers[J]. Progress in Materials Science, 2007, 52 (6): 915-1015.

[25] Datta J, Kasprzyk P. Thermoplastic polyurethanes derived from petrochemical or renewable resources: A comprehensive review[J]. Polymer Engineering and Science, 2018, 58 (S1): E14-E35.

[26] Solouki Bonab V, Manas-Zloczower I. Revisiting thermoplastic polyurethane, from composition to morphology and properties[J]. Journal of Polymer Science, Part B: Polymer Physics, 2017, 55 (20): 1553-1564.

[27] Choi J, Moon D, Jang J, et al. Synthesis of highly functionalized thermoplastic polyurethanes and their potential applications[J]. Polymer, 2017, 116: 287-294.

[28] Kojio K, Furukawa M, Nonaka Y, et al. Control of mechanical properties of thermoplastic polyurethane elastomers by restriction of crystallization of soft segment[J]. Materials, 2010, 3 (12): 5097-5110.

[29] Brown D, Lowry R, Smith L. Kinetics of hydrolytic aging of polyester urethane elastomers[J]. Macromolecules, 1980, 13 (2): 248-252.

[30] Gunatillake P, Meijs G, Rizzardo E, et al. Polyurethane elastomers based on novel polyether macrodiols and MDI: Synthesis, mechanical properties, and resistance to hydrolysis and oxidation[J]. Journal of Applied Polymer Science, 1992, 46 (2): 319-328.

[31] Gunatillake P, Meijs G, McCarthy S, et al. Synthesis and characterization of a series of poly(alkylene carbonate) macrodiols and the effect of their structure on the properties of polyurethanes[J]. Journal of Applied Polymer Science, 1998, 69 (8): 1621-1633.

[32] Chen K, Leon Y, Chen Y, et al. Soft-and hard-segment phase segregation of polyester-based polyurethane[J]. Journal of Polymer Research, 2001, 8 (2): 99-109.

[33] Chen Y, Zhou S, Gu G, et al. Microstructure and properties of polyester-based polyurethane/titania hybrid films prepared by sol-gel process[J]. Polymer, 2006, 47 (5): 1640-1648.

[34] Shi L, Zhang R, Ying W, et al. Polyether-polyester and HMDI based polyurethanes: Effect of PLLA content on structure and property[J]. Chinese Journal of Polymer Science, 2019, 37 (11): 1152-1161.

[35] Singh I, Samal S, Mohanty S, et al. Recent advancement in plant oil derived polyol-based polyurethane foam for future perspective: A review[J]. European Journal of Lipid Science and Technology, 2020, 122 (3): 1900225.

[36] Gao Y, Peng X, Wu Q, et al. Hydrogen-bonding-driven multifunctional polymer hydrogel networks based on tannic acid[J]. ACS Applied Polymer Materials, 2022, 4 (3): 1836-1845.

[37] Yusov A, Dillon A, Ward M. Hydrogen bonded frameworks: smart materials used smartly[J]. Molecular Systems Design & Engineering, 2021, 6 (10): 756-778.

[38] Eom Y, Kim S, Lee M, et al. Mechano-responsive hydrogen-bonding array of thermoplastic polyurethane elastomer captures both strength and self-healing[J]. Nature communications, 2021, 12 (1): 621.

[39] Liu M, Zhong J, Li Z, et al. A high stiffness and self-healable polyurethane based on disulfide bonds and hydrogen bonding[J]. European Polymer Journal, 2020, 124: 109475.

[40] Hu J, Mo R, Jiang X, et al. Towards mechanical robust yet self-healing polyurethane elastomers via combination of dynamic main chain and dangling quadruple hydrogen bonds[J]. Polymer, 2019, 183: 121912.

[41] Zhang J, Zhang C, Song F, et al. Castor-oil-based, robust, self-healing, shape memory, and reprocessable polymers enabled by dynamic hindered urea bonds and hydrogen bonds[J]. Chemical Engineering Journal, 2022, 429: 131848.

[42] Wang X, Zhan S, Lu Z, et al. Healable, recyclable, and mechanically tough polyurethane elastomers with exceptional damage tolerance[J]. Advanced Materials, 2020, 32 (50): 2005759.

[43] Hu J, Mo R, Sheng X, et al. A self-healing polyurethane elastomer with excellent mechanical properties based on phase-locked dynamic imine bonds[J]. Polymer Chemistry, 2020, 11 (14): 2585-2594.

[44] Ha Y, Kim Y, Ahn S, et al. Robust and stretchable self-healing polyurethane based on polycarbonate diol with different soft-segment molecular weight for flexible devices[J]. European Polymer Journal, 2019, 118: 36-44.

[45] Rao B, Sastry P, Jana T. Structure-property relationships of ferrocene functionalized segmented polyurethane[J]. European Polymer Journal, 2019, 115: 201-211.

[46] Orgilés-Calpena E, Arán-Aís F, Torró-Palau A, et al. Synthesis of polyurethanes from CO_2-based polyols: A challenge for sustainable adhesives[J]. International Journal of Adhesion and Adhesives, 2016, 67: 63-68.

[47] Alagi P, Ghorpade R, Choi Y, et al. Carbon dioxide-based polyols as sustainable feedstock of

thermoplastic polyurethane for corrosion-resistant metal coating[J]. ACS Sustainable Chemistry & Engineering, 2017, 5 (5): 3871-3881.

[48] Datta J, Głowińska E. Effect of hydroxylated soybean oil and bio-based propanediol on the structure and thermal properties of synthesized bio-polyurethanes[J]. Industrial Crops and Products, 2014, 61: 84-91.

[49] Gu G, Dong J, Duan Z, et al. Construction of mechanically reinforced thermoplastic polyurethane from carbon dioxide-based poly(ether carbonate) polyols via coordination cross-linking[J]. Polymers, 2021, 13 (16): 2765.

[50] Xian W, Song L, Liu B, et al. Rheological and mechanical properties of thermoplastic polyurethane elastomer derived from CO_2 copolymer diol[J]. Journal of Applied Polymer Science, 2018, 135 (11): 45974.

[51] Wang, K, Peng, Y, Tong, R, et al. The effects of isocyanate index on the properties of aliphatic waterborne polyurethaneureas[J]. Journal of Applied Polymer Science, 2010, 118 (2): 920-927.

[52] Park D H, Park G P, Kim S H, et al. Effects of isocyanate index and environmentally-friendly blowing agents on the morphological, mechanical, and thermal insulating properties of polyisocyanurate-polyurethane foams[J]. Macromolecular Research, 2013, 21 (8): 852-859.

[53] Sheikhy H, Shahidzadeh M, Ramezanzadeh B, et al. Studying the effects of chain extenders chemical structures on the adhesion and mechanical properties of a polyurethane adhesive[J]. Journal of Industrial and Engineering Chemistry, 2013, 19 (6): 1949-1955.

[54] Lei L, Zhong L, Lin X, et al. Synthesis and characterization of waterborne polyurethane dispersions with different chain extenders for potential application in waterborne ink[J]. Chemical Engineering Journal, 2014, 253 (1): 518-525.

[55] Oprea S. The effect of chain extenders structure on properties of new polyurethane elastomers[J]. Polymer Bulletin, 2010, 65 (8): 753-766.

[56] Xian W, Song L, Liu B, et al. Rheological and mechanical properties of thermoplastic polyurethane elastomer derived from CO_2 copolymer diol[J]. Journal of Applied Polymer Science, 2018, 135 (11): 45974.

[57] Orgilés-Calpena E, Arán-Aís F, Torró-Palau A M, et al. Sustainable polyurethane adhesives derived from carbon dioxide[J]. Polymers from Renewable Resources, 2016, 7 (1): 1-12.

[58] Zhou X Q, Yu D Y, Shao X Y, et al. Research and applications of viscoelastic vibration damping materials: A review[J]. Composite Structures, 2016, 136: 460-480.

[59] Gagnon L, Morandini M, Ghiringhelli G L. A review of particle damping modeling and testing[J]. Journal of Sound and Vibration, 2019, 459 (27): 114865.

[60] Tang X, Yan X. A review on the damping properties of fiber reinforced polymer composites[J]. Journal of Industrial Textiles, 2018, 49 (6): 693-721.

[61] Buravalla V R, Remillat C, Rongong J A, et al. Advances in damping materials and technology[J]. Smart Materials Bulletin, 2001, 2001 (8): 10-13.

[62] Zhang W, Ma F, Meng Z, et al. Green synthesis of waterborne polyurethane for high damping capacity[J]. Macromolecular Chemistry and Physics, 2021, 222 (6): 2000457.

[63] Nakamura M, Aoki Y, Enna G, et al. Polyurethane damping material[J]. Journal of Elastomers & Plastics, 2014, 47 (6): 515-522.

[64] Lv X, Huang Z, Huang C, et al. Damping properties and the morphology analysis of the polyurethane/epoxy continuous gradient IPN materials[J]. Composites Part B: Engineering, 2016, 88: 139-149.

[65] Hou X, Sun L, Wei W, et al. Structure and performance control of high-damping bio-based thermoplastic polyurethane[J]. Journal of Applied Polymer Science, 2022, 139 (18): 52059.

[66] Zhao X, Shou T, Liang R, et al. Bio-based thermoplastic polyurethane derived from polylactic acid with high-damping performance[J]. Industrial Crops and Products, 2020, 154 (15): 112619.

[67] Hou X, Sun L, Wei W, et al. Structure and performance control of high-damping bio-based thermoplastic polyurethane[J]. Journal of Applied Polymer Science, 2021, 139 (18): 52059.

[68] Zhou R, Gao W, Xia L, et al. The study of damping property and mechanism of thermoplastic polyurethane/phenolic resin through a combined experiment and molecular dynamics simulation[J]. Journal of Materials Science, 2018, 53 (12): 9350-9362.

[69] 崔胜恺, 沈照羽, 吕小健, 等. 软段和硬段对混炼型聚氨酯弹性体阻尼性能的影响 [J]. 热固性树脂, 2020, 35 (5): 56-59.

[70] Ligier K, Olejniczak K, Napiórkowski J. Wear of polyethylene and polyurethane elastomers used for components working in natural abrasive environments[J]. Polymer Testing, 2021, 100: 107247.

[71] Sato S, Yamaguchi T, Shibata K, et al. Dry sliding friction and wear behavior of thermoplastic polyurethane against abrasive paper[J]. Biotribology, 2020, 23: 100130.

[72] 冼文琪, 丁鹃岚, 宋丽娜, 等. 聚碳酸亚丙酯型聚氨酯弹性体耐磨性的研究 [J]. 聚氨酯工业, 2017, 32 (5): 8-10.

[73] Malysheva G V, Bodrykh N V. Hot-melt adhesives[J]. Polymer Science, Series D, 2011, 4 (4): 301-303.

[74] Li W, Bouzidi L, Narine S S. Current research and development status and prospect of hot-melt adhesives: A review[J]. Industrial & Engineering Chemistry Research, 2008, 47 (20): 7524-7532.

[75] Park Y J, Joo H S, Kim H J, et al. Adhesion and rheological properties of EVA-based hot-melt adhesives[J]. International Journal of Adhesion and Adhesives, 2006, 26 (8): 571-576.

[76] Viljanmaa M, Södergård A, Törmälä P. Lactic acid based polymers as hot melt adhesives for packaging applications[J]. International Journal of Adhesion and Adhesives, 2002, 22 (3): 219-226.

[77] Wu M, Liu Y, Du P, et al. Polyurethane hot melt adhesive based on Diels-Alder reaction[J]. International Journal of Adhesion and Adhesives, 2020, 100: 102597.

[78] Tang Q, He J, Yang R, et al. Study of the synthesis and bonding properties of reactive hot-melt polyurethane adhesive[J]. Journal of Applied Polymer Science, 2013, 128 (3): 2152-2161.

[79] Sun L, Cao S, Xue W, et al. Reactive hot melt polyurethane adhesives modified with pentaerythritol diacrylate: synthesis and properties[J]. Journal of Adhesion Science and Technology, 2016, 30 (11): 1212-1222.

[80] Pan X, Tan Q, Ren J, et al. Bio-based polyurethane reactive hot-melt adhesives derived from isosorbide-based polyester polyols with different carbon chain lengths[J]. Chemical Engineering Science, 2022, 264: 118152.

[81] Wongsamut C, Suwanpreedee R, Manuspiya H. Thermoplastic polyurethane-based polycarbonate diol hot melt adhesives: The effect of hard-soft segment ratio on adhesion properties[J]. International Journal of Adhesion and Adhesives, 2020, 102: 102677.

[82] Waites P. Moisture-curing reactive polyurethane hot-melt adhesives[J]. Pigment & Resin Technology, 1997, 26(5): 300-303.

[83] Orgilés-Calpena E, Torró-Palau A, Orgilés-Barceló C, et al. Novel polyurethane reactive hot melt adhesives based on polycarbonate polyols derived from CO_2 for the footwear industry[J]. International Journal of Adhesion and Adhesives, 2016, 70: 218-224.

[84] Rogulska M, Kultys A. Aliphatic polycarbonate-based thermoplastic polyurethane elastomers containing diphenyl sulfide units[J]. Journal of Thermal Analysis and Calorimetry, 2016, 126(1): 225-243.

[85] Liu Z, Qing F, You Z, et al. PPC-based reactive hot melt polyurethane adhesive (RHMPA)—Efficient

glues for multiple types of substrates[J]. Chinese Journal of Polymer Science, 2018, 36(1): 58-64.

[86] Liu Z, Qing F L, You Z, et al. CO_2-based poly (propylene carbonate) with various carbonate linkage content for reactive hot-melt polyurethane adhesives[J]. International Journal of Adhesion and Adhesives, 2020, 96: 102456.

[87] Moriga T, Aoyama N, Tanaka K. Development of a polyurethane sealing gasket with excellent sealing and opening properties[J]. Polymer Journal, 2015, 47(5): 400-407.

[88] Bakirova I N, Galeeva E I. A polyurethane sealant based on sulfur-containing oligoether urethane regenerate[J].Polymer Science-Series D, 2012, 5(1): 42-45.

[89] Segura A, McCourt Phelps. Handbook of Adhesives and Sealants[M]. New York: Elsevier, 2005: 101-162.

[90] 刘德富, 张生, 王仁鸿, 等. 一种聚碳酸酯-醚多元醇的制备工艺及耐油耐低温的聚氨酯弹性体: CN201710029197.5[P]. 2018.

[91] Guan J, Sacks M, Wagner W, et al. Preparation and characterization of highly porous biodegradable polyurethane scaffolds for soft tissue applications[J]. Biomaterials, 2005, 26(18): 3961-3971.

[92] Yeganeh H, Hojati Talemi P. Preparation and properties of novel biodegradable polyurethane networks based on castor oil and poly(ethylene glycol)[J]. Polymer Degradation and Stability, 2007, 92(3): 480-489.

[93] Grad S, Gogolewski S, Alini M, et al. The use of biodegradable polyurethane scaffolds for cartilage tissue engineering: potential and limitations[J]. Biomaterials, 2003, 24(28): 5163-5171.

[94] Zhou L, Wang Z, Fu Q, et al. Synthesis and characterization of pH-sensitive biodegradable polyurethane for potential drug delivery applications[J]. Macromolecules, 2011, 44(4): 857-864.

[95] Ma Z, Leeson C, Wagner W, et al. Biodegradable polyurethane ureas with variable polyester or polycarbonate soft segments: effects of crystallinity molecular weight and composition on mechanical properties[J]. Biomacromolecules, 2011, 12(9): 3265-3274.

[96] Dechent S, Kleij A, Luinstra G. Fully bio-derived CO_2 polymers for non-isocyanate based polyurethane synthesis[J]. Green Chemistry, 2020, 22(3): 969-978.

[97] Asefnejad A, Farsadzadeh B, Bonakdar S, et al. Manufacturing of biodegradable polyurethane scaffolds based on polycaprolactone using a phase separation method: physical properties and in vitro assay[J]. International Journal of Nanomedicine, 2011, 6: 2375-2384.

[98] Hong Y, Pelinescu A, Wagner W, et al. Tailoring the degradation kinetics of poly(ester carbonate urethane)urea thermoplastic elastomers for tissue engineering scaffolds[J]. Biomaterials, 2010, 31(15): 4249-4258.

[99] 何建雄, 王一良. 一种可微生物降解的热塑性聚氨酯弹性体及其制备方法: CN201510567275.8[P]. 2015.

[100] 钟荣栋, 刘悦, 李同兵. 聚氨酯弹性体组合物、聚氨酯弹性体及其制备方法: CN202110536722.9[P]. 2022.

[101] 张红明, 王献红, 王佛松, 等. 一种生物降解二氧化碳基聚氨酯弹性体及其制备方法: CN202011222242.7[P]. 2020.

[102] 张红明, 王献红, 王佛松, 等. 一种二氧化碳聚酯多元醇、全生物降解二氧化碳基聚氨酯及其制备方法: CN202011222248.4[P]. 2020.

索引